Engenharia Automotiva

Adriano Gilio
Carlos Eduardo Fraga
Feres Valentini Bertin

Engenharia Automotiva

Caminhões e Ônibus no Brasil

BRASPORT

Rio de Janeiro
2022

Editor: Sergio Martins de Oliveira
Gerente de Produção Editorial: Marina dos Anjos Martins de Oliveira
Editoração Eletrônica: Abreu's System
Ilustração capa: Ronaldo Lopes
Capa: Use Design

G474e Gilio, Adriano.
Engenharia automotiva : caminhões e ônibus no Brasil / Adriano Gilio, Carlos Eduardo Fraga, Feres Valentini Bertin. – Rio de Janeiro: Brasport, 2022.
376 p. : il ; 17 x 24 cm.

Inclui bibliografia.
ISBN 978-65-88431-82-5

1. Engenharia automotiva. 2. Automóveis. 3. Caminhão. 4. Ônibus. I. Fraga, Carlos Eduardo. II. Bertin, Feres Valentini. III. Título.

CDU 629

Catalogação na fonte: Bruna Heller (CRB10/2348)

Índice para catálogo sistemático:
1. Engenharia de transportes 629

BRASPORT Livros e Multimídia Ltda.
Rua Washington Luís, 9, sobreloja – Centro
20230-900 Rio de Janeiro-RJ
Tels. Fax: (21)2568.1415/3497.2162
e-mails: marketing@brasport.com.br
vendas@brasport.com.br
editorial@brasport.com.br
www.brasport.com.br

A todas as pessoas que ajudam na disseminação do conhecimento,
na construção e no crescimento do nosso país.

Nossos patrocinadores:

BOTUVERÁ

CARCON®
AUTOMOTIVE
AGRICULTURE

Agradecimentos

Gostaríamos de agradecer a todas as pessoas e instituições que de alguma forma contribuíram com o conteúdo e a revisão deste livro, principalmente:

- Hans-Gerhard Burg, Daimler Truck AG
- Luiz Felipe Kloeppel, Tesla Inc.
- Diego Justos, Iveco
- Gustavo Hollatz, Iveco
- Marco Alves, Iveco
- Maurício Corrêa, Iveco
- Daniel Ferrari, Mercedes-Benz do Brasil Ltda.
- Gustavo Silva, Hall Design e Estratégia
- Hugo Konda, Mercedes-Benz do Brasil
- Guilherme Martins, Mercedes-Benz do Brasil

Às instituições que contribuíram cedendo imagens e informações públicas sobre os seus produtos:

- ANFAVEA
- Iveco
- Jost do Brasil Sistemas Automotivos Ltda.
- Scania Latin America Ltda.
- Wabco do Brasil
- Sergomel
- Sansuy
- Blog do Caminhoneiro
- Site Caminhões e Carretas
- Daimler Trucks
- Engatcar
- Site Top da Boleia
- Bosch
- CETESB
- Site Lexicar Brasil
- ZF do Brasil Ltda.
- Voith Turbo Ltda.
- FENABRAVE
- IBGE

Prefácio

Para desenvolver, produzir, vender ou realizar serviços de pós-venda em veículos comerciais, é necessário o domínio de princípios básicos, desde o montador na linha de produção até o mais alto executivo da montadora. Da mesma forma, para o nosso cliente ou até mesmo um especialista no setor, é extremamente importante a compreensão desses conceitos, como base para tomar as melhores decisões de investimento ou realizar um trabalho da forma mais eficiente e eficaz.

Especialmente para aquele profissional que começa sua carreira automotiva, esta obra vem ajudar a introduzir de forma bastante abrangente o mercado brasileiro, a construção de caminhões, de ônibus, de implementos rodoviários e de tecnologias alternativas de forma rápida e na profundidade correta para um primeiro contato.

Por fim, a leitura deste livro certamente contribuirá para abreviar o aprendizado, que, de forma tácita, seria possível somente com a experiencia do trabalho no dia a dia ou através de colegas e clientes por vários anos. Ter uma obra que consolide esse conhecimento em caminhões e ônibus em um único livro é, sem dúvida, um marco para a nossa indústria.

Marcio Querichelli
Presidente da Iveco para a América Latina

Lista de abreviaturas

3D	Três dimensões
ABA	Assistente de Freio Ativo (*Active Brake Assist*)
ABS	Sistema de Freio Antiblocante (*Anti-Blocking System*)
AMT	Transmissão Automatizada (*Automated Manual Transmission*)
APU	Unidade de Processamento de Ar *(Air Processing Unit)*
ASR	Sistema Antiderrapagem (*Anti Slip Regulation*)
CLT	Consolidação das Leis Trabalhistas
CG	Centro de Gravidade
CAN	*Controller Area Network*
CNH	Carteira Nacional de Habilitação
CNT	Confederação Nacional do Transporte
CONAMA	Conselho Nacional do Meio Ambiente
CONTRAN	Conselho Nacional de Trânsito
CRLV	Certificado de Registro de Licenciamento do Veículo
CVC	Combinações de Veículos de Carga
DENATRAN	Departamento Nacional de Trânsito
DMU	Prototipagem Digital *(Digital Mock Up)*
DNIT	Departamento Nacional de Infraestrutura de Transportes
DRL	Iluminação diurna *(Day Running Light)*
ECU	Unidade de Controle Eletrônico (*Electronic Control Unit*)
ESP	Programa Eletrônico de Estabilidade (*Electronic Stability Program*)
HMI	Interface Homem-Máquina (*Human-Machine Interface*)
LED	Diodo Emissor de Luz (*Light Emitting Diode*)
MT	Transmissão Manual (*Manual Transmission*)
OBD	Diagnóstico a bordo (*On-Board Diagnostic*)
OEM	Montadora ou Fabricante (*Original Equipment Manufacturer*)
PPM	Partes Por Milhão
PPV	Postos de Pesagem de Veículos (em rodovias)
PROCONVE	Programa de Controle de Poluição do Ar por Veículos Automotores
PTO	Tomada de força *(Power Take Off)*
SAE	Sociedade dos Engenheiros da Mobilidade, denominação brasileira (*Society of Automotive Engineers*)
TCO	Custo Total de Propriedade (*Total Cost of Ownership*)

Sumário

Introdução

O transporte rodoviário no Brasil é o mais importante modal logístico, seja ele no movimento de pessoas ou cargas. Mesmo assim, quando olhamos a bibliografia sobre o tema através da perspectiva geral de engenharia ou sobre o conhecimento geral necessário para projetos dos veículos comerciais que fazem esse trabalho, há poucas obras abrangentes sobre o assunto. Existem, sim, muitas obras sobre temas específicos e componentes, como, por exemplo, motores, câmbios, ônibus elétricos e legislações, mas sem um contexto e uma abrangência geral.

A ideia desta obra surgiu em 2018 e tem como objetivo reunir as principais informações sobre a engenharia automotiva de caminhões e ônibus no Brasil, porém não somente com a parte técnica, mas com os detalhes comerciais, econômicos, culturais, normativos e legais que giram ao redor desses veículos em nosso cotidiano.

As informações deste livro foram coletadas ao longo das nossas carreiras no setor automobilístico com projetos de veículos e trem de força no Brasil, na Alemanha, nos Estados Unidos e na Índia.

Sobre o mercado brasileiro, pudemos aprender com a enorme experiência de colegas de vendas, pós-vendas, engenharia, produção e tantas outras áreas funcionais que colaboraram principalmente conosco em projetos de novos produtos e localização de componentes. Os especialistas dos nossos times foram uma grande fonte de informações para que pudéssemos criar, entre outras coisas, requisitos de clientes e os cadernos de encargos dos mais variados projetos. As experiências e discussões em testes de componentes, veículos e do nosso processo produtivo foram importantes para que fosse consolidado o entendimento das funções de cada elemento dos sistemas veiculares que apresentaremos no livro. Também colocamos ao final uma lista bibliográfica para um maior detalhamento de assuntos que o leitor possa vir a querer fazer.

Planejamos o livro para que a leitura possa ser realizada tanto do começo ao fim, quanto para uma consulta rápida em um tema em específico. Para ajudar, além do sumário, na versão impressa pode-se também fazer uso do nosso índice remissivo.

Para os estudantes, admiradores da engenharia automotiva, busólogos, motoristas, frotistas e profissionais do setor de logística e transporte este livro servirá de introdução aos temas mais importantes e às tecnologias emergentes de veículos comerciais. Entender o contexto e as especificidades que o Brasil oferece para o transporte rodoviário é o primeiro passo. Acreditamos que esse é um dos principais desafios, principalmente de quem está iniciando sua carreira nesse setor ou que acabou de sair da universidade.

Para os especialistas, esta obra pode servir como uma introdução em temas não tão familiares do seu dia a dia. Como exemplo, um especialista em motores pode se interessar mais sobre o tema de implementos rodoviários. Alguém especializado em gestão de projetos pode, por sua vez, querer aprofundar os conhecimentos em legislação.

Para algumas explicações também utilizaremos o termo em inglês, o que também facilitará pesquisas mais profundas do leitor. Atualmente é impossível desenvolver um veículo ou se especializar em algo na indústria automotiva sem que exista um conhecimento de uma língua estrangeira, principalmente o inglês, dada a globalização dos fabricantes e fornecedores.

Os veículos comerciais se diferenciam dos carros de passeio por aspectos técnicos, legais, econômicos e emocionais. Enquanto um veículo de passeio pode ser vendido quase que em todo mundo com poucas variantes, um veículo comercial depende muito do local ou da sua aplicação. Se, por um lado, ao comprar um carro de passeio olhamos muito mais o seu design e sua marca, do outro lado, em veículos comerciais, requisitos como disponibilidade, rentabilidade e economia falam mais alto. Queremos de forma simples explicar os conceitos técnicos e de tecnologia de um sistema veicular completo, seja ele um ônibus ou caminhão, os quais, em sua essência, compartilham de conceitos similares também com os carros de passeio.

Ao fim, explicaremos um pouco a realidade e as tendências do futuro da mobilidade que impactarão os veículos comerciais, em grande parte conhecidas pela sigla CASE: Veículos Conectados, Autônomos, Compartilhados e Elétricos. Além disso, adicionamos uma introdução sobre os temas que também permearão nosso futuro nos veículos pesados e extrapesados: as células de combustível e outras fontes de energia alternativa.

Esta obra tem um objetivo de estar em constante evolução. Por isso, caso o leitor tenha alguma sugestão ou recomendação de temas nos quais podemos nos aprofundar, fique à vontade para entrar em contato.

Aproveite a leitura!

Adriano Gilio
(<https://www.linkedin.com/in/adriano-gilio-a8555123/>)

Carlos Eduardo Fraga
(<https://www.linkedin.com/in/carlos-eduardo-fraga-pmp/>)

Feres Eduardo Valentini Bertin
(<https://www.linkedin.com/in/feres-bertin/>)

1. Mercado brasileiro

O mercado brasileiro de veículos comerciais é único no mundo. Reunimos aqui algumas características que nos diferem de outros mercados das Américas, da Europa, da África, da Ásia e da Oceania. Ao mesmo tempo, temos similaridades com cada um destes, dependendo de "qual" Brasil estamos falando.

O Brasil é um país economicamente dependente de *commodities* e da produção agropecuária. Contudo, apresentamos ainda fortes atividades industriais, principalmente nos estados do sul e sudeste, com uma grande predominância do estado de São Paulo.

A região norte se destaca por atividades de extrativismo vegetal, mineração e pela Zona Franca de Manaus, onde se baseiam várias indústrias de manufatura devido a isenções fiscais.

A região nordeste é reconhecida mundialmente pelo turismo e por suas belezas naturais. A produção de frutas e de cana-de-açúcar continua forte na região. Nos últimos anos houve um crescimento significativo na implantação de indústrias nessa região.

A região centro-oeste é forte por suas atividades agropecuárias e, em se tratando de caminhões, por sua produção de grãos para os mercados de exportação. A agroindústria é o retrato desta região.

A região sudeste possui a economia mais diversificada do Brasil. Concentra a maior parte das indústrias do país. É também onde grande parte da população brasileira e das rodovias está concentrada.

Na região sul, a riqueza é gerada principalmente na agropecuária e em atividades industriais relacionadas aos setores metalúrgico, têxtil e automobilístico.

Em um nível territorial abaixo, temos os 26 estados e o Distrito Federal. Cada uma dessas regiões políticas possui também suas especificidades e características especiais. A figura a seguir ilustra a divisão territorial do Brasil.

Figura 1 – Regiões do Brasil
(Fonte: IBGE)

A terceira esfera de divisão política e geográfica do Brasil é em municípios. Em todo o Brasil, com base em dados do IBGE de 2016, nosso território conta com 5.570 munícipios.

A atividade econômica nas regiões, nos estados e nos municípios de acordo com os seus segmentos da economia reflete na estagnação, no crescimento e na renovação do mercado de veículos comerciais.

Grandes *drivers* do mercado

A simbiose entre economia e política define a performance do mercado de caminhões e ônibus.

A frota de caminhões no Brasil depende diretamente da economia do país, com frotistas e motoristas autônomos com a maior decisão sobre a compra ou renovação dos seus veículos. É claro que a política também influencia, com financiamentos (ex.: FINAME) ou um tão esperado programa de renovação da frota pelo governo federal.

O mercado de ônibus, por sua vez, está ligado indiretamente à economia, pois as decisões sobre valores de passagens que custeiam os investimentos na frota dependem em sua grande parte de decisões do âmbito municipal. A legislação também é um fator preponderante, especialmente no que se refere a emissões de poluentes em centros urbanos. Dentro das grandes cidades é onde circula a maior parte da frota de ônibus nacional.

A figura a seguir lista os principais *drivers* do mercado de caminhões e ônibus no Brasil.

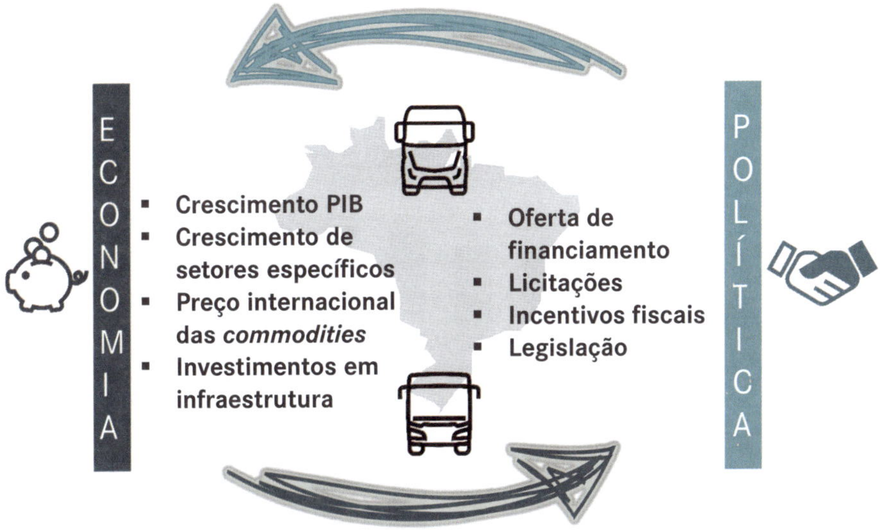

Figura 2 – Principais *drivers* do mercado de caminhões e ônibus no Brasil (Fonte: os autores)

Frota

Em termos de tamanho, nosso mercado de veículos comerciais, de acordo com a OICA (Organização Internacional de Produtores de Veículos Motores) em 2015, é o sétimo no mundo, com uma frota estimada em 7,2 milhões de veículos comerciais. Esse número inclui veículos comerciais leves (PBT < 3,5t), médios e pesados. A figura a seguir ilustra os principais mercados do mundo, com os EUA liderando com ampla distância sobre o segundo colocado, a China.

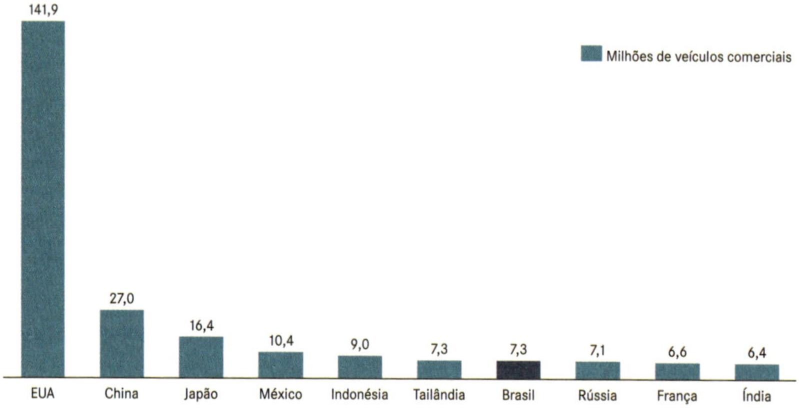

Figura 3 – *Ranking* das maiores frotas de veículos comerciais no mundo (Fonte: OICA, 2015 – gráfico pelos autores)

O tamanho da frota de caminhões no Brasil, de acordo com pesquisa da CNT em 2019, atinge quase 3,5 milhões de veículos, e as regiões sul e sudeste respondem por cerca de 70% da frota. Nos últimos 10 anos a frota de caminhões teve um crescimento de 46%, com uma taxa maior de crescimento no início da década passada.

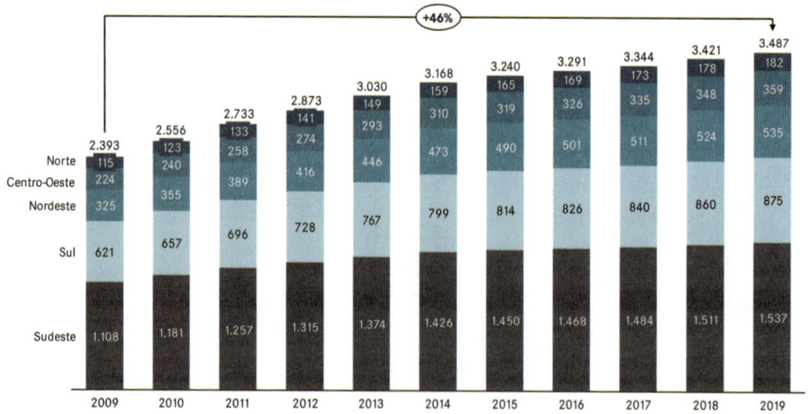

Figura 4 – Crescimento da frota de caminhões entre 2009 e 2019 – em mil unidades (Fonte: CNT, 2019 – gráfico pelos autores)

Com relação à frota de ônibus, temos pouco mais de 1 milhão de veículos circulando por nossas cidades e estradas. Aqui, sozinhos, os estados do sudeste são responsáveis por 50% do mercado. Tivemos um crescimento significativamente maior do que a frota de caminhões, em torno de 56%. A diminuição da velocidade de crescimento se deve à grave crise que tivemos entre os anos de 2014 e 2018, e isso aconteceu para os mercados de caminhões e ônibus.

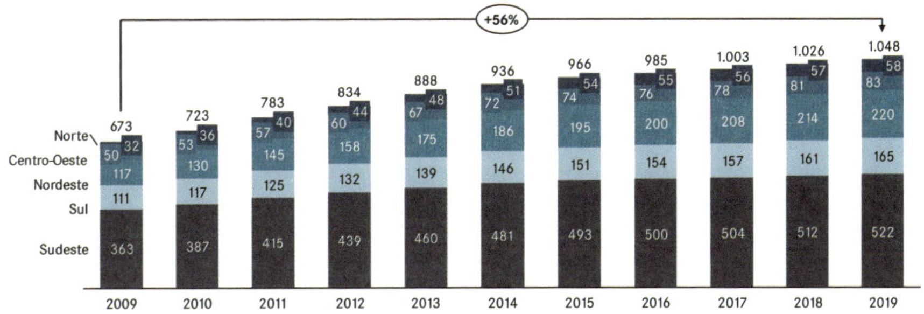

Figura 5 – Crescimento da frota de ônibus entre 2009 e 2019 – em mil unidades (Fonte: CNT, 2019 – gráfico pelos autores)

Também de acordo com a CNT em 2019, a idade média do caminhão no Brasil é cerca de 15,2 anos. Esse valor aumentou em 1,3 ano em relação à pesquisa de 2016. O resultado reforça os efeitos que a crise teve na segunda metade da década passada.

Um outro dado interessante dessa mesma pesquisa é que a média de idade dos caminhões de motoristas autônomos é de 18,4 anos. Já no caso dos veículos conduzidos por empregados de frota, a idade média é de 8,6 anos.

Com relação à idade média dos ônibus, o Anuário CNT dos Transportes indica que em nove grandes capitais brasileiras (Belo Horizonte – MG, Curitiba – PR, Fortaleza – CE, Goiânia – GO, Porto Alegre – RS, Recife – PE, Rio de Janeiro – RJ, Salvador – BA e São Paulo – SP) a idade média dos ônibus urbanos está em 5,99 anos, e esse número cresceu cerca de 1,4 ano desde 2009.

1.1. História

A história dos veículos comerciais como os conhecemos está intimamente ligada com a invenção do automóvel. Em 1886 Karl Benz cria o primeiro carro com um motor de combustão interna – possuía 1 cilindro e podia chegar a uma velocidade de cerca de 17km/h. Cerca de 10 anos depois, em 1896, nasce a história de veículos comerciais com a criações de Karl Benz e Gottlieb Daimler, os quais eram concorrentes na época. A Benz & Cie. criou seu primeiro caminhão com base no seu modelo de carro de passeio da época, chamado Phaeton, e possuía uma capacidade de carga de 600kg. Com algumas modificações no seu primeiro caminhão, também criou o que ficou conhecido como o primeiro ônibus do mundo. Gottlieb Daimler, por sua vez, criou em 1896 seu primeiro caminhão, com 1.500kg de capacidade de carga e um motor de 4 HP.

Uma coisa os primeiros caminhões e ônibus tinham em comum: a aparência de carroças sem os cavalos à frente. Assim eram conhecidos os veículos inovadores para a sociedade da época.

Figura 6 – Primeiro caminhão por Gottlieb Daimler em 1896
(Fonte: Media Daimler Truck)

Já no Brasil, a pesquisa realizada por Evandro Fullin e publicada no site O Explorador indica que o primeiro caminhão a entrar no nosso país foi um "Automóvel de Carga Benz" nos meados do ano de 1897. Como cita o autor, "Além de ser empregado para transportar insumos da fábrica de chocolate e café "Ao Moinho de Ouro", o modelo monocilíndrico também servia de garoto propaganda da firma, transportando um moinho em miniatura para divulgar o negócio de seu dono pelas ruas da capital federal".

Caminhões e implementos

Observando os registros e a bibliografia sobre o tema no Brasil, podemos dividir a história de veículos comerciais em seis fases distintas. Desde o primeiro Benz em solo brasileiro que temos notícia, a primeira fase da história de caminhões foi um período dominado por importações de empresas independentes. Isso até que, em 1923, a

Ford monta o primeiro caminhão no Brasil com peças na sua maioria importadas, na cidade de São Paulo, no bairro do Bom Retiro, e inicia uma segunda fase na nossa indústria. Nos próximos três anos se instalariam no país outras grandes montadoras, como a GM e a International. Apesar da predominância das empresas que se instalaram com filiais localmente, são vários os relatos e evidências com fotos de diversas outras marcas no Brasil trazidas por importadores independentes.

A terceira fase da história da indústria de caminhões no Brasil se inicia no pós-guerra com empresas como a Fábrica Nacional de Motores (FNM), Studebaker, Varam e Brasmotor. Na década de 50, inicia-se a instalação das grandes empresas que temos até hoje no mercado. Essa entrada foi especialmente impulsionada pela política desenvolvimentista do presidente Juscelino Kubitschek e pelos governos militares que o seguiram. Além do grande crescimento do parque industrial automotivo, tivemos também um grande aumento no número de estradas e rodovias. A famosa frase de Juscelino resume bem este período: "caminhões brasileiros para estradas brasileiras". Essa é uma fase que se estende até o início da década de 80, com a entrada em operação das fábricas da Volvo e Volkswagen nacionais.

A partir da década de 80, com o começo do que chamamos de fase 4, tivemos, depois de um crescimento ininterrupto até a década de 70, uma era marcada por grandes crises e estagnação que durariam 20 anos. A primeira, entre 1982 e 1983, derrubou quase 50% do mercado e fez com que a Fiat Diesel, nesse momento controlada já pela Iveco, saísse do país em 1985.

Com a abertura do mercado automotivo na década de 90 e o sucesso do Plano Real, novas montadoras de caminhões voltam a ser instaladas no país, como o retorno da Iveco, a GMC e a International. Essas duas últimas logo saem devido à segunda grande crise que encerra a fase 4 entre os anos de 2000 e 2001.

Um grande crescimento ocorre durante o que chamamos de fase 5 da nossa indústria. Apesar de mais uma grande crise mundial entre os anos de 2008 e 2009, quando tivemos a quebra do Lehman Brothers, o mercado brasileiro mais que dobrou em um período de 10 anos em termos de unidades vendidas.

A fase 4 e especialmente a fase 5 trouxeram ao mercado uma grande alteração no perfil dos caminhões em nossas rodovias, principalmente aqueles ligados ao transporte de longa distância. Os caminhões ganharam muito mais potência, eletrônica e novos tipos de composição começaram a dominar o mercado de longa distância, como, por exemplo, os bitrens, rodotrens etc.

No início da última década, a última e sexta fase do mercado de caminhões, entre os anos 2012 e 2020, foi alterada por novos entrantes no mercado, principalmente devido ao grande crescimento da economia, puxado pelos preços das *commodities* internacionalmente e pela China. Nos anos recentes que passaram pudemos observar a entrada de competidores chineses, principalmente no segmento de veículos elétricos.

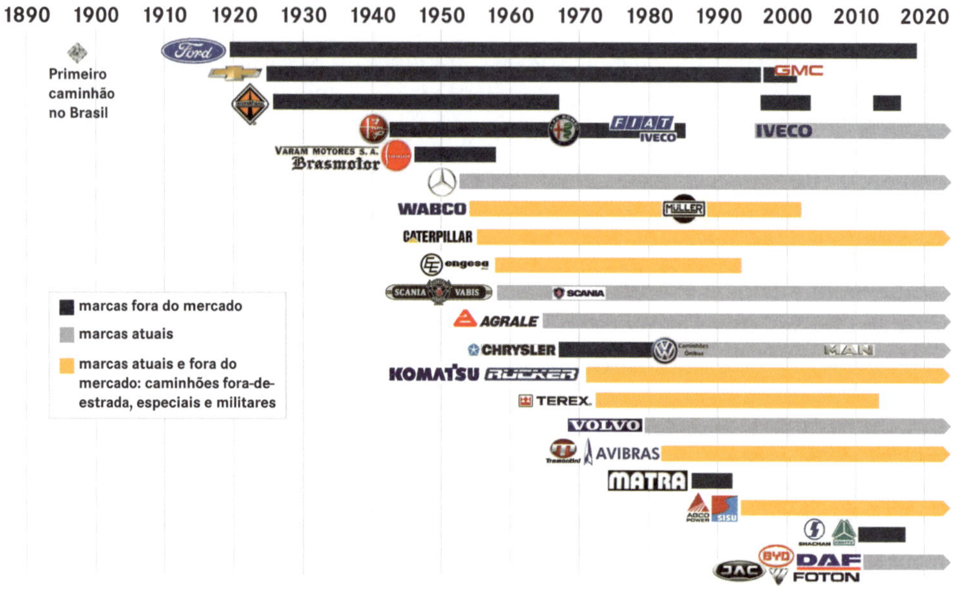

Figura 7 – Fases do desenvolvimento do mercado e da indústria de caminhões no Brasil (Fonte: os autores)

A Figura 7 resume as fases do desenvolvimento do mercado e da indústria brasileira de caminhões. A pesquisa foi baseada em diversas fontes, incluindo livros, sites, canais do YouTube etc., e estão inclusos na nossa bibliografia. Um grande detalhamento de toda história automotiva no Brasil, incluindo o histórico de cada marca em específico, pode ser encontrado através do grande trabalho de pesquisa de João F. Scharinger e que está disponível no seu site Lexicar Brasil (https://www.lexicarbrasil.com.br/).

Com relação aos implementos rodoviários, a grande parte das maiores empresas do mercado também foi criada no que chamamos de fase 3 do amadurecimento do nosso mercado de caminhões. A Figura 8 mostra algumas das principais marcas que atuam no setor e como sua fundação se relaciona com as fases da indústria no Brasil. A ANFIR possui uma lista bastante mais abrangente dos fabricantes de implementos no Brasil em seu site (ANFIR, s.d.).

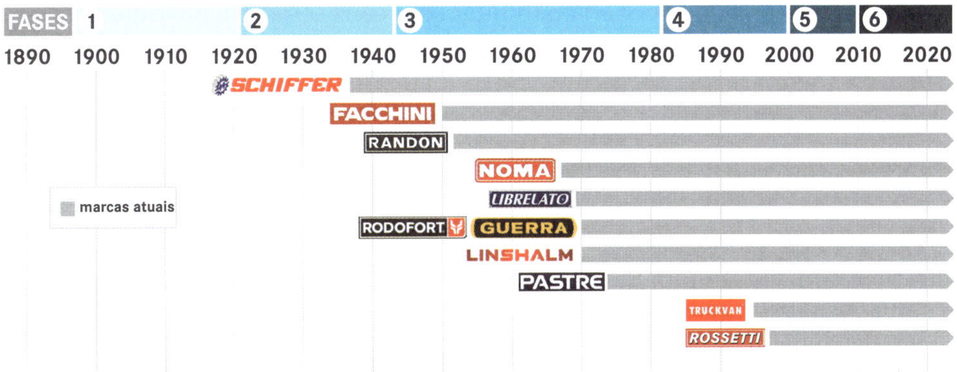

Figura 8 – Presença no mercado das maiores empresas de implementos rodoviários
(Fonte: os autores)

Ônibus

Antes da invenção do ônibus com motor a combustão interna na Alemanha por Karl Benz no fim do século XIX, o conceito do veículo no Brasil era bem diferente. Nas ruas do Rio de Janeiro os ônibus foram introduzidos já em 1817 puxados por cavalos ou mulas.

Figura 9 – Ônibus puxado por burros da Companhia das Gôndolas Fluminenses
(Fonte: NTU, 1997)

A história do auto-ônibus no Brasil, como eram conhecidos os veículos na época que concorriam com os bondes, está vinculada com o pioneirismo da encarroçadora Grassi. Fundada em solo nacional em 1904 por dois irmãos imigrantes italianos, encarroçaram seu primeiro ônibus em 1911, com base em um chassi de origem francesa da marca De Dion-Bouton. Os irmãos faziam o marketing da marca na década de

20 e 30 assegurando que poderiam montar suas carrocerias em quaisquer chassis, de qualquer fabricante.

Assim como em caminhões, esse período da indústria de ônibus no Brasil pode ser conhecido como um período de importações, especialmente para os chassis. Na segunda fase, as mesmas montadoras nacionais de caminhões Ford, GM e International também fabricavam chassis de ônibus e muitos deles eram encarroçados pela Grassi. Mesmo assim, ainda eram inúmeros os exemplares de chassis importados, como Daimler, Mercedes-Benz e Volvo, as quais se instalariam somente décadas depois.

No período do pós-guerra surgiu a Marcopolo, a empresa que seria referência no segmento de encarroçamento no Brasil. Hoje, além de ser líder no mercado nacional, é uma importante multinacional brasileira que expandiu seus negócios também para outros segmentos do ramo automotivo.

Na mesma terceira fase de maturidade do nosso mercado, surgiram as principais fabricantes de chassis que perduram até hoje, com destaque para Mercedes-Benz e VW, que, juntas, possuem mais de 70% do mercado.

A partir da década de 80 outras grandes empresas no mercado de encarroçadores surgiram para fazer frente à liderança da Marcopolo. Na última década surge ainda a entrada da BYD chinesa, investindo em seu portfólio com tecnologia 100% elétrica.

Na figura a seguir resumimos as fases do mercado e da indústria de ônibus com seus principais fabricantes de chassis, encarroçadores e fornecedores de ônibus completos. No caso de encarroçadores, existe um número extremamente grande de outros fabricantes ao longo da história no Brasil, não contemplados em nossa ilustração, principalmente empresas que já faliram ou atendem a nichos de mercado (ex.: Motorhome, Bombeiros etc.). As fases se assemelham em muito com o desenvolvimento dos caminhões e implementos, dada a sinergia entre os dois negócios.

De forma geral, tanto para fabricantes de caminhões quanto para ônibus, a permanência no mercado é uma arte de persistência e resiliência. O número de empresas que faliram e tiveram uma vida curta em solo brasileiro é grande e supera as companhias que sobreviveram. Estratégia de entrada incorreta, política governamental e economia estão entre as maiores causadoras de mortes precoces nesse setor.

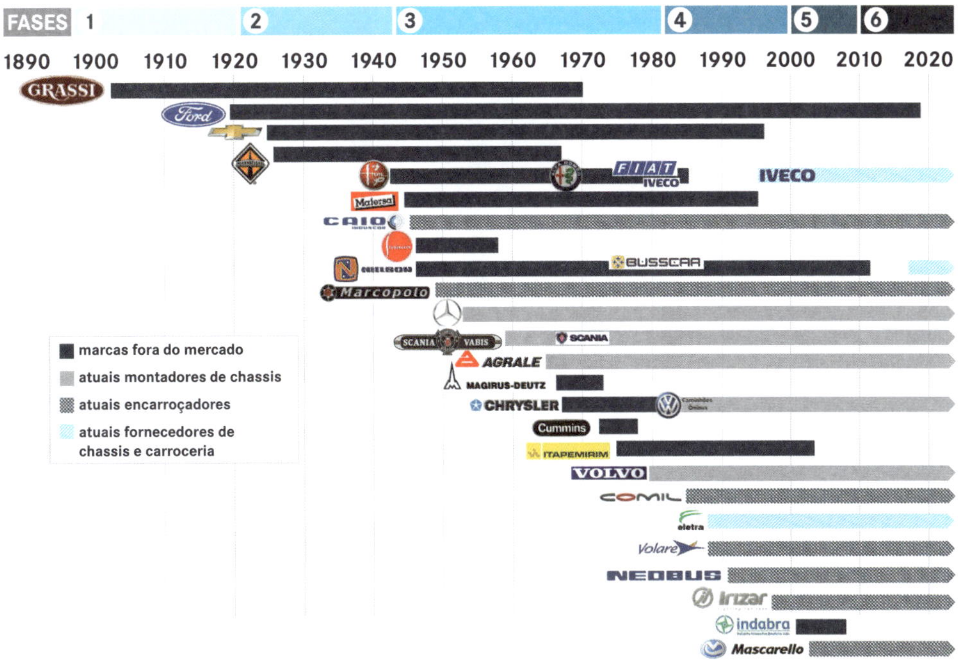

Figura 10 – Fases do desenvolvimento do mercado e da indústria de ônibus no Brasil
(Fonte: os autores)

1.2. Dados geográficos e rodoviários

O Brasil é um país de extensão continental. É o quinto maior do mundo, com uma área de 8.515.767 km², atrás de Rússia, Canadá, China e Estados Unidos. Interessante destacar que esses países possuem uma vasta rede sobre trilhos, porém possuem em termos percentuais um valor maior de transporte rodoviário. Apesar disso, o transporte rodoviário no Brasil é ainda o seu principal modal. Cerca de 62% de todo o transporte de cargas é feito através de caminhões. Para o transporte terrestre de pessoas, basicamente se usa ônibus no Brasil – esse número chega a 95%, segundo dados da CNT. O transporte de pessoas por trilhos é amplamente utilizado somente em grandes capitais como São Paulo e Rio de Janeiro. Em outras cidades, o ônibus continua sendo a principal forma de transporte.

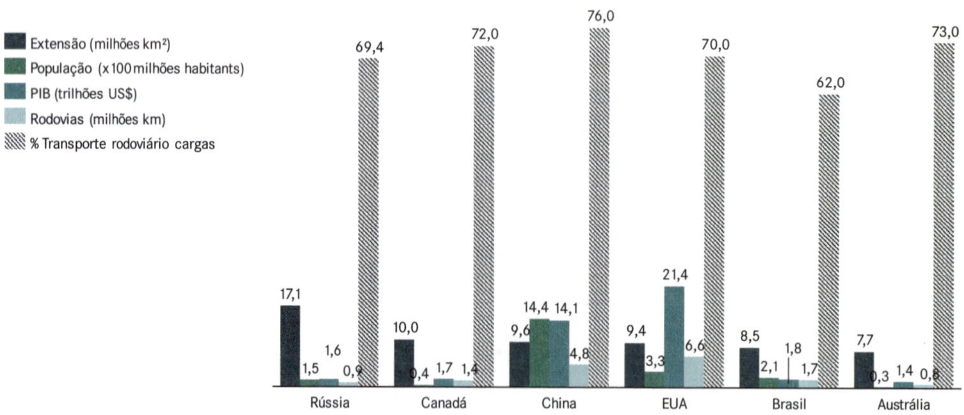

Figura 11 – Comparativo entre os maiores países por extensão territorial
(Fonte: os autores)

Vias públicas

Existem rodovias e estradas no nível federal, estadual e municipal. As rodovias federais seguem uma nomenclatura própria. Conforme definido no Plano Nacional de Viação (PNV), a regra é a seguinte (Figura 12):

- Rodovias Radiais (BR-0XX)
- Rodovias Longitudinais (BR-1XX)
- Rodovias Transversais (BR-2XX)
- Rodovias Diagonais (BR-3XX)
- Rodovias de Ligação (BR-4XX)

No Brasil, a densidade de rodovias é maior nos estados das regiões sul e sudeste e ao longo da costa brasileira, onde se concentra também a maior parte da população. A extensão de rodovias é menor nas regiões norte, centro-oeste e na parte interior do nordeste, acompanhando a densidade populacional. A Figura 13 ilustra essa situação.

Uma grande fonte de informações e dados sobre rodovias e transporte pode ser obtida através do site da CNT (Confederação Nacional do Transporte). A instituição realiza todos os anos estudos sobre o transporte no Brasil, e podemos verificar que a grande parte das rodovias no Brasil não é pavimentada (cerca de 78,5%).

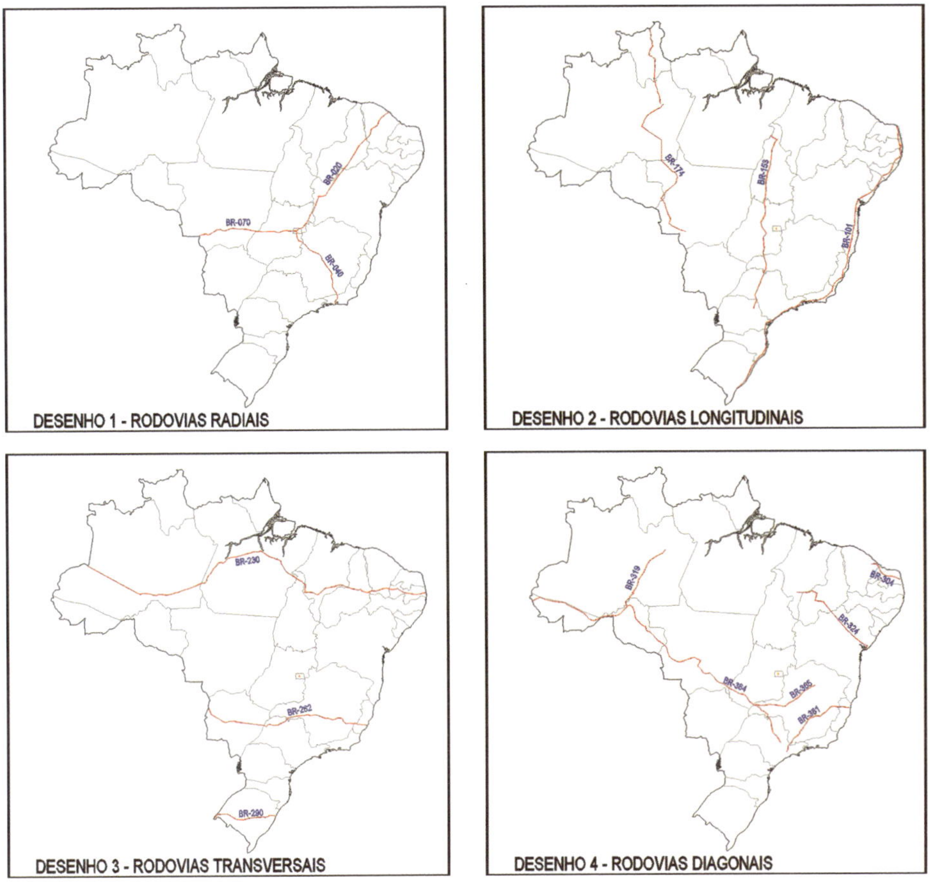

Figura 12 – Nomenclatura das Rodovias Federais
(Fonte: Ministério da Infraestrutura, 2015)

Outros dados e pesquisas geográficas e econômicas podem ser também acessados a partir do site do IBGE (Instituto Brasileiro de Geografia e Estatísticas) em https://www.ibge.gov.br/. Informações específicas sobre regiões e cidades do mercado brasileiro também estão disponíveis.

Figura 13 – Mapa Rodoviário Federal
(Fonte: Ministério da Infraestrutura, 2020)

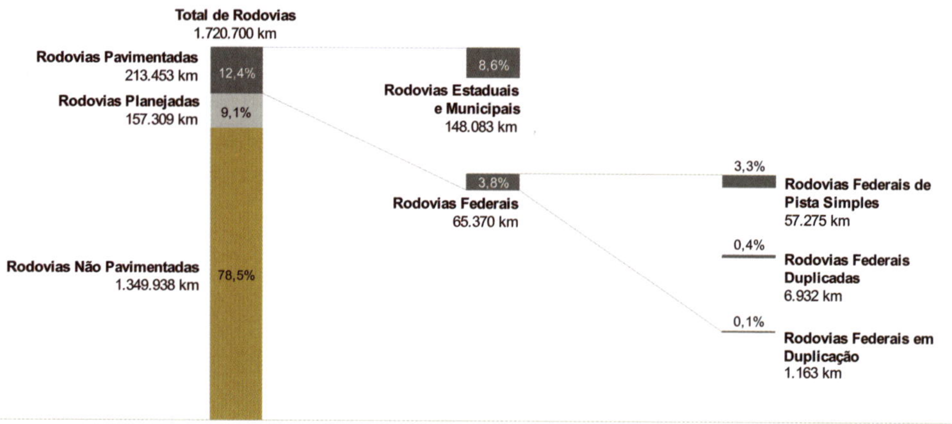

Figura 14 – Malha Rodoviária Brasileira
(Fonte: CNT; SEST SENAT, 2021)

1.3. Aspectos governamentais, legais e normativos

O Brasil possui uma constelação complexa de leis, normas, regulamentos, resoluções, portarias, programas e entidades que regem os requisitos legais nacionais. A organização dessa base legal também é dividida na esfera federal, estadual e municipal. Para os profissionais que trabalham ligados ao segmento do transporte rodoviário, seja em projetos de novos veículos em montadoras ou na operação de uma frota de veículos, torna-se necessário o entendimento básico do arcabouço legal no Brasil.

A constituição é o documento legal mais importante da República Federativa do Brasil. Todas as leis e emendas constitucionais são a espinha dorsal das regras do nosso convívio em sociedade. Logo abaixo da constituição temos as leis ordinárias e complementares. A mais importante delas para os temas ligados aos veículos comerciais é o Código de Trânsito Brasileiro (CTB). Conforme o CTB estabelece no seu artigo 3º: "As disposições deste Código são aplicáveis a qualquer veículo, bem como aos proprietários, condutores dos veículos nacionais ou estrangeiros e às pessoas nele expressamente mencionadas" (BRASIL, 1997).

CTB

O CTB foi instituído através de lei ordinária aprovada pelo congresso nacional em 1997 e entrou em vigor em 22 de janeiro de 1998. A lei prescreve as competências de cada órgão e entidade dentro do Sistema Nacional de Trânsito, bem como penalidades para infrações cometidas por usuários. Políticas, programas e diretrizes para os temas ligados à engenharia de tráfego também são abordados pela lei.

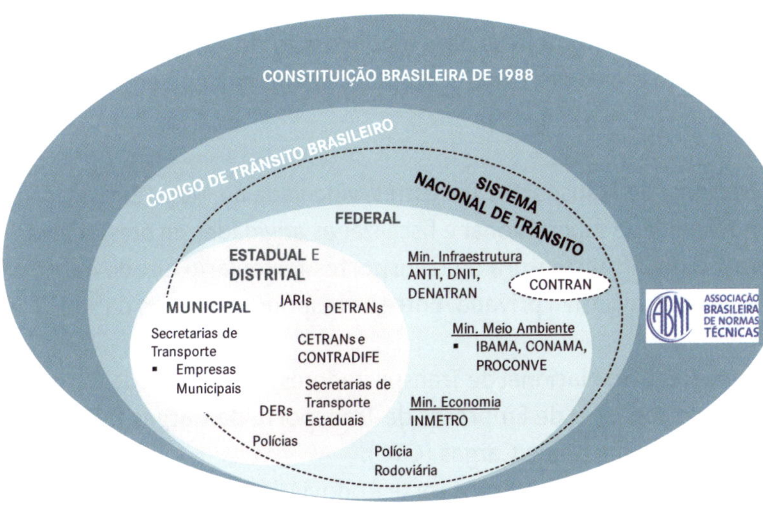

Figura 15 – Escopo de requisitos legais no Brasil
(Fonte: os autores)

SNT

O CTB estabelece, através do seu artigo 5º, o SNT: "O Sistema Nacional de Trânsito é o conjunto de órgãos e entidades da União, dos Estados, do Distrito Federal e dos Municípios que tem por finalidade o exercício das atividades de planejamento, administração, normatização, pesquisa, registro e licenciamento de veículos, formação, habilitação e reciclagem de condutores, educação, engenharia, operação do sistema viário, policiamento, fiscalização, julgamento de infrações e de recursos e aplicação de penalidades" (BRASIL, 1997).

CONTRAN

O Conselho Nacional de Trânsito é o coordenador do SNT e órgão máximo normativo e consultivo. É presidido pelo dirigente DENATRAN, o Departamento Nacional de Trânsito. Os outros membros votantes que compõem o conselho são os titulares das pastas dos ministérios da Justiça e Segurança Pública; Defesa; Relações Exteriores; Economia; Educação; Saúde; Ciência, Tecnologia, Inovação e Comunicações; e do Meio Ambiente.

DENATRAN

Vinculado ao Ministério da Infraestrutura, o DENATRAN é o órgão máximo executivo de trânsito. Entre as suas funções, podemos destacar:

- Organizar e manter o Registro Nacional de Carteiras de Habilitação – RENACH.
- Organizar e manter o Registro Nacional de Veículos Automotores – RENAVAM.
- Elaborar e submeter à aprovação do CONTRAN as normas e os requisitos de segurança veicular para fabricação e montagem de veículos, consoante sua destinação.
- Estabelecer procedimentos para a concessão do código marca-modelo dos veículos para efeito de registro, emplacamento e licenciamento.

ANTT

A Agência Nacional de Transportes Terrestres, vinculada ao Ministério da Infraestrutura, tem como finalidade supervisionar e fiscalizar as atividades de prestação de serviços e de exploração da infraestrutura de transportes ferroviário e rodoviário, exercidas por terceiros e pela iniciativa privada. Entre as responsabilidades da ANTT estão:

- Manter o Registro Nacional de Transportadores Rodoviários de Cargas (RNTRC), incluindo o cadastro de Empresas de Transporte de Cargas (ETC) e as Cooperativas de Transporte de Cargas (CTC).
- Habilitação para o TRIC (Transporte Rodoviário Internacional de Cargas).
- Regulamentar o Transporte Rodoviário de Produtos Perigosos.
- Transporte de Passageiros Rodoviários Interestaduais e Internacionais.

A ANTT, com relação ao transporte de passageiros, representa a União, de acordo com a nossa constituição (BRASIL, 1988):

- "Compete à União explorar, diretamente ou mediante autorização, concessão ou permissão, os serviços de transporte rodoviário interestadual e internacional de passageiros" (art. 21, inciso XII, alínea e, da Constituição Federal).
- "Aos municípios compete organizar e prestar, diretamente ou sob regime de concessão ou permissão, os serviços públicos de interesse local, incluído o de transporte coletivo, que tem caráter essencial". (art. 30, inciso V, da Constituição Federal).
- "São reservadas aos Estados as competências que não lhes sejam vedadas pela Constituição" (art. 25, § 1º, da Constituição Federal). Nesse sentido, compete aos estados a regulação dos serviços intermunicipais de transporte (realizados entre dois municípios do mesmo estado).

A divisão das competências da ANTT com relação ao transporte rodoviário de passageiros pode ser vista na figura a seguir.

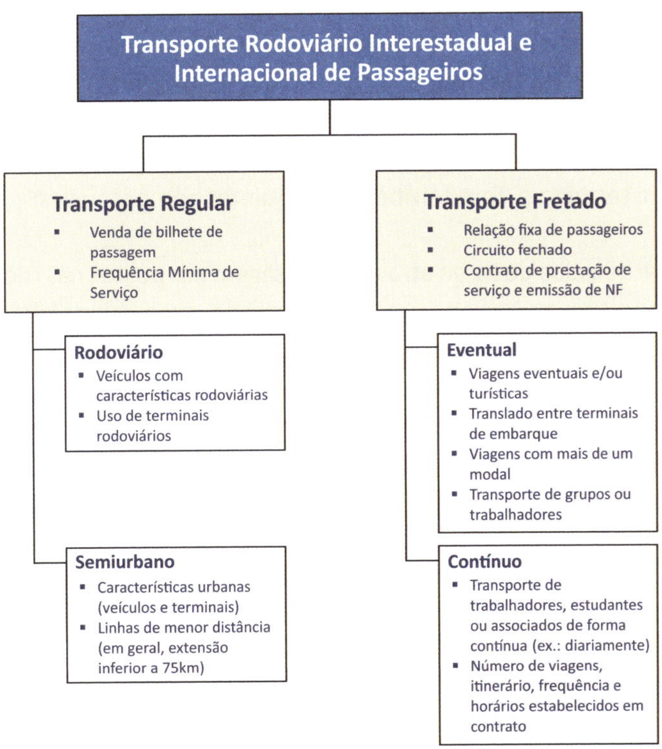

Figura 16 – Competências da ANTT no transporte rodoviário de passageiros (Fonte: ANTT, s.d.)

Órgãos municipais

Para os munícipios não existe uma regra específica de estrutura para a engenharia de tráfego ou a gestão do transporte coletivo, por exemplo. A organização mais comum em cidades médias e grandes é ter uma secretaria municipal com a função de criar políticas, regular e fiscalizar o transporte dentro da competência do município. Em vários casos, as cidades também possuem conselhos municipais de trânsito.

Para as maiores cidades do Brasil, devido à complexidade e importância, temos empresas do município realizando a gestão de partes do transporte, como por exemplo:

- São Paulo – SP: CET (Companhia de Engenharia de Tráfego) e SPTrans (São Paulo Transporte S/A). Esta última com a função de fazer a gestão do transporte público do município.
- Rio de Janeiro – RJ: CET-Rio
- Belo Horizonte – MG: BHTrans (Empresa de Transportes e Trânsito de Belo Horizonte S/A)

DNIT

O Departamento Nacional de Infraestrutura de Transportes, autarquia vinculada ao Ministério da Infraestrutura, tem por objetivo implementar a política de infraestrutura do Sistema Federal de Viação, desde sua operação, manutenção, restauração ou reposição, adequação de capacidade até a sua ampliação mediante construção de novas vias e terminais. Tem também as seguintes competências:

- Fiscalizar veículos de carga através de pesagem em postos nas rodovias federais (PPV) e aplicar multas ou apreender o veículo, caso necessário.
- Emitir e aprovar AETs (Autorização Especial de Trânsito) para veículos que ultrapassem as dimensões e os pesos máximos autorizados pela legislação vigente.

DER estaduais

Departamentos de Estradas e Rodagem estaduais têm função similar ao DNIT federal, porém em uma esfera menor. São responsáveis por políticas, operação, manutenção, restauração e ampliação das estradas e rodovias estaduais. Também são responsáveis pela integração com as vias públicas federais e municipais.

CETRANs e CONTRANDIFE

Assim como o Conselho Nacional de Trânsito (CONTRAN) no nível federal, no nível estadual o SNT é representado pelos Conselhos Estaduais de Trânsito. No caso do Distrito Federal, temos o CONTRANDIFE – Conselho de Trânsito do Distrito Federal.

DETRAN

Os Departamentos Estaduais de Trânsito são os órgãos executivos de trânsito estaduais. São responsáveis basicamente pelos temas ligados ao registro e licenciamento de veículos (documentado através da CRLV) e pela habilitação de motoristas, incluindo o controle de infrações. A seguir, o modelo recém-lançado de CNH.

Figura 17 – Exemplo da nova Carteira Nacional de Habilitação
(Fonte: Redação Fundação Padre Anchieta, 2021)

As habilitações possuem as seguintes categorias:

- Categoria ACC – Autorização para ciclomotor até 50 cilindradas.
- Categoria A – Veículos motorizados de duas ou três rodas.
- Categoria B – Veículos motorizados até 3.500kg ou com até oito passageiros sem contar o motorista.
- Categoria C – Veículos motorizados com mais de 3.500kg.
- Categoria D – Veículos motorizados com mais de oito passageiros sem contar o motorista.
- Categoria E – Veículos tratores motorizados com reboques ou semirreboques com 6.000kg ou mais.

Quando se trata da direção de veículos comerciais, algumas anotações no campo observação são importantes. Se o proprietário da CNH exerce sua atividade profissional como motorista, é uma obrigação do CNT e deve constar a observação EAR (Exerce Atividade Remunerada) no documento. Essa observação é inclusa com base em exames de aptidão física e mental e exame psicotécnico, além do pagamento de taxas no DETRAN estadual.

Outra observação importante na CNH trata da habilitação para transporte de produtos perigosos. De acordo com o DETRAN, produtos perigosos são:

- Líquidos inflamáveis
- Produtos transportados a altas temperaturas
- Explosivos
- Gases
- Sólidos inflamáveis
- Substâncias oxidantes e peróxidos orgânicos
- Substâncias tóxicas e substâncias infectantes
- Substâncias radioativas
- Corrosivos
- Substâncias perigosas diversas

Deve constar na CNH que o habilitado possui o curso de MOPP (Movimentação Operacional de Produtos Perigosos), previsto conforme resolução nº 168/04 do CONTRAN.

CONAMA

O Conselho Nacional do Meio Ambiente é o órgão máximo consultivo e deliberativo do Sistema Nacional do Meio Ambiente (SISNAMA). É presidido pelo ministro atual da pasta do meio ambiente e possui representantes de cada um dos ministérios do governo, do IBAMA, da Agência Nacional de Águas (ANA), das Secretarias da Presidência, do comando de cada força militar do Brasil, representantes de cada estado da federação, representantes de municípios e representantes de entidades de trabalhadores e sociedade civil, assim como entidades empresariais. Sua função básica é criar e deliberar sobre políticas de proteção e exploração sustentável do meio ambiente nacional.

IBAMA

O Instituto Brasileiro do Meio Ambiente e dos Recursos Naturais Renováveis, vinculado ao Ministério do Meio Ambiente, tem o papel, de acordo com o Art. 5º da Lei nº 11.516, de 28 de agosto de 2007 (BRASIL, 2007), de:

I. Exercer o poder de polícia ambiental;

II. Executar ações das políticas nacionais de meio ambiente, referentes às atribuições federais, relativas ao licenciamento ambiental, ao controle da qualidade ambiental, à autorização de uso dos recursos naturais e à fiscalização, monitoramento e controle ambiental, observadas as diretrizes emanadas do Ministério do Meio Ambiente; e

III. Executar as ações supletivas de competência da União, de conformidade com a legislação ambiental vigente.

PROCONVE

Para as emissões de poluentes de ar, o Ministério do Meio Ambiente, através do IBAMA e o Conselho Nacional do Meio Ambiente (CONAMA), criou em 1986 o PROCONVE, o Programa de Controle de Poluição do Ar por Veículos Automotores. O programa impõe limites de poluição por fases para veículos comerciais leves, caracterizado pela letra "L", e limites por fases para veículos pesados, caracterizado pela letra "P". Veículos com massa total até 3.856 kg, ou massa do veículo em ordem de marcha até 2.720kg seguem as fases para veículos leves, e veículos que ultrapassem essa marca seguem as fases para pesados. Um veículo em ordem de marcha significa que possui todos os fluidos necessários para rodar, inclusive com o tanque cheio e excluindo-se os passageiros.

Para os veículos pesados, temos as seguintes fases do programa conforme a tabela a seguir.

Fase PROCONVE	Norma Euro	Resolução CONAMA	Início da implementação	Implementação 100%
P-1	-	18/1986	1987	1989
P-2	0	08/1993	1994	1996
P-3	I	08/1993	1994	2000
P-4	II	08/1993	1998	2002
P-5	III	315/2002	2004	2006
P-6	IV	315/2002	n/a	n/a
P-7	V	403/2008	2012	2012
P-8	VI	490/2018	2022	2023

Tabela 1 – Fases do PROCONVE
(Fonte: compilação dos autores)

A fase P-6 nunca foi implementada devido à indisponibilidade de combustível com baixo teor de enxofre S-50, ou seja, com 50 partes por milhão (ppm) de enxofre.

A partir de 1º de janeiro de 2022 ocorreu o início da fase P-8, a norma equivalente à Euro VI europeia para o mercado brasileiro. No primeiro ano a norma é obrigatória somente para a homologação de novos veículos. A partir de 1º de janeiro de 2023 a regra torna-se mandatória para o registro de todos os veículos novos. As principais mudanças podemos listar a seguir:

- Novos ciclos de teste para a homologação de veículos harmonizados globalmente, com a inclusão de partida a frio e demandas mais próximas da realidade nas estradas urbanas, estaduais e federais
  - ESC/ELR substituído pelo WHSC
  - ETC substituído pelo WHCT
- Requisitos de durabilidade
  - Introdução de fatores de deterioração após o início do uso do veículo
  - Em veículos de transporte de carga com PBT entre 3.856kg e 16.000kg, os limites de homologação multiplicados pelos fatores de deterioração precisam estar cumpridos em até 300.000km ou seis anos. Para esse tipo de aplicação com PBT maior do que 16.000kg, o cumprimento deve se estender até 700.000km ou sete anos.
  - Para veículos de transporte de pessoas com PBT menor do que 5.000kg, o cumprimento dos fatores de deterioração deve atingir 160.000km ou cinco anos. Entre 5000kg e 7.500kg, 300.000km ou seis anos. Mais de 7.500kg, 700.000km ou sete anos.
  - Introdução de inspeções de conformidade com veículos em uso (ISC) e utilização de aparelhos portáteis de teste de emissões (PEMS).
- Diagnóstico a bordo (OBD)
  - Padronização do fluxo de dados entre os fabricantes, o que facilitará a inspeção e manutenção dos veículos de qualquer marca.
  - Maior monitoramento de todo o sistema do motor e pós-tratamento de forma a evitar o mau uso e coletar informações periódicas sobre o processo de redução de gases e particulados.

Todos esses novos requisitos trarão um enorme benefício para o meio ambiente. As reduções com o início da limitação dos poluentes superam em geral mais de 90%. De outro lado, os veículos terão um aumento significativo do seu custo, principalmente devido aos novos requisitos do motor e do sistema de pós-tratamento que abordaremos no Capítulo 5. As reduções dos principais tipos de emissões desde a primeira fase do PROCONVE para veículos pesados estão mostradas na Figura 18.

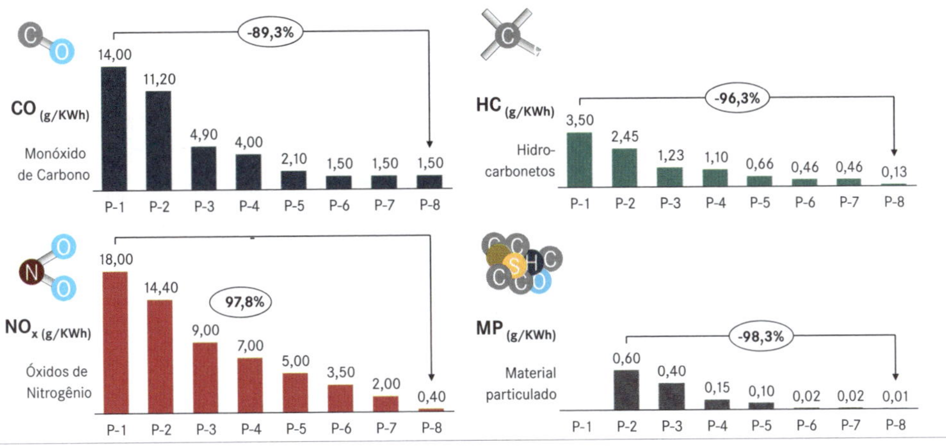

Figura 18 – Redução das principais emissões desde a introdução do PROCONVE (Fonte: os autores)

É importante destacar que os limites mostrados valem para veículos a diesel. Veículos movidos a gasolina ou a gás natural possuem outros ciclos de testes e outros limites (ex.: metano). A fase P-8 também incluiu limites de amônia (CH_3) e número de partículas que não são mostrados na Figura 18. Dadas as drásticas reduções que observamos nas emissões com as normas introduzidas, seria muito benéfico ao meio ambiente um programa de renovação da frota devido à alta idade média dos veículos comerciais em solo brasileiro.

Opacidade

A opacidade dos gases expelidos pelos veículos, ou, como popularmente conhecemos, "fumaça preta", pode indicar que algo está errado com o processo de combustão no motor. O CONAMA, através de sua resolução nº 418/2009 (IBAMA, 2009), também definiu limites para a opacidade através da tabela a seguir utilizando o método da aceleração livre. Há também o método de medição dinâmico chamado Ringelmann, onde é utilizada uma escala de cores para a medição.

Ano-modelo	Altitude	Opacidade (m^1)
1996 – 1999	Até 350m	2.1
	Acima de 350m	2.8
2000 e posteriores	Até 350m	1.7
	Acima de 350m	2.3

Tabela 2 – Limites de opacidade em aceleração livre de veículos a diesel posteriores à vigência da Resolução CONAMA 16/95 – ano-modelo 1996 em diante (Fonte: IBAMA, 2009)

Figura 19 – Agente realiza fiscalização de opacidade dinâmica de gases do escapamento utilizando o método de Ringelmann (Foto: CETESB, s.d.)

Ruído

O Programa Nacional de Controle de Ruído Veicular foi instituído pelo CONAMA através de suas resoluções 1 e 2 de 1993. Para a homologação de veículos novos, a CETESB em São Paulo realiza testes e inspeções e elabora o relatório necessário para encaminhar posteriormente ao IBAMA. Para isso, utiliza a norma ABNT NBR 15145:2004 – Acústica – Medição de ruído emitido por veículos rodoviários automotores em aceleração – Método de engenharia. A seguir, os limites definidos pela legislação vigente dependendo da categoria do veículo e do tipo de motorização.

Categoria	Descrição		Nível de Ruído – dB (A) – Motor Diesel	
			Injeção direta	Injeção Indireta
a	Veículo passageiro até nove lugares		75	74
b	Veículo de passageiro com mais de nove lugares; de carga; de tração ou de uso misto	PBT <= 2000kg	77	76
		2000 < PBT <= 3500	78	77
c	Veículo de passageiro ou de uso misto com PBT maior que 3.500kg	Potência máxima < 150 kW	78	78
		Potência máxima >= 150 kW	80	80
d	Veículo de carga ou de tração maior do que 3.500kg	Potência máxima < 75 kW	77	77
		75 kW <= Potência máxima < 150 kW	78	78
		Potência máxima >= 150 kW	80	80

Tabela 3 – Limites de ruído atuais para veículos novos (Fonte: CETESB, 2022 – adaptado pelos autores)

A fase P-8 do PROCONVE também estabelece para veículos pesados, junto com os novos limites de emissões de gases, novos limites para emissões de ruído a partir de 2022.

ABNT

A Associação Brasileira de Normas Técnicas é uma organização privada sem fins lucrativos que rege a maioria das normas técnicas válidas para o mercado brasileiro de veículos comerciais. Do total de suas mais de 8 mil normas disponíveis, cerca de 23% estão ligadas com os setores de embalagem, transporte, distribuição de bens, máquinas e equipamentos mecânicos. Entre algumas das normas importantes para caminhões e ônibus, podemos citar:

ABNT NBR 13776	Veículos rodoviários automotores, seus rebocados e combinados – Classificação
ABNT NBR NM ISO 3842	Veículos Rodoviários – Quinta roda – Intercambialidade
ABNT NBR 6067	Veículos rodoviários automotores, seu rebocados e combinados – Classificação, Terminologia e Definições
ABNT NBR 9762	Veículo rodoviário de carga – Terminologia
ABNT NBR 10966	Veículos rodoviários automotores – Sistema de Freio
ABNT NBR 12530	Símbolos das dimensões de veículos rodoviários automotores de carga, especiais e mistos
ABNT NBR 12556	Dimensões externas e internas de veículos rodoviários automotores de carga, especiais e mistos
ABNT NBR 15570	Transporte — Especificações técnicas para fabricação de veículos de características urbanas para transporte coletivo de passageiros

Tabela 4 – Exemplos de normas ABNT para veículos comerciais
(Fonte: os autores)

INMETRO

O Instituto Nacional de Metrologia, Normalização e Qualidade Industrial (INMETRO) é uma autarquia do Ministério da Economia responsável principalmente pela execução das políticas nacionais de metrologia e qualidade. Entre outras, tem também a responsabilidade de fiscalizar a observância das normas técnicas e legais, como, por exemplo, as normas da ABNT.

CLT e a atividade profissional dos motoristas

A lei nº 13.103, de 02 de março de 2015, regula a atividade profissional dos motoristas de veículos rodoviários e altera pontos da Consolidação das Leis Trabalhistas (CLT) para essa categoria. Algumas das mudanças importantes impostas foram:

- **Jornada de trabalho:** são oito horas. Em caso extraordinário, duas horas adicionais e, caso exista acordo coletivo, até quatro horas adicionais. Os intervalos regulados são para refeição em 1 hora e descanso de 30 minutos, após 5,5 horas de direção ininterrupta. A jornada de trabalho pode ser também estendida para que o motorista possa chegar e parar em um local seguro.
- **Descanso:** pode ser feito no veículo ou em alojamento em condições adequadas. Dentro das 24 horas diárias em uma viagem de longa distância, estão asseguradas 11 horas de descanso. No caso dos veículos com dois motoristas, as horas em que o motorista não está dirigindo (e o veículo está sendo dirigido pelo outro motorista) podem ser computadas como descanso.
- **Exame toxicológico:** necessário para admissão, desligamento e no mínimo a cada dois anos e meio.
- **Tempo de espera:** é o período no qual o motorista aguarda e fiscaliza o carregamento e descarregamento do veículo. Em intervalos menores do que duas horas, esse tempo não é computado como trabalho ou horas extras. Esse é um tempo remunerado em 30% do salário-hora base. Quando o valor de espera ultrapassar duas horas, esse tempo será considerado repouso. Eventuais manobras dos veículos durante a carga e descarga não são consideradas tempo de trabalho.

Tacógrafo

Segundo o INMETRO (2020), o chamado cronotacógrafo é "o instrumento ou conjunto de instrumentos destinado a indicar e registrar, de forma simultânea, inalterável e instantânea, a velocidade e a distância percorrida pelo veículo, em função do tempo decorrido, assim como os parâmetros relacionados com o condutor do veículo, tais como: o tempo de trabalho; período de parada e de direção".

Segundo o CTB, possuir e utilizar um tacógrafo aferido, certificado e selado é obrigatório para veículos de:

- Transporte escolar
- Transporte de passageiros com mais de 10 lugares
- Transporte de cargas perigosas
- Veículos de carga com PBT > 4.536kg

Os registros do tacógrafo devem ser mantidos em discos (o modelo analógico) ou em formato digital. No formato digital, os dados podem ser impressos quando necessário, transferidos para um *pen drive* ou mantidos *on-line* na nuvem (através de comunicação utilizando telefonia celular). A figura a seguir ilustra os dois modelos.

Tacógrafo analógico – registros no disco de papel

Tacógrafo digital

Figura 20 – Tipos de tacógrafo
(Fotos: Iveco)

O site <https://cronotacografo.rbmlq.gov.br/> é completo nos serviços do governo relacionados ao tema. Também inclui toda a legislação relacionada aos tacógrafos, bem como dúvidas frequentes dos condutores e frotistas.

1.4. Dimensões e pesos

As dimensões e os pesos autorizados para caminhões, combinações de veículos de carga (CVC) e ônibus estão regulamentados atualmente através das seguintes bases legais com os devidos adendos realizados até a data atual:

- Resolução do CONTRAN 210/2006
- Resolução do CONTRAN 258/2007
- Portaria do DENATRAN 63/2009

Termos do CTB
Para o correto entendimento dos conceitos que virão a seguir, faz-se necessário o conhecimento dos principais termos e significados utilizados na nossa legislação.

Tara		**Peso do veículo + peso da carroceria + outros** (ferramentas + acessórios + roda sobressalente e fluidos)
Lotação	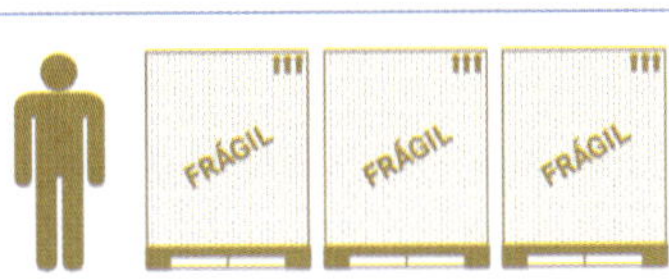	**Carga útil máxima** (incluindo condutor e passageiros. Para os ônibus, também expressa em número de pessoas)
PBT	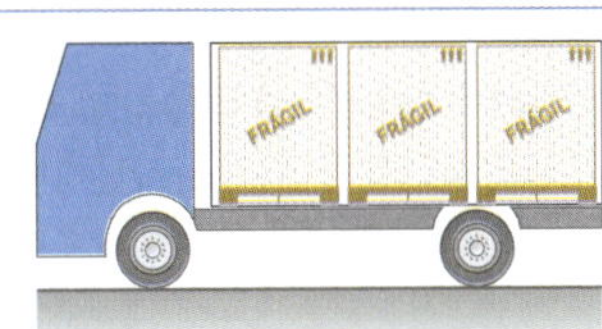	**Peso Bruto Total** = tara + lotação (peso máximo que o veículo transmite ao pavimento)

PBTC	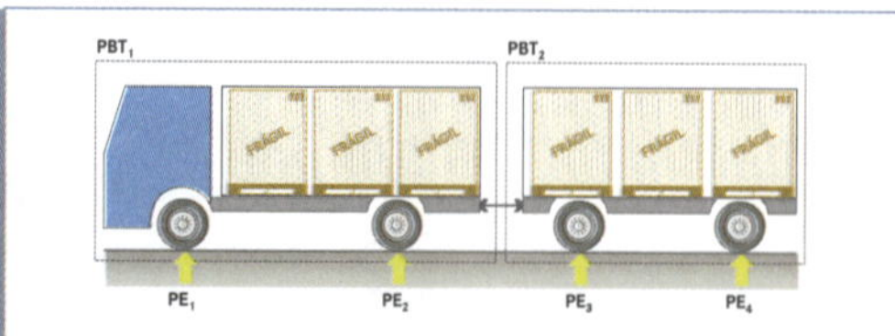	**Peso Bruto Total Combinado** = $PBT_1 + PBT_2 + PBT_n$ (Peso máximo transmitido ao pavimento pela combinação de veículo trator mais todos os reboques ou semirreboques)
CMT	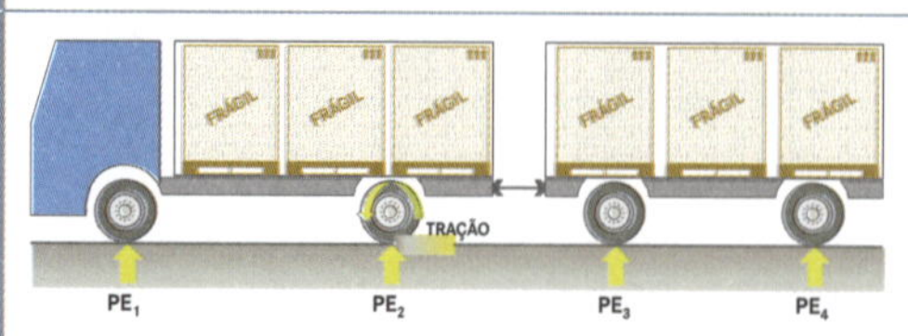	**Capacidade Máxima de Tração** = peso máximo que a unidade de tração é capaz de tracionar, definida pelo fabricante, com base na resistência de suas unidades de geração e transmissão de torque

Tabela 5 – Termos do CTB
(Fonte: os autores)

Definições básicas

A altura e a largura básicas dos veículos no Brasil são definidas na sua forma básica através do art. 1º da Resolução nº 882/21 do CONTRAN, conforme mostra a figura.

Figura 21 – Altura e largura permitidas sem necessidade de AET
(Fonte: Iveco, edição e compilação pelos autores)

Com relação ao comprimento dos veículos, a portaria prevê as seguintes condições:

a) **Veículos não articulados:** máximo de 14,0 metros
b) **Veículos não articulados de transporte coletivo urbano de passageiros que possuam terceiro eixo de apoio direcional:** máximo de 15,0 metros
c) **Veículos articulados de transporte coletivo de passageiros:** máximo de 18,60 metros

d) **Veículos articulados com duas unidades, do tipo caminhão trator e semirreboque:** máximo de 18,60 metros
e) **Veículo articulado com duas unidades do tipo caminhão ou ônibus e reboque:** máximo de 19,80 metros
f) **Veículos articulados com mais de duas unidades:** máximo de 19,80 metros

Dentro do comprimento dos veículos, existem também as limitações quanto ao balanço traseiro do veículo. O comprimento pode ser decomposto através da silhueta conforme a figura a seguir.

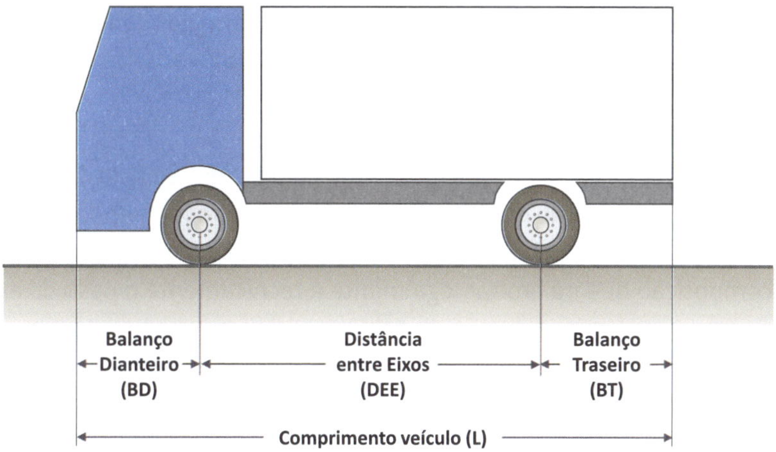

Figura 22 – Decomposição do comprimento do veículo conforme a legislação (Ilustração: os autores)

$$L = BD + DEE + BT$$

O balanço traseiro, medida de centro a centro das rodas dos eixos dos extremos do veículo, não pode exceder:

- Em veículos não articulados: 60% da DEE e 3,5m
- Em veículos articulados:
  - Motor dianteiro: 71% da DEE
  - Motor central: 66% da DEE
  - Motor traseiro: 62% da DEE

Já o balanço traseiro de semirreboques é regulado pela NBR ISO 1726.

Autorização especial de trânsito

Para os veículos que não se enquadram nos limites de peso e dimensão homologados pelo CONTRAN, poderá ser solicitada à autoridade responsável uma autorização para tráfego com um determinado prazo. Ao solicitante cabem as medidas necessárias de segurança para a operação e eventuais danos que o veículo ou a combinação de veículos causar à via ou a terceiros.

Cargas indivisíveis

Para o transporte de cargas indivisíveis, é necessária uma concessão de uma AET. Nesse tipo de operação, muitas vezes são utilizados veículos tratores, semirreboques ou reboques especiais. Também são empregados os chamados comboios, onde mais de um veículo trator é utilizado no movimento da carga.

Configurações de eixos

Podemos comparar os eixos em veículos como colunas em edifícios. Eles são o elemento básico de sustentação dos caminhões e ônibus. É importante o entendimento das composições básicas de eixos e rodas, pois quando eles são dispostos nos veículos, criam a composição que irá limitar legalmente e tecnicamente o peso da estrutura.

A tabela a seguir foi criada com base na definição da Resolução nº 882/21 do CONTRAN, apresentados na tabela a seguir.

Ilustração	Tipo	Rodagem	Suspensão	Distância entre os eixos do conjunto (m)	Carga (kg)	Tolerância +5% (kg)
	Isolado	Simples	Direcional	-	6.000	6.300
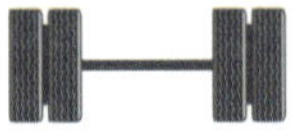	Isolado	Dupla	-	-	10.000	10.500
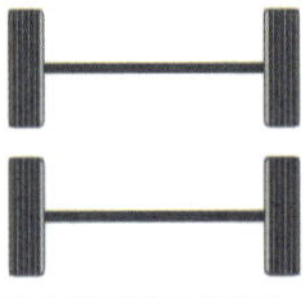	Duplo	Simples	Direcional	-	12.000	12.600
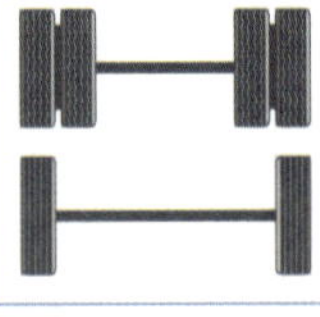	Dupla	Mista	Especial	<1,20 >1,20 e ≤ 2,40	9.000 12.000	9.450 12.600

Ilustração	Tipo	Rodagem	Suspensão	Distância entre os eixos do conjunto (m)	Carga (kg)	Tolerância +5% (kg)
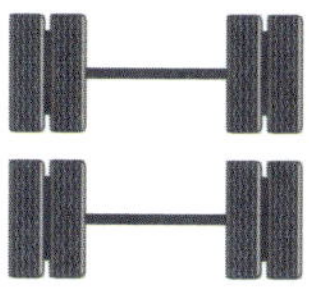	Duplo	Dupla	Tandem Não tandem	>1,20 e ≤ 2,40 >1,20 e ≤ 2,40	17.000 15.000	17.850 15.750
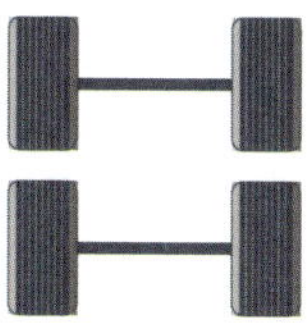	Dupla	Dupla	Pneumática	>1,20 e ≤ 2,40	17.000	17.850
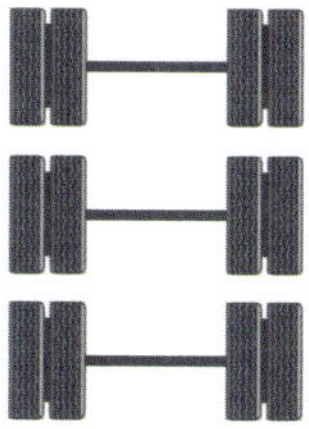	Triplo	Dupla	Tandem	>1,20 e ≤ 2,40 >2,40	25.500 30.000	26.775 31.500
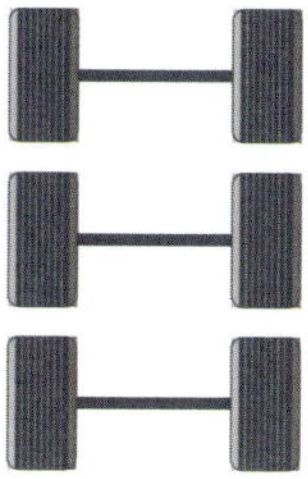	Triplo	Extralarga	Pneumática	>1,20 e ≤ 2,40 >2,40	25.500 30.000	26.775 31.500

Tabela 6 – Limites regulamentados de peso e distâncias entre eixos ou conjuntos (Fonte: Ministério da Infraestrutura, 2015)

Alguns detalhes importantes:

- O conjunto de eixos triplo é usado somente em reboques e semirreboques, não em veículos tratores.
- Quando, em um conjunto de dois ou três eixos, a distância entre eixos for maior que 2,40 m, estes serão considerados eixos isolados. Este é o caso da composição do tipo "Vanderléa", que abordaremos mais adiante.

Configurações de veículos e conjuntos

As configurações de veículos pela legislação dependem das variações de:

- Rodagem (simples, dupla, extralarga)
- Conjunto e disposição dos eixos no veículo
- Combinação de veículos
- Comprimento máximo do veículo ou composição
- PBT e PBTC

Nas tabelas a seguir estão descritas configurações possíveis de veículos. As rodas pintadas mostram uma rodagem simples, as rodas em branco mostram o rodado duplo. Algumas configurações necessitam ainda de uma AET para poder rodar nas vias públicas brasileiras, devido ao peso e comprimento. Importante destacar que, de acordo como o CTB, entre o limite legal definido e o limite técnico do fabricante, prevalece o que for menor.

- **Caminhões:** os veículos I-1 até I-65 denotam as configurações possíveis de caminhões já homologadas. Já os veículos II-1 até II-44 necessitam de uma AET para poder trafegar.
- **Ônibus:** os veículos III-1 até III-32 denotam as configurações possíveis de ônibus já homologadas. Já os veículos III-33 até III-47 necessitam de uma AET para poder trafegar.

Caminhão simples			Peso sobre os eixos e conjuntos de eixo (t)	PBT (t) Comprimento total (m)							Máx (m)
				<= 14,0	< 16,0	>= 16,0	< 17,5	>= 17,5	> 19,8	>= 25,0	
I-1	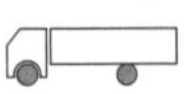		6+6	12,0							14,0
I-2	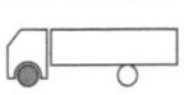		6+10	16,0							
I-3	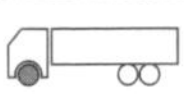		6+17	23,0							
I-4	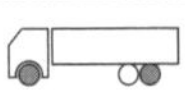		6+13,5	19,5							
I-5	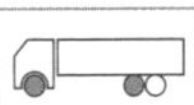		6+13,5	19,5							
I-6			12+17	29,0							
I-7			12+13,5	25,5							
I-8			12+13,5	25,5							

Tabela 7 – Composições homologadas para o transporte de carga – caminhão simples (Fonte: DENATRAN, 2009 – adaptado pelos autores)

	Caminhão trator + semirreboque	Peso sobre os eixos e conjuntos de eixo (t)	PBTC (t)						Comprimento total (m)	Máx (m)
			<= 14,0	< 16,0	>= 16,0	< 17,5	>= 17,5	> 19,8	>= 25,0	
I-9		6+10+10		26,0	26,0					18,6
I-10		6+10+17		33,0	33,0					
I-11		6+10+10+10		36,0	36,0					
I-12		6+10+25,5		41,5	41,5					
I-13		6+10+10+17		43,0	43,0					
I-14		6+10+3x10		45,0	46,0					
I-15		6+17+10		33,0	33,0					
I-16		6+17+10+10		43,0	43,0					
I-17		6+13,5+2x10		39,5	39,5					
I-18		6+17+25,5		45,0	48,5					
I-19		6+13,5+25,5		45,0	45,0					
I-20		6+17+10+17		45,0	50,0					
I-21		6+13,5+10+17		45,0	46,5					
I-22		6+17+3x10		45,0	53,0					
I-23		6+13,5+3x10		45,0	49,5					
I-24		6+13,5+10		29,5	29,5					
I-25		6+13,5+17		36,5	36,5					

Tabela 8 – Composições homologadas para o transporte de carga – caminhão trator + semirreboque – lista 1
(Fonte: DENATRAN, 2009 – adaptado pelos autores)

	Caminhão trator + semirreboque		Peso sobre os eixos e conjuntos de eixo (t)	PBTC (t) Comprimento total (m)							Máx (m)
				<= 14,0	< 16,0	>= 16,0	< 17,5	>= 17,5	> 18,6	>= 25,0	
I-26			6+17+17		40,0	40,0					18,6
I-27			12+13,5+10+17		45,0	52,5					
I-28			12+10+25,5		45,0	47,5					
I-29			12+17+25,5		45,0	54,5					
I-30			12+13,5+25,5		45,0	51,0					
I-31			12+17+10		39,0	39,0					
I-32			12+13,5+10		35,5	35,5					
I-33			12+17+17		45,0	46,0					
I-34			12+13,5+17		42,5	42,5					
I-35			12+17+2x10		45,0	49,0					
I-36			12+13,5+2x10		45,0	45,5					

Tabela 9 – Composições homologadas para o transporte de carga – caminhão trator + semirreboque – lista 2
(Fonte: DENATRAN, 2009 – adaptado pelos autores)

	Caminhão + reboque		Peso sobre os eixos e conjuntos de eixo (t)	PBTC (t) Comprimento total (m)							Máx (m)
				<= 14,0	< 16,0	>= 16,0	< 17,5	>= 17,5	> 19,8	>= 25,0	
I-37			6+10+10+10				36,0	36,0			19,8
I-38			6+10+10+17				43,0	43,0			
I-39			6+10+17+17				45,0	50,0			
I-40			6+17+10+10				43,0	43,0			
I-41			6+17+10+17				45,0	50,0			
I-42			6+17+17+17				45,0	57,0			
I-43			6+13,5+10+10				39,5	39,5			
I-44			6+13,5+10+17				45,0	46,5			
I-45			6+13,5+17+17				45,0	53,5			
I-46			12+17+10+10				45,0	49,0			
I-47			12+17+10+17				45,0	56,0			
I-48			12+13,5+10+10				45,0	45,5			
I-49			12+13,5+10+17				45,0	52,5			

Tabela 10 – Composições homologadas para o transporte de carga – caminhão + reboque
(Fonte: DENATRAN, 2009 – adaptado pelos autores)

Caminhão + semirreboque + reboque			Peso sobre os eixos e conjuntos de eixo (t)	PBTC (t) Comprimento total (m)							Máx (m)
				<= 14,0	< 16,0	>= 16,0	< 17,5	>= 17,5	> 19,8	>= 25,0	
I-50			6+10+10+10+10				45,0	46,0			19,8
I-51			6+10+17+10+10				45,0	53,0			
I-52			6+10+10+10+17				45,0	53,0			
I-53			6+17+10+10+10				45,0	53,0			
I-54			6+13,5+2x10+10				45,0	49,5			
I-55			6+13,5+17+2x10				45,0	56,5			
I-56			6+13,5+2x10+17				45,0	56,5			

Tabela 11 – Composições homologadas para o transporte de carga – caminhão + semirreboque + reboque
(Fonte: DENATRAN, 2009 – adaptado pelos autores)

Caminhão trator + 2 semirreboques			Peso sobre os eixos e conjuntos de eixo (t)	PBTC (t) Comprimento total (m)							Máx (m)
				<= 14,0	< 16,0	>= 16,0	< 17,5	>= 17,5	> 19,8	>= 25,0	
I-57			6+10+10+10				36,0	36,0			19,8
I-58			6+17+10+10				43,0	43,0			
I-59			6+13,5+10+10				39,5	39,5			
I-60			6+10+17+10				43,0	43,0			
I-61			6+17+17+10				45,0	50,0			
I-62			6+13,5+17+10				45,0	46,5			
I-63			6+10+17+17				45,0	50,0			
I-64			6+17+17+17				45,0	57,0			
I-65			6+13,5+17+17				45,0	53,5			

Tabela 12 – Composições homologadas para o transporte de carga – caminhão + 2 semirreboques
(Fonte: DENATRAN, 2009 – adaptado pelos autores)

Caminhão trator + semirreboque + reboque → Necessita AET			Peso sobre os eixos e conjuntos de eixo (t)	PBTC (t) Comprimento total (m)							Máx (m)
				<= 14,0	< 16,0	>= 16,0	< 17,5	>= 17,5	> 19,8	>= 25,0	
II-1			6+10+10+10+10						46,0		30,0
II-2			6+17+10+10+10						53,0		
II-3			6+10+10+10+17						53,0		
II-4			6+17+17+10+10							60,0	
II-5			6+17+17+10+17							67,0	
II-6			6+17+17+17+17							74,0	
II-7			12+17+17+2x10							66,0	
II-8			12+2x17+10+17							73,0	

Tabela 13 – Composições que necessitam AET para o transporte de carga – caminhão + semirreboque + reboque
(Fonte: DENATRAN, 2009 – adaptado pelos autores)

Caminhão trator + 2 semirreboques → Necessita AET			Peso sobre os eixos e conjuntos de eixo (t)	PBTC (t) Comprimento total (m)							Máx (m)
				<= 14,0	< 16,0	>= 16,0	< 17,5	>= 17,5	> 19,8	>= 25,0	
II-9			6+10+10+10						36,0		30,0
II-10			6+17+10+10						43,0		
II-11			6+13,5+10+10						39,5		
II-12			6+10+17+10						43,0		
II-13			6+17+17+10						50,0		
II-14			6+13,5+17+10						46,5		
II-15			6+10+17+17						50,0		
II-16			6+17+17+17						57,0		
II-17	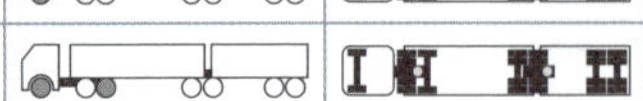		6+13,5+17+17						53,5		
II-18			6+17+17+25,5							65,5	
II-19	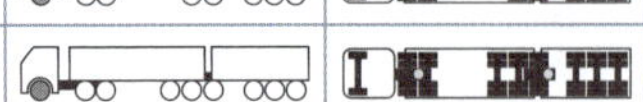		6+17+25,5+25,5							74,0	
II-20			12+17+17+17							63,0	

Tabela 14 – Composições que necessitam AET para o transporte de carga – caminhão + 2 semirreboques
(Fonte: DENATRAN, 2009 – adaptado pelos autores)

Caminhão + 2 reboques → Necessita AET		Peso sobre os eixos e conjuntos de eixo (t)	PBTC (t) Comprimento total (m)							Máx (m)
			<= 14,0	< 16,0	>= 16,0	< 17,5	>= 17,5	> 18,6	>= 25,0	
II-21		6+17+10+10+10+10							63,0	30,0
II-22		6+17+10+10+10+17							70,0	
II-23	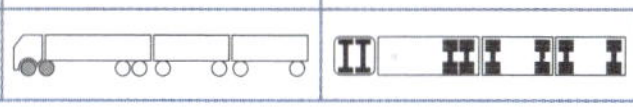	12+17+10+10+10 +10							69,0	

Tabela 15 – Composições que necessitam AET para o transporte de carga – caminhão + 2 reboques (Fonte: DENATRAN, 2009 – adaptado pelos autores)

Caminhão trator + 3 semirreboques → Necessita AET		Peso sobre os eixos e conjuntos de eixo (t)	PBTC (t) Comprimento total (m)							Máx (m)
			<= 14,0	< 16,0	>= 16,0	< 17,5	>= 17,5	> 18,6	>= 25,0	
II-24		6+17+17+10+10							60,0	30,0
II-25	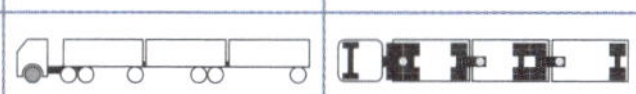	6+17+10+17+10							60,0	
II-26		6+17+10+10+17							60,0	
II-27	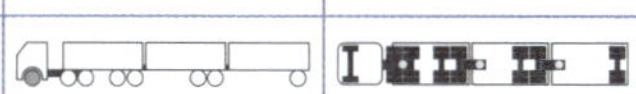	6+17+17+17+10							67,0	
II-28		6+17+17+10+17							67,0	
II-29		6+17+10+17+17							67,0	
II-30		6+17+17+17+17							74,0	
II-31		6+13,5+17+10 +10						56,5		

Tabela 16 – Composições que necessitam AET para o transporte de carga – caminhão + 3 semirreboques (Fonte: DENATRAN, 2009 – adaptado pelos autores)

Caminhão + reboque → Necessita AET (só para caminhões registrados até 30 dias após a publicação da portaria 63/2009 do DENATRAN)		Peso sobre os eixos e conjuntos de eixo (t)	PBTC (t) Comprimento total (m)							Máx (m)
			<= 14,0	< 16,0	>= 16,0	< 17,5	>= 17,5	> 19,8	>= 25,0	
II-32		6+10+10+10						36,0		25,0
II-33		6+10+10+17						43,0		
II-34		6+10+17+17						50,0		
II-35		6+17+10+10						43,0		
II-36		6+17+10+17						50,0		
II-37		6+17+17+17						57,0		
II-38		6+13,5+17+17						39,5		
II-39		6+13,5+10+17						46,5		
II-40		6+13,5+17+17						53,5		
II-41		12+17+10+10						49,0		
II-42	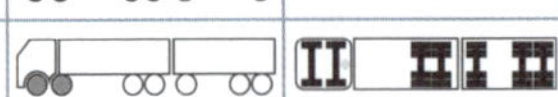	12+17+10+17						56,0		
II-43	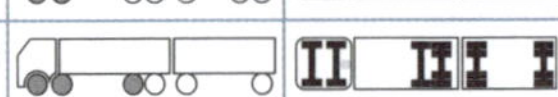	12+13,5+10+10						45,5		
II-44		12+13,5+10+17						52,5		

Tabela 17 – Composições que necessitam AET para o transporte de carga – caminhão + reboques – para veículos registrados até 30 dias após a portaria 63/2009
(Fonte: DENATRAN, 2009 – adaptado pelos autores)

Ônibus convencional		Peso sobre os eixos e conjuntos de eixo (t)	PBT (t) Comprimento total (m)							Máx (m)
			<= 14,0	<= 15,0	>= 16,0	< 17,5	>= 17,5	> 18,6	>= 25,0	
III-1		6+6	12,0							14,0
III-2		6+10	16,0							
III-3		6+17	23,0							
III-4		6+13,5	19,5							
III-5		6+13,5	19,5							
III-6		12+10	22,0							
III-7		12+17	29,0							
III-8		12+13,5	25,5							
III-9		12+13,5	25,5							

Tabela 18 – Composições homologadas para o transporte urbano de passageiros – ônibus convencional
(Fonte: DENATRAN, 2009 – adaptado pelos autores)

Ônibus com terceiro eixo direcional		Peso sobre os eixos e conjuntos de eixo (t)	PBT (t) Comprimento total (m)							Máx (m)
			<= 14,0	<= 15,0	>= 16,0	< 17,5	>= 17,5	> 18,6	>= 25,0	
III-10		6+17		23,0						15,0
III-11		6+13,5		19,5						
III-12	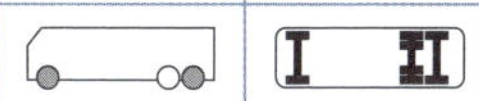	6+13,5		19,5						
III-13	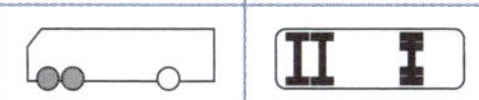	12+10		22,0						
III-14		12+17		29,0						
III-15	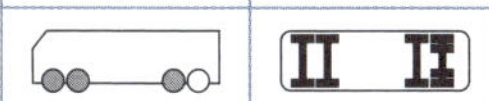	12+13,5		25,5						
III-16		12+13,5		25,5						

Tabela 19 – Composições homologadas para o transporte urbano de passageiros que possuem terceiro eixo de apoio direcional
(Fonte: DENATRAN, 2009 – adaptado pelos autores)

Ônibus articulado		Peso sobre os eixos e conjuntos de eixo (t)	PBTC (t) Comprimento total (m)							Máx (m)
			<= 14,0	<= 15,0	>= 16,0	< 17,5	>= 17,5	<= 18,6	<= 19,8	
III-17		6+10+10						26,0		18,6
III-18		6+17+10						33,0		
III-19		6+13,5+10						29,5		
III-20		6+13,5+10						29,5		
III-21		6+6+17						29,0		
III-22		6+10+13,5						29,5		
III-23		6+10+13,5						29,5		
III-24		6+10+10+10						36,0		
III-25		6+13,5+10+10						39,5		
III-26		6+13,5+10+10						39,5		

Tabela 20 – Composições de ônibus articulado homologadas para o transporte de passageiros
(Fonte: DENATRAN, 2009 – adaptado pelos autores)

Ônibus com reboque		Peso sobre os eixos e conjuntos de eixo (t)	PBTC (t) Comprimento total (m)							Máx (m)
			<= 14,0	=< 15,0	>= 16,0	< 17,5	>= 17,5	> 18,6	<= 19,8	
III-27		6+10+10+10							36,0	19,8
III-28		6+13,5+10+10							39,5	
III-29		6+13,5+10+10							39,5	
III-30		6+10+6+10							32,0	
III-31		6+13,5+6+10							35,5	
III-32	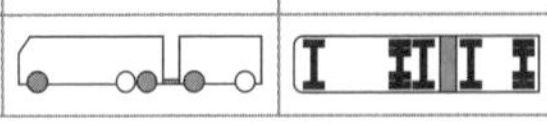	6+13,5+6+10							35,5	

Tabela 21 – Composições de ônibus com reboque homologadas para o transporte de passageiros (Fonte: DENATRAN, 2009 – adaptado pelos autores)

Ônibus articulado		Peso sobre os eixos e conjuntos de eixo (t)	PBT e PBTC (t) Comprimento total (m)							Máx (m)
			<= 14,0	=< 15,0	>= 16,0	< 17,5	>= 17,5	> 18,6	>= 25,0	
III-33		6+10+10						26,0		25,0
III-34		6+17+10						33,0		
III-35		6+13,5+10						29,5		
III-36	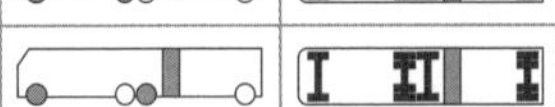	6+13,5+10						29,5		
III-37		6+6+17						29,0		
III-38		6+10+13,5						29,5		
III-39		6+10+13,5						29,5		
III-40		6+10+10+10						36,0		
III-41		6+13,5+10+10						39,5		
III-42		6+13,5+10+10						39,5		
III-43		6+17+10+10						43,0		

Tabela 22 – Composições de ônibus articulado que necessitam de AET (Fonte: DENATRAN, 2009 – adaptado pelos autores)

Ônibus biarticulado			Peso sobre os eixos e conjuntos de eixo (t)	PBT e PBTC (t) Comprimento total (m)							Máx (m)
				<= 14,0	< 16,0	>= 16,0	< 17,5	>= 17,5	> 18,6	>= 25,0	
III-44	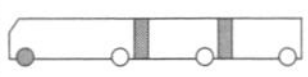	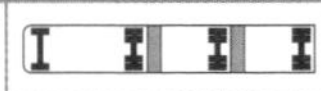	6+10+10+10							36,0	30,0
III-45	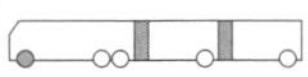	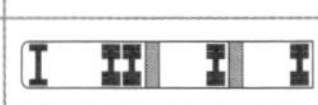	6+17+10+10							43,0	
III-46	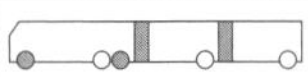	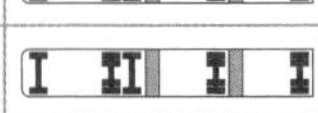	6+13,5+10+10							39,5	
III-47	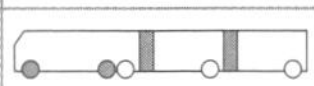	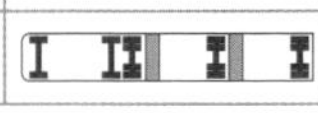	6+13,5+10+10							39,5	

Tabela 23 – Composições de ônibus biarticulado que necessitam de AET
(Fonte: DENATRAN, 2009 – adaptado pelos autores)

1.5. *Players* do mercado

Dados o grande parque industrial instalado desde a década de 50 no Brasil e a política de taxação de veículos importados, a grande maioria dos caminhões e ônibus emplacados é produzida por montadoras instaladas localmente. De acordo com a Fenabrave em 2004, 96% dos caminhões e 93% dos ônibus emplacados foram fabricados ou montados dentro do Brasil. Esses são números que não se alteraram de forma significativa nos últimos anos. Um outro dado que ajuda a explicar esse alto número de produtos locais é a política de crédito para aquisição dos veículos baseada em um percentual mínimo de peso e valor nacional, o chamado conteúdo local.

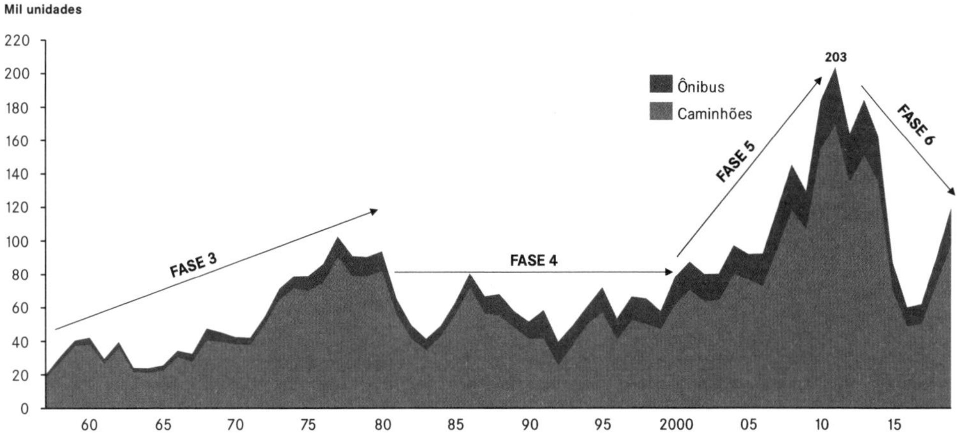

Figura 23 – As fases da indústria de veículos comerciais olhando-se os emplacamentos
(Fonte dos dados: série histórica da ANFAVEA, gráfico e fases pelos autores)

Tanto para ônibus quanto para caminhões, os *players* europeus dominam o mercado brasileiro. Interessante destacar que essa hegemonia foi construída e vem sendo mantida desde o que chamamos de fase 3 do nosso mercado. Entre os maiores, temos de um lado as montadoras alemãs, representadas por Mercedes-Benz e MAN/VW, e de outro as suecas Volvo e Scania. Entre as em franco crescimento, temos a italiana Iveco e a holandesa DAF também como representantes do velho continente. A americana Ford, que por muito tempo ficou na terceira colocação no mercado de caminhões, decidiu deixar o segmento no Brasil em 2019.

Entre os representantes genuinamente nacionais no mercado podemos contar com Marcopolo e Agrale, fundadas no estado do Rio Grande do Sul. A Agrale, por sua vez, além de ônibus, produz também caminhões leves.

Nos últimos anos pudemos observar a entrada das desafiantes chinesas Foton Aumark, BYD e JAC. Essas duas últimas possuem uma estratégia de crescer no mercado não competindo diretamente com a tecnologia das montadoras já estabelecidas. O foco é entrar no mercado ainda não explorado de veículos comerciais elétricos. A Aumark acabou saindo do mercado.

A seguir podemos ver como nos últimos 20 anos o *market share* se desenvolveu no Brasil para caminhões e ônibus. É clara a liderança da Mercedes-Benz e MAN/VW ao longo do tempo.

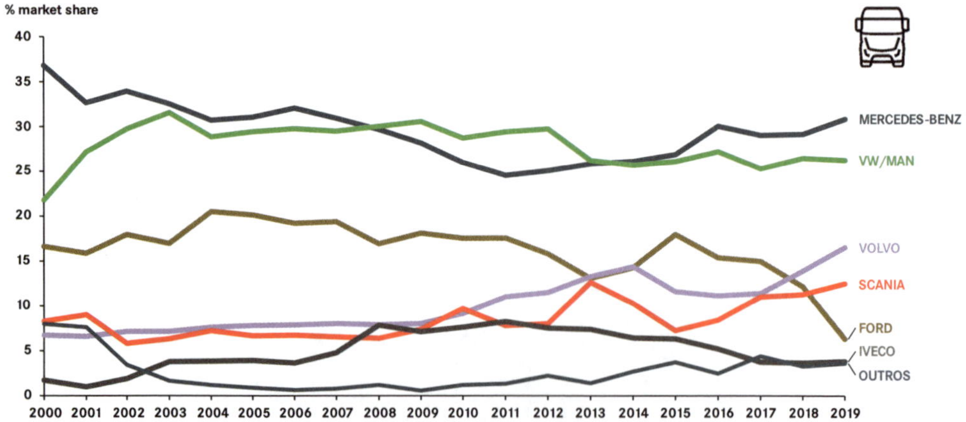

Figura 24 – *Market share* do mercado de caminhões
(Fonte dos dados: Fenabrave, 2022 – gráfico pelos autores)

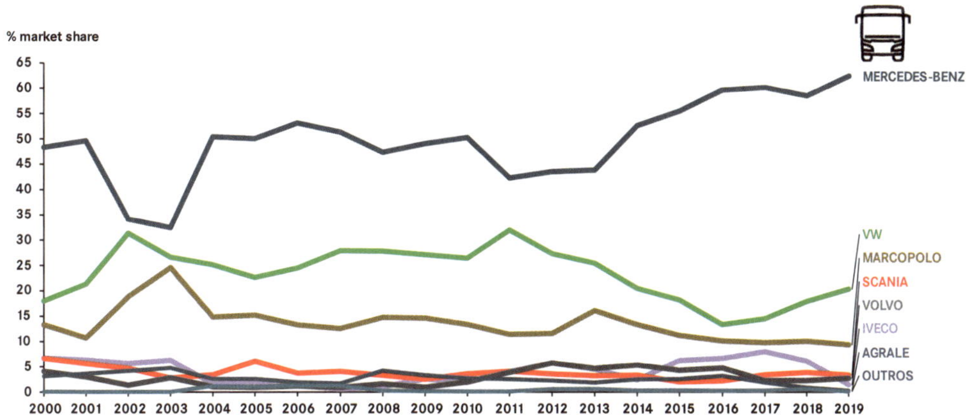

Figura 25 – *Market share* do mercado de ônibus
(Fonte dos dados: Fenabrave, 2022 – gráfico pelos autores)

Todas as fábricas das montadoras de caminhões e ônibus (excluindo-se encarroçadores) estão localizadas hoje no eixo Sul-Sudeste do Brasil, onde a maior parte do mercado se encontra, como vimos anteriormente. Por estado:

- São Paulo: Ford, Mercedes-Benz, Scania, BYD
- Rio de Janeiro: MAN/VW
- Minas Gerais: Iveco, Mercedes-Benz
- Paraná: DAF, Volvo
- Rio Grande do Sul: Agrale, Marcopolo

1.6. Associações nacionais

Os atores da sociedade civil organizada possuem um papel importante na definição de leis, regras, soluções e educação para a mobilidade brasileira. Segue lista com algumas das maiores associações e entidades de classe brasileiras ligadas ao segmento de veículos comerciais.

ANFAVEA	Associação Nacional dos Fabricantes de Veículos Automotores
ABEIFA	Associação Brasileira das Empresas Importadoras e Fabricantes de Veículos Automotores
ABIMAQ	Associação Brasileira de Indústria de Máquinas e Equipamentos
ABIPEÇAS	Associação Brasileira da Indústria de Autopeças
ABNT	Associação Brasileira de Normas Técnicas
ABRAMET	Associação Brasileira de Medicina de Tráfego
AEA	Associação Brasileira de Engenharia Automotiva
ANAV	Associação Nac. de Empresas de Aluguel de Veículos e Gestão de Frotas
ANFATRE	Associação Nacional dos Fabricantes de Trailers, Reboques e Engates
ANFIR	Associação Nacional de Fabricantes de Implementos Rodoviários
ANIP	Associação Nacional da Indústria de Pneumáticos
ANTP	Associação Nacional de Transportes Públicos
CNT	Confederação Nacional do Transporte
FABET	Fundação Adolpho Bósio de Educação no Transporte
FABUS	Associação Nacional dos Fabricantes de Ônibus
FENABRAVE	Federação Nacional da Distribuição de Veículos Automotores
FENAUTO	Federação Nacional das Associações dos Revendedores de Veículos Automotores
FENIVE	Federação Nacional da Inspeção Veicular
IQA	Instituto da Qualidade Automotiva
NTC	Associação Nacional do Transporte de Cargas e Logística
NTU	Associação Nacional de Empresas de Transportes Urbanos
SAE BRASIL	Sociedade de Engenheiros da Mobilidade – Brasil
SETCESP	Sindicato das Empresas de Transporte de São Paulo
SEST SENAT	Serviço Social do Transporte e o Serviço Nacional de Aprendizagem do Transporte
SINDIPEÇAS	Sindicato Nacional da Indústria de Componentes para Veículos Automotores

Tabela 24 – Associações nacionais
(Fonte: os autores)

1.7. TCO

O Custo Total de Propriedade, também conhecido pela sigla em inglês TCO (*Total Cost of Ownership*), é o componente mais importante para a decisão de compra de um veículo comercial. A avaliação desse componente por compradores, proprietários e gerentes de frota é fundamental porque não envolve somente o custo da aquisição do veículo, mas todos os outros gastos decorrentes do uso. Entre os principais elementos que compõem o TCO podemos citar os custos de:

- Aquisição do veículo, implementos e custos com o financiamento
- Combustível, fluidos, pneus e peças de reposição
- Mão de obra (ex.: motoristas)

- Manutenção, reparos e garantia
- Licenciamento, DPVAT, IPVA, ANTT e outros impostos, taxas e contribuições, dependendo do segmento de atuação
- Pedágio
- Seguros
- Telemática e rastreamento
- Despesas administrativas
- Depreciação e valor de revenda do veículo e implementos

A avaliação do TCO, além da decisão por marca e modelo do veículo, também pode ser fundamental para uma decisão de frota própria ou terceirizada.

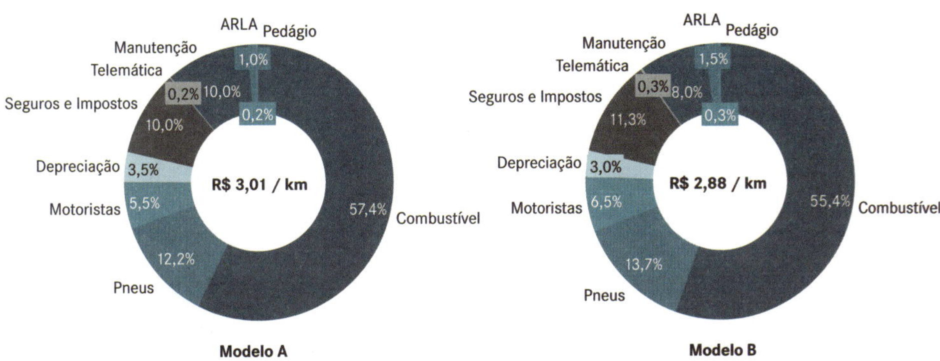

Figura 26 – Exemplo de comparação entre diferentes TCO
(Ilustração: os autores)

Com relação à unidade de medida do TCO, temos várias possibilidades, dependendo da necessidade de cálculo do negócio. Por exemplo:

- R$ por km
- R$ por período (mês, 1 ano, 5 anos)
- R$ por tonelada transportada em um dado trecho
- R$ por m^3 transportado em um dado trecho

O cálculo do TCO é mais usual em grandes frotas, onde o custo operacional é mais relevante. Para proprietários de um caminhão ou um micro-ônibus, geralmente o custo de aquisição é o fator mais importante.

Um ótimo índice para comparar o TCO entre veículos de diferentes montadoras é avaliar o custo de suas garantias estendidas. Nesse custo as próprias montadoras já realizaram boa parte do trabalho do cálculo de custo do veículo, principalmente com peças de desgaste, manutenção, reposição de fluidos, entre outros custos. É importante salientar que o escopo de serviços cobertos precisa ser o mesmo.

1.8. Curiosidades

Aqui selecionamos algumas curiosidades interessantes sobre a cultura que foi desenvolvida dentro do nosso mercado e que, em alguns casos, só existe no Brasil. Algumas dessas práticas são adotadas mesmo em descumprimento com a legislação e a recomendação técnica dos fabricantes.

Frases de para-choque
As frases de para-choque são mensagens que o proprietário ou condutor, principalmente de caminhões, quer expressar. Podem ser relativas a trocadilhos ou piadas, sua fé religiosa, família e outros assuntos do "trecho".

É no chamado aparabarro, saião ou lameirão que essas mensagens são pintadas, na maioria das vezes de forma artesanal.

Figura 27 – Frases de para-choque
(Foto: Matheus Bora, Art Truck Aparabarros)

Nome no para-brisa
É muito comum também a adesivagem do nome do motorista ou do grupo ao qual ele pertence no para-brisa do caminhão. Outros aproveitam também para mostrar sua fé religiosa. A prática, além de limitar a visão do condutor do veículo, é proibida e pode gerar multa de R$ 195,23, 5 pontos na CNH e retenção do veículo, dependendo do entendimento da autoridade de trânsito.

Figura 28 – Adesivagem no para-brisa do veículo
(Foto: Iveco)

Suspensão traseira elevada
A chamada "arrebitagem" da traseira é proibida e regulada através da resolução 479/2014 do CONTRAN que, entre outras disposições, para veículos com PBT acima de 3.500kg prevê:

> *I. Em qualquer condição de operação, o nivelamento da longarina não deve ultrapassar dois graus a partir de uma linha horizontal.*
>
> *II. A verificação do cumprimento do disposto no inciso I será feita conforme o Anexo II.*

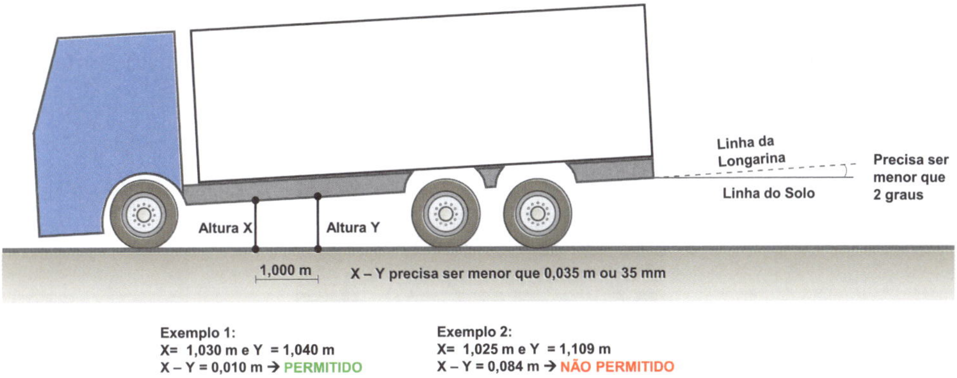

Figura 29 – Método de medição da inclinação do chassi conforme anexo II da resolução nº 479/2014
(Fonte: adaptado de CONTRAN, 2014)

Além de ser ilegal, a suspensão elevada em demasiado da traseira pode causar danos à estrutura do veículo devido ao desbalanceamento de cargas nos eixos e também à perda de garantia por parte do fabricante.

Filetagem na carroceria de madeira

As plataformas de carga fabricadas em madeira estão menos comuns atualmente. Porém, podemos ver muitas nas estradas ainda e todas elas possuem um desenho especial que se repete ao longo da sua estrutura. A filetagem nasceu da decoração de canoas e carroças no Brasil e passou para o caminhão. Uma das vantagens alegadas por proprietários desse tipo de identificação é o reconhecimento do veículo, em caso de roubos.

Figura 30 – Caminhão com o implemento de madeira filetado
(Foto: os autores)

Soluções contra roubos

O Brasil é um país onde os caminhoneiros e frotistas precisam cuidar da enorme taxa de roubos de veículos e cargas. Em algumas regiões, transportadoras até se recusam a operar, dada a periculosidade da operação. No caso do veículo, o roubo quase sempre se destina ao desmanche para a revenda das peças individualmente.

Figura 31 – Marcação mecânica/adesiva em caminhões para proteção contra roubos
(Foto: os autores)

Uma das soluções encontradas aqui são as chamadas "vacinas" contra os roubos, como mostra a Figura 31. A cabine, o trem de força ou implementos são marcados de forma mecânica ou adesiva de forma a reduzir a vantagem do roubo, através da rastreabilidade das peças.

Chineleira

É uma prática antiga o uso de chinelos durante o trabalho realizado por nossos caminhoneiros locais, apesar de a direção com esse tipo de calçado não ser autorizada pelo CTB. Para não sujar o interior do veículo, os chinelos são deixados no estribo de subida da cabine. Com isso, foram criados acessórios para proteger essa parte do veículo. É uma tampa de proteção geralmente produzida em fibra de vidro ou plástico que foi denominada chineleira.

Figura 32 – Chineleira
(Foto: os autores)

Rodoar

O rodoar ou rodocalibrador é um sistema muito utilizado no Brasil, porém não muito comum em outros países. Ele tem a função de manter os pneus com as pressões de operação corretas e assim ajudar na economia de combustível. Pode ser instalado externamente ou utilizando a estrutura interna do eixo e cubo de roda.

Figura 33 – Sistema rodoar ou rodocalibrador
(Fotos: os autores, durante FENATRAN 2019)

Vocabulário

Uma das coisas interessantes para se entender no mercado brasileiro é o vocabulário utilizado por motoristas e frotistas desse setor. Foram desenvolvidos ao longo da história termos que existem somente no Brasil. Para os caminhoneiros, muito desse vocabulário é utilizado não somente nas paradas e restaurantes junto às rodovias, mas também nos seus "rádios PX" instalados nas cabines dos veículos. Esses equipamentos usam as frequências homologadas para o Serviço de Rádio Cidadão, da ANATEL.

Segue uma lista relacionada a caminhões e ônibus.

Caminhões
3/4 (três quartos) – Caminhão leve utilizado para distribuição de cargas urbanas
Bicudo – Caminhão com cabine semiavançada, com capô
Bitruck – Caminhão com dois eixos direcionais dianteiros, podendo ser um 8x2 ou um 8x4
Boleia – Cabine do caminhão
Botina – Policial
Caixa da boia – Cozinha instalada no implemento
Cara-chata – Caminhão com cabine avançada
Carga seca – Implemento de grade baixa
Carrega tudo – Um semirreboque do tipo prancha, utilizado geralmente para o transporte de cargas indivisíveis
Carreta – Um semirreboque
Carreta canguru – Modelo de semirreboque trazido de outros mercados do Mercosul onde um dos três eixos é mais espaçado dos demais
Cegonha – Caminhão que transporta automóveis
Chapéu virado – Implemento do tipo basculante ou caçamba
Fazer média – Caminhão ou motorista que trafega com um consumo reduzido
Gabine – Cabine ou cabina, ambos estão corretos na língua portuguesa
Gaiola – Implemento para transporte de botijões de gás
Jacaré – Scania L111 produzido entre 1976 e 1981
Mala de navio – Contêiner
Maneco – Alavanca de freio de estacionamento
Muriçoca – Caminhões da Mercedes-Benz bicudos da série L
Toco – Caminhão 4x2
Trucado – ou "truck", um caminhão 6x2
Traçado – Caminhão com tração nos dois eixos traseiros
Vanderléa – Implemento com os eixos mais espaçados (>2,4 m)
VUC – Veículo Urbano de Carga, ver definição de 3/4. Usado principalmente na cidade de São Paulo.

Tabela 25 – Vocabulário de caminhões
(Fonte: os autores)

Ônibus	
Balaústres – Estruturas tubulares internas ao ônibus que servem de apoio para os passageiros e ajudam na sustentação da carroceria ***Busdoor*** – Propaganda realizada na parte traseira do ônibus, onde geralmente é instalado um vidro traseiro **Busólogo** – Amante e estudioso de ônibus **Busão** – Nome popular para o ônibus **Campainha** – Dispositivo dedicado a acionar o pedido de parada do ônibus. Pode ser implementado através de botões ou cordas. **Capô** – Tampa do motor de ônibus com motor dianteiro. Também pode ser chamada de bolha ou cofre do motor. **Casulo** – Parte estrutural da carroceria de um ônibus	**Folha** – Parte móvel das portas **Fretado** – Ônibus que opera no transporte de funcionários ou alugado para uma viagem específica **Jardineira** – Ônibus com cabine semiavançada, bicudo – não mais utilizado no Brasil. Utilizado ainda em alguns países como México e EUA. **Letreiro** – Indicador posicionado na parte superior do para-brisa que tem a função de mostrar o número e nome da linha **Papa-fila** – Ônibus articulado

Tabela 26 – Vocabulário de ônibus
(Fonte: os autores)

2. Fundamentos de veículos comerciais

Os veículos comerciais possuem a função de transportar pessoas ou cargas de um dado ponto A para um outro dado ponto B da forma mais eficiente possível. Nesse sentido, a definição é bastante ampla e pode incluir, por exemplo, aviões e trens.

Na figura a seguir, incluímos os principais grupos de veículos comerciais que podem trafegar em rodovias. Esses veículos compartilham sistemas semelhantes como trem de força, chassis e cabine. No caso de implementos rodoviários, atualmente já podemos contar com um exemplo de trem de força no modelo e-Sys da empresa Suspensys, como mostrado na FENATRAN em 2019.

A cabine, em alguns casos, como nos novos veículos autônomos, pode ser suprimida. A Scania recentemente mostrou ao público um exemplo com seu modelo AXL, um caminhão basculante (caçamba) voltado para o mercado de mineração.

Abordaremos neste livro os sistemas veiculares de caminhões, ônibus e implementos rodoviários. Vans, camionetas, tratores e implementos agrícolas não serão escopo desta obra, apesar de possuírem várias similaridades em termos de engenharia automotiva.

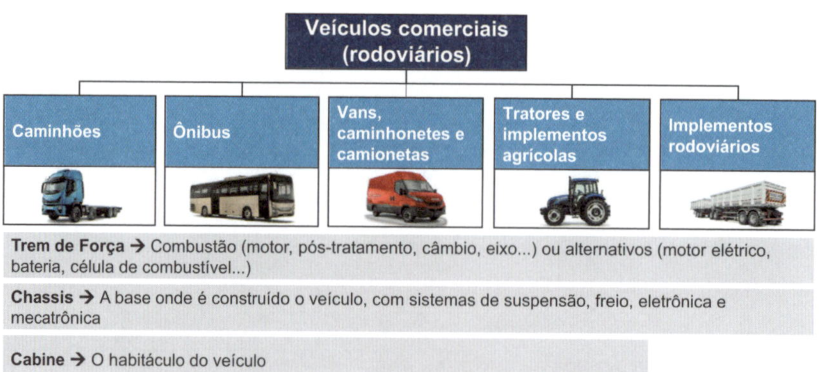

Figura 34 – Definição de veículos comerciais
(Fotos: Iveco, compilação pelos autores)

Classificação de acordo com os eixos

Os veículos comerciais podem ser identificados por quantas rodas possuem tração e quantas rodas são direcionáveis. A fórmula usada é esta:

$$N \times T\ (/D)$$

Onde:

N = Número total de rodas do veículo. A rodagem dupla conta como uma roda.

T = Número de rodas que possuem tração.

D = Número de rodas que são acionadas pela direção ou direcionáveis. No caso de duas somente, essa denominação desaparece.

A seguir, algumas configurações comuns encontradas no mercado brasileiro. As rodas em branco ilustram a inexistência de tração. As rodas pintadas são tracionadas e possuem eixo diferencial.

Como mostramos no Capítulo 1, algumas dessas configurações possuem um nome próprio entre os condutores e frotistas de caminhão.

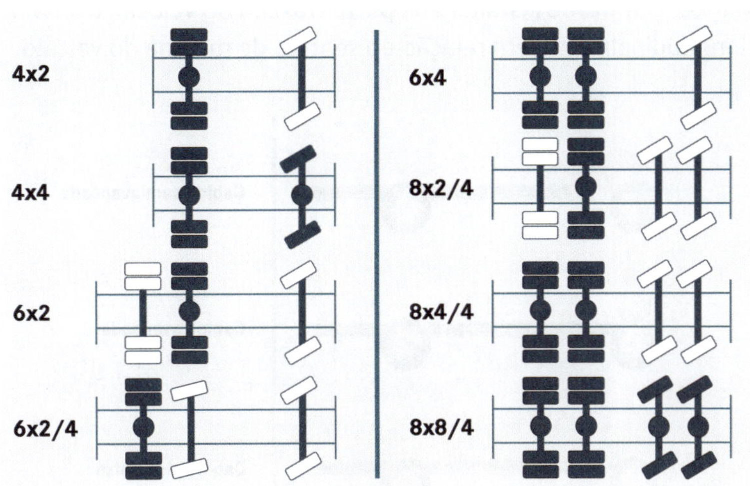

Figura 35 – Layouts comuns de veículos comerciais
(Fonte: os autores)

Classificação de acordo com a posição do motor

De acordo com a necessidade da aplicação e questões legais, diferentes layouts para o motor são utilizados. Há basicamente quatro tipos:

- **Cabine semiavançada:** são os caminhões e ônibus conhecidos no mercado brasileiro como "bicudos". Possuem capô amplo que pode ser utilizado para realizar manutenções no motor. Outras vantagens incluem uma melhor aerodinâmica e, dependendo da colisão frontal, o motorista está mais bem protegido. Também indicados para uso militar e algumas aplicações fora-de-estrada, pois conseguem adicionalmente reduzir a altura da cabine e por consequência o seu balanço. No uso militar também é indicado por conta da melhor distribuição de peso, no caso de cabines blindadas.
- **Cabine avançada:** são os caminhões conhecidos no mercado brasileiro como "cara chata". A direção desses veículos fica à frente do eixo dianteiro. A principal vantagem deste tipo de construção é otimizar a capacidade de carga quando há limitação no comprimento do conjunto veículo e implemento. As desvantagens ficam na aerodinâmica e na necessidade de um sistema adicional para basculamento da cabine para manutenção.
- **Cabine piso baixo:** em alguns veículos há a necessidade de que a entrada e a saída sejam realizadas de forma rápida. Exemplo disso são aplicações em aeroportos ou lixeiros em alguns países. Com isso, a manutenção pode ser prejudicada, pois o implemento fica acima do motor (*underfloor engine*).
- **Motor traseiro:** mais comum em ônibus, especialmente os articulados e rodoviários. O motor é instalado na parte traseira do veículo, transversalmente ou longitudinalmente em relação ao sentido de marcha do veículo.

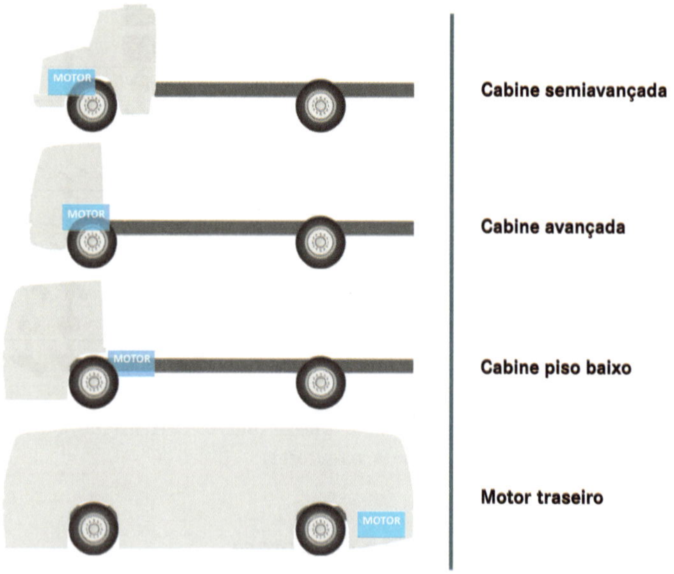

Figura 36 – Classificação do veículo conforme a posição do motor
(Fonte: os autores)

2.1. Geometrias importantes

A ABNT NBR 12530 normatiza algumas dimensões e ângulos importantes no desenho externo e interno dos veículos comerciais. Essas características são encontradas nos folhetos técnicos dos modelos específicos de cada fabricante na internet. Algumas são encontradas em todos os tipos de veículos, outras somente em tipos específicos. Seguem na próxima figura alguns exemplos desses padrões.

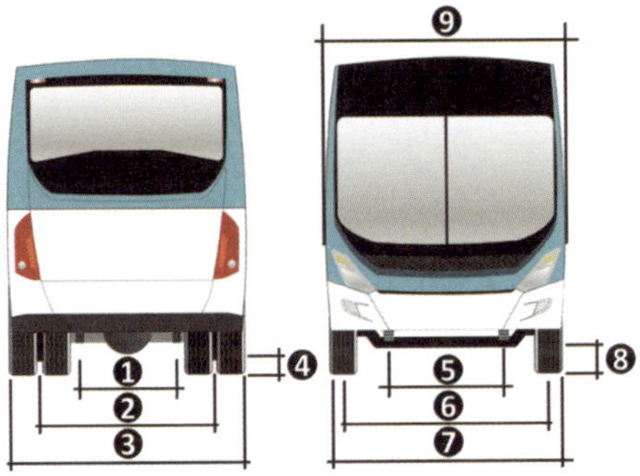

1. Bitola da suspensão traseira
2. Bitola traseira
3. Distância entre as faces laterais externas dos pneus dianteiros
4. Altura livre traseira
5. Bitola da suspensão dianteira
6. Bitola dianteira
7. Distância entre as faces laterais externas dos pneus traseiros
8. Altura livre traseira
9. Largura total da carroceria (sem espelhos)

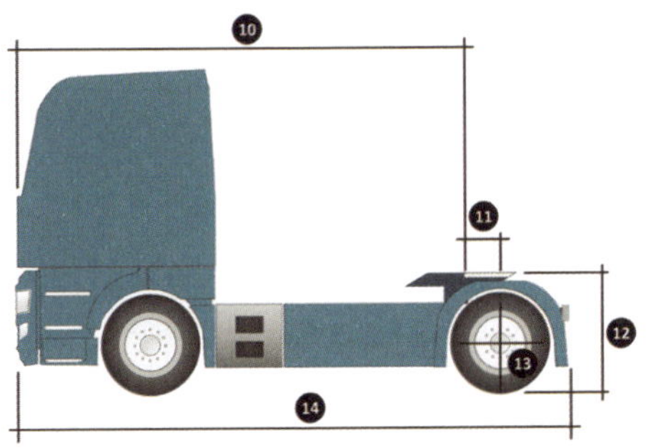

10. Distância do pino-rei à dianteira do caminhão-trator
11. Avanço do pino-rei
12. Altura da quinta roda
13. Centro de roda
14. Comprimento total do veículo

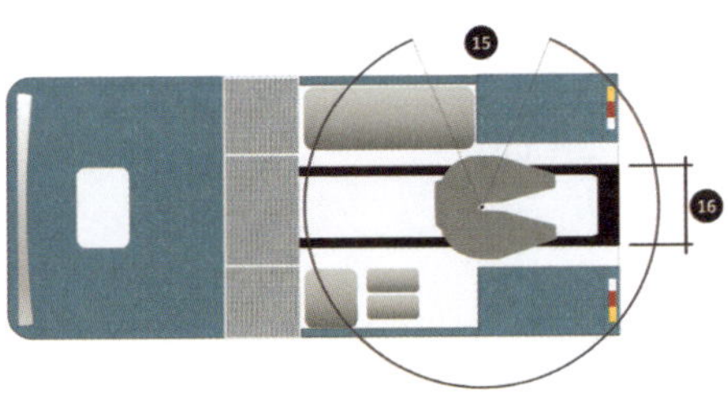

15. Raio de giro traseiro do caminhão trator
16. Largura do quadro chassi na região traseira

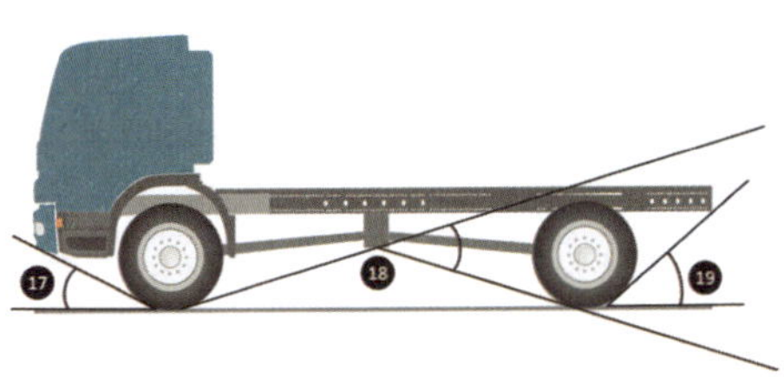

17. Ângulo de entrada
18. Ângulo de rampa
19. Ângulo de saída

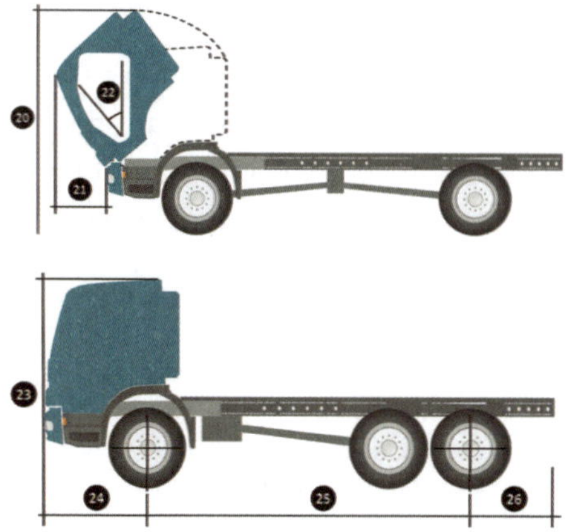

20. Altura máxima da cabine na posição escamoteada
21. Distância entre o para-choque dianteiro e cabine escamoteada
22. Ângulo de escamoteamento

23. Altura do veículo
24. Balanço dianteiro
25. Distância entre eixos
26. Balanço traseiro

Figura 37 – Dimensões e ângulos importantes no projeto de um veículo
(Ilustrações: os autores)

2.2. Fundamentos físicos

Para entender alguns conceitos de veículos comerciais, faz-se necessária também a compreensão dos principais tipos de forças físicas existentes, conforme segue. Lembrando que todas essas forças podem coexistir sobre um dado corpo e são vetoriais, ou seja, possuem uma escala, uma direção e um sentido.

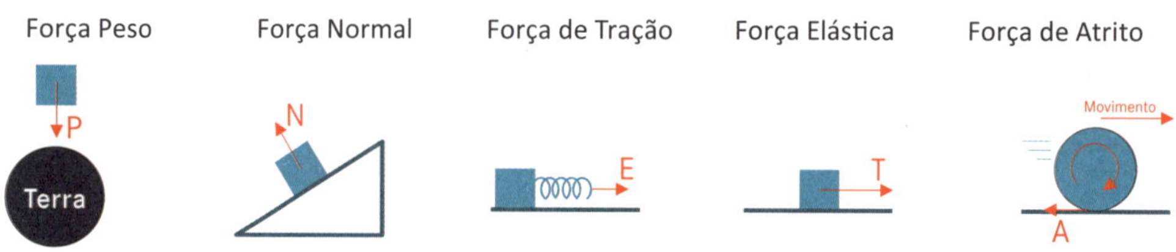

Figura 38 – Principais forças existentes
(Ilustrações: os autores)

Podemos analisar essas forças que agem sobre um veículo em dois momentos distintos. São eles:

- **Veículo parado:** através do estudo da estática, ou seja, o peso, a distribuição de forças e cargas sobre componentes, eixos, suspensão, rodas e pneus.
- **Veículo em movimento:** através da dinâmica e cinemática, que depende da situação na qual o veículo se encontra: em velocidade, acelerando, freando, fazendo uma curva etc.

De forma simplificada (HOEPKE; BREUER, 2013), as forças estáticas sobre os eixos podem ser encontradas através de um modelo bidimensional, considerando-se as forças sobre somente uma roda, em vez de ambos os lados dos eixos. Também simplificamos as cargas sobre os eixos do implemento para que fossem consideradas como um ponto somente, em vez de três. Esse modelo pode ser utilizado para outros tipos de veículos e composições, ou seja, o princípio de decomposição das forças é o mesmo. Esse estudo é baseado no chamado modelo da bicicleta. Como base para os cálculos, os parâmetros do CG devem ser conhecidos ou calculados (ex.: com base na distribuição, alocação e altura das cargas).

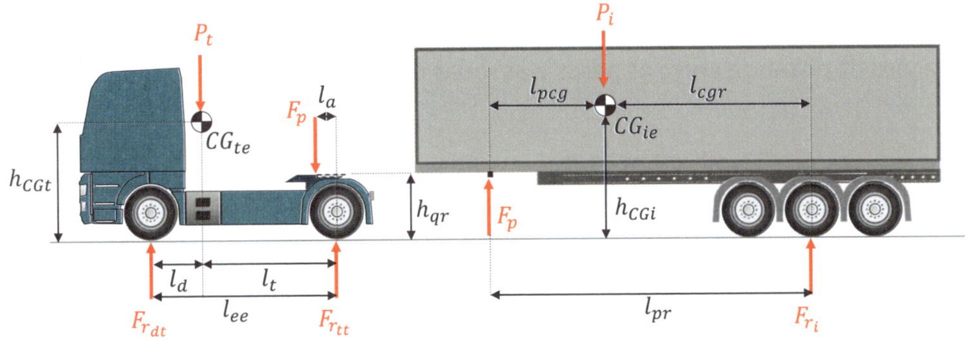

Figura 39 – Modelo simplificado de forças sobre uma composição trator e implemento (Ilustração: os autores)

Onde:

CG_{te} = centro de gravidade do trator (estático)

CG_{ie} = centro de gravidade do implemento (estático)

P_t = PBT do trator

P_i = PBT do implemento

F_p = Força peso do pino-rei

$F_{r_{dt}}$ = Força Normal (Reação) sobre a roda dianteira do trator

$F_{r_{tt}}$ = Força Normal (Reação) sobre a roda traseira do trator

F_{r_i} = Força Normal (Reação) sobre as rodas do implemento (simplificado)

l_{ee} = distância entre eixos

l_a = distância de avanço do pino-rei

l_d = distância horizontal do centro de roda dianteira do trator até o CG

l_t = distância horizontal do centro de roda traseira do trator até o CG

l_{pr} = distância horizontal do pino-rei do implemento até o centro das rodas do implemento

l_{pcg} = distância horizontal do pino-rei do implemento até o CG

l_{cgr} = distância horizontal do CG do implemento até o centro das rodas

h_{CGt} = altura do CG do trator em relação ao piso

h_{qr} = altura do acoplamento da quinta roda e implemento em relação ao piso

h_{CGi} = altura do CG do implemento em relação ao piso

A partir do modelo anterior descrito por Hoepke e Breuer (2013), sabemos que as forças verticais precisam se anular. Com isso, através do princípio do momento, podemos chegar às seguintes equações para achar a força peso em cada roda. Começamos com o semirreboque, pois ele será em parte também o peso sobre o trator.

$$F_{r_i} = \frac{l_{pcg}}{l_{pr}} . P_i \qquad F_p = \frac{l_{cgr}}{l_{pr}} . P_i$$

Do lado do trator, as forças de reação nas rodas são provenientes do próprio peso do veículo e a força peso trazida pelo pino-rei para o acoplamento da quinta roda. As relações de distância entre os pesos e as rodas determinam a distribuição.

$$F_{r_{dt}} = \frac{l_t}{l_{ee}} . P_t + \frac{l_a}{l_{ee}} . F_p \qquad F_{r_{tt}} = \frac{l_d}{l_{ee}} . P_t + \frac{(l_{ee} - l_a)}{l_{ee}} . F_p$$

2.3. Dinâmica veicular

Na engenharia automotiva, a dinâmica veicular é responsável por descrever fisicamente o relacionamento entre os corpos envolvidos no movimento. Essa interação inicia no ambiente entre o solo e o veículo, que, através de pneus, rodas, suspensão, direção, trem de força, carroceria e carga, determina os modelos matemáticos a serem empregados. O papel do solo também é importante, pois este pode ter uma infinidade de formas: asfaltado, chão batido, inclinado, ser uma subida ou descida.

Começando com a modelagem, necessitamos de um chamado sistema de coordenadas para poder decompor todos os movimentos que o veículo pode realizar. Ou seja, para que possamos calcular forças, momentos, velocidades e comprimentos, precisamos de referências. O ponto central do sistema é o centro de gravidade do veículo ou composição, e, a partir dele, temos os eixos x, y e z.

No eixo x temos o estudo da dinâmica longitudinal, que compreende basicamente a aceleração e frenagem do veículo. Os principais componentes aqui envolvem aqueles ligados à tração do veículo e aos freios (trem de força). A rotação neste eixo é chamada de rolagem.

No eixo y temos o estudo da dinâmica lateral, como o comportamento em curvas, manobras de emergência e estabilidade. Os principais elementos envolvidos são a suspensão e direção. O giro desse eixo chama-se arfagem.

No eixo z temos o estudo da dinâmica vertical, com movimentos causados principalmente por solicitações do piso utilizado. Essas variações são importantes devido aos temas relacionados ao conforto do motorista, à segurança da carga e aos componentes do veículo. As suspensões do banco, da cabine, dos eixos e elementos de fixação do trem de força são os principais elementos. A rotação sobre esse eixo chama-se guinada.

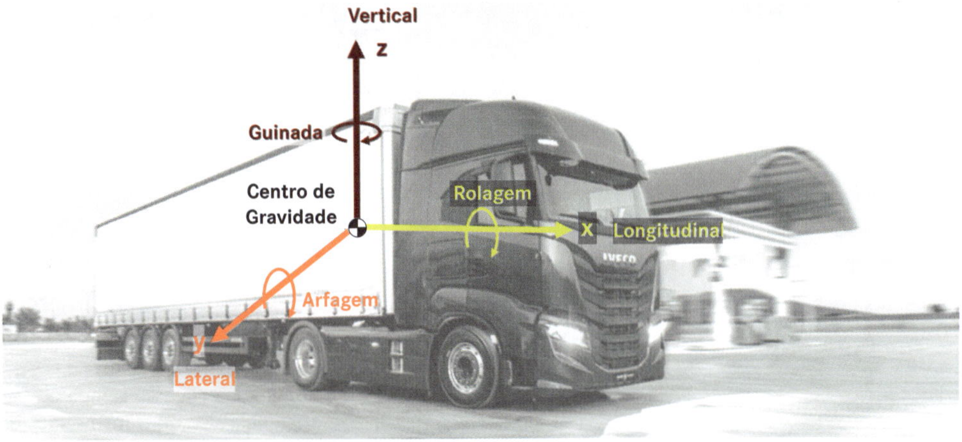

Figura 40 – Sistema de coordenadas em um veículo comercial
(Ilustração: os autores, figura de fundo: Iveco)

Dinâmica longitudinal

As principais resistências longitudinais ao veículo que precisam ser vencidas pelo trem de força podem ser simplificadas através da figura a seguir.

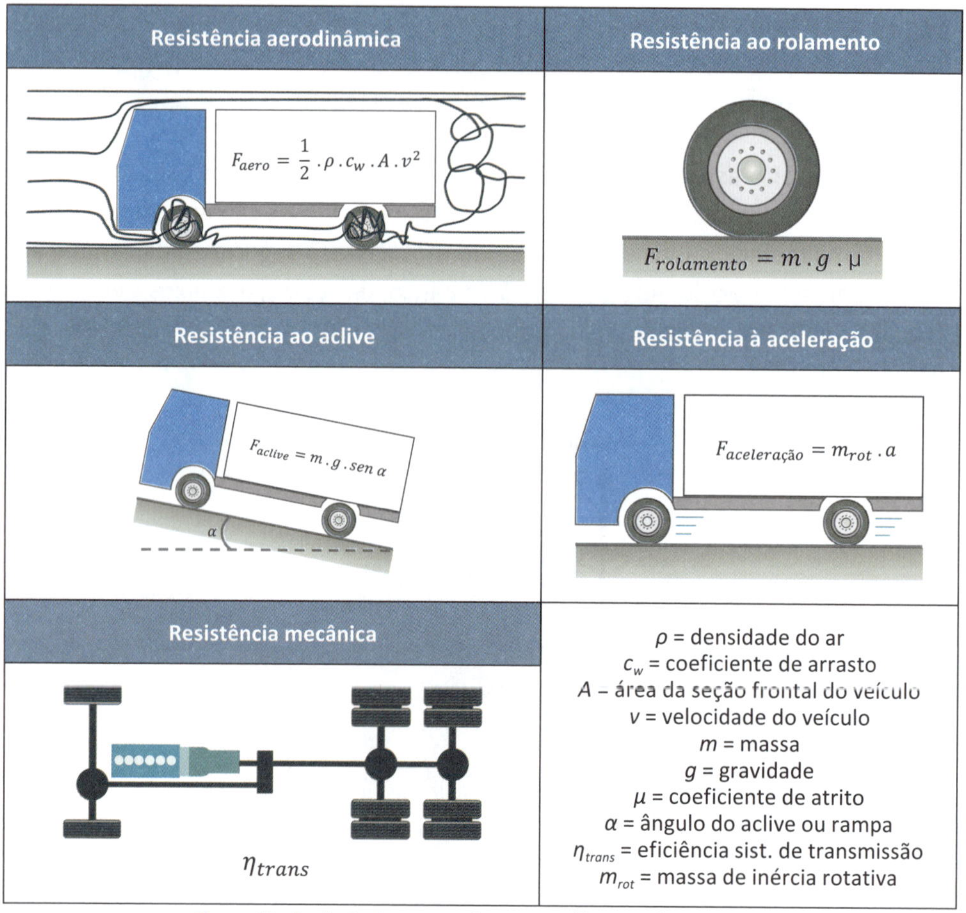

Figura 41 – Resistências ao movimento na dinâmica longitudinal
(Ilustrações: os autores)

Somando-se todas essas resistências, temos a resistência total ao movimento do veículo:

$$F_{resistência\ total} = (F_{aero} + F_{rolamento} + F_{aclive} + F_{aceleração} + F_{\eta_{trans}})$$

É importante destacar que essas forças dependem principalmente da velocidade do veículo e se ele se encontra parado ou já em movimento. Dependendo da velocidade, temos a preponderância de uma das resistências. Por exemplo, em velocidades mais baixas, a resistência de rolamento é a maior. Por outro lado, pelo fato de variar com o quadrado da velocidade, a resistência aerodinâmica é mais significativa em velocidades acima de 80 km/h. Existem diversos modelos matemáticos mais elaborados sobre essas resistências que podem ser encontrados em nossa bibliografia (HILGERS, 2016; MAN ACADEMY, 2016; NICOLAZZI, s.d.; entre outros).

De forma prática, o movimento no veículo pode ser resumido da seguinte forma:

- $F_{motor} = F_{resistência\ total} \rightarrow$ Permanece na mesma velocidade
- $F_{motor} > F_{resistência\ total} \rightarrow$ Acelera
- $F_{motor} < F_{resistência\ total} \rightarrow$ Desacelera

Como explicado, a potência entregue no volante do motor possui perdas por inércia e pela eficiência do sistema de transmissão durante o caminho até as rodas. Essas perdas se originam principalmente devido ao atrito das peças rotativas, mancais, eixos e outros. Portanto, a força disponível nas rodas trativas não é igual à do motor e pode ser dada pela seguinte fórmula:

$$F_{rodas} = \frac{2\pi . T_{motor . i_T}}{r_{dyn}} . \eta_{trans}$$

Onde:

F_{rodas} = força transmitida às rodas trativas

T_{motor} = torque no volante do motor

$i_T = i_{câmbio} \bullet i_{caixa\ de\ transferência} \bullet i_{diferencial} \bullet i_{cubo\ de\ roda}$

i_T = relação total do sistema de transmissão

η_{trans} = eficiência do sistema de transmissão

r_{dyn} = raio dinâmico do pneu em movimento

A força nas rodas não é necessariamente aplicada em sua totalidade no piso, pois existe um limite de transferência dessa força, dependendo do coeficiente de atrito e da carga em cada uma das rodas no contato pneu e pista.

$$F_{max} = \mu . R$$

Onde:

μ = coeficiente de atrito no contato pneu e piso

R = força de reação ou normal causada pela carga na roda

Quando esse limite é ultrapassado, temos a chamada "derrapagem", ou seja, a tração é maior do que a força de aderência ao piso. A força de reação nas rodas também é influenciada pela rampa ou aclive, que diminui a componente R da fórmula. É comum fabricantes expressarem a capacidade de rampa do veículo (em inglês, *gradeability*) em termos percentuais em vez de um ângulo. A rampa é calculada da seguinte forma:

$$Rampa_{\%} = \frac{h \,.\, 100}{l} \text{ ou } Rampa_{graus} = \alpha = tan^{-1}\left(\frac{h}{l}\right)$$

Onde:

h = altura

l = comprimento

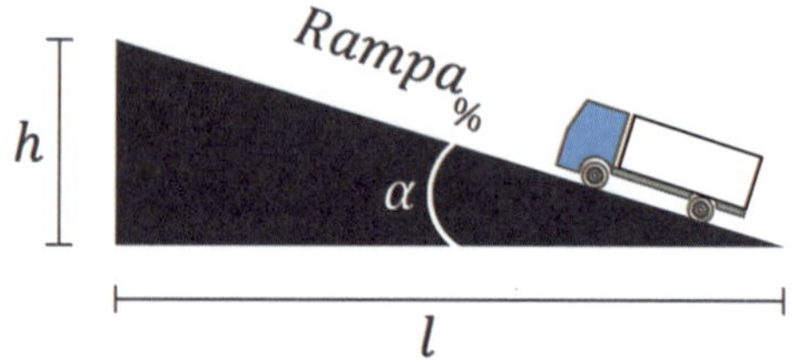

Figura 42 – Cálculo do % da rampa, aclive ou declive
(Ilustração: os autores)

Com relação à capacidade de rampa do veículo, podemos utilizar a seguinte fórmula para cálculo:

$$p = 100 \,.\, \left[\frac{\mu \,.\, F_{rodas}}{PBT} - f_r\right]$$

Onde:

p = capacidade de rampa em % (do inglês, *gradeability*)

μ = coeficiente de atrito no contato pneu e piso

F_{rodas} = força transmitida às rodas trativas, calculada a partir do torque máximo do motor

f_r = coeficiente de resistência à rolagem

PBT = Peso Bruto Total do veículo

Dinâmica lateral
Como exposto anteriormente, a dinâmica lateral veicular estuda como o veículo se comporta em movimentos no eixo y.

Mesmo trafegando em uma reta, o veículo pode sofrer forças laterais que podem modificar o seu trajeto ou a sua estabilidade. Entre estas, podemos destacar:

- **Sulcos na pista:** os sulcos de rodas profundamente marcados no piso são criados pela ação de veículos pesados trafegando de forma repetitiva ou por reparos mal realizados no asfalto.
- **Buracos:** no Brasil, são muito comuns em estradas de chão batido.
- **Pista inclinada lateralmente:** geralmente em saídas de rodovias federais, em retornos e entradas de viadutos.
- **Vento lateral:** especialmente ao atravessar pontes e para implementos mais altos.

Além do veículo completo, os pneus também precisam suportar os esforços laterais que reduzem sua capacidade de aceleração e frenagem. Somente em uma reta podemos atingir o máximo de eficiência de frenagem em um pneu.

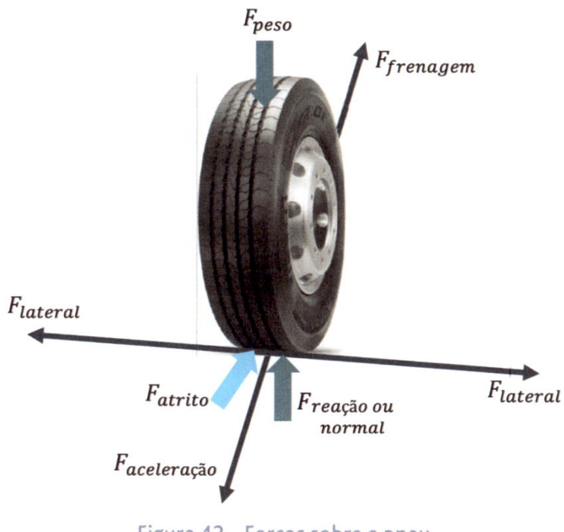

Figura 43 – Forças sobre o pneu
(Foto: Iveco, edição e montagem pelos autores)

Diferentemente de um veículo de passeio, veículos comerciais, por possuírem muitas vezes um centro de gravidade mais alto, possuem um risco maior de tombamento. Esse tipo de acidente pode acontecer por uma alta velocidade em curvas por falha do motorista e pela alocação inadequada das cargas ou passageiros – este último no caso de ônibus. Dependendo do centro de gravidade e da aceleração lateral gerada, o veículo pode vir a tombar. O projeto, os parâmetros de flexão da suspensão e do chassi, além de sistema de ESP, podem ajudar a reduzir os riscos desse tipo de incidente.

O cálculo do Limiar de Tombamento Estático (em inglês, *Static Rollover Threshold*) é utilizado para aferir a partir de qual aceleração lateral ocorrerá o tombamento. Esse valor é dado em múltiplos da força gravitacional "g" e depende da altura do CG, da bitola dos eixos e da flexão do sistema pneu, suspensão e chassi. Veículos com SRTs altos, como é o caso de veículos de passeio, irão deslizar antes de tombar, por exemplo, em uma curva. Veículos com SRTs baixos têm maior facilidade de tombamento, como é o exemplo de implementos transportando gases liquefeitos ou peças de animais penduradas no teto de baús refrigerados (ex.: bovinos, suínos etc.).

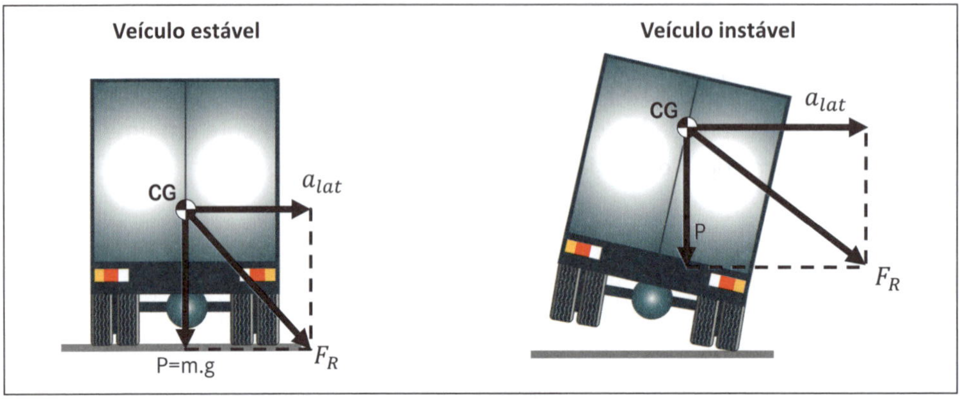

Figura 44 – Exemplos de diagrama de forças laterais simplificado para estabilidade (Ilustração: os autores)

Em um veículo articulado, podem ainda ocorrer alguns tipos de acidentes quando as forças laterais são maiores do que a força que os pneus podem suportar, especialmente quando ocorre o chamado travamento das rodas em um movimento em canivete ou com o deslize lateral da carreta. O terceiro caso, a perda de direção dianteira, pode ser temporário e de menor risco.

Esse bloqueio acontece devido a um desequilíbrio nas forças de frenagem entre os eixos (por manutenção, diferenças entre cavalo e carreta etc.). O que pode evitar o acidente é um sistema ABS ou EBS entre o cavalo mecânico e os implementos. Outros sistemas levam em consideração limites angulares na quinta roda e são menos comuns no Brasil.

Outro campo de estudo dentro da dinâmica lateral é o comportamento em curvas e o papel da direção. Um dos conceitos importantes de se entender é o da geometria de Ackermann. Inicialmente pensado para direção de carruagens no século XIX, podemos observar seu uso até os dias atuais.

Canivete ou "L"
(em inglês, *jack knife*)

Deslize da carreta (em inglês, *trailer sliding or swing*)

Perda da direção do trator
(em inglês, *loss of steering wheel*)

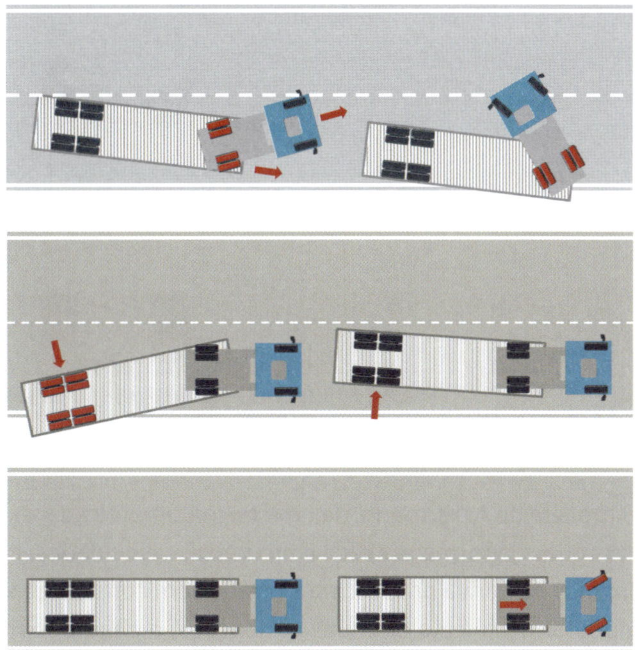

Figura 45 – Incidentes com perda de força lateral em tratores e semirreboques
(Ilustração: os autores)

A construção dessa geometria em um veículo de dois eixos leva em consideração os seguintes parâmetros de projeto:

- Distância entre eixos
- Localização do pino de articulação entre viga e manga do eixo

Com base nas linhas formadas desde os pinos dos eixos dianteiros até o centro do eixo traseiro, pode-se desenhar um trapézio com os braços de ligação e a barra de ligação. Esse é o quadrilátero básico para a formação da estrutura necessária.

Quando um veículo faz uma curva ou está manobrando, as circunferências de trajetória das rodas mais ao centro da curva e mais externa à curva são diferentes. Como mostrado na Figura 46, os ângulos de esterçamento $\delta_1 \neq \delta_2$. Em relação à roda mais interna à curva, a roda mais externa percorre um trajeto maior e está em um ângulo menor em relação ao eixo longitudinal do carro. Porém, ambos os componentes estão esterçados sob a referência de um centro comum da curva.

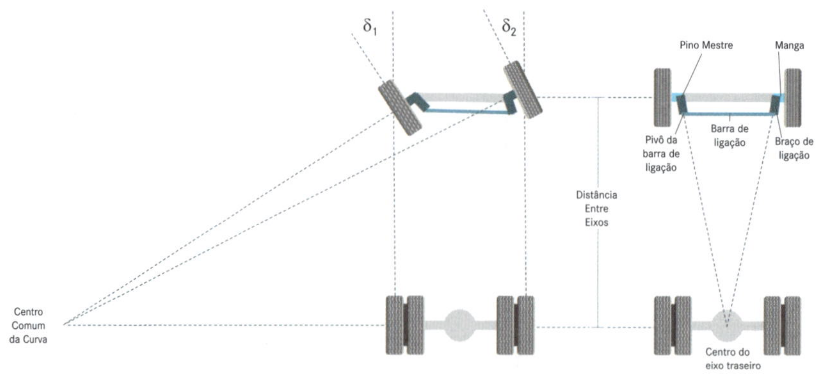

Figura 46 – Geometria de Ackermann
(Ilustração: os autores)

O modelo de Ackermann, de uma forma simplificada, explica bem o comportamento das rodas de forma estática e em baixas velocidades. Porém, em altas velocidades, ângulos de deriva precisam ser levados em consideração. Aqui podem ser utilizados modelos de cálculo em duas dimensões, o chamado modelo da bicicleta, a fim de facilitar o diagrama de forças sobre os corpos. Em trajetórias curvilíneas, os veículos têm uma aceleração lateral que é gerada através da força centrífuga sobre seus centros de gravidade. Nos pneus temos o efeito de uma força lateral contrária à última, que contribui para a mudança do seu perfil em relação à estrada. Nesse caso temos o efeito de deriva dos pneus e a formação de um ângulo de deriva (em inglês, *slip angle*), com o veículo tomando uma trajetória diferente daquela da direção estática (ângulo em relação ao centro da circunferência de Ackermann).

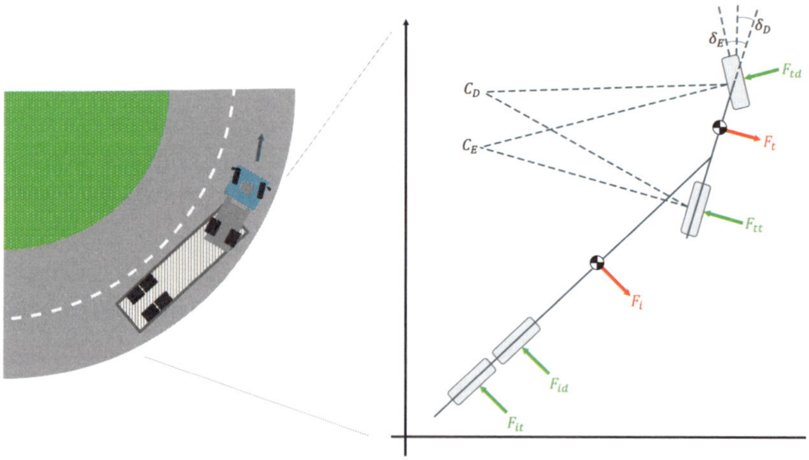

Figura 47 – Modelo da bicicleta para análise das forças laterais
(Ilustração: os autores)

Além do tema tombamento que discutimos anteriormente, ao projetista cabe a análise do veículo completo, verificando se dinamicamente, devido aos esforços laterais e à deriva dos pneus, é possível prever o comportamento com a mudança da aceleração lateral.

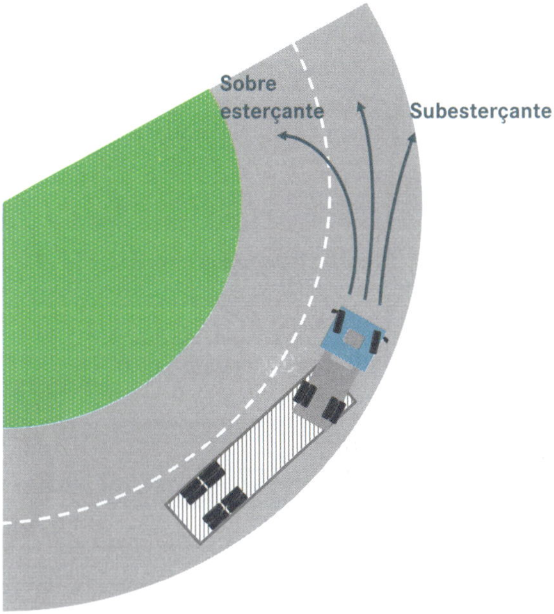

Figura 48 – Efeitos da aceleração lateral na dirigibilidade em curvas (Ilustração: os autores)

Se com o aumento da aceleração lateral os ângulos de deriva das rodas dianteiras e traseiras são incrementados em igual magnitude, chamamos o comportamento do veículo de neutro.

Se com o aumento da aceleração lateral o esterçamento precisa aumentar linearmente, fazendo com que o veículo esterça menos do que o definido pelo ângulo de Ackermann, chamamos o comportamento de subesterçante. Em casos extremos o veículo sai "de frente".

Se, com o aumento da aceleração lateral, o esterçamento precisa diminuir linearmente, fazendo com que o veículo esterça mais do que o definido pelo ângulo de Ackermann, chamamos o comportamento de sobre-esterçante. Em casos extremos o veículo sai "pela traseira" e faz o movimento em "L".

Dinâmica vertical

A dinâmica vertical dos veículos foca principalmente no estudo das interações entre a estrada e os amortecimentos no eixo "z". Aqui são inclusos componentes como pneus, suspensão dos eixos, suspensão da cabine, assento, coxins e suportes. Sua principal função reside no aumento do conforto, da segurança e da vida útil dos componentes pela redução da vibração proveniente do piso.

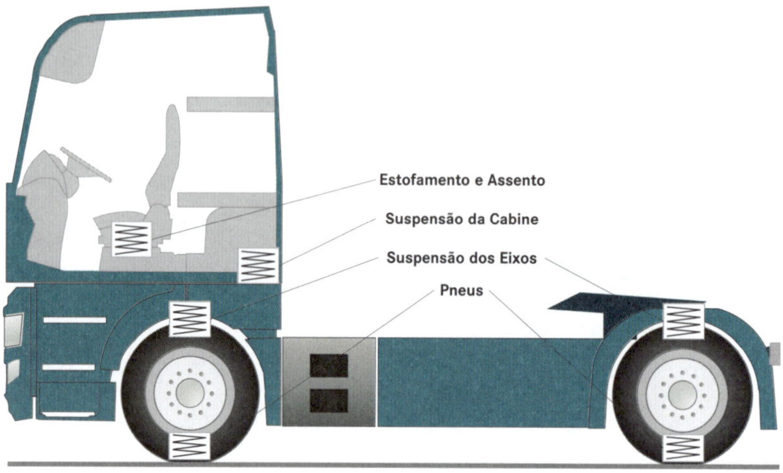

Figura 49 – Principais sistemas de amortecimento no veículo (Ilustração: os autores)

Quando o veículo está parado, as forças estáticas são mais fáceis de descrever, pois dependem somente do peso do veículo, do peso da carga, da distribuição dos eixos e da quantidade de rodas.

Com o veículo em movimento, durante acelerações, frenagens e curvas, há o deslocamento de cargas, o que resulta em um carregamento dos eixos também dinâmico. Esses carregamentos temporários são diferentes dos calculados com o veículo parado em uma pista plana.

As suspensões e os eixos dos veículos são desenhados e produzidos de forma a suportar esses esforços de forma limitada. Nos casos descritos a seguir, as forças de aceleração longitudinal e lateral criam uma alavanca de altura proporcional ao CG do veículo em relação ao piso.

- **Peso deslocado para trás:** em acelerações e subidas de aclives os eixos traseiros são sobrecarregados.

- **Peso deslocado para frente:** em frenagens e declives os eixos dianteiros são sobrecarregados. Em uma composição de carga, deve-se também atentar para o sobrecarregamento causado pela inércia do implemento traseiro, por exemplo, nos eixos traseiros de um cavalo mecânico.
- **Peso deslocado para um dos lados do veículo:** em curvas, o peso é deslocado para a suspensão e as rodas mais externas à curva.

2.4. Aerodinâmica

Como vimos anteriormente, a resistência aerodinâmica é um dos principais fatores na determinação da força e da energia que devem ser empregadas pelo trem de força em veículos comerciais. Essa característica é importante, pois influi diretamente no consumo de combustível e, com isso, no seu TCO. Este último, por sua vez, é o principal fator de compra de um caminhão ou ônibus.

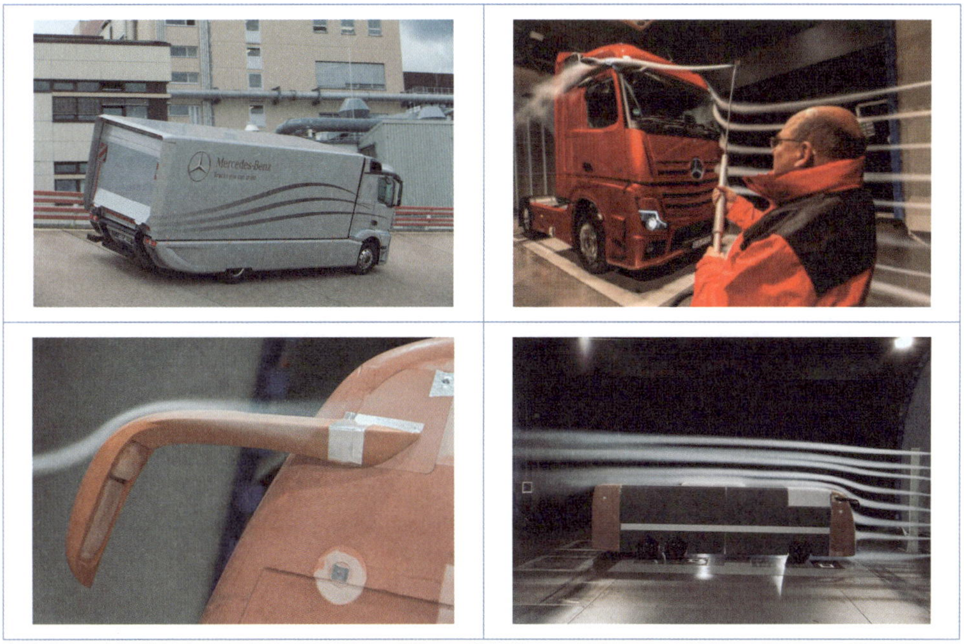

Figura 50 – Desenvolvimento aerodinâmico de veículos
(Fotos: Media Daimler Truck, compilação dos autores)

Com o passar dos anos, os estudos na área aerodinâmica se tornaram frequentes devido ao esgotamento das possibilidades econômicas de redução de consumo dentro do motor e trem de força como um todo. O veículo comercial moderno possui atualmente defletores laterais, frontais e acima da cabine. Também do lado dos implementos e ônibus, há soluções bastante interessantes e eficientes para a redução do esforço aerodinâmico, como saias laterais e defletores traseiros, os chamados "cauda de barco".

Em caminhões, o maior problema é que esses estudos dificilmente são implementados na sua totalidade. Isso acontece porque a combinação entre caminhão e implementos não é padronizada mundialmente e fica sob responsabilidade de cada cliente. Para aumentar a complexidade, as legislações nos países têm soluções próprias de dimensões e peso, o que faz a produção das melhorias ser individualizada e cara. No final das contas, todo o esforço em se otimizar a resistência do ar na cabine pela montadora pode ser em vão por um mau projeto na carroceria ou implemento.

Em ônibus, as soluções aerodinâmicas tendem a ser mais eficientes, pois toda a carroceria fica sob a responsabilidade de um fabricante.

Os principais locais de desenvolvimentos e melhorias na resistência do ar podem ser classificados pela região do veículo ou implemento:

a) **Frontal:** para-choque, grade frontal, altura e espaço do implemento
b) **Lateral:** defletores, colunas, espelhos, vedação de portas, caixa de roda e saias laterais
c) **Interno:** passagem do ar pelo radiador e motor para arrefecimento
d) **Traseiro:** forma dos componentes mais à traseira do veículo, defletores, fundo traseiro etc.

A seguir descreveremos as principais etapas no estudo aerodinâmico dos veículos.

Fase de design

O desenho inicial do veículo é criado utilizando as linhas e características que são reconhecidas como da marca fabricante. Também pode-se tratar de um *face lift* e uma melhoria aerodinâmica de um produto de série. As limitações legais são consideradas, como, por exemplo, o desenho básico da cabine para o mercado: semiavançada ou avançada.

Fase de modelagem

Após o desenho inicial do veículo, existem dois tipos de modelagem que podem ser utilizadas: em argila ou através de modelos computacionais. No caso de modelos em argila, se utilizam modelos em menor escala para os estudos. Já os chamados programas de CFD (em inglês, *Computational Fluid Dynamics*) se desenvolveram muito nas últimas décadas, chegando ao ponto de os resultados ficarem somente cerca de 10% diferentes dos resultados experimentais ou de teste.

Durante esta fase também são avaliados os efeitos da aeroacústica, ou seja, quais tipos de ruídos, sua frequência e amplitude são gerados pela passagem do ar nas superfícies do veículo.

Fase de experimentação

Esta fase envolve a prototipação de modelos em escala real para testes em túneis de vento. São utilizadas linhas de escoamento do ar através de gases para se visualizar o fluxo. Essas instalações compreendem o uso de edifícios como o exemplo da figura a seguir.

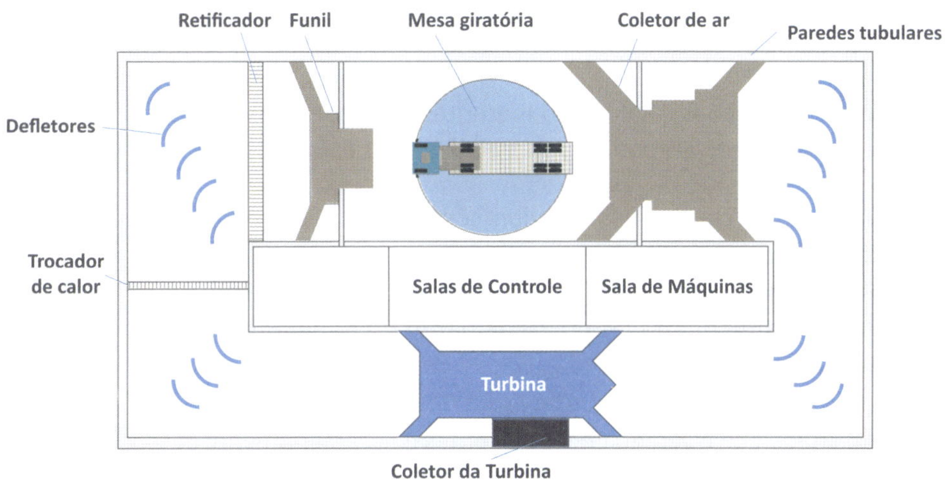

Figura 51 – Layout de uma instalação de túnel de vento (Ilustração: os autores)

Estudos experimentais também são usados para verificar onde são acumulados pó e sujeira no veículo, principalmente em elementos sensíveis à segurança, como espelhos retrovisores. Com base nesses resultados, pequenas modificações também podem ser realizadas para minimizar esse efeito.

Fase de produção

Com o veículo já no mercado, várias empresas oferecem soluções adicionais às das montadoras para melhorar o arrasto aerodinâmico do conjunto caminhão e implemento, com destaque para os defletores de teto e defletores traseiros das cabines. Esses componentes podem apresentar uma significativa melhora nos resultados de consumo de combustível e devem ser considerados de acordo com o implemento. Por exemplo, para um implemento do tipo baú, pode ser necessário um defletor mais alto. Para um transporte de contêiner ou uma carreta graneleira, um defletor lateral que reduza o espaço entre cavalo mecânico e o semirreboque.

2.5. Acústica veicular

Um campo de estudo e aplicação importante no projeto de veículos e do trem de força é o que chamamos de NVH (do inglês, *Noise, Vibration & Harshness*), ou seja, ruídos, vibrações e asperezas veiculares. Esse é um parâmetro importante também em veículos comerciais, dada a contínua demanda por conforto acústico por parte dos usuários e clientes.

Todo som é produzido quando temos uma vibração mecânica em um elemento sólido, líquido ou gasoso. Os sons produzidos em uma determinada frequência são chamados de harmônicos. Já aqueles onde não se pode identificar uma frequência ou uma periodicidade específica, são chamados de dissonantes ou de ruído.

As fontes de vibrações e ruído são inerentes aos processos físicos envolvidos na engenharia automotiva e podem ser divididas em três grupos:

a) **Trem de força:** combustão, vibrações rotacionais, engrenamento e outros esforços mecânicos pelos componentes
b) **Rodagem:** interação piso, pneu e rodas
c) **Aerodinâmico:** através do escoamento do ar pelas superfícies externas e internas do veículo

Nem todo ruído que é gerado por essas fontes é necessariamente desconfortável ao receptor; no caso, os usuários dos veículos. Esse é o conceito de aspereza ou barulho no estudo de NVH.

Para a eliminação e redução da aspereza são aplicadas basicamente três estratégias na fase de projeto:

I. **Reduzir a intensidade da fonte:** através de melhorias em tolerâncias, atrito entre peças móveis etc.
II. **Interromper ou absorver:** utilizando isoladores, barreiras, coxins, mantas, silenciadores etc. Um compromisso da engenharia aqui é muitas vezes o balanço entre absorver o ruído e a dissipação do calor em determinados locais.
III. **Cancelamento ativo:** através do sistema de som do veículo são gerados sons de forma a cancelar os ruídos gerados pelo motor. Esta é ainda uma técnica pouco utilizada em veículos comerciais, mas é uma promessa para o futuro.

É importante destacar que os estudos acústicos nos veículos seguem a mesma plataforma de desenvolvimento aerodinâmico, dada a natureza de sinergia desses campos de estudo. Por exemplo, nos testes de túnel de vento são utilizadas matrizes de microfones para detectar as diversas intensidades e frequências de ruído. Nos sistemas de CFD, pode-se também simular as vibrações geradas pelos deslocamentos de ar externamente e internamente por dentro da cabine.

Em alguns casos, são avaliadas também ressonâncias entre componentes na mesma estrutura, que, em casos extremos, podem levar a falhas como perda de torque em parafusos de fixação.

2.6. Visão sistêmica

Para entender o todo de um sistema veicular, precisamos entender a função de seus elementos e componentes mais básicos. Com isso, podemos também entender a interação entre esses subsistemas e finalmente o veículo completo. Essa é a ideia da visão sistêmica. Nos próximos capítulos vamos nos dedicar a descrever os sistemas e os subsistemas que compõem os veículos comerciais mais comuns atualmente. Para isso, abaixo de cada sistema, descreveremos, para um fácil entendimento, os seus subsistemas e sua função principal. Este será o ponto de partida para aprofundar posteriormente cada um dos elementos que formam um veículo completo.

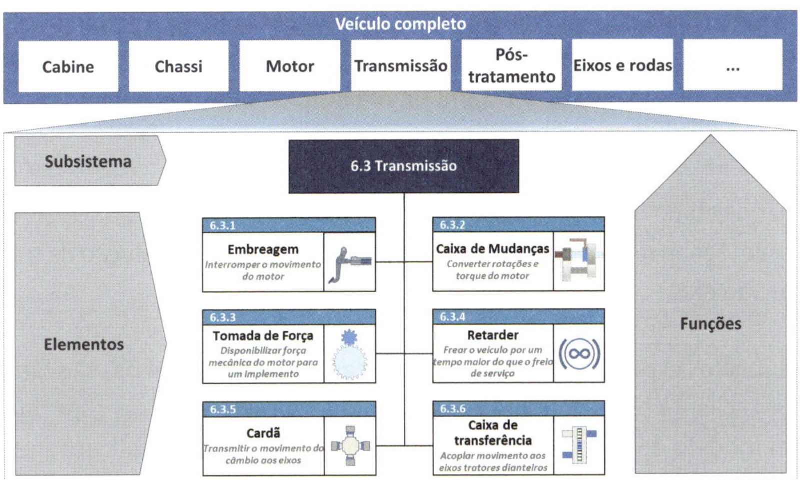

Figura 52 – Sistema veicular, subsistemas, elementos e suas funções (Ilustração: os autores)

Interessante destacar que, como em um sistema, os elementos podem ser intercambiáveis e podem ser utilizados de uma mesma forma ou adaptados em diferentes tipos de veículos. Por exemplo, um câmbio pode ser utilizado tanto em ônibus quanto em caminhões. Um eixo pode ser utilizado tanto em um caminhão trator quanto em um semirreboque com os mesmos princípios.

3. Caminhões

A ABNT define o caminhão como "veículo automotor destinado ao transporte de carga, com peso bruto total (PBT) acima de 3.500kg". Veículos abaixo desse PBT, por definição, são caminhonetes ou camionetas. Muitas caminhonetes hoje no mercado brasileiro são vendidas como caminhões de forma incorreta.

Conceito e tipos de caminhões

O caminhão é um veículo que pode ser adaptado a uma infinidade de aplicações e segmentos de transporte. Porém, para assegurar uma operação segura e econômica, o seu conceito técnico deve levar em conta a sua finalidade. Alguns caminhões têm o seu espectro de uso mais amplo, enquanto outros possuem uma utilização bastante específica e em alguns casos são também chamados de vocacionais, ou seja, com uma vocação específica.

Para iniciar o estudo do conceito técnico do veículo, elencamos as principais variáveis que precisam ser analisadas de forma iterativa para a criação da solução de transporte desejada. São elas:

- **Requisitos específicos do cliente:** algumas frotas de caminhões são tão grandes que o cliente pode definir junto à montadora características específicas para um modelo desejado. Outros clientes precisam de uma aplicação especial e usam empresas das próprias montadoras ou terceiras para adaptar o veículo, acrescentar um eixo ou alongar um chassi.
- **Requisitos legais:** como mostramos no Capítulo 1, existe uma enorme gama de leis, portarias, normas e procedimentos específicos, dependendo da necessidade de transporte. Essas características precisam ser cumpridas. Caso contrário, tem-se o risco de o veículo não ser liberado sequer em sua homologação ou liberação do seu número RENAVAN. Também é importante destacar que, caso o veículo seja vendido em outros mercados além

do brasileiro, os requisitos desses mercados também devem ser levados em consideração no projeto.

- **Soluções existentes no segmento:** esse é o ponto de partida para a definição do conceito técnico do veículo, pois os clientes talvez já estejam acostumados com um certo tipo de cabine, com um certo tipo de implemento, relações de eixo, distância entre eixos para a distribuição de carga, custo de manutenção etc. Tudo o que for alterado e desenvolvido precisa melhorar o que já existe atualmente.
- **Perfil de rodagem:** definição da quilometragem diária, semanal ou mensal que o cliente realiza. Temos soluções diferentes para um trajeto urbano, metropolitano, de distribuição ou de longa distância. Um outro fator importante é verificar a presença de carga, se está presente em 100% do tempo ou 50% do tempo, por exemplo. Por último, o tipo de estrada a ser utilizada define características importantes na geometria, nos chassis e nos eixos do veículo.
- **Tipo, volume e peso da carga:** o estado ou tipo de carga pode influenciar na construção do veículo e implemento. Ela pode ser sólida, em grãos, líquida, gasosa, perecível, refrigerada, perigosa ao meio ambiente, viva ou indivisível. É importante essa definição, pois com isso podemos definir também o volume e o peso a ser transportados.
- **Implemento:** o tipo de implemento é geralmente definido com soluções existentes, com base na avaliação do tipo, volume e peso da carga. Além disso, principalmente o perfil de rodagem e os procedimentos de carga e descarga contribuem para o projeto dessa parte do veículo ou composição.
- **Características do chassi e cabine:** o chassi, como espinha dorsal do veículo, o seu layout e a cabine são definidos de acordo com as necessidades abordadas anteriormente.
- **Características do trem de força:** os principais pontos a serem calculados são a relação peso/potência, as necessidades de torque e as relações do veículo completo, desde o motor até as rodas trativas.

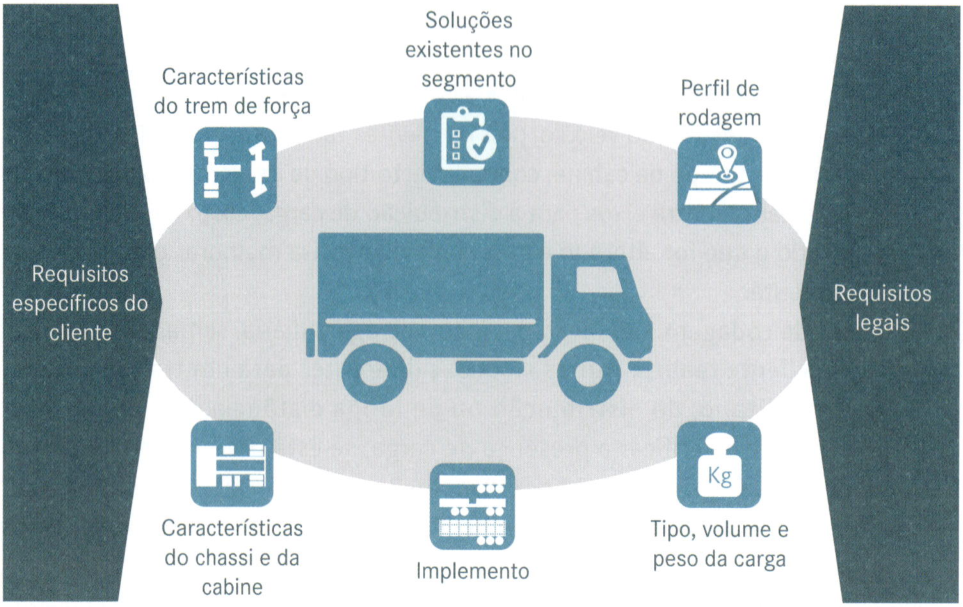

Figura 53 – Principais variáveis na definição do conceito técnico de um caminhão (Ilustração: os autores)

Classificação do mercado de caminhões segundo a ANFAVEA

Devido aos diferentes requisitos locais que variam de país para país, não existe uma padronização global da classificação de caminhões quanto ao seu peso. No Brasil, dadas as cargas relativamente mais altas que transportamos em relação a outros mercados, empresas participantes da ANFAVEA chegaram às seguintes classificações com base nas características de PBT, PBTC e CMT:

Segmento	Toneladas (t)
Semileves	3,5 < PBT < 6,0
Leves	6,0 < PBT < 10,0
Médios	10,0 < PBT < 15,0
Semipesados	PBT >= 15,0 e CMT <= 45,0 (para caminhões chassi) PBTC < 40,0 (para caminhões tratores)
Pesados	PBT >= 15,0 e CMT > 45,0 (para caminhões chassi) PBTC >= 40,0 (para caminhões tratores)

Tabela 27 – Classificação de caminhões segundo a ANFAVEA (Fonte: ANFAVEA, s.d., adaptado pelos autores)

Também é comum chamarmos de extrapesados aqueles caminhões tratores que podem transportar até 74t de PBTC ou aqueles que são empregados no transporte de cargas indivisíveis.

Classificação dos caminhões de acordo com o tipo de estrada

Além da classificação por PBT ou PBTC, fora do Brasil é muito comum existirem dois tipos básicos de aplicação, dependendo do tipo de estrada:

- **Rodoviário (em inglês, *on-road*)**: aqueles caminhões que têm seus trajetos baseados em estradas pavimentadas. São veículos que possuem um chassi mais perto do solo, um ângulo de entrada e saída relativamente menor e outras medidas para privilegiar a aerodinâmica, dada a velocidade de operação.
- **Fora de estrada (em inglês, *off-road*)**: aquele caminhão que transita em terrenos não asfaltados, geralmente em construções, mineração, madeireiro etc. Pode possuir reduções nos cubos e uma relação de eixo mais curta. Seus ângulos de entrada e saída são maiores e seu chassi é mais flexível para lidar com pisos acidentados.

De forma a se adaptar à situação das estradas no Brasil, como vimos no Capítulo 1, as montadoras também criaram modelos e variantes de caminhões utilizando um conceito híbrido. É a chamada aplicação mista (em inglês, *mixed*). Ela foi criada para aqueles clientes que possuem um trajeto em parte fora de estrada e em parte rodoviário. Mesmo alguns trajetos brasileiros que ora chamamos de rodoviário, trata-se na verdade de um segmento fora de estrada, dada a precariedade do seu asfalto. Esse tipo de aplicação mista é muito comum na região centro-oeste e norte, principalmente para o transporte da produção de grãos.

Soluções existentes nos diversos segmentos

A seguir mostramos as principais aplicações e suas denominações no mercado brasileiro. Observe que a denominação depende em grande parte do tipo de implemento instalado ou sendo rebocado pelo caminhão.

VUC O Veículo Urbano de Carga é regulamentado na cidade de São Paulo e deve possuir comprimento máximo de 6,30m e largura máxima de 2,20m	 VUC com baú	

Carga seca Caracterizada por ter paredes ou colunas. Pode ser aberta ou lonada na parte superior. As construções em madeira ultimamente caíram em desuso. Os graneleiros também possuem uma parede baixa lateral, porém possuem uma estrutura para a sua cobertura com lonas.	 *Truck* com implemento em madeira e filetagem	 Semirreboque graneleiro lonado
Madeireiro ou florestal São utilizados implementos com os chamados fueiros em forma de U para o transporte.	 Semirreboque florestal	
Canavieiro Utilizado no transporte da cana-de-açúcar entre a colheita e a usina de álcool/açúcar.	 Rodotrem canavieiro	
Baú Junto com o tipo plataforma, bastante comum para cargas que precisam de uma proteção da chuva e luz solar. No caso do *sider*, quando necessitam carregar e descarregar pela lateral do veículo.	 Transporte de bebidas	 *Sider*
	 Transporte de produtos refrigerados ou frigorificados	 Baú para uso geral
	 Transporte de vidro	

Transporte de animais ou ração Bovinos, suínos, equinos e outros	 Transporte de suínos	 Transporte de ração
Basculante Possuem uma ou mais básculas ou caçambas como implemento	 Construção e transporte de areia	 Mineração
	 Rodobasculante	 Semirreboque basculante
	 Basculantes para resíduos metálicos	
Betoneiras Basicamente usadas com implementos para mistura de concreto	 Misturador de concreto	

Tanque Usados no transporte de carga líquida ou gasosa, como água, suco e químicos	 Transporte de água	 Transporte de combustíveis
	 Desentupidora	 Caminhão pipa
Contêiner Com implementos capazes de transportar os tipos padronizados de contêiner marítimo	 Semirreboque com contêiner e *munck*	 Bitrem contêiner
Transporte de veículos Basicamente para o serviço de guinchos e transporte de veículos para montadoras e locadoras	 Cegonha fechada  Plataforma guincho	 Cegonha aberta

Serviços municipais e de saúde Ligados aos serviços de bombeiros, de coleta de lixo urbano e de manutenção da rede elétrica e telefônica	 Combate a incêndio e bombeiros	 Lixeiro
	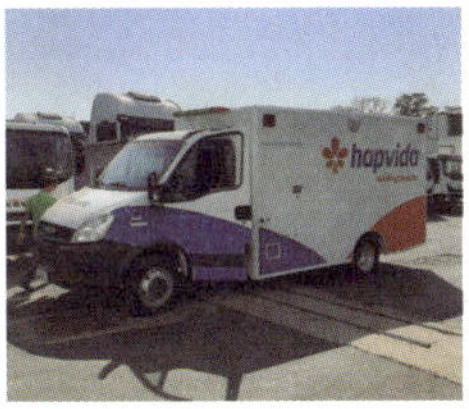 Ambulância	 Guindaste com cesto aéreo para reparos na rede elétrica
	 Transporte de rejeitos em minicaçambas	
Transporte de valores Utilizados para o transporte de moeda em espécie ou itens de grande valor	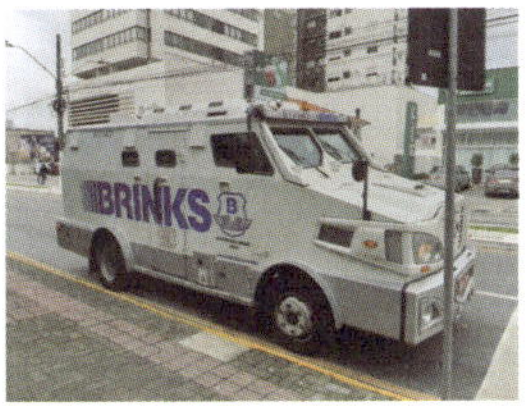 Carro forte	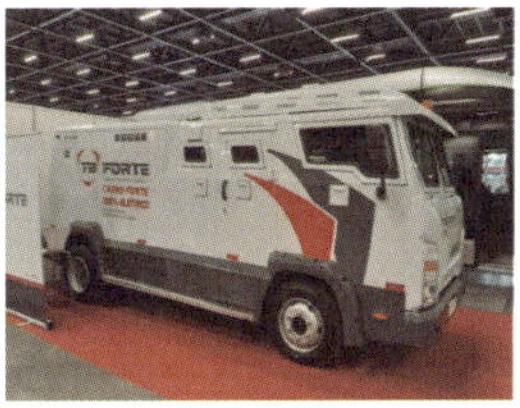 Carro forte elétrico
Militares Utilizados no transporte de tropas ou material bélico. Geralmente com capacidade fora de estrada e alguns modelos blindados	 Blindados	 Transporte de Tropas 4x4

Produtos perigosos Necessitam de permissões especiais para o motorista e identificação do tipo de produto sendo transportado no caminhão	 Botijões de gás de cozinha	 Rodotrem tanque
Especiais Voltados para aplicações ou segmentos específicos. Podem ser utilizados centros de customização das próprias montadoras.	 *Munck*	 Semirreboque para eventos
	 *Motor home*	 Autoescola
	 *Motor home* 4x4	 Prancha para cargas indivisíveis

Tabela 28 – Soluções nos diversos segmentos
(Fotos: os autores e Iveco)

Nomes dos caminhões

<table>
<tr><th>Marca</th><th>Lógica da nomenclatura</th><th>Exemplos modelos</th></tr>
<tr><td>Ford
MAN
Mercedes-Benz
Volkswagen</td><td>Além do nome do próprio modelo, os dois primeiros dígitos indicam o PBT do veículo e os últimos dígitos indicam a potência do motor. Nas marcas Ford e MB é necessário acrescentar um zero à potência. Os números são arredondados pelas montadoras.</td><td>Ford Cargo 2428
• PBT = 24t
• P = 280 HP
MB Axor 1933
• PBT = 19t
• P = 330 HP
VW Delivery 6.160
• PBT = 6t
• P = 160 HP
MAN TGX 29.480
• PBT = 29t
• P = 480 HP</td></tr>
<tr><td>Volvo</td><td>O nome do modelo indica o tipo de cabine e o número em sequência a cilindrada do motor e a potência do motor.
Velha geração, todos com cabine semiavançada:
• N – Do inglês nose, que indica o estilo “bicudo”
• NL – Seguindo o mesmo anterior, com o acréscimo de “L” do inglês larger, ou seja, uma cabine maior que o modelo “N”
• XH – Do inglês extra heavy, ou extrapesado
Nova geração, todos com cabine semiavançada no Brasil e na Europa:
• FH – Cabine alta
• FL – Cabine baixa
• FM – Cabine média
• FMX – Cabine média de modelos vocacionais fora de estrada
• VM – Cabine dos caminhões médios</td><td>Volvo NL12
• Cabine = NL
• Motor = 12 litros
Volvo FH 12 380
• Cabine = FH
• Motor = 12 litros
• Potência = 380 HP</td></tr>
<tr><td>Scania</td><td>Indica o tipo de cabine e a potência do motor.
• Série T – Cabine semiavançada não mais disponível no Brasil (bicudo)
• Série L – Menor cabine disponível da marca somente para o mercado europeu e destinada a operações urbanas (low entry). Motorização de 280 a 360 HP.
• Série P – Menor cabine disponível no Brasil. Motorização de 220 a 450 HP.
• Série G – Cabine com mais possibilidades de equipamentos do que a série P. Motorização de 280 a 540 HP.
• Série R – Motorização de 280 a 620 HP com possibilidade da cabine mais alta.
• Série S – Cabine mais alta do portfólio com piso plano. Motorização de 410 a 620 HP.
• Número – Potência do motor</td><td>Scania P450
• P = Menor cabine no Brasil
• 450 HP
Scania 500S
• S = Maior cabine no Brasil
• 500 HP
• Recentemente a cabine S possui na descrição do modelo a letra após a potência do motor. Essa troca ocorreu devido à similaridade com o nome da classe S da MB</td></tr>
</table>

Marca	Lógica da nomenclatura	Exemplos modelos
Iveco	A Iveco possui dois tipos de nomenclaturas: um para a linha mais nova, que segue o mesmo conceito da VW/MAN e indica o PBT e a potência do motor. O outro tipo de nomenclatura foi utilizado muito no passado da marca. Os primeiros três números indicam o CMT do veículo. Números ao final indicam a potência do motor.	**Iveco Tector 17.280** • PBT = 17t • Potência = 280 HP **Iveco Hi-Road 460S36T** • CMT= 46,0t • Potência = 360 HP **Iveco Hi-Way 800S44TZ** • CMT= 80,0t • Potência = 440 HP
DAF	Os nomes dos modelos indicam o segmento de atuação da empresa. LF – Caminhões leves CF – Caminhões médios XF – Caminhões pesados Número – Indica o modelo	**CF85** • Caminhão médio • Modelo 85 **XF105** • Caminhão pesado • Modelo 105
Agrale	Indica o valor aproximado do PBT dos veículos. Também possui outras indicações adicionais: • RS – Rodado simples • RD – Rodado duplo • MA – Motor avançado	**Agrale 6000 RD** • PBT = 6t • RD = Rodado simples
JAC	Indica o modelo e torque do veículo iEV – Linha de carros e caminhões elétricos atualmente disponibilizada no Brasil Número – Torque do veículo	**JAC iEV1200T** • Modelo: iEV • Torque: 1200 Nm
BYD	Indica o modelo de cabine e o PBT. O portfólio só inclui veículos elétricos. eT – Denomina a linha de caminhões elétricos da marca Número (um dígito) – Representa o tipo de cabine: (7) caminhão leve de distribuição e (8) caminhão semipesado Próximos números – PBT aproximado	**BYD eT7 11.200 Delivery** • Modelo: eT7 • PBT: 11t **BYD eT8 21.250 Multi** • Modelo: eT8 • PBT: 21t

Tabela 29 – Nomes dos caminhões
(Fonte: os autores)

Dividimos os sistemas de um caminhão em oito elementos. As funções básicas de cada um desses sistemas são descritas na figura a seguir. Trataremos em detalhe cada um desses componentes neste capítulo.

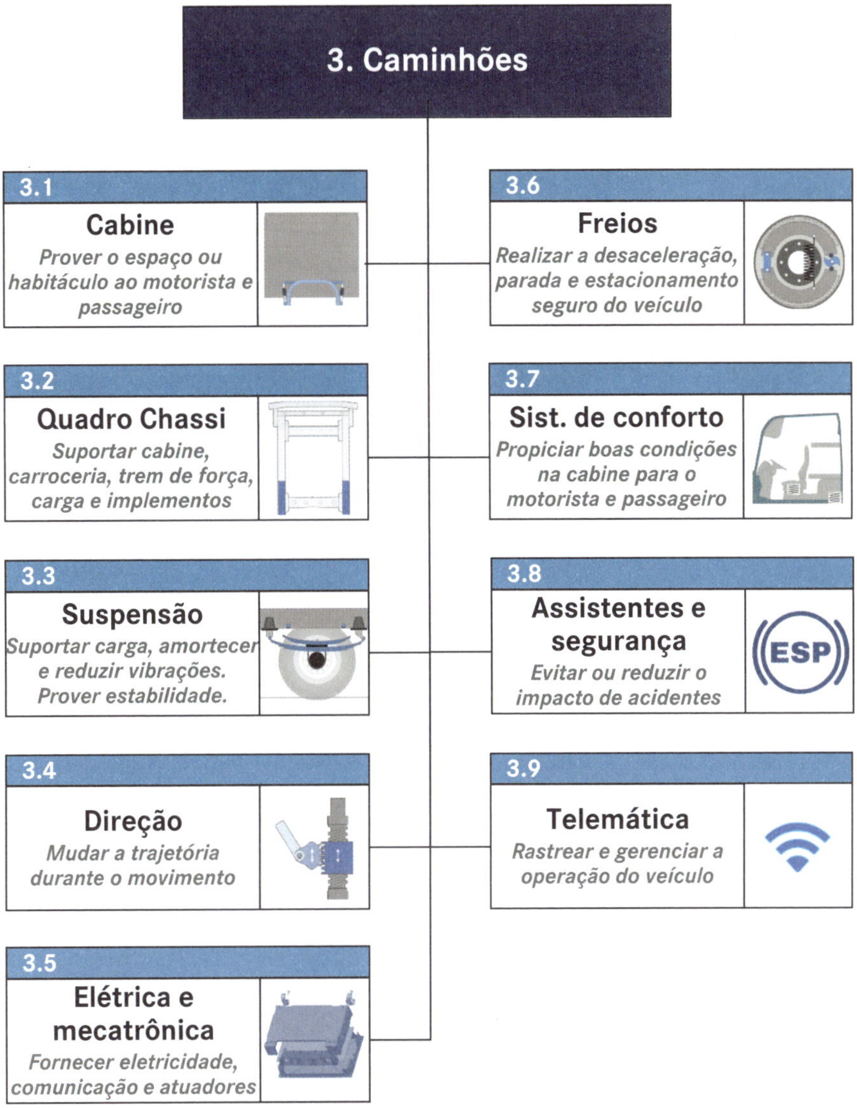

Figura 54 – Elementos de um caminhão
(Ilustração: autores)

3.1. Cabine

A cabine ou habitáculo de um caminhão tem como função primária prover o ambiente ou espaço para motoristas e passageiros poderem dirigir, trabalhar e descansar.

Uma das primeiras definições sobre a cabine é o tipo de avanço sobre o motor, como mostramos no início do Capítulo 2. Com o passar dos anos, no Brasil, devido à legislação normatizar o comprimento total do veículo, as cabines seguiram o modelo avançado do mercado europeu, ou, como chamamos, o modelo "cara chata". A vantagem é dispor de mais espaço ao longo da carroceria para a carga. O último modelo ainda comercializado com cabine semiavançada, o modelo Atron da Mercedes-Benz, saiu de série ainda em 2020.

a) b)

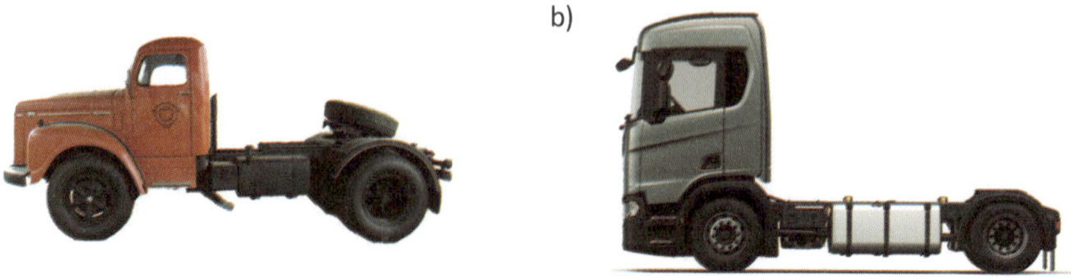

Figura 55 – Desenvolvimento dos tipos de cabine no Brasil.
a) Scania-Vabis L75 e b) Scania S450 6x4 (Fonte: Scania)

Estrutura

O elemento estrutural da cabine é chamado de cabine bruta. Ela abriga todos os componentes internos e externos à cabine e é dividida em quatro módulos: módulo de portas, módulo do painel, módulo do teto e módulo cabine. A maioria dos componentes é geralmente produzida com chapas prensadas de aço ou alumínio. A montagem do conjunto é realizada através de pontos de soldas ou de rebitagem. Alguns elementos não estruturais podem também ser feitos de plástico. O processo e o tipo de pintura são pontos importantes a fim de proteger o conjunto contra corrosões.

Figura 56 – Módulos principais da cabine bruta
(Foto: Media Daimler Truck, adaptação e compilação pelos autores)

Com base na variedade de módulos principais da cabine, podemos montar diferentes tipos de modelos, dependendo da aplicação e dos requisitos do cliente.

- Teto: alto ou baixo
- Largura: com cama, sem cama, com extensão da cabine etc.
- Piso: túnel do motor baixo, piso plano etc.
- Altura livre: aplicação *on-road*, mista ou *off-road*
- Cabine simples ou dupla (para mais passageiros)

Segue um exemplo da linha da Scania em suas séries P, G e R.

Figura 57 – Modularização das cabines Scania nas séries P, G e R
(Ilustração: Scania)

As cabines também possuem suspensão própria, a qual ajuda no conforto do motorista em vibrações geradas pelo piso, em conjunto com outras suspensões do chassi. Nos modelos mais modernos utilizamos suspensões pneumáticas dianteira e traseira, como é mostrado na Figura 58.

A suspensão também deve estar preparada para o escamoteamento da cabine, que é realizado através de mecanismo hidráulico e acionado de forma manual ou automatizada. Importante destacar que vários componentes mecânicos precisam ser adaptados, por exemplo, através de barras telescópicas, para que seja possível o desacoplamento da cabine. Exemplos desses elementos são coluna de direção, sistemas de acionamento de câmbios manuais, chicotes, conexões, entre outros.

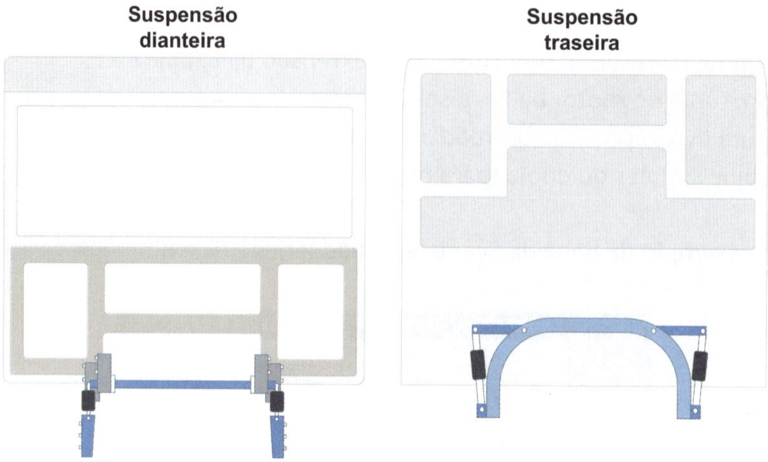

Figura 58 – Suspensão da Cabine.
(Ilustração: Autores)

Partes externas

Externamente, a cabine pode ter diversas funções secundárias, dependendo da aplicação, como:

a) Transmitir o design da marca
b) Abrigar os sistemas de sinalização e visualização da via
c) Facilitar a entrada e a saída do veículo pelos ocupantes
d) Proporcionar uma visão ampla do veículo
e) Permitir a entrada de ar para o arrefecimento, o motor e para o sistema de climatização do veículo
f) Reduzir o arrasto aerodinâmico
g) Isolar o habitáculo da temperatura do motor e de vibrações
h) Facilitar o acesso à manutenção e ao trem de força
i) Prover segurança aos ocupantes através de sua estrutura
j) Disponibilizar porta-objetos externo
k) Suportar equipamentos de telecomunicação, sensores e acessórios

A figura a seguir ilustra exemplos dessas funções.

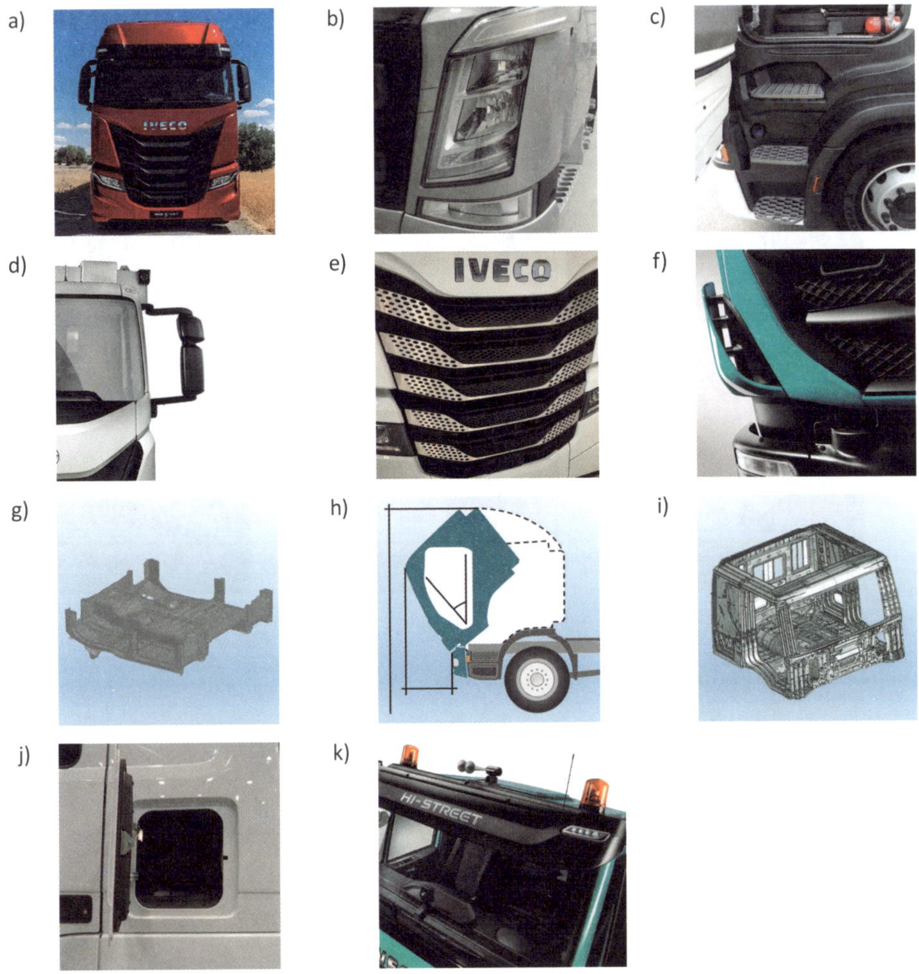

Figura 59 – Funções externas da cabine
(Fotos: os autores e Iveco)

Partes internas

Internamente, a cabine tem funções mais específicas ao trabalho da direção e ao descanso, devendo propiciar, de forma ergonômica, segura e confortável, dependendo da aplicação:

a) Elementos de visualização, controle e comunicação
b) Assentos para motorista e passageiros
c) Climatização do ambiente
d) Espaços para guarda-volumes, porta-objetos, utensílios e acessórios
e) Iluminação do ambiente
f) Cama para descanso
g) Equipamentos de segurança

A figura a seguir ilustra exemplos dessas funções.

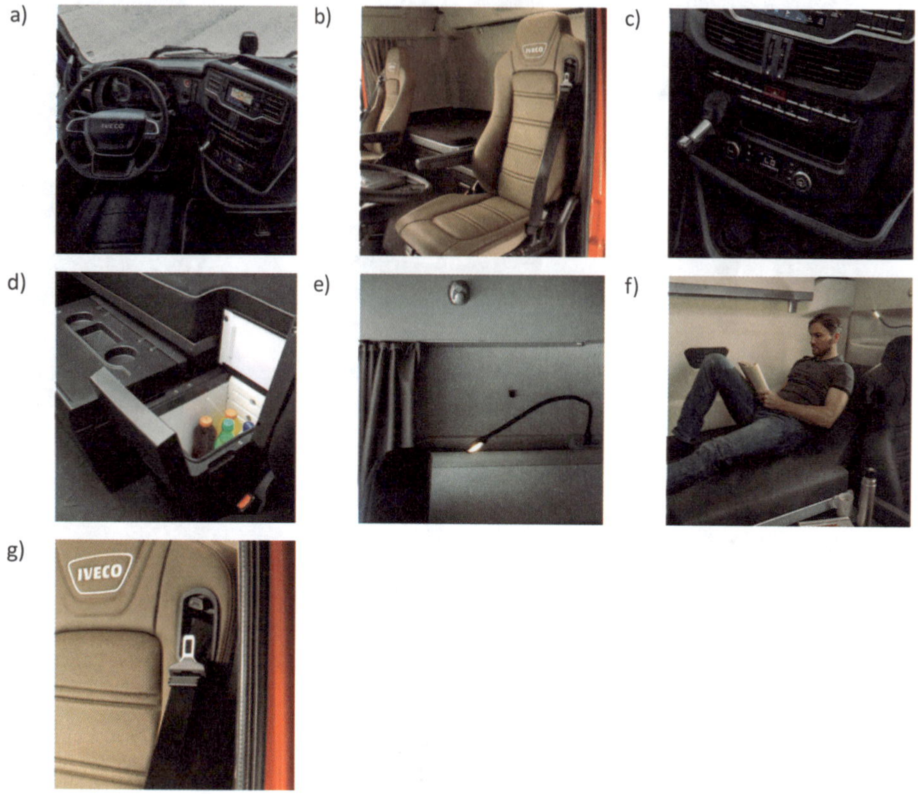

Figura 60 – Funções internas da cabine
(Fotos: Iveco – compilação pelos autores)

3.2. Quadro chassi

O quadro chassi é a espinha dorsal do caminhão. Tem a função de suportar e carregar todos os sistemas do veículo: cabine, trem de força, implemento, quinta roda etc.

A estrutura precisa ser resistente e possuir uma alta capacidade de carga. Basicamente é formada por longarinas e travessas ao longo da construção, o chamado modelo escada. As longarinas são dispostas longitudinalmente e as travessas de forma perpendicular entre as longarinas. O tipo de aço empregado depende bastante da aplicação. No caso de uma aplicação de distribuição ou de longa distância, ou seja, aplicações rodoviárias (do inglês, *on-road*), a recomendação é um material mais resistente a torsão. No caso de aplicações fora de estrada (do inglês, *off-road*), a estrutura precisa ser menos resistente a flexão, dados os requisitos mais severos dos terrenos.

O chassi é montado com os componentes, que podem ser rebitados, parafusados ou soldados. As chapas utilizadas nas longarinas e travessas são estampadas em prensas de alta capacidade, podendo chegar a 5.200 toneladas.

A largura entre as duas longarinas pode ser diferente entre a frente (do inglês, *front end*) e a traseira (do inglês, *back end*) da estrutura. Na frente, a exemplo de estruturas com o piso plano, o motor e a transmissão precisam ser posicionados entre as duas longarinas, o que torna essa região mais larga. Chamamos esse alargamento de *splay*. Na parte dianteira estão também suportados todos os componentes frontais do veículo, como para-choques, caixa de direção, parte do sistema de arrefecimento e suspensão dianteira da cabine.

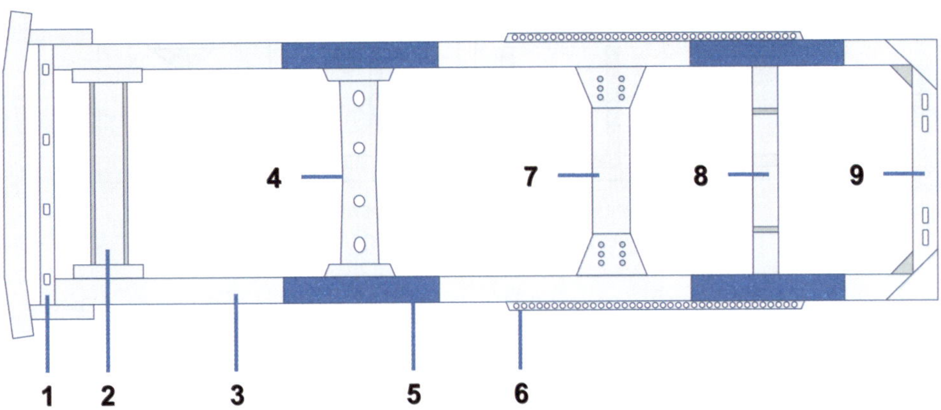

1) Travessa dianteira
2) Travessa da suspensão
3) Longarina
4) Travessa do câmbio
5) Reforço na longarina
6) Suportes
7) Travessa intermediária
8) Travessa cilíndrica dos eixos traseiros
9) Travessa traseira

Figura 61 – Chassis básico de um caminhão trator
(Ilustração: os autores)

O tratamento superficial e a pintura são requisitos bastante importantes para o chassi, uma vez que é uma das estruturas mais expostas às intempéries da estrada, do tempo e das fixações. A pintura pode ser realizada com tinta a pó ou por eletrodeposição (ex.: KTL), dependendo dos níveis exigidos de qualidade. Normas internas das montadoras preveem testes em névoa salina, simulações com batimentos de pedras e outros, de forma a observar aceleradamente impactos da oxidação de elementos da estrutura.

Existem alguns perfis básicos de longarinas e travessas, bem como os seus reforços, ao longo da estrutura. Seguem alguns exemplos.

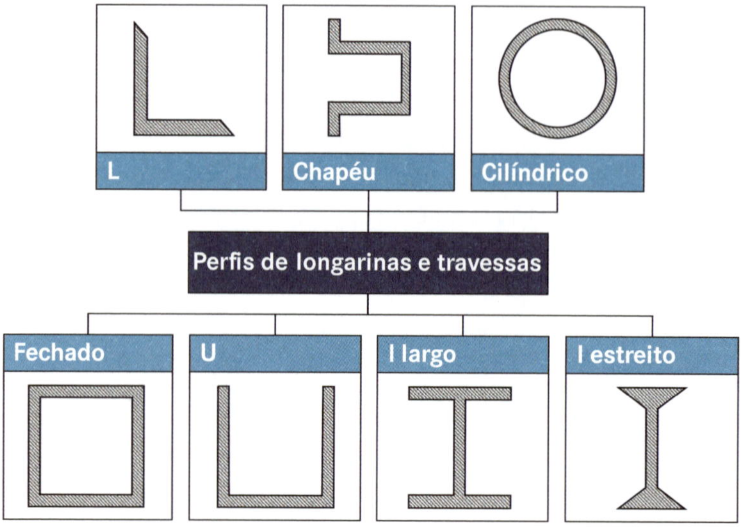

Figura 62 – Perfis de longarinas e travessas
(Ilustração: os autores)

Encurtamento e alongamento de chassi

Esse procedimento deve levar em conta a mudança em outros componentes, como o sistema de direção, chicotes, eixo cardã, suspensão etc. As montadoras disponibilizam guias na internet sobre como fazer o trabalho de forma adequada. O PBT e o PBTC do veículo não são alterados com a mudança.

É necessário, previamente à alteração, uma autorização do DETRAN estadual. Após as modificações é necessária uma inspeção a fim de regularizar a mudança e emitir o CSV (Certificado de Segurança Veicular). Essa mudança deve constar no CRV e CRLV do veículo.

Há basicamente duas formas de alterar a estrutura: cortando-se o chassi no segmento entre eixos ou fazendo a modificação na posição do eixo e complementando a parte traseira do chassi.

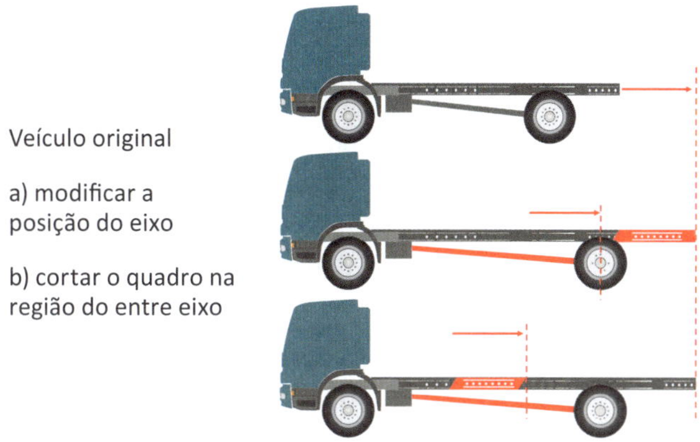

Figura 63 – Alongamento de chassi, opções a) e b)
(Ilustração: os autores)

Layout do veículo

Chamamos de layout do veículo o plano para a disposição de todos os componentes necessários ao longo do quadro chassi. Isso significa posicionar os sistemas e componentes principais como cabine, trem de força, suspensão, eixos, chicotes, tanque de combustível, tanque de ARLA, suporte de bateria, eixo cardã, para-choques, circuitos pneumáticos etc.

Esse processo pode ser realizado fisicamente ou através de um *mockup* eletrônico em computador (DMU). Dessa forma evitamos que exista qualquer tipo de interferência ou colisão durante a montagem do veículo, principalmente em caminhões com o entre eixos curto.

Figura 64 – Componentes para o layout do quadro
(Foto: Iveco)

Tanques de combustível

Montados no quadro chassi, os tanques de combustível têm a função básica no caminhão de armazenar combustível e, diferentemente dos automóveis de passeio, onde via de regra seu tamanho é único, nos veículos comerciais sua capacidade pode ser determinada de acordo com a aplicação do veículo. No caso de longa distância ou operações onde o veículo não pode parar, a exemplo de atividades ligadas à mineração, os tanques podem chegar a uma capacidade de mais de 1.000 litros.

No Brasil, tornou-se comum nos últimos anos a instalação de tanques adicionais posicionados na traseira da cabine. As vantagens apontadas pelos transportadores residem no abastecimento único e concentrado em postos conhecidos com combustíveis de qualidade, ou a possibilidade de abastecer na garagem da transportadora. Ambas as práticas podem economizar no custo do combustível e garantir a qualidade do diesel utilizado.

Figura 65 – Tanque de combustível adicional
(Foto: os autores)

Quinta roda

Instalada em caminhões do tipo trator, a quinta roda possui a função de acoplar mecanicamente o caminhão a um semirreboque, permitindo que parte do peso do implemento seja suportado pelo componente.

Para garantir a intercambialidade de geometria entre diferentes veículos, conforme já mencionado no Capítulo 1, existe a norma ABNT NBR ISO NM 1726 e 3842 para a construção e instalação de quinta roda. A norma é também válida para o Mercosul (sigla NM da norma). Para os pinos-rei do implemento, outras normas são vigentes, como a ABNT NBR NM 337 e 4086.

A altura de quinta roda, sobre a linha longitudinal do piso, é prescrita de duas formas distintas para os veículos:

- Com a carga do implemento sobre a quinta roda: entre 1150mm e 1300mm
- Com o implemento desacoplado, sem carga: até 1400mm

A posição longitudinal da quinta roda também pode variar para satisfazer as necessidades de distribuição de peso sobre os eixos do cavalo mecânico. Para isso, estão previstas furações na longarina do caminhão ou são oferecidos modelos de quinta roda onde se pode fazer esse ajuste no próprio componente. Em outras variantes, além do ajuste longitudinal, pode-se alterar também a altura da quinta roda em relação à linha longitudinal da longarina.

Além dos limites de altura e posição, existem alguns ângulos previstos. Por exemplo, o limite apontado pela norma para o raio de giro do implemento sobre o caminhão trator não pode ultrapassar 2040mm.

Essas dimensões relevantes para a altura e o posicionamento da quinta roda podem ser mais bem visualizadas nas ilustrações de geometria do Capítulo 2.

Com relação à fixação do componente sobre o chassi do veículo, podemos observar, através da figura a seguir, em uma montagem básica, a necessidade de uma mesa para a melhor distribuição da carga sobre a longarina. Sobre a mesa são então montadas as sapatas para apoio da quinta roda. Nas sapatas são encontrados os coxins, os quais possuem a função de reduzir as vibrações e os impactos dos movimentos entre a quinta roda e o pino-rei.

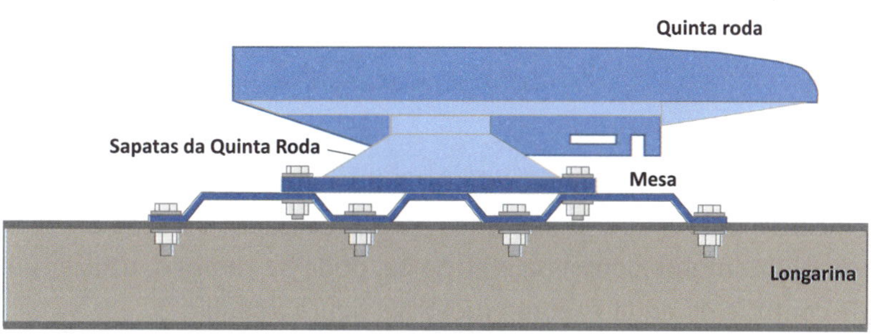

Figura 66 – Quinta roda
(Ilustração: os autores)

Durante a operação do caminhão, um processo fundamental para o trabalho do condutor é o acoplamento e desacoplamento do semirreboque. A figura a seguir ilustra o processo utilizando uma quinta roda simples.

Abertura para acoplamento ou desacoplamento

Uma vez destravado através da trava de segurança, o manípulo pode ser deslocado no sentido para fora do veículo, fazendo com que a cunha de travamento e a garra de travamento se abram.

Travamento

Com o movimento do pino-rei em direção à garra de travamento, este componente será forçado a entrar na posição travada. O condutor pode então assegurar que o travamento de fato ocorreu por um som característico e verificar fisicamente a posição dos elementos.

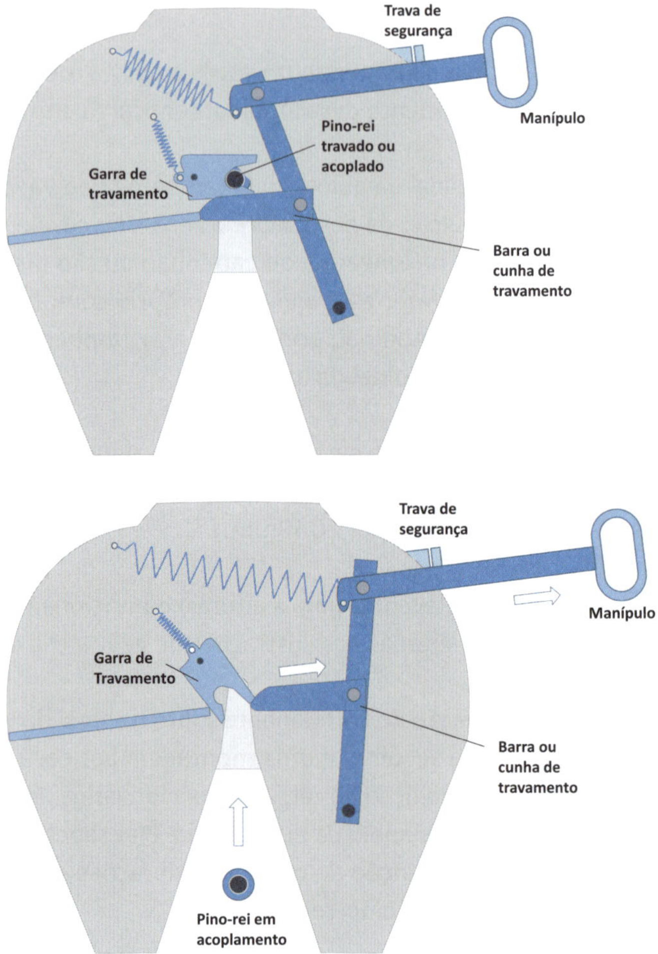

Figura 67 – Operação de acoplamento e desacoplamento da quinta roda (Ilustração: os autores)

A operação manual do manípulo pode ser automatizada com modelos de quinta roda que incluem um cilindro pneumático para a realização do acoplamento e desacoplamento. Juntamente com essa eletrônica, pode-se também utilizar um *display* remoto de controle do engate, como mostra a figura a seguir.

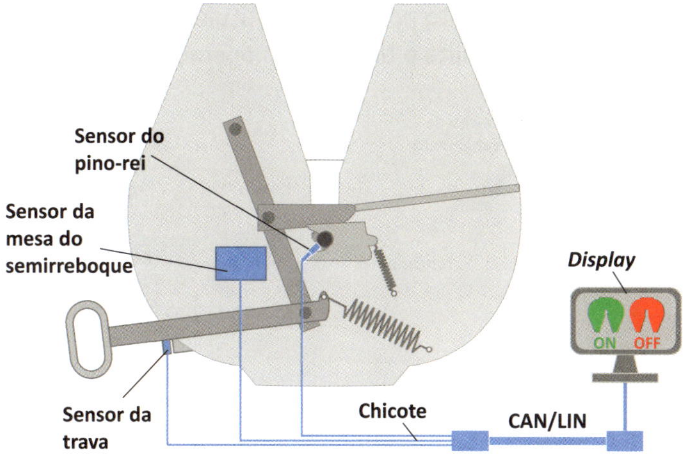

Figura 68 – Sensores e *display* de acoplamento da quinta roda
(Ilustração: os autores)

Também é importante que a quinta roda receba uma manutenção adequada frequentemente. Principalmente em aplicações mistas ou fora de estrada, a aplicação e a troca da graxa sobre a mesa devem ser mais frequentes, podendo ser a cada dois dias. Isso ocorre devido à incidência maior de pó e areia, o que diminui a vida útil dos componentes de desgaste da quinta roda. A utilização de para-barros em todas as rodas pode contribuir para uma vida mais longa nesse caso.

Em vez de utilizar graxa para a lubrificação do contato com o pino-rei, atualmente existem soluções utilizando placas de um material polimérico de desgaste na superfície de atrito e no disco de fricção. Umas das grandes vantagens é uma manutenção facilitada e a redução de resíduos para o meio ambiente.

Engates

Com uma função similar à quinta roda, porém com o objetivo de acoplar reboques e *dollies* (plural em inglês de *dolly*), os engates são instalados junto ao chassi de um caminhão ou implemento. Existem dois tipos de construções que são bastante utilizadas no Brasil: o engate esférico e o engate automático, popularmente conhecido como "boca de lobo". Ambas as construções possuem suas dimensões e ensaios normatizados pela ABNT NBR 11410.

O engate esférico utiliza como acoplamento mecânico do sistema uma ponteira e um pino esféricos, os quais se movimentam entre si através de suas superfícies, formando uma articulação. Aqui são utilizados normalmente diâmetros de esfera de 90mm ou 110mm, de acordo com a aplicação e a carga. Além desses dois elementos, um gancho de travamento possui a função de manter o conjunto em contato e travado.

A força mecânica de acoplamento pode ser substituída em alguns sistemas por cilindros pneumáticos, o que facilita o trabalho na operação.

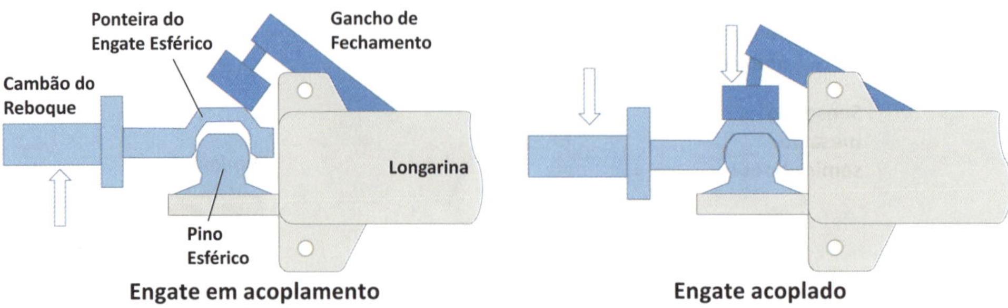

Figura 69 – Engate esférico para reboques
(Ilustração: os autores)

Como medida de segurança, além da conexão mecânica entre o pino esférico e a ponteira, é obrigatório o uso de correntes de aço, como redundância em caso de falhas no material ou no acoplamento.

Os engates automáticos, por sua vez, facilitam o trabalho do operador, pois não necessitam de alinhamento ou ajuste fino entre as alturas da ponteira do cambão e o pino de engate. O sistema possui um flange, a chamada boca de lobo, que durante o movimento de engate direciona a ponteira para um acoplamento automático do pino ao centro. Quando a ponteira encosta no ponto de acoplamento, um gatilho libera o pino do componente para que a ponteira seja travada na estrutura. Assim é finalizado o engate mecânico entre os dois veículos. Da mesma forma que no engate esférico, como redundância, uma corrente de aço deve ser usada.

A seguir, os principais componentes de um engate automático.

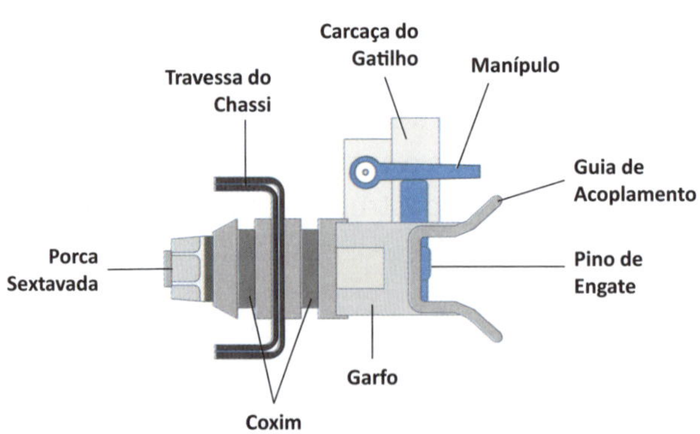

Figura 70 – Engate automático para reboques
(Ilustração: os autores)

Para-choque traseiro

As resoluções do CONTRAN nº 593, de 24 de maio de 2016, e nº 674, de 21 de junho de 2017, dispõem sobre os para-choques traseiros. O documento prescreve as dimensões e os procedimentos de teste e homologação do equipamento de proteção traseira do veículo. Esse componente é especialmente importante para a proteção dos veículos que venham a colidir com a traseira, impedindo que estes venham a ser projetados para debaixo do chassi. Estão isentos da resolução alguns tipos de veículos, como caminhões tratores, caminhões fora de estrada, veículos incompletos etc.

3.3. Suspensão

A suspensão entre o quadro e as rodas tem a função principal de suportar as cargas, amortecer ou reduzir as vibrações geradas pelo piso. Uma função também importante da suspensão reside em manter a estabilidade e o contato na pista do veículo em acelerações, frenagens, curvas e manobras em velocidade. Em caminhões temos o uso de dois tipos principais no Brasil: a suspensão metálica e a suspensão pneumática, também chamada de suspensão a ar. Outros tipos menos comuns são o helicoidal e o independente.

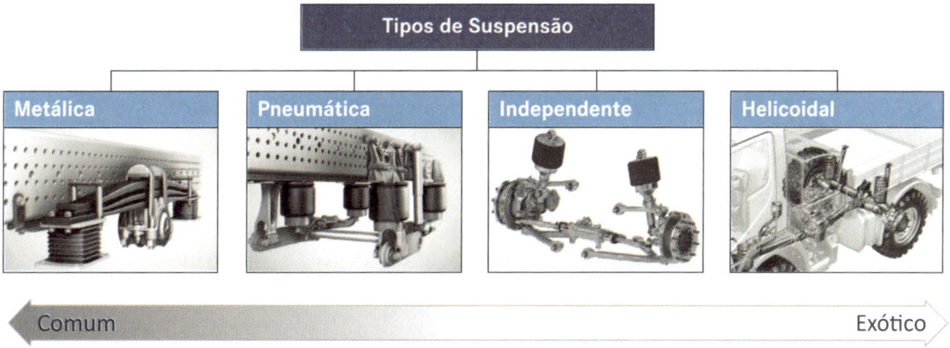

Figura 71 – Tipos de suspensão
(Fotos: Media Daimler Truck, edição e compilação pelos autores)

Suspensão metálica

A chamada suspensão metálica tem como base o uso de feixes ou lâminas metálicas para servir de componente elástico na estrutura. São as mais usadas no Brasil por conta da construção simples e fácil manutenção. Podem ser construídas de diferentes formas, como mostramos a seguir.

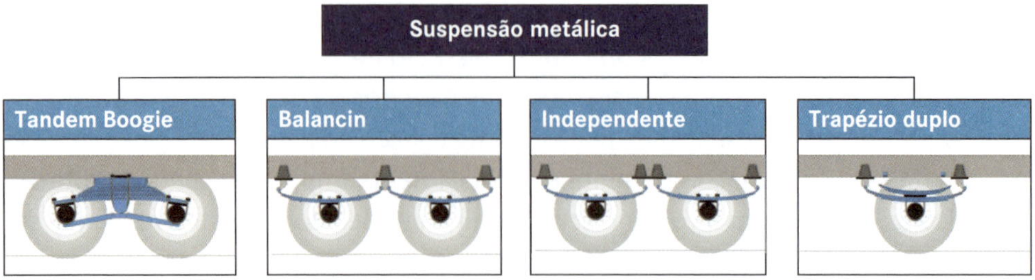

Figura 72 – Tipos de suspensão metálica
(Ilustração: os autores)

O tipo tandem Boogie utiliza um feixe de molas único para a suspensão do veículo. Além dos grampos de mola nos eixos, possui um grampo central e braços laterais para os eixos com o objetivo de estabilizar a estrutura. Também pode ser construído com o feixe de mola invertido, chamado de "Boogie Invertido".

O tipo balancim se utiliza de um suporte único para dois feixes de mola em sequência. Já no tipo independente, cada um dos feixes é um elemento desconectado da outra estrutura de suspensão.

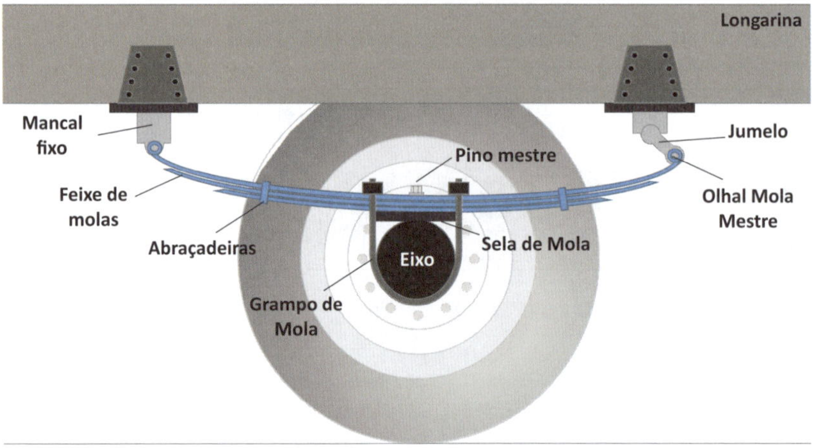

Figura 73 – Principais componentes de uma suspensão metálica (tipo semielíptica)
(Ilustração: os autores)

No trapézio duplo, temos a inserção de um feixe adicional de molas acima do pacote de molas principal, o que pode aumentar o peso suportado pela suspensão e evitar trancos ou "marteladas", no caso de o veículo trafegar sem carga.

Suspensão pneumática ou a ar

A suspensão pneumática tem como base o uso de bolsas de ar pressurizadas como elemento elástico na estrutura. Por isso, precisam de um sistema de ar comprimido, sendo este ar gerado inicialmente pelo compressor de ar no motor. Possui grande vantagem em relação ao conforto e controle da suspensão, quando comparada com o tipo metálico. Algumas vantagens incluem:

- Altura do chão ou do vão livre definida pelo usuário. Pode ser mais baixa para diminuir a resistência do ar em viagens rodoviárias ou mais alta para pisos fora de estrada.
- Autorregulação no caso de o veículo trafegar com e sem carga, ou em curvas, subidas e descidas.
- Autorregulação e controle do levantamento do terceiro eixo, possibilitando o seu levantamento ou a ajuda de partida para o eixo tracionado, em casos especiais.
- Diferentemente do Brasil, em alguns países o uso de suspensão pneumática pode aumentar em até 1t o peso permitido em um caminhão trucado.

As bolsas de ar ou molas pneumáticas podem ser de diversos tipos, dependendo da aplicação e carga necessária. A figura a seguir mostra a mola adequada para o tipo de veículo.

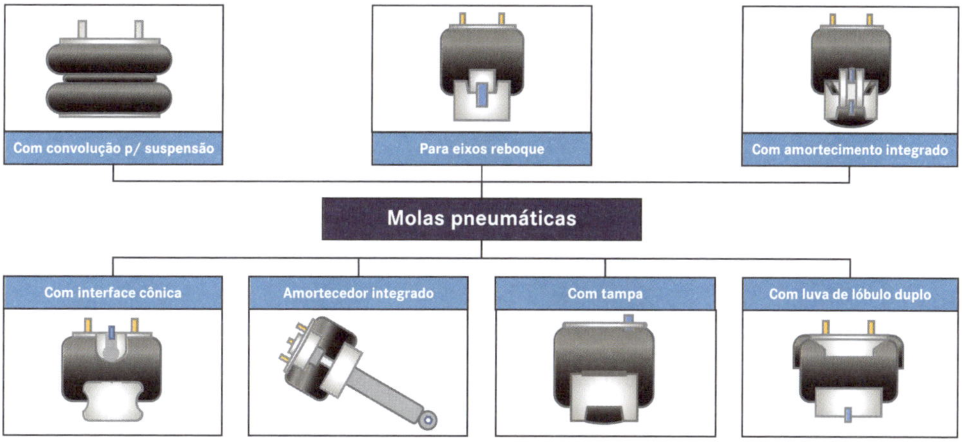

Figura 74 – Tipos de bolsas de ar para suspensões pneumáticas (Ilustração: os autores)

Pelo fato de as bolsas pneumáticas não possuírem uma resistência lateral como o tipo metálico, elas necessitam de estruturas adicionais na construção para se tornarem estáveis. Por exemplo:

- Em eixos dianteiros, barra de torção integrada com braços longitudinais.
- Em eixos traseiros: na parte inferior do eixo, barras de torção, braços longitudinais e braços transversais. Além disso, assim como em eixos com suspensão metálica quando em tandem, necessitam de uma barra "V" ou barras de estabilização únicas na parte superior dos eixos.

Quanto à regulação de altura do veículo sobre o piso, existem duas formas de se realizar com a suspensão pneumática: a mecânica e a eletrônica.

Na regulagem de altura mecânica, uma válvula ligada a uma haste presa ao eixo controla a pressão nas bolsas da suspensão. Essa haste, por sua vez, quando o veículo é carregado, força a válvula a liberar mais pressão nas bolsas e retornar à distância inicial calibrada em relação ao eixo. Com o mesmo princípio, quando o veículo é descarregado, a haste força a válvula a liberar ar das bolsas, fazendo a suspensão baixar novamente.

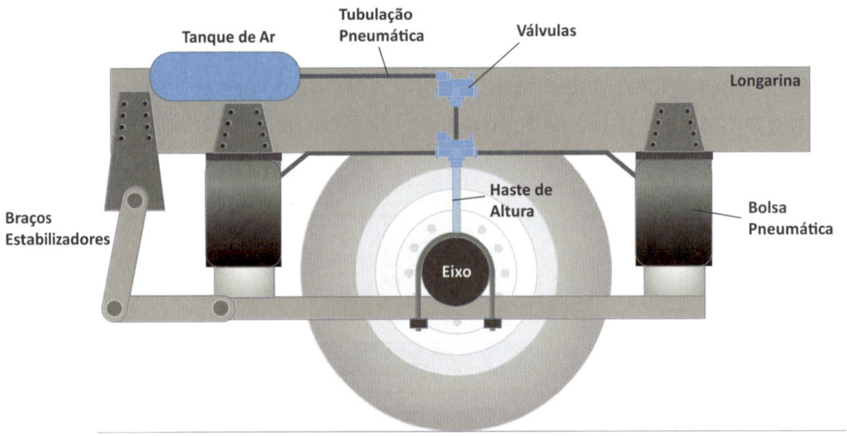

Figura 75 – Regulagem de altura mecânica em suspensão pneumática
(Ilustração: os autores)

Na regulagem de altura eletrônica, também chamada de ECAS (do inglês *Electronically Controlled Air Suspension*), o condutor possui muitas outras vantagens em relação ao sistema mecânico, como, por exemplo:

- Regular a altura do veículo a critério do condutor, utilizando até mesmo memórias de altura.
- Compensar diferenças de pressão entre pneus de lados diferentes, assim como obter uma estabilização transversal do veículo.

- Controlar um eixo com bolsa pneumática para suspensão. Dependendo da carga do veículo, levantar esse eixo automaticamente reduz custos. Para condições de piso escorregadio, é possível levantar o eixo suspensor para melhorar a tração das rodas patinando.
- Possibilidade de controlar a altura da suspensão do veículo do lado de fora da cabine utilizando controles remotos.

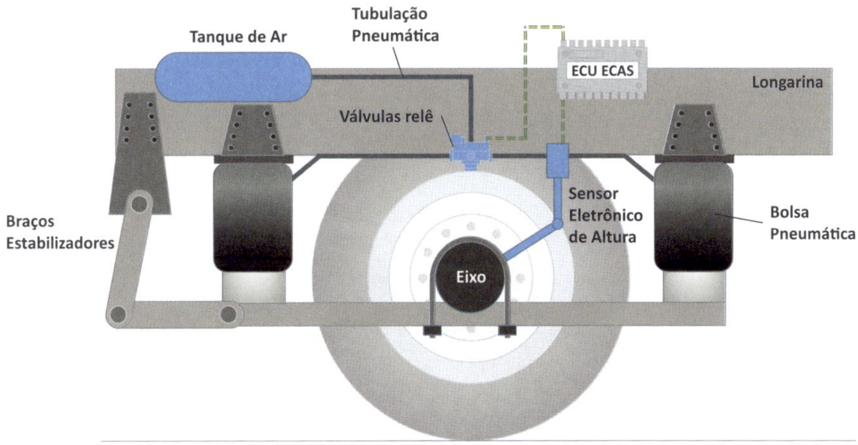

Figura 76 – Sistema eletrônico de regulagem da altura da suspensão pneumática – ECAS (Ilustração: os autores)

Suspensão independente

Diferentemente dos tipos de suspensão tratadas anteriormente, o modelo independente não possui um eixo rígido entre as duas rodas. Com isso, reduz os efeitos de vibração entre os dois lados da suspensão. Seu uso é mais frequente em ônibus e em alguns caminhões tratores, dada a maior necessidade de conforto. No caso de implementos, pode ser encontrada em pranchas ou plataformas para transportes de cargas indivisíveis.

Figura 77 – Volvo FH Independent Front Suspension – IFS (Ilustração: Volvo Trucks)

Suspensão helicoidal

A suspensão helicoidal é utilizada em caminhões com PBT menor ou mais voltados para o uso fora de estrada. Ocupam menos espaço, são mais leves e não possuem o atrito dos tipos metálicos, por exemplo. A desvantagem é que não possui uma capacidade de suportar forças laterais. Essa responsabilidade fica a cargo de componentes adicionais na estrutura, como braços transversais e estabilizadores.

As molas helicoidais também são utilizadas em conjunto com amortecedores, que absorvem a energia cinética de impactos e reduzem a vibração da estrutura.

Figura 78 – Suspensão helicoidal no MB UNIMOG
(Ilustração: Media Daimler Trucks)

Amortecedores

Os amortecedores em uma suspensão possuem a função de absorver a energia cinética proveniente dos impactos com o piso e transformá-la em energia térmica através de seu fluido hidráulico. São usados em conjunto com os demais tipos de suspensão abordadas anteriormente. Em alguns modelos temos o sistema integrado em um único componente, como em molas pneumáticas que mostramos anteriormente.

Figura 79 – Amortecedor
(Foto: Iveco)

Caso os amortecedores não existissem, com o uso somente de molas (metálicas, pneumáticas ou helicoidais), a suspensão poderia, dependendo do tipo de construção, ficar vibrando por um longo período de tempo na sua frequência natural até que a energia se dissipasse. Isso resultaria em um desconforto para o condutor e um risco para a estabilidade do veículo.

Nos amortecedores mais modernos, sua taxa de absorção ou velocidade pode ser regulada eletronicamente através de uma válvula pneumática instalada junto ao componente. Esse controle é gerenciado também através do sistema ECAS em suspensões pneumáticas.

A norma ABNT NBR 15830 pode ser consultada para maiores detalhes sobre a classificação, terminologia e identificação de amortecedores automotivos.

3.4. Direção

Basicamente, o sistema de direção em um veículo proporciona a possibilidade de mudanças de trajetória durante o movimento. Também possui algumas funções secundárias, como, por exemplo:

- Amplificar ou assistir a força exercida sobre o volante, de forma mecânica, hidráulica ou elétrica ou de forma híbrida.
- Absorver impactos sofridos pelos pneus e rodas junto à estrada (buracos e imperfeições do piso).
- Permitir o basculamento da cabine do veículo, no caso de caminhões, com eixos ou colunas de direção pantográficos ou telescópicos.
- Melhorar a ergonomia do motorista, com direções escamoteáveis, que possibilitem um melhor ajuste às dimensões do condutor ou que melhorem o trânsito dentro da cabine com o veículo parado.
- Servir de base para comandos rápidos, através do volante do motorista, para controle e monitoramento das funções do veículo.
- Pelo lado da segurança, abrigar o dispositivo de *airbag* para o condutor.
- Atuar na direção através do comando de sistemas de assistência ao condutor (em sistemas mais modernos).

Os dois tipos básicos de construção do sistema de direção se baseiam no conceito de pinhão e cremalheira e no conceito de setor e rosca sem fim, como mostra a figura.

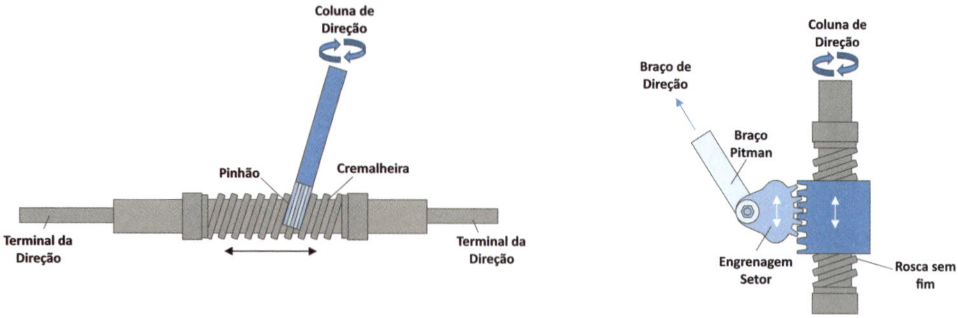

Pinhão e cremalheira — Setor e rosca sem fim

Figura 80 – Tipos básicos de construção em um sistema de direção (Ilustração: os autores)

Podemos dizer que ambos os sistemas são a base de um sistema de direção mecânico. Nesses modelos, a força empregada na direção não é servo assistida. Existem somente componentes mecânicos para a movimentação lateral ou rotação da manga de eixo. Apesar de o torque empregado pelo condutor ao volante ser amplificado pela relação de engrenagens, é ainda um esforço muito grande, principalmente em manobras de baixa velocidade. Dada essa grande desvantagem, o sistema caiu em desuso e agora pode ser encontrado somente em caminhões mais antigos.

Contudo, é com base nesses sistemas mecânicos que o sistema de direção vem evoluindo ao longo dos anos, com a introdução de servo mecanismos. Podemos dividir essa assistência na direção em três grandes grupos:

- Hidráulica (HPS, em inglês *Hidraulic Power Steering*)
- Eletro-hidráulica (EHPS, em inglês *Electric-Hidraulic Power Steering*)
- Elétrica (EPS, em inglês *Electric Power Steering*)

Direção hidráulica

A direção hidráulica foi o primeiro sistema a ser introduzido com o objetivo de minimizar a força empregada pelo condutor na operação do volante. Além dos sistemas mecânicos abordados anteriormente, são necessários componentes adicionais, conforme segue:

- **Bomba hidráulica:** instalada junto ao motor, a qual impulsiona o fluido sob pressão para o sistema.
- **Reservatório ou tanque de fluido hidráulico:** serve para o armazenamento do fluido e também como interface para a manutenção. Nesses tanques, possíveis impurezas ficam depositadas no fundo do recipiente

- **Mangueiras:** para a conexão entre os diversos componentes e para a criação de um circuito fechado.
- **Caixa de direção:** concentra as engrenagens e válvulas necessárias para o auxílio hidráulico ao volante. Possui uma válvula sensível ao giro do volante do motorista que se abre a partir de rotações na coluna de direção.
- **Válvulas:** para o controle do fluxo de fluido hidráulico desde a bomba hidráulica até o retorno do fluido para o tanque. Uma válvula de fluxo é acionada com o movimento do volante e assim o fluido sob pressão auxilia no movimento das engrenagens da direção.
- **Tubulação de arrefecimento:** reduz a temperatura do fluido gerada pelo atrito entre os componentes.
- **Cilindro hidráulico:** principalmente para eixos adicionais, auxilia no comando mecânico da árvore de comando da direção.

As construções, como mencionamos anteriormente, podem ser do tipo pinhão e cremalheira ou setor e rosca sem fim.

O tipo pinhão e cremalheira, devido à sua capacidade de carga, é mais usado em caminhões e ônibus mais leves. A figura a seguir apresenta de forma esquemática um exemplo.

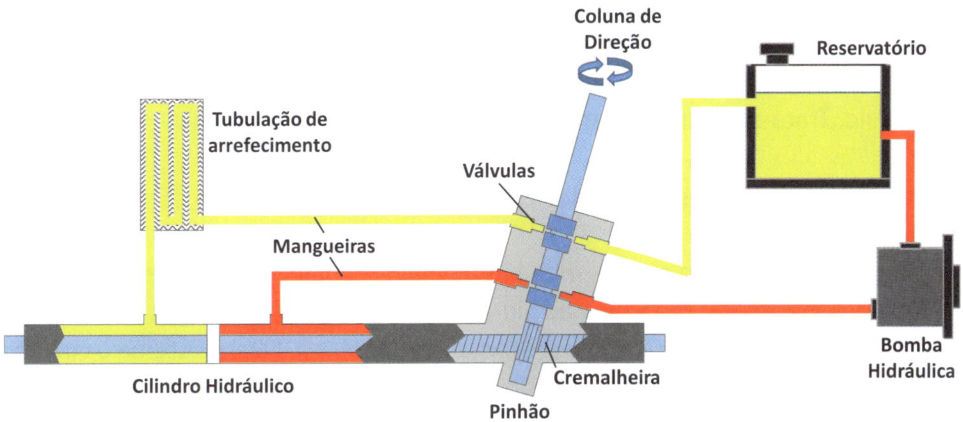

Figura 81 – Sistema de direção hidráulica do tipo pinhão e cremalheira (Ilustração: os autores)

Em veículos comerciais médios, pesados e extrapesados, por sua maior capacidade de carga, são utilizados os tipos de engrenagem setor e rosca sem fim.

Com o objetivo de reduzir o atrito e a folga entre as engrenagens, são introduzidas também esferas entre os filetes das engrenagens, atuando como se fossem um rolamento para o sistema de direção.

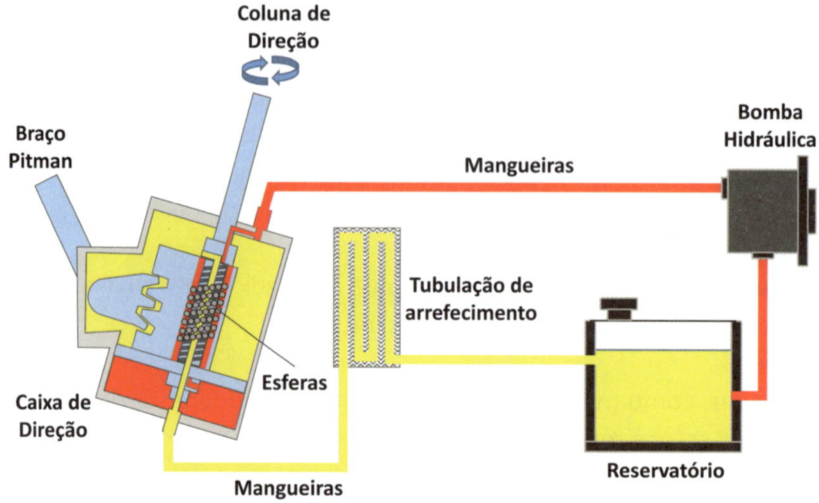

Figura 82 – Sistema de direção hidráulica do tipo setor e rosca sem fim com esferas rolantes (Ilustração: os autores)

Direção eletro-hidráulica

A direção eletro-hidráulica, por sua vez, é uma evolução da direção hidráulica com o objetivo de reduzir consumo e implementar sistemas de assistência sobre a condução do veículo. Trata-se de um sistema híbrido.

Existem dois tipos de implementações básicas:

1) O sistema hidráulico ou a bomba hidráulica é acoplada a um motor elétrico, o qual é acionado quando a pressão hidráulica é necessária. Este é um tipo chamado EPHS, do inglês *Electrically Powered Hydraulic Steering*. Nesse sistema o circuito hidráulico se torna independente do motor a combustão.
2) Um motor elétrico é instalado como auxílio da direção hidráulica e pode atuar ativamente controlado por uma ECU, a qual lê os movimentos da coluna através de um sensor de rotação do volante. Além de auxiliar juntamente com o sistema hidráulico, pode interferir na direção caso o veículo possua um sistema de assistência de faixa de rolagem ou compensação de ventos laterais.

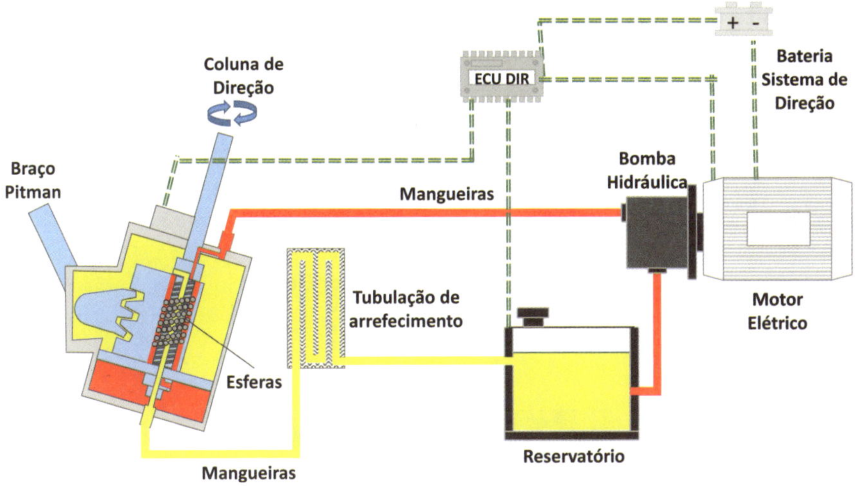

Figura 83 – Sistema de direção EPHS
(Ilustração: os autores)

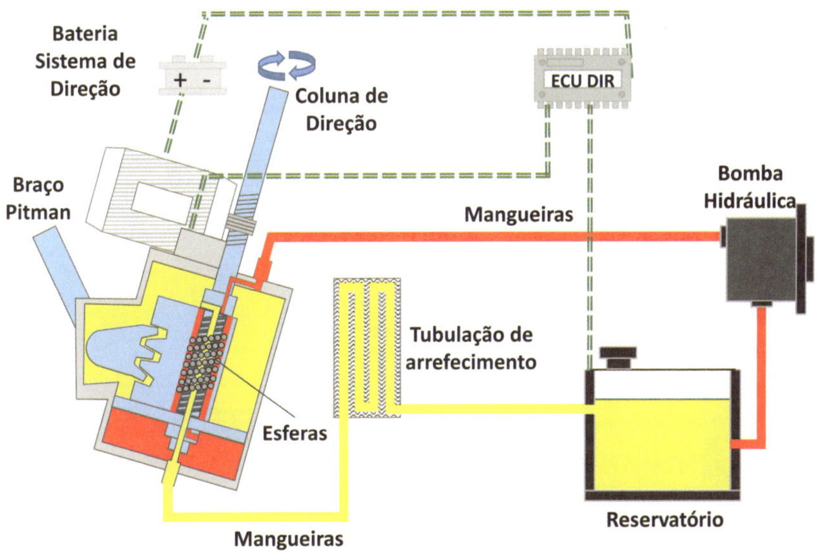

Figura 84 – Sistema de direção eletro-hidráulica com motor elétrico acoplado à caixa de direção
(Ilustração: os autores)

Direção elétrica

A direção puramente elétrica, diferentemente das anteriores, não depende diretamente do sistema hidráulico e tampouco da força mecânica produzida pelo motor a combustão. Sua construção é mais simples porque não necessita de mangueiras, fluido hidráulico, bomba hidráulica ou arrefecimento do fluido. Porém, sua desvantagem é que necessita de uma bateria extra com mais capacidade de carga para o caso de uma falha no sistema elétrico do veículo.

O motor elétrico pode ser instalado em três pontos distintos:

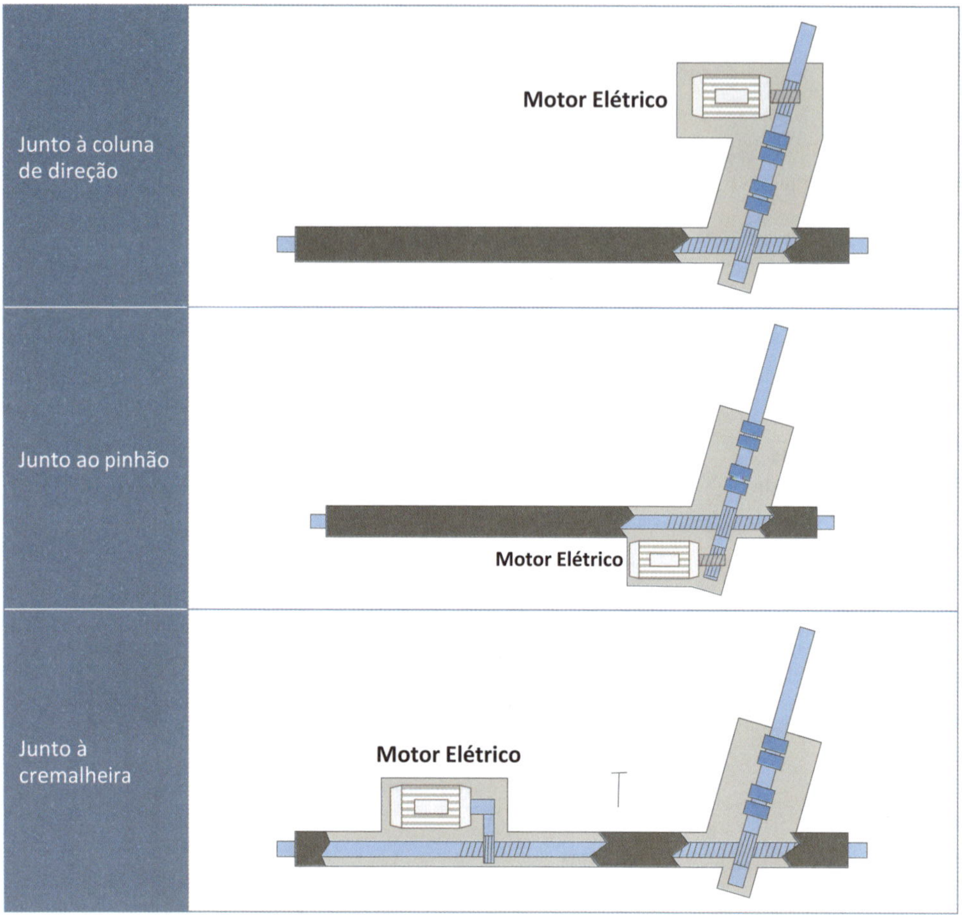

Figura 85 – Tipos de direção elétrica
(Ilustração: os autores)

Junto ao volante é instalado um sensor de ângulo de rotação que envia continuamente esse dado à ECU do sistema de direção. Com base nessa informação e na velocidade do carro, o sistema pode calcular e atuar de forma proporcional junto às engrenagens da direção, de forma que o condutor não perca a sensação de controle sobre o volante.

Existe também a questão da economia de combustível. Com um sistema totalmente independente do motor, pode-se controlar melhor a energia despendida junto à assistência ao motorista. Por exemplo, em velocidades de cruzeiro, a atuação elétrica é pouco necessária.

Nos veículos comerciais elétricos ou utilizando células de combustível, a tendência é que se siga esse tipo de construção, uma vez que não há motores onde acoplar uma bomba mecânica.

Direção somente no primeiro eixo

Notadamente, todos os veículos comerciais como caminhões e ônibus possuem um sistema de direção pelo menos no primeiro eixo, sendo ele tracionado ou não.

Com a maioria dos componentes da direção instalada junto à dianteira do veículo, mesmo quando existem mais eixos direcionáveis, é a partir da parte dianteira do veículo que são instalados os comandos para os demais eixos. Essa comunicação pode acontecer mecanicamente, hidraulicamente ou eletronicamente partindo-se, por exemplo, de uma caixa de direção instalada nas proximidades do eixo dianteiro ou de uma ECU.

Na figura a seguir podemos ilustrar um sistema de eixo único direcional, do tipo hidráulico e com caixa de direção de setor e rosca sem fim.

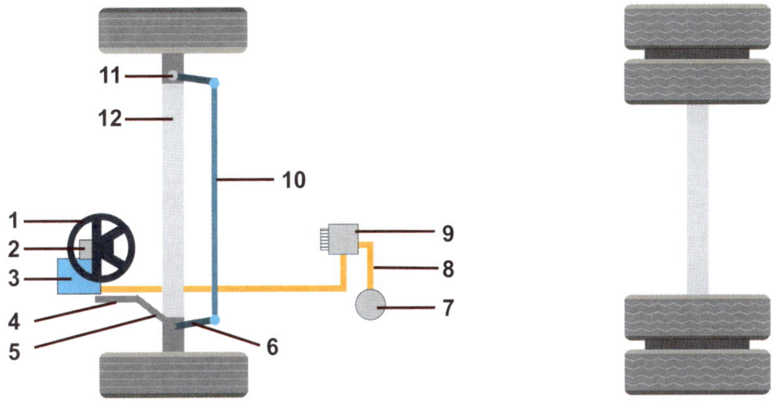

1) Volante
2) Coluna de direção e coifa
3) Caixa de direção
4) Braço Pitman
5) Braço de direção
6) Braço de ligação
7) Tanque de fluido hidráulico
8) Tubulação hidráulica
9) Bomba hidráulica junto ao motor
10) Barra de ligação
11) Pino mestre
12) Viga

Figura 86 – Sistema de direção hidráulica dianteira (Ilustração: os autores)

Direção nos dois eixos dianteiros

Um segundo eixo direcional dianteiro é utilizado nos veículos onde, pela quantidade de carga ou por sua distribuição, existe uma necessidade de apoio logo após a cabine do veículo. No Brasil, esses caminhões são geralmente chamados de *bitruck*, quando também possuem dois eixos traseiros.

Esse componente adicional possui diversas vantagens, como, por exemplo:

- Curvas ficam mais fáceis de realizar, devido à contribuição do segundo eixo para a geometria de Ackermann.
- Melhor distribuição de cargas e menor desgaste de pneus.

A seguir, uma implementação em um veículo 8x4 do segmento de mineração.

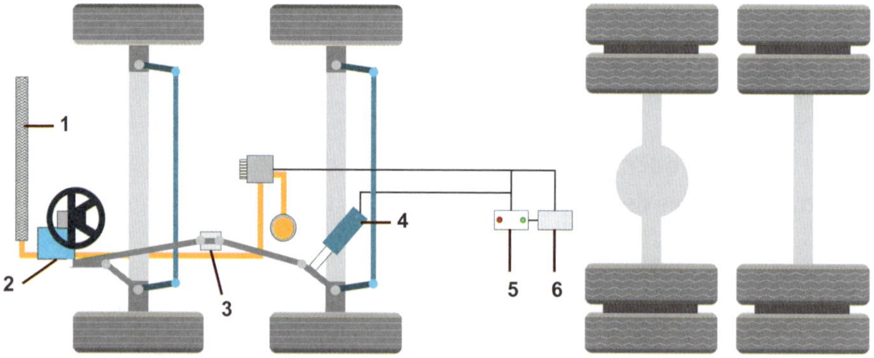

1) Radiador da direção hidráulica
2) Caixa de direção com dupla saída
3) Sistema de alavanca
4) Cilindro de suporte
5) Bateria independente do sistema de direção
6) Módulo do sistema de direção

Figura 87 – Exemplo de um sistema de direção para dois eixos dianteiros direcionais - *bitruck* (Ilustração: os autores)

Direção nos eixos traseiros

A localização de eixos direcionáveis na parte traseira do caminhão não é comum no Brasil. É mais frequente em ônibus devido às limitações em curvas dos trechos urbanos que precisam ser percorridos. De qualquer forma, em ambos os veículos a implementação pode ser bastante semelhante.

Um dos exemplos de integração pode ser visualizado pela figura a seguir. Nela temos uma caixa de direção que controla via engrenagem setor e rosca sem fim o eixo dianteiro e, por meio de válvulas e mangueiras hidráulicas, a direção no eixo traseiro.

Este, por sua vez, faz uso de um sistema de cilindro hidráulico para o acionamento mecânico das rodas.

As vantagens da construção de eixos direcionáveis na traseira do veículo são as mesmas elencadas para o segundo eixo direcional dianteiro. A diferença é que, no caso do veículo com direção traseira, a indicação é para veículos mais longos, podendo a direção estar no primeiro eixo ou no segundo eixo traseiro.

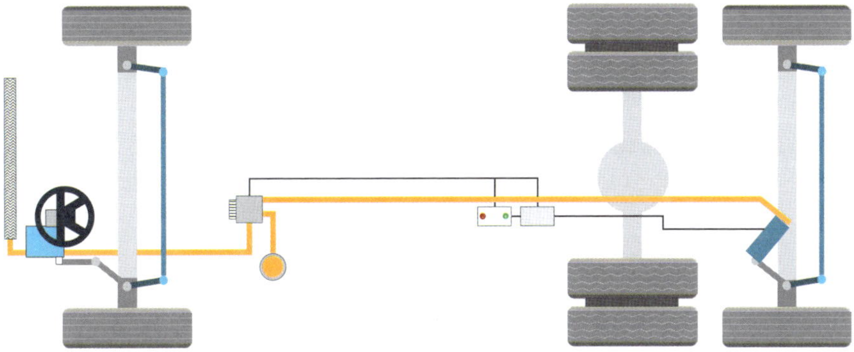

Figura 88 – Sistema de direção hidráulica traseira
(Ilustração: os autores)

3.5. Elétrica e mecatrônica

Em um veículo de combustão interna, o motor é o gerador primário de toda a energia necessária. Parte dessa energia mecânica é transformada em energia elétrica para a alimentação de todos os equipamentos a bordo do caminhão, dos implementos rodoviários e para carregamento das baterias.

Além da alimentação de baterias, o sistema elétrico é composto por diversos componentes consumidores e uma rede de comunicação e controle, formada por várias sub-redes CAN e por seus módulos, controles, atuadores e sensores. Essa rede é muitas vezes a responsável pelo acionamento e chaveamento de diversos equipamentos consumidores, como iluminação, motores de levantamento de vidros etc.

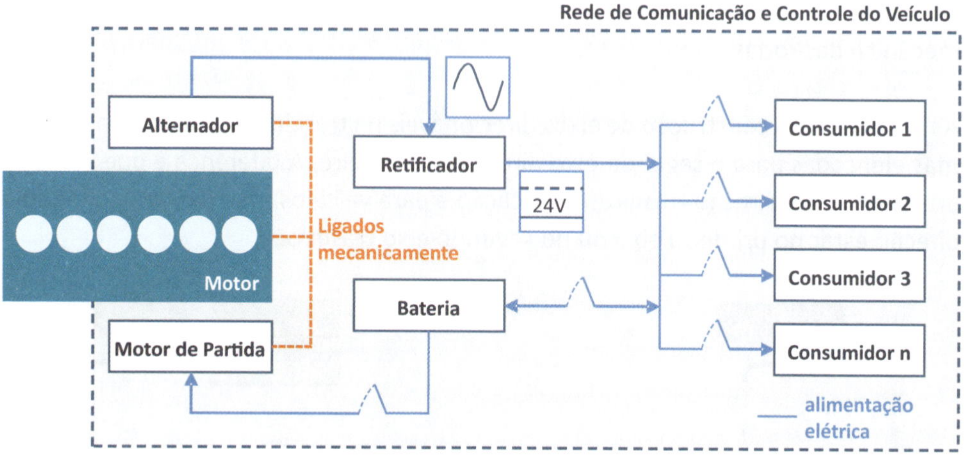

Figura 89 – Diagrama simplificado do circuito elétrico de um veículo
(Ilustração: os autores)

Alternador

O alternador tem a função de transformar a energia mecânica proveniente do motor em energia elétrica. A geração se dá através de corrente alternada. Dessa forma, existe a necessidade de um retificador com regulador de potência para que se possa carregar a bateria e alimentar os componentes do veículo com corrente contínua. No Brasil, normalmente utilizamos em veículos comerciais a tensão de cerca de 24V. As partes básicas de um alternador são mostradas a seguir.

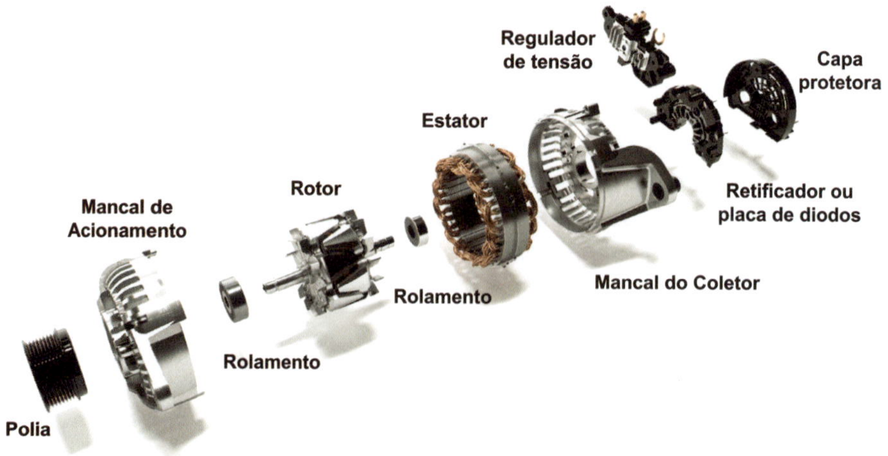

Figura 90 – Partes de um alternador
(Ilustração: Bosch)

Para o carregamento da bateria, a tensão provida pelo conjunto retificador e regulador precisa ser levemente mais alta do que 24V, em torno de 28V, para que possa ocorrer a carga.

Motor de partida

Os motores de combustão interna não possuem a capacidade de entrar em um regime permanente de queima de combustível e geração de energia mecânica sozinhos. Eles precisam de uma ajuda no início do seu movimento para que atinjam uma rotação de operação e possam vencer a inércia em baixas rotações. Para isso, existe o chamado motor de partida ou motor de arranque. Ele possui a função de se acoplar ao motor e fazê-lo atingir sua rotação de operação, até que ele possa girar sozinho. A partir desse momento, o motor de partida não é mais necessário e pode então se desacoplar do sistema.

Na figura a seguir mostramos uma construção básica do componente. Ele possui na sua carcaça um motor elétrico e um dispositivo de acoplamento para que, no momento da partida, possa fazer girar o volante do motor através da sua cremalheira e, assim, voltar ao seu estado inicial desacoplado.

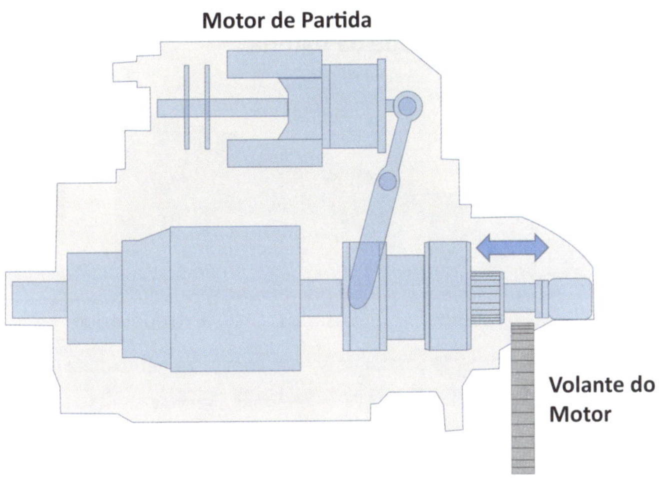

Figura 91 – Motor de partida básico
(Ilustração: os autores)

Bateria

Sobre a bateria do veículo reside a responsabilidade de acumular carga durante o funcionamento do motor e, quando ele estiver desligado, alimentar todo o sistema elétrico.

As baterias são posicionadas nas chamadas caixas de bateria, que ficam instaladas junto à longarina do veículo. Temos nos veículos mais pesados duas baterias de 12V ligadas em série, perfazendo cerca de 24V, a tensão nominal utilizada pelos componentes do caminhão. Em alguns caminhões existem circuitos de 12V, por exemplo, para tomadas de acessórios. Nas proximidades das baterias, é posicionada também a chave geral, responsável por ligar ou desligar todo o sistema elétrico do veículo.

O dimensionamento da bateria depende em grande parte das necessidades do motor de partida (dependendo do tamanho do motor) e da quantidade e carga dos consumidores elétricos do caminhão e implemento. Com o aumento dos sistemas eletrônicos embarcados nos veículos, nos últimos anos, a capacidade e os níveis de ciclagem das baterias têm aumentado. Justamente por esse motivo, em caminhões mais modernos existe um sensor de nível de carga de bateria para monitorar a disponibilidade de energia. No caso de a bateria atingir uma carga mínima, o condutor é avisado para que seja dada a partida no motor para uma recarga.

Via de regra, essa capacidade é dada em amperes hora (Ah). Nos caminhões de leve a extrapesado no Brasil, pode variar de 100 a 220Ah, como mostra a figura.

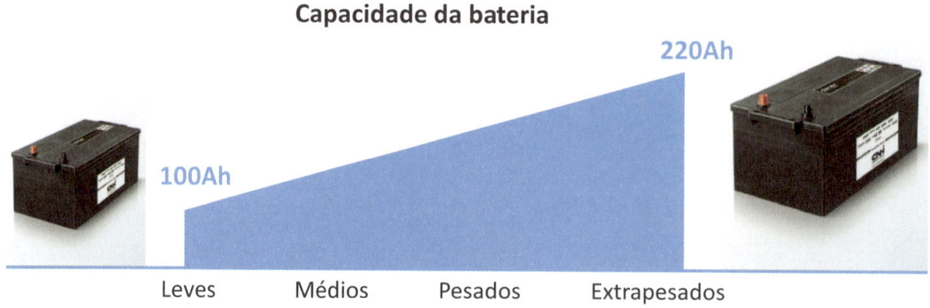

Figura 92 – Capacidade da bateria de acordo com o segmento de aplicação (Ilustração: os autores. Fotos: Iveco)

Podemos, de forma simplificada, dividir os tipos de bateria chumbo-ácido entre não seladas e seladas. Nas não seladas, existe necessidade de manutenção, ou seja, é necessário, com o tempo de uso (geralmente de três a seis meses), inserir mais água na bateria. Nas seladas não existe necessidade de manutenção, porém há a desvantagem de uma vida mais curta em relação às não seladas.

Importante destacar que, desde 2014, é obrigatória a certificação do INMETRO para as baterias. Para que os fabricantes possam adquirir o selo da figura a seguir, precisam observar e implementar requisitos do sistema de gestão da qualidade e uma série de normas da ABNT (ex.: 15745, 15914, 15940 etc.).

Figura 93 – Selo do INMETRO em baterias nacionais
(Fonte: ABNT)

Iluminação interna

Um dos grupos de consumidores elétricos que temos dentro da cabine do caminhão é toda a iluminação interna. Ela pode ser indireta ou direta, ser utilizada para leitura ou dentro de compartimentos (porta-objetos).

Iluminação de serviço

Para poder atrelar e desatrelar o implemento e realizar trabalhos na parte traseira do caminhão, podem ser utilizadas lâmpadas para a iluminação desse serviço.

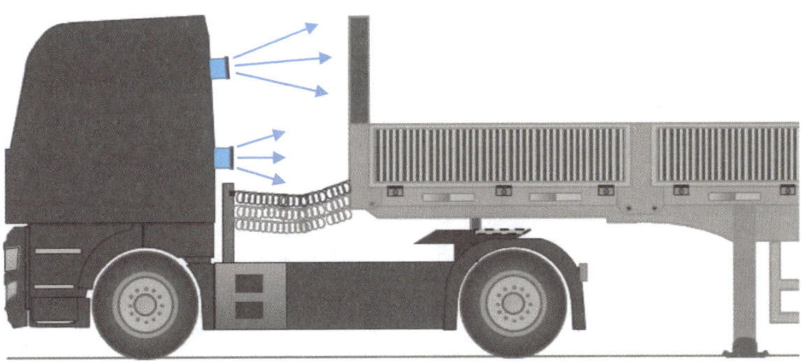

Figura 94 – Iluminação de serviço em um cavalo mecânico
(Ilustração: os autores)

Iluminação externa

A iluminação externa do veículo tem a função básica de ver e ser visto nas estradas.

Dentro da função "ver", podemos destacar o papel dos faróis dianteiros, que, dependendo da condição ambiente e da fase do dia, podem ser utilizados em modos diferentes (neblina, baixa e alta). Além disso, tem aumentado o uso de lanternas laterais, que são ativadas em manobras ou em curvas.

Dentro da função "ser visto", a iluminação externa e as faixas refletivas ao longo do veículo e implementos são responsáveis por:

- Indicar a posição, presença e contornos do veículo
- Indicar a direção do veículo em uma curva, mudança de faixa ou em movimento para estacionar
- Indicar o veículo parado ou em situação de emergência, muitas vezes em conjunto com o uso do triângulo de emergência, conforme legislação
- Indicar a veículos traseiros a ação de frenagem
- Indicar a veículos e pedestres o movimento de ré
- Indicar a marca do fabricante
- Identificar a placa do veículo em períodos noturnos

Ultimamente os faróis em LED têm se tornado cada vez mais comuns nos nossos caminhões e ônibus. Especialmente nos faróis dianteiros, as montadoras utilizam o DRL ou a chamada iluminação diurna, para uma diferenciação do design de sua marca. O DRL se tornará obrigatório para todos os caminhões a partir de janeiro de 2023 e poderá ser implementada em LED ou lâmpadas halógenas. A seguir, um exemplo de uma implementação utilizando luzes de LED.

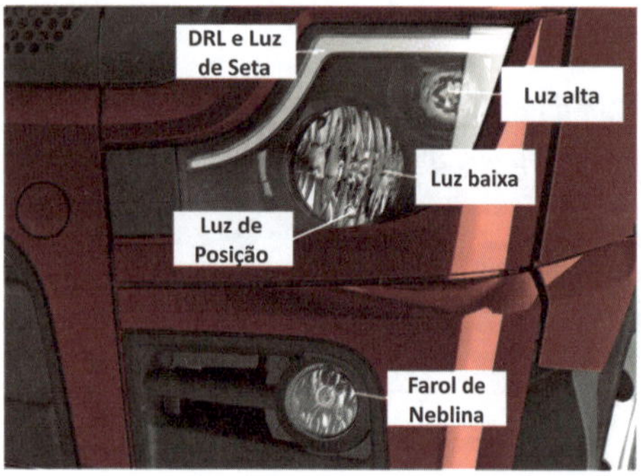

Farol dianteiro e farol de neblina

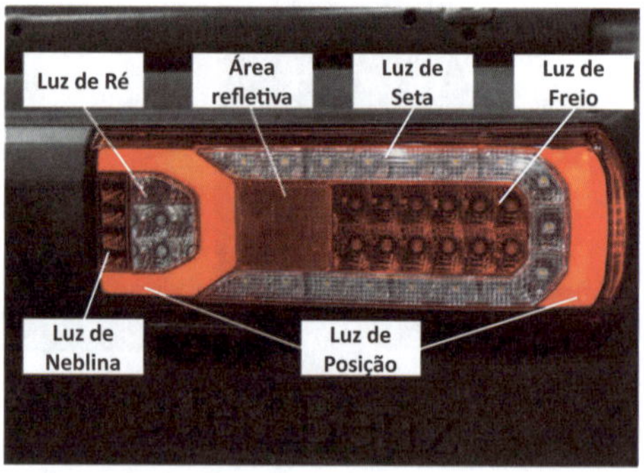

Farol traseiro

Figura 95 – Faróis dianteiro, neblina e traseiro
(Fotos: Media Daimler Truck, compilação pelos autores)

Rede de comunicação e controle

Como mostraremos na Figura 98, a rede de comunicação e controle é o cérebro por trás do sistema elétrico veicular. É ela quem controla o chaveamento das unidades consumidoras de energia (iluminação, vidros elétricos, travas etc.), bem como a comunicação entre todos os dispositivos no veículo.

Com a modernização e digitalização dos sistemas veiculares, podemos observar o crescente número de módulos eletrônicos embarcados, as ECUs. Esses dispositivos requerem uma arquitetura de comunicação confiável e segmentada, para que o barramento de comunicações seja utilizado e organizado da maneira mais eficiente possível.

Para o entendimento de qualquer tipo de rede de comunicação, inclusive as automotivas, foi criado o modelo em sete camadas OSI (do inglês, *Open Systems Interconnection*) padronizado pela ISO (do inglês *International Organization for Standardization*) em 1983. A figura a seguir mostra alguns protocolos de comunicação utilizados e sua relação com as camadas do modelo OSI.

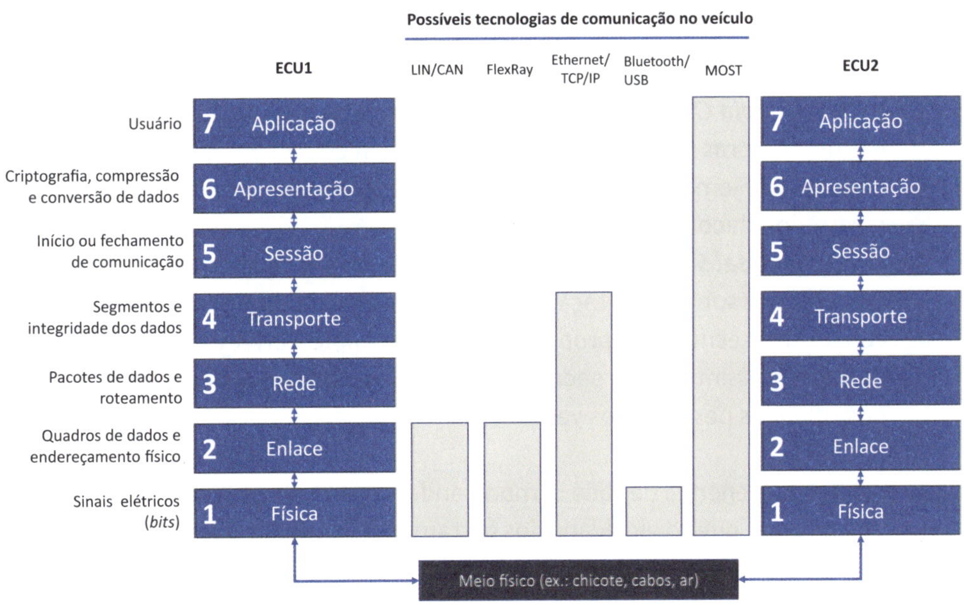

Figura 96 – Modelo de referência OSI/ISO e algumas tecnologias de comunicação automotivas (Ilustração: os autores)

Os tipos de redes e de sub-redes automotivas utilizadas seguem uma topologia em estrela ou híbrida, com um *gateway* central, e podem ser empregados os seguintes tipos de barramento ou protocolos – em alguns casos, simultaneamente:

- **CAN (*Controller Area Network*)**: o protocolo foi criado pela Bosch na década de 80 com o objetivo de reduzir o número de cabos e chicotes dentro dos carros.

A tecnologia vem sendo desenvolvida desde então e hoje existe a variante de alta velocidade, chamada CAN FD (*Flexible Data rate*).

- LIN (***Local Interconnect Network***): o protocolo foi criado para aquelas conexões que não necessitam da velocidade de uma CAN e por isso têm dispositivos mais baratos.
- FlexRay: o protocolo foi desenvolvido no começo dos anos 2000 inicialmente por BMW, Daimler, Motorola e Philips, sendo posteriormente adotado por outras montadoras. Propõe-se a ser uma evolução do protocolo CAN.
- ***Ethernet* automotiva**: ainda em sua fase inicial, apenas em alguns veículos importados no Brasil, possui implementação em poucos veículos, principalmente para diagnose e manutenção. Promete ser a tecnologia do futuro para os automóveis devido à sua alta velocidade e sinergia com os protocolos de rede não veiculares.

Para ECUs ligadas aos sistemas de entretenimento ou *infotainment*, os seguintes protocolos podem ser usados:

- MOST (***Media Oriented Systems Transport***): padrão utilizado pela maioria das montadoras para sistemas que necessitam de *streaming* de vídeo e áudio. Pode ser implementado também através de cabos de fibra ótica, o que reduz o peso dos chicotes.
- USB (***Universal Serial Bus***): barramento utilizado principalmente para áudio em aparelhos de som e integração com aparelhos celulares, utilizado em conjunto com outras tecnologias proprietárias, como Apple CarPlay e Android Auto.
- ***Bluetooth***: assim como o padrão USB, seu uso nos carros é focado na integração dos celulares pessoais aos veículos.

Uma arquitetura genérica de rede comportando vários tipos de protocolo pode ser vista a seguir. Note que a velocidade dos barramentos pode ser diferente, bem como a arquitetura de cada barramento.

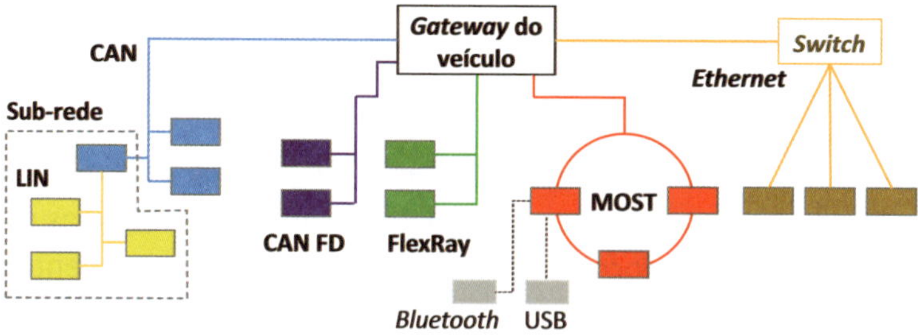

Figura 97 – Arquitetura de rede genérica com vários tipos de protocolos (Ilustração: os autores)

A seguir podemos ver um exemplo aplicado de rede em um caminhão e as localizações de cada ECU sobre o chassi e a cabine. Esse é o cérebro de um veículo comercial moderno.

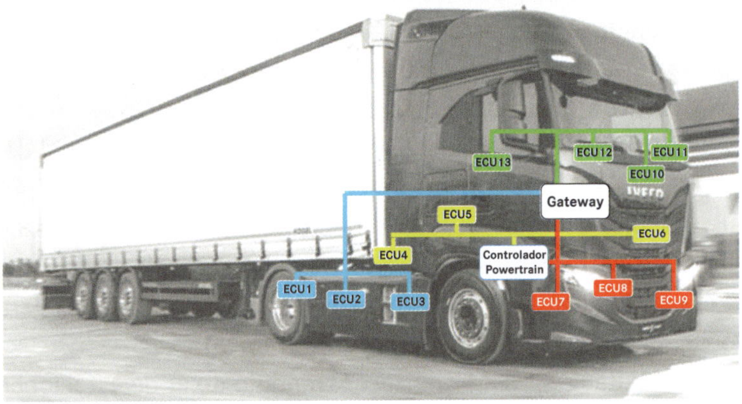

Figura 98 – Exemplo de rede de comunicação e controle em um caminhão (Foto: Iveco)

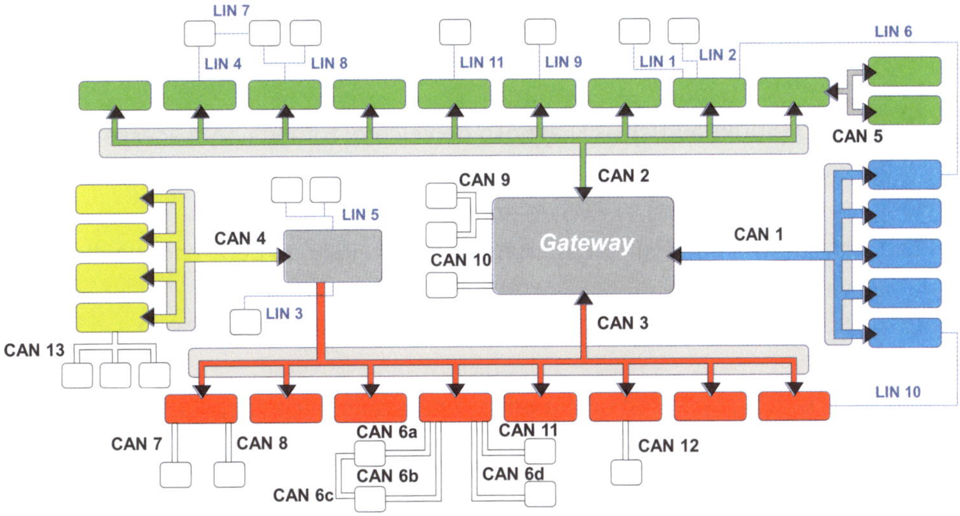

Figura 99 – Exemplo de arquitetura de rede e sub-redes em um veículo (Ilustração: os autores)

Em uma aplicação veicular, como a do exemplo da figura anterior, dividiram-se as redes CAN de acordo com a afinidade, proximidade e necessidade de comunicação em termos de velocidade. As redes CAN principais foram destacadas em quatro cores: azul, vermelho, amarelo e verde. Cada caixa representa uma ECU do sistema. Olhando o esquema, a segmentação ocorreu da seguinte forma:

- CAN 1 (500kBaud/s) → Componentes exteriores (em azul): regulador de nível da suspensão, chave geral da bateria, APU, eixo direcional adicional.
- CAN 2 (500kBaud/s) → Interior da cabine (em verde): rádio, multimídia, botões do painel, unidade de controle do *airbag*, sistema de ignição do veículo, trava das portas e alarme, levantamento dos vidros, sistema de recebimento dos dados de sensores da cabine, aquecimento e ventilação.
- CAN 3 (500kBaud/s) → Chassi (em vermelho): módulo especial de interface com o implemento, sensor de ângulo do volante, controle da pressão dos pneus, módulos do freio ABS/EBS, módulo dos assistentes de direção, módulo do painel de instrumentos do veículo, módulo tacógrafo.
- CAN 4 (667kBaud/s) → Trem de força (em amarelo): controlador geral do trem de força, motor, câmbio, *retarder* e pós-tratamento.
- CAN 5 (500kBaud/s) → Climatização: módulo do ar de estacionamento ou aquecimento adicional.
- CAN 6 (500kBaud/s) → Sistema de freio e ESP: moduladores dos eixos dianteiros e traseiros, ESP.
- CAN 7 (125kBaud/s) → Implemento: conexão elétrica.
- CAN 8 (125kBaud/s) → Implemento: conexão com rede CAN (15 polos).
- CAN 9 (250kBaud/s) → Telemática
- CAN 10 (500kBaud/s) → Diagnose do veículo: tomada para acesso externo (ex.: OBD).
- CAN 11 (125kBaud/s) → EBS do implemento.
- CAN 12 (500kBaud/s) → Radar: módulo instalado no para-choque dianteiro do veículo.
- CAN 13 (250kBaud/s) → Sensores do pós-tratamento: NOx, SCR.

Observe que um Baud significa uma mudança de estado físico do meio de transmissão e pode, em certos casos, transmitir mais do que 1 *bit*/s.

Também ligados aos módulos, podemos verificar diversas sub-redes LIN que não necessitam estar ligadas diretamente nas redes CAN principais.

Além do *gateway* como centro neural de todo o sistema, podemos destacar o papel do controlador central do trem de força, chamado na estrutura de CPC. É ele quem possui a maior taxa de velocidade do sistema, dada a necessidade de comunicação em tempo real com os componentes do motor, câmbio, *retarder* e pós-tratamento. Essa rapidez, por exemplo, é essencial para que tenhamos mudanças de marchas e uma resposta mais rápida do trem de força.

O módulo de manutenção é instalado junto ao *gateway* central, pois necessita do *input* de quase todos os módulos. É ele o responsável por definir o momento de manutenção, com base na utilização do veículo de forma dinâmica.

3.6. Freios

O sistema de freios de um veículo possui a função de desacelerar e, se necessário, fazer parar o carro transformando energia cinética em energia térmica através do princípio de atrito. Além dessa função principal, quando o veículo está estacionado, o sistema é responsável por não possibilitar o movimento, especialmente em aclives e declives. Em conjunto ou integrado com outros sistemas, pode auxiliar na tração e estabilidade do veículo (ex.: ASR, ESP etc.).

Existem diferentes tipos de freios nos veículos comerciais:

- **Freio de serviço:** este é o sistema acionado quando se pressiona o pedal de freio no interior do veículo. Aciona tanto os freios de roda do próprio veículo quanto aqueles de possíveis veículos rebocados. Nos casos de veículos com *retarder*, a eletrônica trata de uma atuação em conjunto dos sistemas.
- **Freio de estacionamento:** possui um circuito independente do freio de serviço e é utilizado para deixar o veículo imobilizado, estando ligado ou não. Em situações de emergência, pode ser utilizado com o freio de serviço.
- **Freios auxiliares:** são os sistemas utilizados em conjunto com o freio de serviço no próprio motor e sistemas de transmissão. Serão tratados no Capítulo 6, dentro do tema trem de força.

Existe também o conceito de freio de emergência. No caso de uma falha em algum dos circuitos citados, pode se tratar tanto do uso do freio de serviço como freio de estacionamento ou vice-versa.

Os componentes do sistema de freio de serviço e estacionamento podem ser divididos pela localização: aqueles instalados no chassi e na cabine e aqueles instalados no eixo, os chamados componentes do freio de roda.

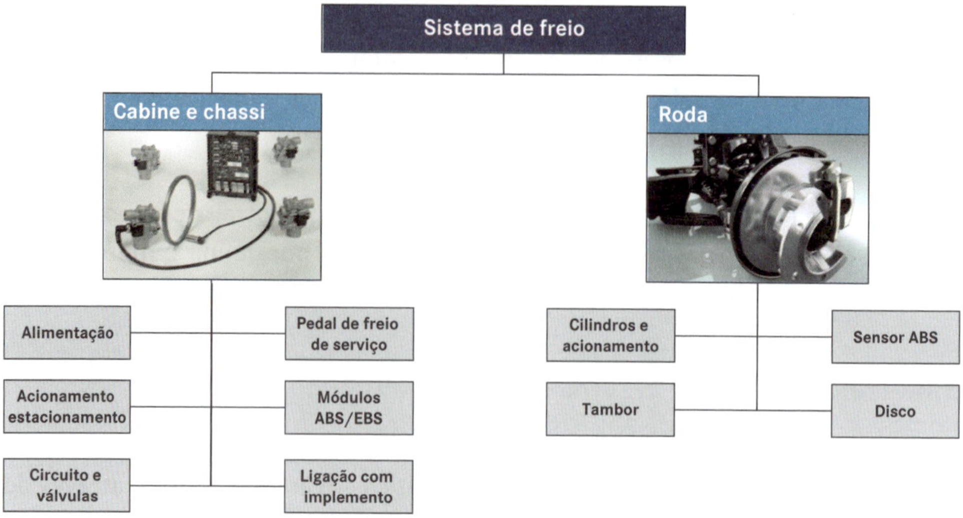

Figura 100 – Sistema de freio
(Ilustração: os autores. Fotos: Iveco)

Alimentação

Os veículos comerciais podem apresentar diferentes tipos de freio: mecânicos, hidráulicos, pneumáticos e eletrônicos. Os mecânicos e hidráulicos são usados mais em veículos de passeio, camionetas e caminhonetes. A grande maioria dos caminhões utiliza sistemas alimentados de forma pneumática, para o acionamento mecânico dos freios na roda.

As principais vantagens dos sistemas utilizando ar em caminhões e ônibus são a maior robustez quanto a falhas ou vazamentos e a facilidade de acoplamento com implementos.

O ar comprimido é inicialmente gerado pelo chamado compressor de ar (essa é a função desse componente instalado junto ao motor). Dependendo da necessidade de consumo, a construção pode possuir um ou dois cilindros. O ar nessas câmaras é pressionado por um pistão, que, por sua vez, é movimentado mecanicamente pelo motor.

O meio ambiente possui umidade, e, dessa forma, o ar precisa ser desumidificado para uso nos circuitos de freio. A presença de gotículas de água no circuito pode alterar a pressão do sistema e causar danos. Essa é a função da APU, que, além disso, também possui um regulador integrado para limitar a pressão no sistema.

Os modelos mais modernos possuem uma versão eletrônica da APU, a chamada EAPU (*Electronic APU*). Além das funções citadas, possui também um módulo eletrônico integrado para o monitoramento do componente, regenerações do filtro de secagem do ar e para um controle mais inteligente do acionamento do compressor de ar. Esse componente ajuda na diminuição dos acionamentos e, por consequência, na diminuição do consumo de combustível.

Após a APU, para a distribuição do ar nos diversos cilindros ou tanques de ar, são usadas válvulas com vias de distribuição para o armazenamento de ar comprimido. Elas podem ser desenhadas para que priorizem o enchimento de circuitos prioritários (ex.: freio de serviço) e depois outros.

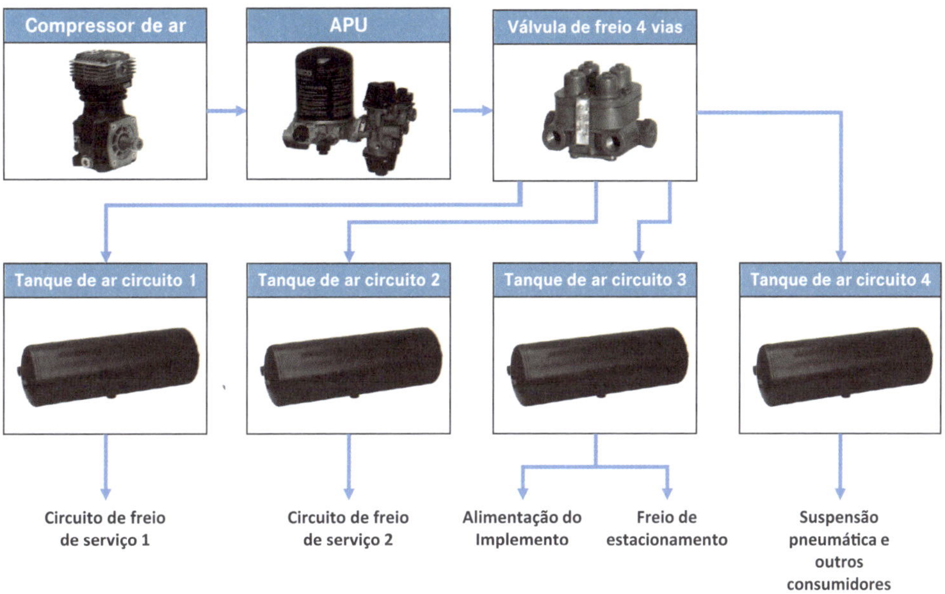

Figura 101 – Exemplo de alimentação de ar em um sistema de freio (Ilustração: os autores. Fotos: Wabco)

Com o ar comprimido nos cilindros, de tempos em tempos há a formação de água por condensação, a qual deve ser expelida por uma válvula instalada na parte inferior do componente. É a chamada sangria dos cilindros.

Pedal de freio de serviço e acionamento do freio de estacionamento

Instalados no interior da cabine, os dois elementos da figura a seguir ilustram o acionamento do freio de serviço (através da pedaleria do veículo) e, geralmente junto ao painel, a alavanca de acionamento do freio de estacionamento. Pode haver também uma segunda alavanca exclusiva para o freio do implemento. Observe que as válvulas não ficam visíveis ao usuário. No caso do freio de estacionamento, temos no Brasil um nome bastante utilizado pelos motoristas, o "maneco".

Nos veículos mais modernos, a alavanca vem sendo substituída por um botão quando há o sistema de freio eletrônico (EBS).

Válvula pedal para freio de serviço

Válvula para freio de estacionamento

Figura 102 – Dispositivos de acionamento dos freios de serviço e estacionamento (Fotos: Wabco, compilação pelos autores)

Módulos ABS/EBS

O ABS, ou o sistema de freio antiblocante, foi inicialmente desenvolvido para carros de passeio nas décadas de 60 e 70. Nos caminhões, devido ao uso de semirreboques e reboques, ao peso dos veículos e às diferentes configurações de eixos, a implementação é um pouco mais complexa. O primeiro sistema para veículos comerciais apareceu somente em janeiro de 1981, em uma parceria de desenvolvimento entre a Daimler e a Wabco.

Dentre as funções principais do sistema ABS, podemos destacar o não bloqueio das rodas em situações de frenagem. Com isso, o condutor ainda possui a capacidade de controlar o veículo mantendo aderência e podendo realizar curvas, mesmo em pisos mais extremos (chuva e gelo). Isso não aconteceria com as rodas travadas.

O funcionamento básico do sistema se baseia em uma leitura individual da rotação das rodas do veículo e, em uma frenagem, é empregada uma força variável nos cilindros de freio para que, na iminência de se travar a roda, exista um alívio na pressão do freio e a roda continue rodando com aderência sobre o piso.

Figura 103 – Módulo ABS (Foto: Wabco)

Um sistema ABS normalmente possui uma nomenclatura indicando quantos sensores e quantos moduladores de roda existem. Por exemplo, em um sistema 4S – 4M, existem quatro sensores de velocidade nas rodas e quatro moduladores da pressão de freio, ideal para um veículo 4x2 ou 4x4. O sistema completo é composto por:

- **Anel do ABS:** instalado nos cubos do eixo, serve como referência para a leitura da velocidade individual da roda.
- **Sensor de velocidade:** possui a função de gerar pulsos de acordo com a velocidade da roda.
- **ECU ABS:** é o cérebro do sistema, é quem analisa os dados dos sensores nas rodas e aciona os moduladores. Ver Figura 103.
- **Moduladores:** controlam a pressão do ar para os cilindros de freio e, consequentemente, a força de frenagem.
- **Interface com painel de instrumentos:** para a lâmpada de advertência, em caso de falhas com o sistema. Comunicação pode se dar via CAN.
- **Interface com o *retarder* do veículo:** para a frenagem em conjunto com o sistema de freio de serviço.
- **Chicote para a cabine e fonte de energia**

A figura a seguir ilustra um exemplo de implementação em um veículo 4x2 com quatro sensores e quatro moduladores.

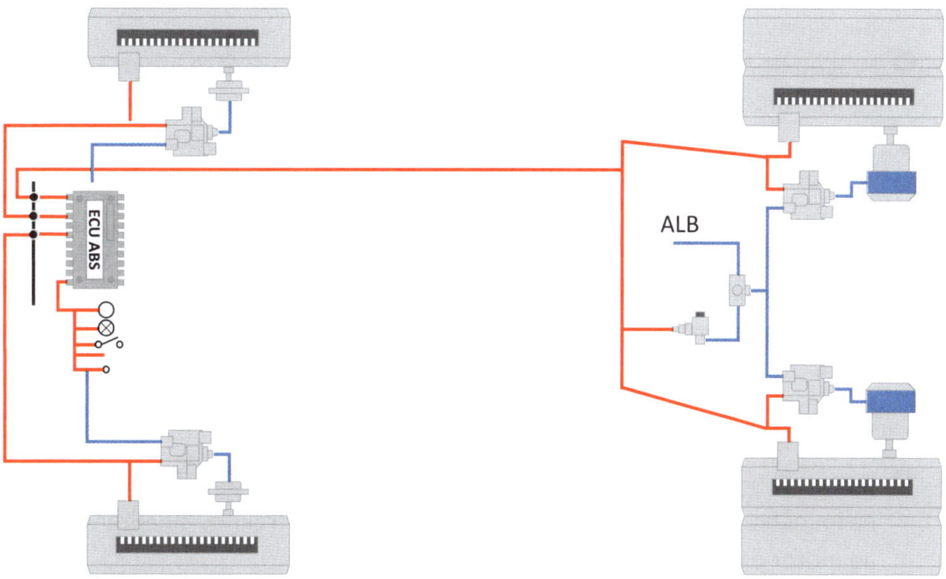

Figura 104 – Sistema ABS de quarta geração
(Ilustração: os autores)

A resolução nº 312 do CONTRAN estabeleceu desde 2014 a obrigatoriedade de ABS para todos os veículos comerciais destinados ao uso no mercado brasileiro.

A evolução do sistema ABS é o chamado sistema EBS (*Electronic Braking System*), ou sistema de freio eletrônico. Ele compreende as funções do sistema ABS mais as funções integradas de controle de tração e estabilidade do veículo (ASR/ESP).

Além disso, a grande diferença entre os sistemas é que, no caso do EBS, os acionamentos dos freios de serviço e de estacionamentos são realizados eletronicamente (*brake-by-wire*). Assim, a pressão do ar que chega aos cilindros de freio montados no eixo é controlada por uma válvula acionada eletricamente. Entre as vantagens do sistema EBS sobre um sistema somente com ABS, podemos citar:

- Devido a parte da transmissão do acionamento ser elétrica/eletrônica, o freio nas rodas é acionado muito mais rapidamente. No caso de falha no sistema elétrico, o circuito secundário pneumático entra em operação, porém em uma velocidade de atuação menor do que a anterior.
- Constante monitoramento da diferença de rotação das rodas para uma melhor distribuição da força de frenagem, mesmo em combinações de veículos (quando todos possuem sistema EBS).
- Possibilidade de conexão com os sensores de desgaste da lona/pastilha do freio, levando esse parâmetro em consideração, para um melhor equilibro das frenagens e do desgaste.
- Função de *hill holder* integrada. Junto a essa função, existe a função *holder*, com a vantagem de frear o veículo e liberar o freio por um toque no pedal.
- Ausência da válvula ALB, a qual é substituída pela leitura de parâmetros e pelo acionamento variável de freio do módulo EBS.
- Funções de diagnóstico e monitoramento, podendo ser integradas na eletrônica do veículo.
- Controle digital da força da pressão do ar entregue aos cilindros de freio, proporcionando uma frenagem mais suave.
- Maior utilização dos freios auxiliares, como o freio motor e *retarder*, de forma a poupar a utilização dos freios de roda, contribuindo para a economia no desgaste de lonas/pastilhas.
- Junto à função integrada de controle de tração (ASR), quando o veículo está na iminência de patinar as rodas, pode atuar com o freio ou sinalizar via CAN ao motor para reduzir o torque.

A seguir, um exemplo de sistema EBS, seus componentes e circuitos.

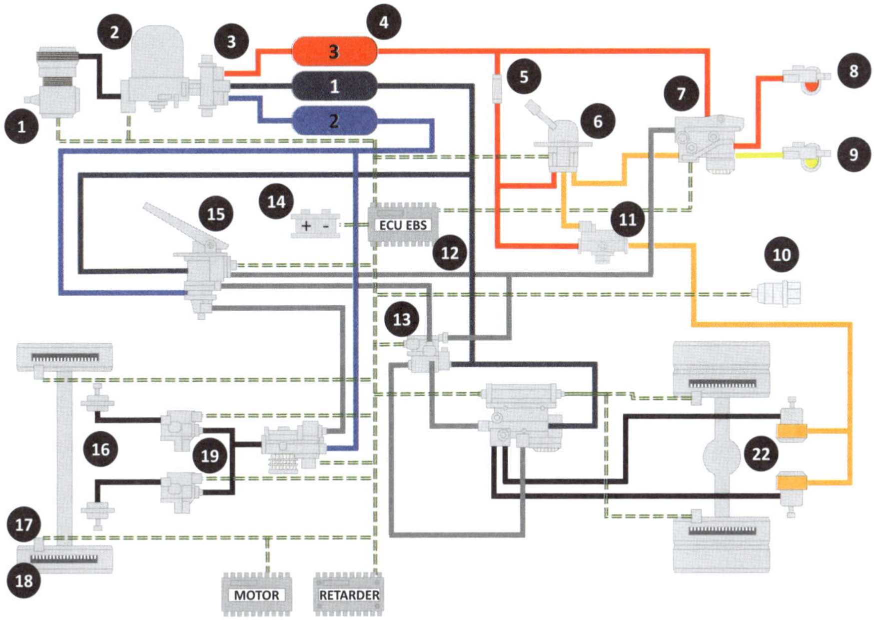

1) Compressor de ar
2) EAPU
3) Válvula três vias
4) Cilindros de ar
5) Válvula de retenção
6) Válvula de acionamento do freio de estacionamento
7) Válvula de controle do implemento/carreta
8) Válvula de engate rápido – Alimentação de ar
9) Válvula de engate rápido – Acionamento do freio
10) Conector EBS com o implemento/carreta
11) Válvula relê
12) ECU do EBS
13) Válvula de redundância
14) Alimentação elétrica do sistema
15) Válvula pedal do freio
16) Cilindro diafragma
17) Sensor de velocidade do ABS
18) Anel do ABS instalado na roda
19) Válvulas relê proporcional do ABS
20) Modulador do eixo dianteiro
21) Modulador do eixo traseiro com ASR
22) Cilindro combinado
23) Módulos com os quais o sistema EBS possui interface

Circuito de alimentação de ar 1
Circuito de alimentação de ar 2
Circuito de alimentação de ar 3
Circuito de freio de estacionamento
Circuito de acionamento de freio do implemento
Circuito de redundância do freio de serviço
Circuito de acionamento dos cilindros de freio no eixo
Circuito elétrico/ CAN/LIN

Figura 105 – Exemplo de um sistema EBS
(Ilustração: os autores)

Para o EBS, não existe ainda a obrigatoriedade para os novos caminhões e ônibus, mas a previsão é que o sistema se torne obrigatório nas estradas brasileiras para caminhões tratores a partir de 2024.

Circuitos e válvulas

O sistema de freio, pelo fato de se tratar de um componente extremamente crítico para a segurança do veículo, deve ser construído com dois circuitos independentes para os freios de serviço e um circuito independente para o freio de estacionamento. Um dos circuitos de alimentação de ar também deve ser considerado para veículos com implemento.

Para o layout de um circuito de freio, como mostrado na Figura 105, são necessárias diversas válvulas e conexões com essas válvulas. Essas conexões são chamadas pórticos nos componentes e possuem numeração de forma padronizada baseada na DIN ISO 6786, conforme segue.

1. Entrada de ar
2. Saída de ar
3. Respiro/Descarga/Exaustão
4. Sinal/Piloto/Comando

Quando há um segundo número, este significa mais portas para o mesmo time de pórtico. Por exemplo, se houver mais de uma entrada e saída de ar:

11. Entrada de ar 1
12. Entrada de ar 2
13. Entrada de ar 3

21. Saída de ar 1
22. Saída de ar 2
23. Saída de ar 3

A seguir, uma relação de válvulas comuns e suas funções em circuitos de freio pneumático. Não estão listadas todas as variações desses componentes, porém um exemplo de cada. Seu entendimento é essencial para a compreensão do sistema que é instalado junto ao chassi do veículo.

Válvula de retenção (*Non-return valve*)	Não permite o retorno do ar em determinado sentido		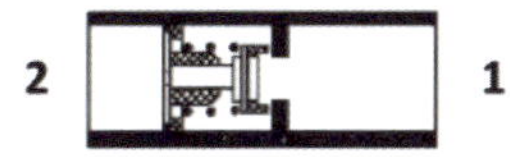
Válvula ALB ou válvula de nivelamento (*Automatic Load-dependent Brake-force)*	A válvula variável possui a função de controlar a pressão do freio de acordo com o nível de carga do veículo. Quando o veículo se encontra sob carga máxima, a pressão de entrada é igual à de saída.	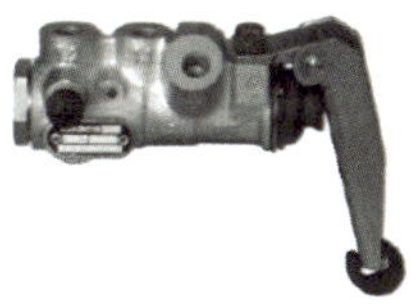	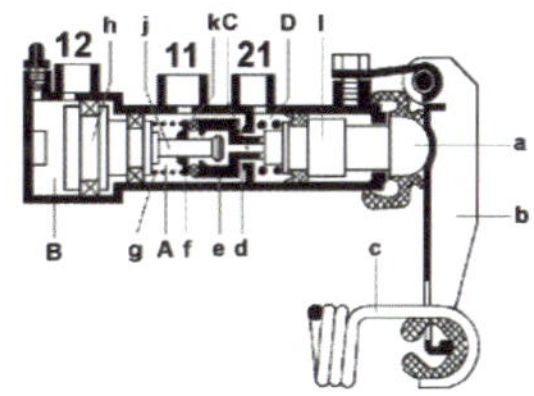
Válvula de drenagem (*Drain valve*)	Instalada na parte inferior dos tanques de ar, tem a função de escoar água e líquidos condensados no interior do cilindro. O modelo ao lado é automático, não necessitando de intervenção por parte do condutor.		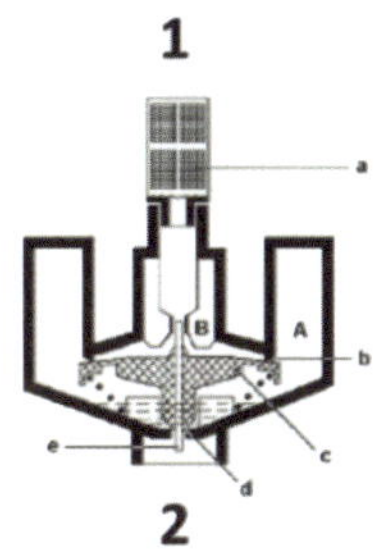
Válvula secadora de ar *(Air Dryer Valve)*	Possui a função de retirar a umidade do ar comprimido. Conforme instruções do fabricante, de acordo com o uso, seu filtro precisa ser trocado. Pode vir em versões com filtro duplo também. Pode estar integrado em uma APU.		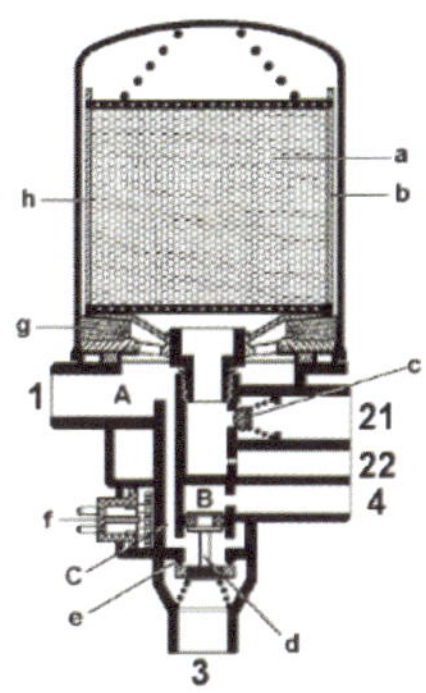
Regulador de pressão (*Pressure regulator*)	Regula a pressão após o compressor de ar, além de proteger os circuitos de possíveis sujeiras.		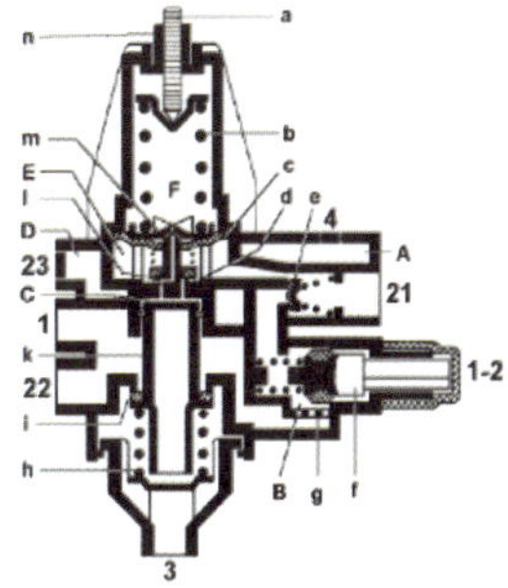

Válvula protetora multivias (*Multi Circuit Protection Valves*)	Responsável por dividir o fluxo de ar em dois ou mais circuitos para os tanques de ar. Além disso, torna independentes os circuitos de freios.		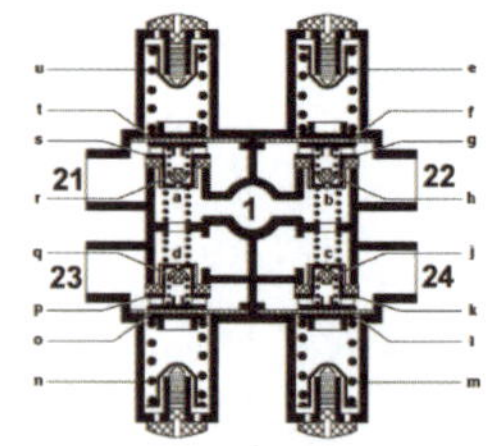
Válvula relê (*relay valve*)	Permite o fluxo de ar com base em um sinal elétrico		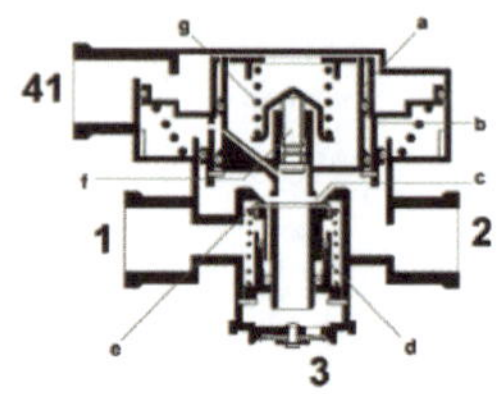
Válvula de controle do implemento/ carreta (*Trailer Control Valve*)	Controla as saídas de abastecimento de ar comprimido e acionamento dos freios dos veículos rebocados.		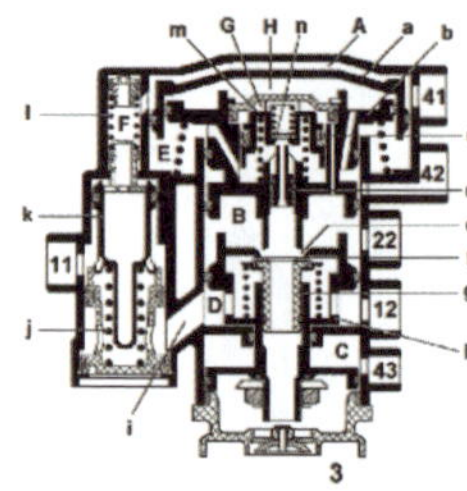
Válvulas pedal com ligação elétrica (*Foot valves with electric connection*)	Possuem a função de acionar os circuitos do freio de serviço pneumaticamente e eletricamente, no caso de freios no sistema EBS.		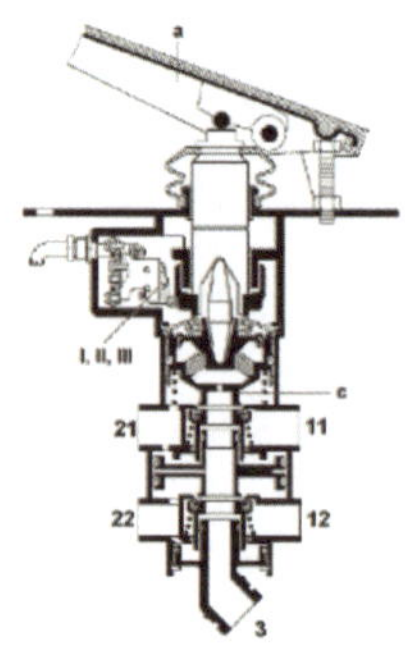
Válvula de freio de estacionamento (*Hand brake control valve*)	Controla o acionamento do freio de estacionamento.		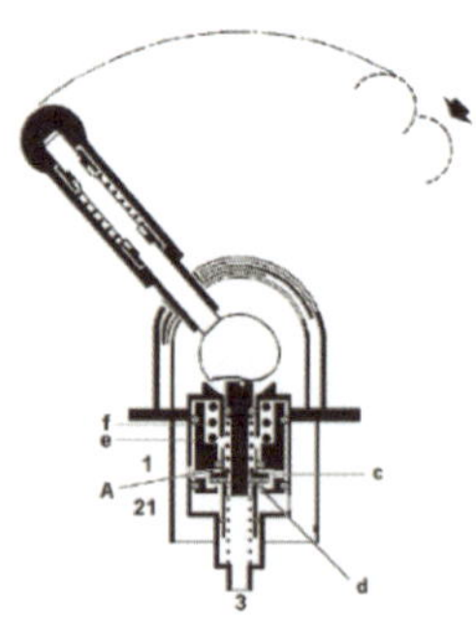

Limitador de pressão (*Pressure Limiting Valve*)	Tem a função de limitar a pressão de ar na saída.		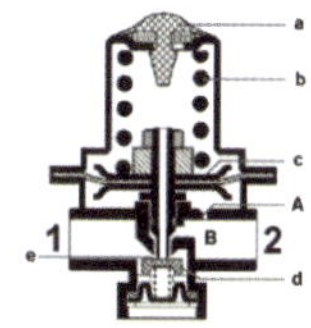
Modulador do eixo (*Axle modulator*)	Presente nos sistemas EBS, é responsável por integrar a parte elétrica com a parte pneumática do sistema de freio. Faz a leitura constante dos sinais dos sensores de velocidade de roda para envio ao módulo do EBS. Regula a força de frenagem com base na pressão liberada de ar. Pode integrar também as funções do ASR em eixos traseiros.	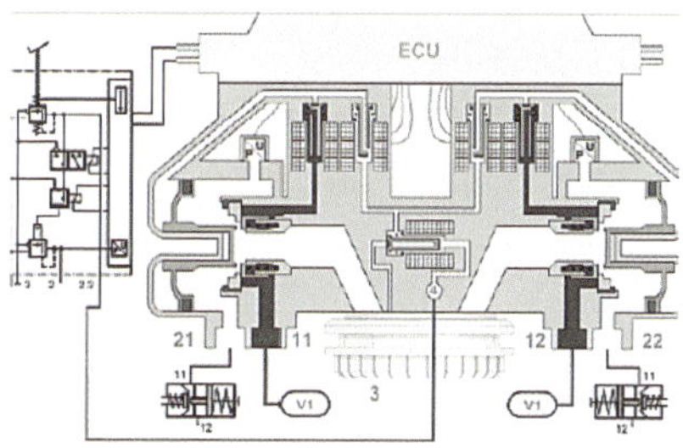	
Válvula de redundância (*Redundancy Valve*)	No caso de falha do sistema principal EBS, essas válvulas possuem a função de entrar em operação com o sistema pneumático de freio.		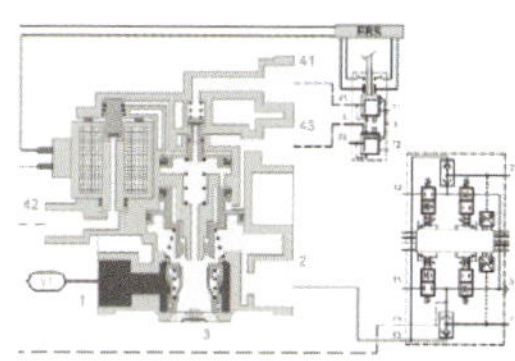

Figura 106 – Válvulas no circuito de freio e suas funções
(Fotos: Wabco, compilação pelos autores)

Ligação com o implemento

A ligação mais básica com o implemento possui uma válvula de alimentação, uma válvula de acionamento do freio e uma conexão elétrica, esta em especial para o acionamento das luzes de freios do veículo rebocado. No Capítulo 4, sobre implementos rodoviários, abordaremos mais detalhes sobre essa conexão.

Cilindros de freio e acionamento

Os cilindros de freio no sistema são responsáveis por transformar a energia pneumática em mecânica, ou a energia potencial das molas em mecânica para o devido acionamento dos freios na roda. O componente é o primeiro instalado junto aos eixos do veículo e faz a interface com o sistema de freios na roda.

Há dois tipos básicos: os cilindros membrana e os cilindros combinados.

Os cilindros membrana ou diafragma são instalados em eixos que não possuem a função do freio de estacionamento, como, por exemplo, os eixos dianteiros. Nele existe uma mola ligada a uma haste que, sem acionamento pneumático, não exerce força sobre o freio. Na parte superior da mola, após um prato, está localizado um cilindro de ar dividido por uma membrana. Para o acionamento do freio, ar é injetado nessa câmara. Isso faz com que prato e membrana desloquem a mola e a haste se mova. Assim é acionado o freio nesse tipo de cilindro. A figura a seguir ilustra a construção do componente.

Figura 107 – Cilindro membrana ou diafragma
(Fonte: Wabco)

Já os cilindros combinados são instalados em eixos que possuem a função do freio de estacionamento, geralmente os freios traseiros do veículo e em alguns eixos do implemento (quando este possui mais de um eixo). Este tipo possui duas câmaras – uma com a função do freio membrana, como explicado anteriormente, e outra para o freio de estacionamento. Para essa função, ao contrário do tipo membrana, esse cilindro em repouso aciona o sistema de freio na roda, por segurança. Ou seja, ao contrário do tipo membrana, quando o freio precisa ser liberado, deve-se introduzir ar na câmara responsável pelo freio de estacionamento.

Figura 108 – Cilindro combinado
(Fonte: Wabco)

Junto à haste de acionamento, em freios a tambor, pode-se instalar também um regulador automático de desgaste de lona, que possui a função de ajustar o curso ou a rotação dos eixos S-Came, de forma a acompanhar o desgaste da lona de freio.

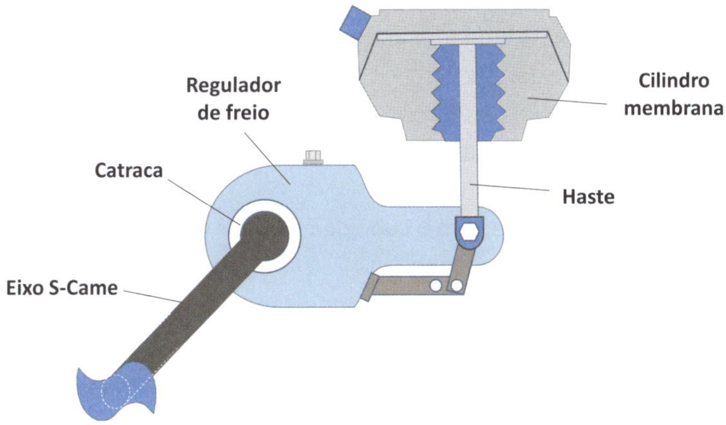

Figura 109 – Regulador de freio e S-Came
(Ilustração: os autores)

Já os eixos S-Came, por sua vez, possuem a função de transmitir o movimento das hastes dos cilindros de freio até os freios na roda, para assim fazer a atuação. Eles ficam montados nos chamados autoportantes ou em mancais instalados nos eixos.

Sensor de velocidade ABS

O anel do ABS e sensor de velocidade das rodas são a principal fonte de dados para o trabalho do sistema ABS/EBS, além dessa informação ser vital para outros sistemas, como o ESP ou ASR. Com base na informação de velocidade individual das rodas, o sistema pode calcular a diferença de velocidade entre elas e atuar de forma também individual.

Os anéis do ABS são instalados junto ao cubo de rodas e o sensor fixado junto ao eixo do veículo. A figura a seguir ilustra a interação entre os dois componentes.

Figura 110 – Anel do ABS e sensor de velocidade
(Fonte: Iveco)

Freios a tambor

Diferentemente da Europa, os freios a tambor são os preferidos no Brasil, certamente pelo fato de que são mais adequados para uso fora de estrada ou misto, como é a maioria das aplicações nacionais.

Sua construção básica é formada pelos seguintes elementos:

- Tambor, o qual gira junto com o cubo de rodas e é o elemento que sofre o atrito das lonas durante as frenagens
- Suporte do freio, fixado no eixo e onde são montados todos os elementos fixos no eixo
- Sapata de freio, onde são montadas as lonas e que são acionadas para a utilização do freio
- Lonas, o elemento de atrito montado sobre as sapatas
- Molas de retorno, para o posicionamento da sapata em repouso
- Travas das sapatas, as quais servem de apoio para o movimento interno das sapatas em direção ao tambor
- Elemento de acionamento, o qual pode ser um eixo S-Came ou uma cunha de expansão diretamente conectada à haste do cilindro de freio, como mostra a figura a seguir
- Espelho do freio, posicionado junto ao eixo, com a função de proteger o tambor de sujeiras e pó, de modo a prolongar a vida da lona

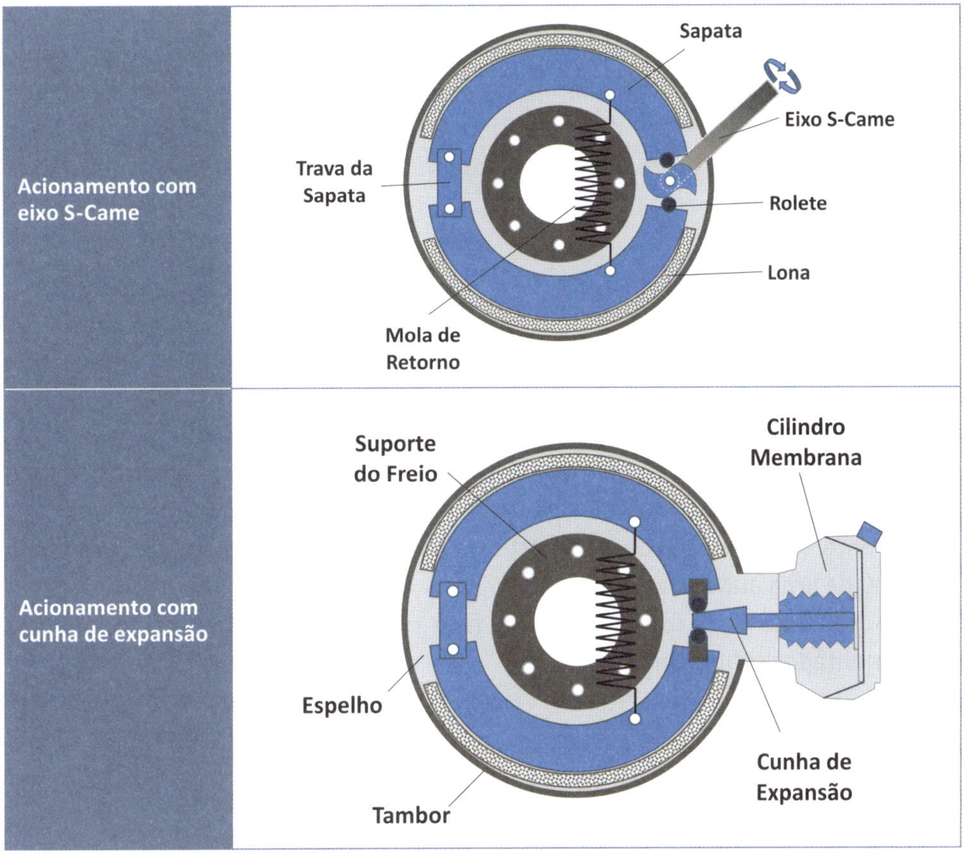

Figura 111 – Tipos de acionamento de freios de roda a tambor
(Ilustração: os autores)

A construção interna também pode ser do tipo simplex ou duplex, com acionamento único ou duplo, respectivamente. O modelo simplex acabou prevalecendo sobre a maioria das aplicações pelo seu menor custo e complexidade de construção reduzida.

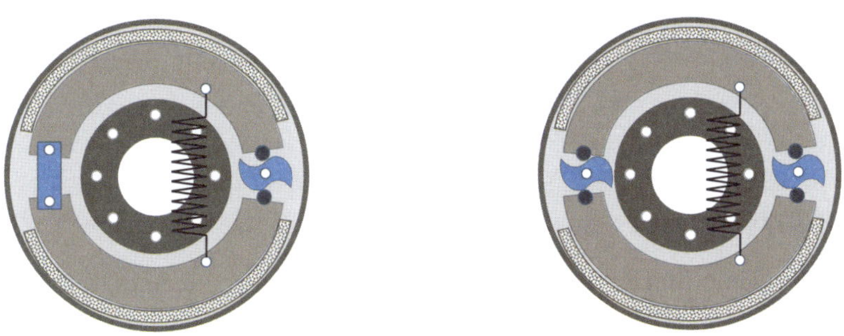

Figura 112 – Modelos de acionamento simplex e duplex
(Ilustração: os autores)

Freios a disco

É o tipo mais comum na Europa, porém no Brasil ainda não teve sucesso. Possui como vantagens em relação ao freio a tambor o peso, o tamanho mais compacto, melhor dissipação de calor e melhor controle sobre a força de frenagem empregada. É um freio mais eficiente também quando se observa o caminho necessário para se frear totalmente o veículo.

Sua construção básica inclui:

- Disco de freio, o qual gira junto com o cubo de rodas e é o elemento que sofre o atrito das pastilhas durante as frenagens
- Pastilhas, o elemento de atrito com o disco de freio
- Pinça de freio, com o papel de pressionar em ambos os lados do disco de freio as pastilhas durante as frenagens
- Ponte, com a função de transportar o movimento da haste do cilindro de freio ou de uma alavanca para a pinça
- Suporte de freio, com a função de fixar todos os elementos e componentes montados sobre o eixo

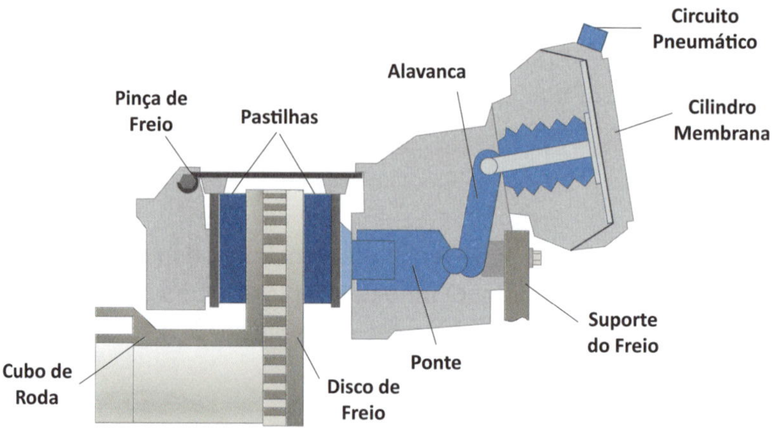

Figura 113 – Freio de roda a disco
(Ilustração: os autores)

3.7. Conforto

Quando um veículo oferece melhor conforto ao condutor, ele está mais propenso a conduzir o caminhão de forma mais econômica e segura. Por isso, é importante que o habitáculo do veículo facilite as tarefas do dia a dia e possa prover um bom ambiente para o trabalho e especialmente para o descanso.

Climatizadores e ar-condicionado

Especialmente no Brasil, com sua extensa área tropical, a temperatura, a sensação térmica e a qualidade do ar do habitáculo do veículo são essenciais para um bom desempenho no trabalho do condutor. Além disso, nos casos de chuva ou uma grande diferença entre a temperatura interna e externa da cabine, existe a necessidade de ar quente ou ar-condicionado para se ter um para-brisas livre da formação de uma camada de gotículas de água (condensação da umidade do ar).

No mercado, podemos encontrar climatizadores e ar-condicionados. Os climatizadores utilizam um trocador de calor (ou "frio") e depois fazem percorrer pela superfície desse material uma corrente de ar. Através de ventoinhas esse ar é então distribuído pela cabine. O ar-condicionado, por sua vez, refrigera o ambiente através da compressão de um material refrigerante, o que demanda uma quantidade muito maior de energia do que um climatizador.

Podemos dividir climatizadores e o ar-condicionado em três tipos básicos, conforme segue.

<table>
<tr><td>Alimentados pelo motor do veículo</td><td>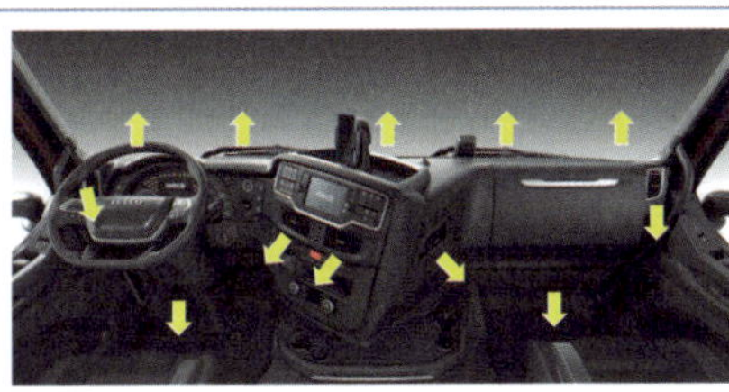</td><td>Geralmente são instalados de fábrica. A ventilação ou climatizador é um item de série e o ar-condicionado normalmente é um item opcional no veículo.</td></tr>
<tr><td>Noturnos ou estacionamento (Parking cooler)</td><td>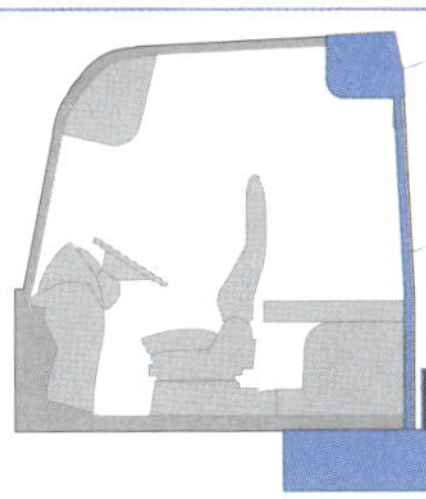
</td><td>São elétricos e instalados na cabine e/ou chassi. Utilizados principalmente durante os descansos do motorista. No caso de climatizadores, podem necessitar de um acumulador térmico. Nesse caso, possuem um melhor resultado quando a cabine já foi refrigerada com um ar-condicionado do painel.</td></tr>
<tr><td>Teto</td><td>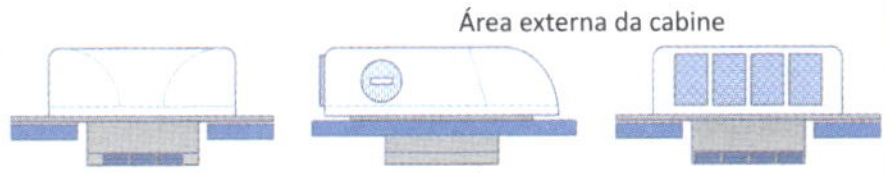
</td><td>São instalados no lugar do alçapão do teto da cabine. Podem precisar de uma bateria adicional a ser instalada no veículo. Existem modelos que podem ser do tipo "split", onde a evaporadora fica no teto e a condensadora com o compressor fica na parede externa da cabine.</td></tr>
</table>

Figura 114 – Tipos de climatizadores e A/C
(Fotos: Iveco e autores, compilação pelos autores)

Rádio, multimídia e USB

Uma das coisas que não podem faltar na vida de um caminhoneiro é boa música. Além disso, tornou-se muito comum o uso do sistema de USB para armazenamento de faixas utilizado o padrão MP3 e para carregamento de celulares. Há opções, dependendo do caminhão, de rádios simples até centrais multimídia com espelhamento de celulares. Nos equipamentos mais novos, além desse conforto, a conexão do sistema utilizado com o celular do condutor ainda evita riscos adicionais à segurança, pois não é necessário tirar as mãos do volante para se atender a uma chamada.

Rádio simples com CD *player* | Central multimídia com espelhamento de celular | Distribuição das caixas acústicas na cabine

Figura 115 – Rádio, multimídia e distribuição de caixas acústicas (Fotos e ilustração: Iveco, compilação pelos autores)

Nos veículos mais novos, há ainda a opção, para os celulares, de substituir os cabos USB pelo carregamento indutivo, não utilizando fios.

Interessante destacar que, em algumas operações, não é permitido o uso de rádios ou de qualquer tipo de música na cabine, por motivo de segurança. Um exemplo é o setor de mineração.

3.8. Assistentes e segurança

Os sistemas de segurança nos veículos em geral podem ser divididos entre passivos e ativos. Os sistemas passivos trabalham para que, no evento de um acidente, os riscos à vida dos ocupantes sejam minimizados. Entre estes, podemos citar alguns já disponíveis no mercado há um bom tempo, como cintos de segurança, *airbags*, proteções laterais de portas, etc. No caso da segurança ativa, os sistemas trabalham para que os acidentes sejam evitados, ou seja, funcionam para que não ocorram. Estes últimos têm sido cada vez mais aplicados nos veículos comerciais, principalmente aqueles do segmento extrapesado. Listamos a seguir os principais sistemas ativos e assistentes e suas respectivas descrições.

Assistente de frenagem

Os sistemas ativos de frenagem para veículos comerciais iniciaram o seu desenvolvimento e uso a partir dos anos 2000. Sua principal função é alertar o motorista de um objeto à frente e frear totalmente o veículo, no caso de não haver uma resposta a tempo do condutor.

Além de detectar objetos estáticos e móveis com o auxílio da câmera dianteira, o veículo pode melhor identificar pessoas. A última geração desse tipo de assistente funciona basicamente em três estágios, como mostra a figura a seguir.

Nível 1: Alerta	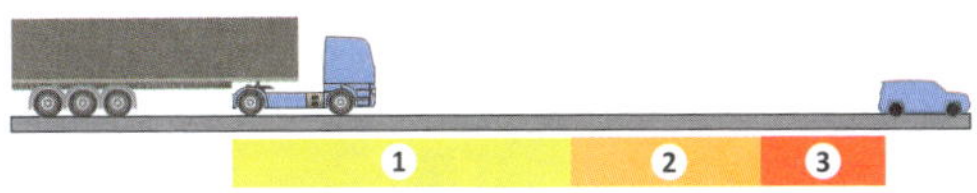	Na zona amarela, o motorista é alertado visualmente no painel e através de sons na cabine
Nível 2: Freio parcial	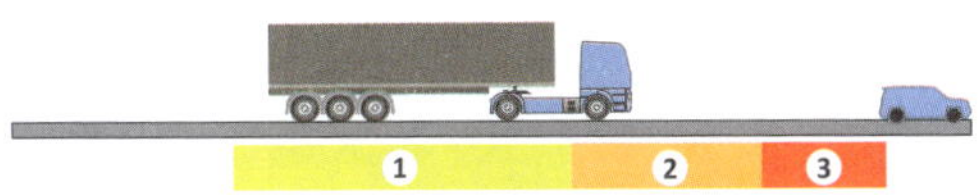	Mais próximo do objeto, na zona laranja, 50% da força total de frenagem é acionada
Nível 3: Freio de emergência	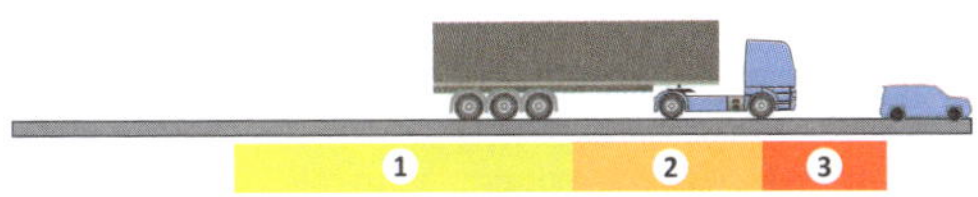	Quando o sistema determina um risco iminente de colisão, dentro da zona vermelha, os freios são 100% acionados.

Figura 116 – Sistema ativo de frenagem
(Ilustração: os autores)

Assistente de velocidade e aceleração

Os assistentes de velocidade e aceleração se desenvolveram muito nos últimos anos, principalmente a partir da busca ainda atual por um veículo autônomo. Eles cada vez mais estão assumindo funções nas quais antes somente o motorista poderia se envolver.

A primeira geração desse tipo de assistente envolve a definição de uma velocidade pelo motorista. O sistema então acelera automaticamente o carro até o atingimento da velocidade estabelecida. Outra função é definição de um limite de velocidade, ou seja, o condutor pode dirigir o veículo sem ultrapassar uma fronteira definida. Em uma descida, o freio de serviço e o *retarder* (quando disponível) podem trabalhar em conjunto para manter o limite de velocidade. O motorista pode desativar o sistema por alavanca ou pisando o pé no freio.

Na segunda geração, além das funcionalidades da primeira geração, o sistema possui a capacidade de adaptar a velocidade por meio da análise da distância com os veículos à sua frente. O condutor ainda pode definir essa distância através da entrada desse parâmetro no painel.

A terceira geração, além de todas as funcionalidades citadas, trabalha antevendo o comportamento do trem de força nos próximos quilômetros de viagem, antecipando aclives, descidas, cruzamentos ou rótulas no caminho traçado. A figura a seguir ilustra um exemplo de aplicação. Essa atuação do caminhão pode se basear em dados de geoposicionamento por GPS utilizando mapas 3D, em aprendizados da rota pelo motorista ou outros condutores em um banco de dados. A funcionalidade está disponível, por exemplo, em caminhões Volvo, no chamado I-See, e na Mercedes-Benz, através do chamado PPC (em inglês, *Powertrain Predictive Control*).

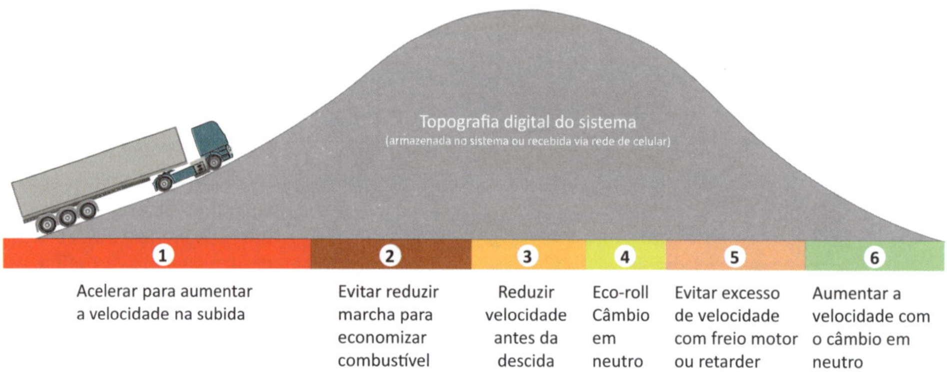

Figura 117 – Funcionamento de sistemas de aceleração e frenagem preditivos (Ilustração: os autores)

Assistente de faixa de rolagem

O chamado LDW (em inglês, *Lane Departure Warning*) possui a função de monitorar, através de uma câmera instalada no para-brisa do veículo, se o trajeto percorrido está seguindo as marcações de faixa da pista. Além de monitorar no caso de o veículo sair da faixa sem a intenção do motorista, sinalizará através de aviso acústico e no painel.

Em sistemas mais avançados, como os chamados LKS (em inglês, *Lane Keeping Support*) ou LDP (em inglês, *Lane Departure Prevention*), além de avisos, o sistema ativamente pode acionar volante ou freios do veículo.

Assistente de mudança de faixa

O também chamado assistente de ponto cego possui a função de avisar acusticamente, visualmente ou de forma tátil (através de uma vibração) de que um carro se encontra ao seu lado. Este assistente é diferente do assistente de saída de faixa, pois aqui existe a intenção de mudança de faixa e os sensores precisam analisar não somente a faixa atual do veículo, mas também a faixa ao lado.

O sistema é ativado com o acionamento do pisca alerta do lado para o qual se deseja fazer a mudança de faixa.

Assistente de partida em rampa
A função chamada *hill holder* evita que o veículo retroceda em uma rampa, quando partindo de uma posição de parada. Essa facilidade é especialmente importante em áreas montanhosas com alto tráfego, pois melhora a vida da embreagem. Também evita a colisão com veículos muito próximos à traseira do caminhão.

Assistente de curvas
Esse assistente é importante principalmente no tráfego dentro da cidade. Com o veículo antes de um cruzamento ou curva, os sensores laterais e frontais detectam objetos como bicicletas, motocicletas ou pedestres que se encontram a uma dada distância do veículo. Avisos sonoros e visuais, por exemplo, no retrovisor externo ou interno, podem ser utilizados.

Em conjunto com o assistente de curvas, luzes laterais no sentido do movimento de curva também podem ser acionadas para a melhor visualização da pista.

Figura 118 – Assistente de curvas
(Foto: Media Daimler Truck)

Assistente de direção

Esses sistemas de direção compensam principalmente efeitos de acelerações laterais, como, por exemplo, pistas inclinadas lateralmente e ventos laterais. Outro tipo de correção realizada é com base na carga do veículo, que possui uma interferência sobre o sistema de direção. Com ou sem carga, a direção também é automaticamente compensada para que o motorista não sinta a diferença na força aplicada ao volante.

Controle eletrônico de estabilidade

O chamado ESP será obrigatório para caminhões no Brasil a partir de janeiro de 2023. O objetivo é reduzir o risco de acidentes e tombamentos em veículos. Ele funciona em sinergia com o sistema de ABS do veículo, utilizando frenagens nas rodas individualmente, de forma a manter o veículo estável em sua trajetória.

Assistente de fadiga

Esses sistemas detectam a falta de atenção, o cansaço ou a fadiga do motorista. Isso é realizado através do monitoramento de parâmetros do veículo e, em sistemas mais complexos, adicionalmente por sensores e câmeras instalados no interior da cabine.

Caso esses sinais indiquem um desvio do padrão (por exemplo, em parâmetros como tempo de viagem, movimentos no volante, padrão de piscar dos olhos, entre outros), um sinal sonoro é acionado e surge um aviso no painel.

Figura 119 – Exemplo de aviso no painel para descanso do motorista (Foto: os autores)

3.9. Telemática

O desenvolvimento exponencial em que vivemos e a integração dos sistemas de comunicação e informática deram origem ao campo da telemática. A aplicação desses sistemas embarcados no veículo tem se tornado cada vez mais comum no Brasil. Além das vantagens em termos de redução do custo operacional, no Brasil, por conta de roubos, esses sistemas têm cada vez mais presença nas estradas.

No mercado existem várias soluções, ofertadas pelas próprias montadoras e outras empresas do segmento de transportes e logística. Essas companhias focam em diversos serviços rodando sobre os caminhões, um mercado que tem uma tendência de crescer ainda mais nos próximos anos. Alguns exemplos de aplicações:

- Monitoramento do consumo e padrão de condução pelo motorista
- Comunicação com os motoristas
- Envio de pedidos de transporte de cargas e definição de rotas
- Geoposicionamento, rastreamento contra roubos e bloqueio do veículo
- Serviços de vigilância em vídeo da estrada, cabine, carreta e carga
- Serviços de telemetria, telediagnose, manutenção corretiva, preventiva e preditiva
- Pagamentos de serviços como pedágio e estacionamento
- Chamadas de emergência

Os equipamentos instalados no veículo são somente um dos elos da solução completa. A arquitetura do sistema pode ser bastante ampla e envolver vários usuários e provedores dentro do mesmo sistema. Podemos dividi-lo conforme segue:

- **HMI:** A interface homem-máquina no caminhão é onde acontece a interação entre o sistema e o motorista. Alguns serviços já incluem aplicativos que podem ser baixados em uma loja virtual. Modelos mais modernos incluem telas sensíveis ao toque e integração com telefones celulares.
- **Hardware:** sistemas de comunicação do veículo, rede CAN veicular e as respectivas ECUs conectadas.
- **Dados:** conjunto de informações transmitidas, trocadas e disponibilizadas entre veículo, aplicações em geral e montadora.
- **Canais de comunicação móvel:** utilização de redes de provedores de internet, servidores, telefonia móvel ou via satélite (ex.: para o rastreamento via GPS).
- **OEM:** aplicações relacionadas à montadora do veículo.
- **Gerenciamento da frota:** aplicações de terceiros rodando sobre os dados adquiridos dos veículos (ordens de serviço, rastreamento, *business analytics*, IA etc.).

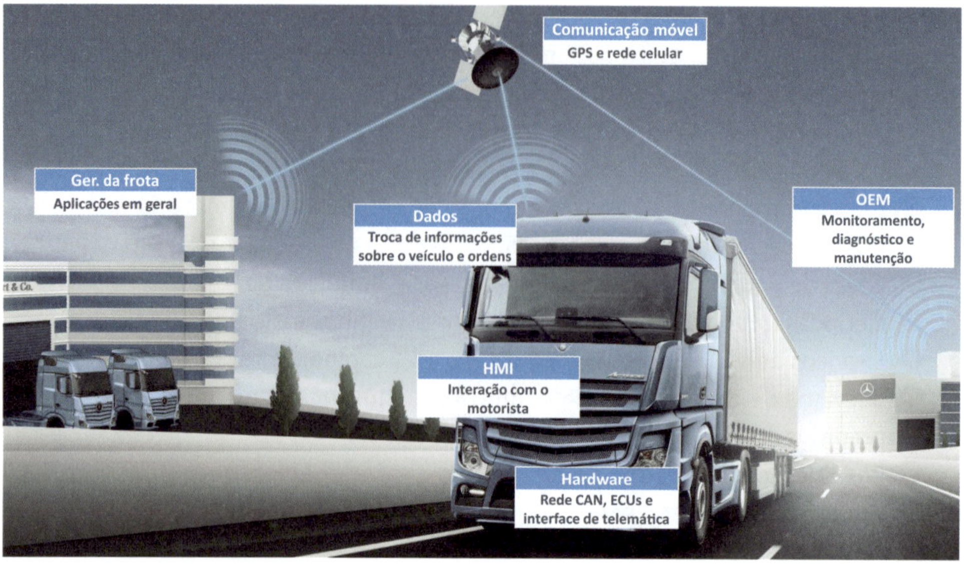

Figura 120 – Modelo simplificado de uma arquitetura do sistema de telemática (Ilustração: Media Daimler Truck, edição e compilação pelos autores)

Ainda não possuímos uma total compreensão do potencial de negócio desses sistemas dentro do veículo, principalmente sobre a utilização e a monetização da enorme quantidade de dados gerados. Outro grande ponto de discussão, nesse caso, é sobre os limites da privacidade das informações geradas e abertas.

4. Implementos rodoviários

Os implementos rodoviários são todos aqueles componentes e veículos rebocados que complementam o caminhão que saiu da montadora e pode possuir as seguintes funções:

- Suportar e proteger a carga durante o transporte através de carrocerias sobre o quadro chassi do caminhão, semirreboques e reboques
- Auxiliar nas operações de carga e descarga através de elevadores hidráulicos, bombas hidráulicas, guindastes e braços hidráulicos
- Auxiliar na frenagem da composição em conjunto com o caminhão trator
- Realizar algum tipo de tratamento sobre a carga, como resfriamento, aquecimento ou mistura
- Adequar o veículo ao seu uso através da instalação de eixos adicionais e reforços necessários

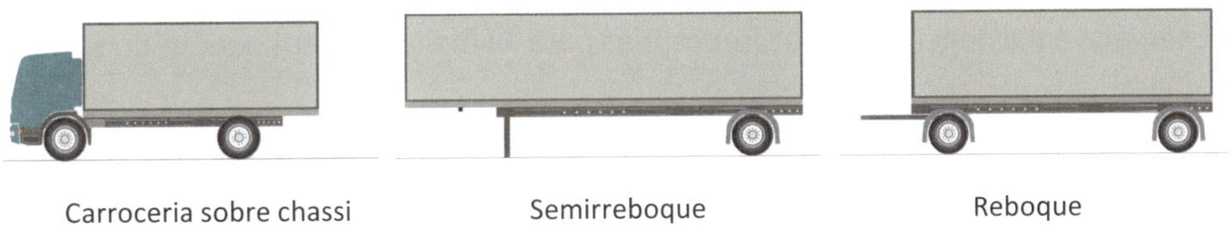

Figura 121 – Os tipos básicos de implementos
(Fonte: os autores)

4.1. Tipos e definições

A seguir, as principais definições e os tipos básicos de implementos para a composição de um veículo de carga.

Carroceria sobre chassi
O tipo mais comum de implemento nas nossas estradas, principalmente no segmento de distribuição, é a carroceria sobre quadro chassi do fabricante do caminhão. Esse é

o caso, por exemplo, de implementos sem nenhum tipo de veículo rebocado, como lixeiros, misturadores de concreto, serviços urbanos e outros.

Para se montar uma carroceria em um caminhão é necessária, em alguns casos, a montagem do chamado quadro auxiliar. Esse componente é obrigatório a fim de manter os esforços sobre a longarina mais distribuídos e não concentrar forças sobre pontos específicos do quadro chassi. A instalação, se realizada de forma não adequada, como prescrito nos manuais de encarroçamento dos fabricantes, pode afetar a durabilidade, segurança e dirigibilidade do veículo como um todo.

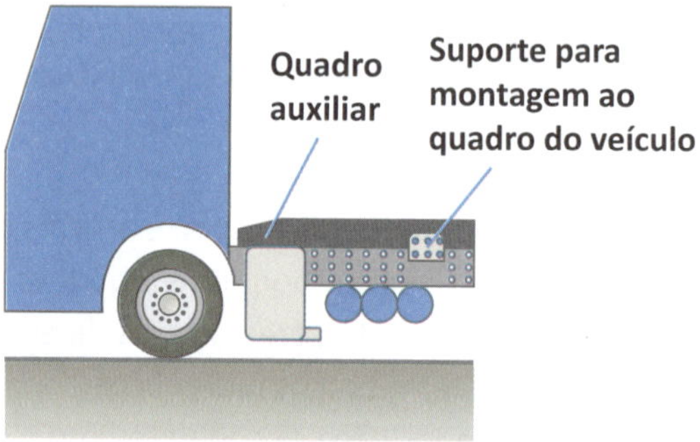

Figura 122 – Quadro auxiliar para carroceria
(Ilustração: os autores)

Para que a estrutura não realize movimentos longitudinais e laterais, o quadro auxiliar pode ser fixado através de grampos, placas, fixações rígidas e elásticas. Deverá ser observada a existência de áreas impróprias para as fixações entre quadro do veículo e quadro auxiliar.

Semirreboque

Conforme a ABNT define, um semirreboque é um veículo de um ou mais eixos que se apoia na sua unidade tratora ou é a ela ligado por meio de articulação. A unidade tratora pode ser tanto um cavalo-trator quanto um outro implemento, no caso das demais composições de carga.

A figura a seguir mostra os principais componentes em um semirreboque comum de carga seca com três eixos.

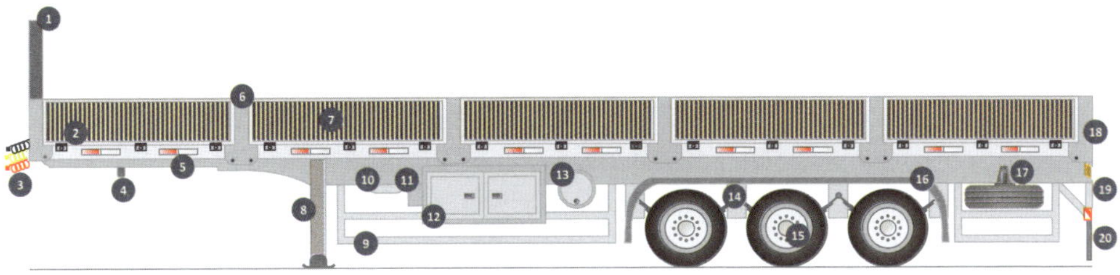

1) Estribo
2) Engate de amarração
3) Tubulações pneumáticas e elétricas
4) Pino-rei
5) Material refletivo
6) Coluna
7) Parede
8) Aparelho de levantamento
9) Grade de proteção lateral
10) Cilindro de ar
11) Módulo ABS/EBS
12) Caixa de ferramenta ou caixa de cozinha
13) Reservatório de água
14) Suspensão
15) Hubodômetro
16) Para-lama
17) Roda sobressalente
18) Porta traseira
19) Para choque
20) Aparabarro ou saião ou lameirão

Figura 123 – Componentes em um semirreboque carga seca
(Fonte: os autores)

Reboque

Um reboque, de acordo com a ABNT, é um veículo rebocado de carga, tracionado mediante engate de lança com olhal ou similar, destinado ao transporte de carga. A grande diferença em relação ao semirreboque é que o reboque é apoiado por no mínimo dois eixos, um em cada extremidade, não necessitando de apoio por um veículo trator ou um pé de carreta quando estacionado.

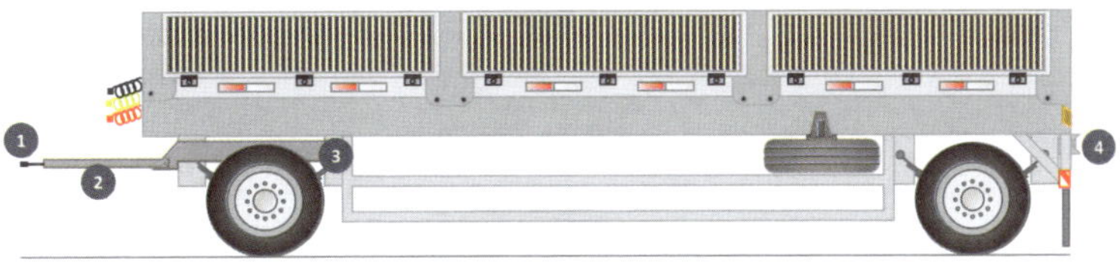

1) Olhal do engate
2) Cambão
3) Rala
4) Engate automático

Figura 124 – Componentes de um reboque carga seca
(Fonte: os autores)

Dolly

A utilização do chamado *dolly* ou dole possibilita o engate de um semirreboque em uma outra carreta, podendo formar um rodotrem ou um bitrem, dependendo da construção.

1) Quinta roda 2) Iluminação e lanternas traseiras

Figura 125 – *Dolly*
(Fonte: os autores)

Existem basicamente três tipos, como mostrado na figura a seguir.

Tipo A	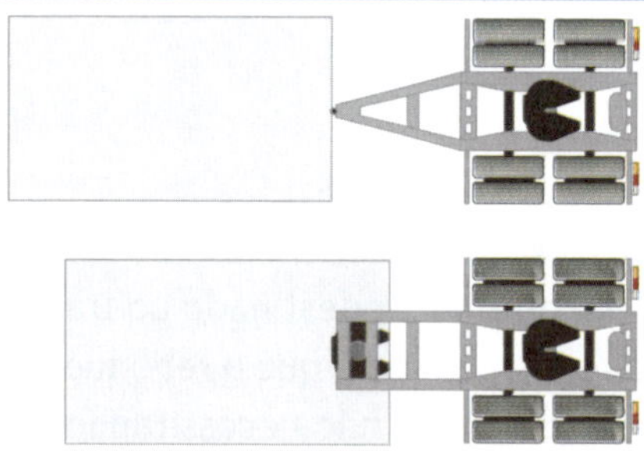	O modelo tipo A possui duas articulações: uma através de um olhal ou engate com o veículo anterior e outro através de quinta roda. Uma variante do tipo A relativamente nova é utilizada com a substituição do olhal no cambão por um pino-rei. Uso: **rodotrem**
Tipo B	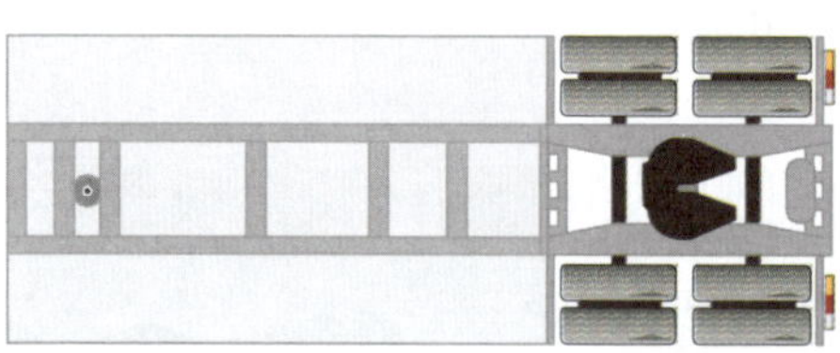	Na variante do tipo B, o *dolly* é parte da estrutura do semirreboque, agregando uma articulação com a quinta roda e o veículo traseiro. Na sua dianteira, é ligado ao veículo trator através de pino-rei. Uso: **bitrem, bitrenzão, tritrem**
Tipo C	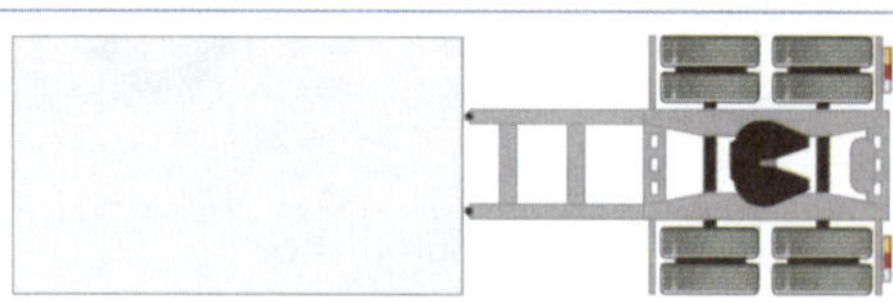	O tipo C é um modelo sem articulação dianteira, uma vez que a ligação com o veículo dianteiro é realizada através de duas barras. Essa é a única diferença em relação ao tipo A.

Figura 126 – Tipos de *dolly*
(Fonte: os autores)

Figura 127 – *Dolly* trucado tipo A
(Fonte: Sergomel)

Composições utilizando implementos

Para melhor entender a diferença entre os diversos tipos de composições utilizando implementos no Brasil, observe a tabela resumo a seguir.

Tipo	Capacidade até (t)	Núm. de eixos até	Comprimento máximo (m)	Semirreboques	Reboques	Articulações	*Dolly*
Romeu e Julieta	57	7	19,8	-	1	1	-
Bitrem	57	7	19,8	2	-	2	B
Bitrenzão	74	9	30,0	2	-	2	B
Treminhão	70	8	30,0	-	2	3	-
Tritrem	74	9	30,0	3	-	3	B
Rodotrem	74	9	30,0	2	-	3	A

Tabela 30 – Resumo da diferença entre os vários tipos de implementos e suas denominações
(Fonte: os autores)

4.2. Componentes

Seguem alguns dos principais componentes hoje utilizados em carrocerias sobre chassi, semirreboques e reboques.

Lona

São utilizadas lonas principalmente em veículos com carroceria ou implemento aberto do tipo plataforma ou carga seca. Como função básica desse material, temos a proteção da carga e a segurança dos usuários do transporte rodoviário. Além disso, podem servir como mídias para comunicação de uma marca.

Em alguns casos, como no transporte graneleiro, a lona tem seu uso obrigatório regulado pela resolução nº 618 do CONTRAN.

Os tipos básicos de lona são:

- **Encerada:** produzida geralmente em algodão, é ideal para o transporte de mercadorias sensíveis que necessitam de transpiração, como é o caso dos hortifrútis, mas que também precisem de alta proteção contra intempéries. Sua principal vantagem é o fato de promover um melhor controle de temperatura no seu interior, por liberar as trocas de ar e calor com o ambiente externo. Também permite a amarração das mercadorias com cordas, sem que isso danifique a superfície do tecido.
- **PVC:** produzida em laminados de policloreto de vinil (do inglês, *polyvinyl chloride*) reforçados com tecido de poliéster, pode ter diversos usos para cargas que não necessitem de circulação de ar. Possui maior praticidade de limpeza e leveza.
- ***Sider*:** laminados de PVC reforçados com tecido poliéster de alta tenacidade para tetos e cortinas laterais de caminhões *sider* e vagões ferroviários. Indicado para cargas paletizadas, esse tipo de lona serve também ao propósito de comunicação da marca como um *outdoor* móvel, através de impressões digitais ou serigráficas.
- **Mecanizada:** sistema de enlonamento mecanizado para implementos rodoviários e agrícolas. O profissional pode fazer toda a operação com uma manivela sem subir na carroceria, atendendo à norma NR35. Importante lembrar que nem toda lona é compatível com esse sistema; é preciso que seja mais reforçada que a convencional para garantir mais segurança e durabilidade.

Encerada

PVC

Sider

Mecanizada em basculante

Figura 128 – Tipos de lona em implementos
(Fotos: Sansuy)

Hubodômetro

Uma solução interessante para controlar a rodagem e a manutenção da carreta é a implementação de um hubodômetro nas rodas. O nome vem do inglês *hub*, ou seja, o cubo de rodas. É um equipamento instalado nos cubos de roda e, com base no raio do pneu, faz a medição dos quilômetros rodados.

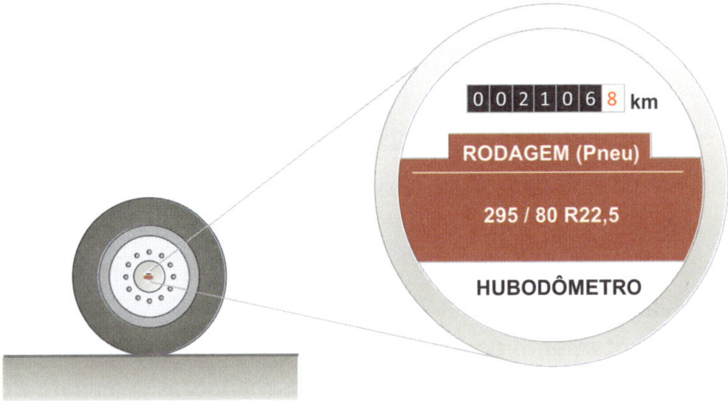

Figura 129 – Hubodômetro
(Ilustração: Autores)

Rala

A chamada rala permite que o eixo instalado na carreta seja autodirecional, ou seja, realize o movimento de direção seguindo a trajetória definida pelo cavalo mecânico.

Economizar no desgaste dos pneus é a principal vantagem deste tipo de construção. Em semirreboques, os eixos mais próximos do cavalo mecânico são os que mais sofrem com os esforços laterais impostos por curvas e manobras, principalmente nos tipos Vanderléa. Com isso, esses eixos são os que mais recebem este tipo de componente. Em reboques, a construção da rala inclui o cambão, que determina a trajetória dos eixos.

Pino-rei

O pino-rei é o elemento de conexão e tração entre uma quinta roda e o semirreboque. A quinta roda pode estar instalada em um cavalo mecânico, um semirreboque à frente (como em um bitrem), ou em um *dolly* do tipo A ou C (no caso de rodotrens).

O componente é fixado na parte dianteira e inferior do semirreboque junto à chamada mesa, a qual desempenha um papel de interface de atrito com o resto da superfície da quinta roda.

Existem dois modelos no mercado, dependendo da aplicação e carga: o de 2,0 polegadas e o de 3,5 polegadas de diâmetro.

Figura 130 – Pino-rei
(Foto: JOST)

Aparelho de levantamento
O aparelho de levantamento possui a função de levantar e sustentar o semirreboque na sua parte dianteira, incluindo o auxílio nas manobras de engate e desengate. Também pode ser chamado de pé de apoio ou pé de carreta. Há a opção do levantamento mecânico por manivela, como é o caso da figura a seguir, ou o levantamento hidráulico ou automático.

Figura 131 – Aparelho de levantamento manual para semirreboque
(Foto: JOST)

Reservatório de água
Também conhecido como corote, barrica ou bombona, sua função é armazenar água potável para consumo ou higiene pessoal. Possui uma capacidade entre 15 e 50 litros e pode ser produzido em inox, plástico ou alumínio. Algumas versões podem contar com saboneteiras.

Barrica em plástico

Barrica em alumínio

Figura 132 – Tipos de barrica para implementos
(Fotos: Top da Boleia, s.d.)

Caixa de cozinha

A caixa de cozinha é um dos itens comuns de se encontrar no layout das carretas brasileiras. A versão básica normalmente tem espaço para um pequeno botijão de gás e fogão. Versões mais elaboradas acompanham agora geladeiras, como é o caso da figura a seguir.

Figura 133 – Caixa de cozinha com geladeira e fogão no semirreboque
(Foto: os autores)

Caixa de ferramentas

Da mesma forma que a caixa da cozinha, a caixa de ferramentas instalada junto ao implemento pode ser fabricada em madeira ou plástico. Como o nome diz, é utilizada para o armazenamento de ferramentas básicas, como, por exemplo, martelos, alicates, chaves de fenda, bombas de ar etc.

Painel pneumático e elétrico

Além da conexão mecânica entre veículo trator e veículo rebocado, são necessárias ligações adicionais para a alimentação pneumática da suspensão e dos freios, de energia para iluminação e outros elementos consumidores. Nos implementos mais modernos temos ainda a comunicação via CAN e ABS/EBS entre os veículos da composição.

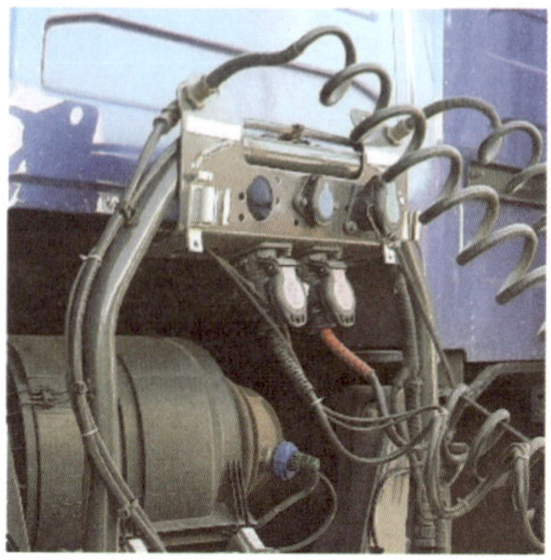

Figura 134 – Painel de conexões na traseira de um cavalo mecânico (Foto: os autores)

Algumas conexões típicas que podemos encontrar são essas da figura a seguir, dependendo do modelo e da tecnologia empregada no implemento:

Engate do tipo mão amigo para a alimentação de ar comprimido (cor vermelha)	Engate do tipo mão amigo para acionamento do freio de serviço (cor amarela)	Circuito elétrico • ISO 12098 (15 pinos), fêmea • ISO 1185 (7 pinos), macho e fêmea	ABS/EBS + Rede CAN • ISO 7638, macho

Figura 135 – Conectores pneumáticos e elétricos do reboque (Fotos: Engatcar, compilação pelos autores)

Freio nos implementos

Como explicamos no Capítulo 3, desde 2014 é regulamentado o uso obrigatório de ABS, inclusive nos implementos rodoviários. É recomendada a presença do sistema tanto no cavalo mecânico quanto nos veículos rebocados, de forma a aumentar a segurança das CVCs como um todo.

Realizada a conexão dos sistemas de freio do cavalo mecânico e implementos, antes de se dar a partida no veículo é importante verificar no painel de instrumentos se não é reportado nenhum problema com o ABS da carreta. Na figura a seguir podemos ver um sistema pneumático completo em uma carreta (semirreboque) de três eixos.

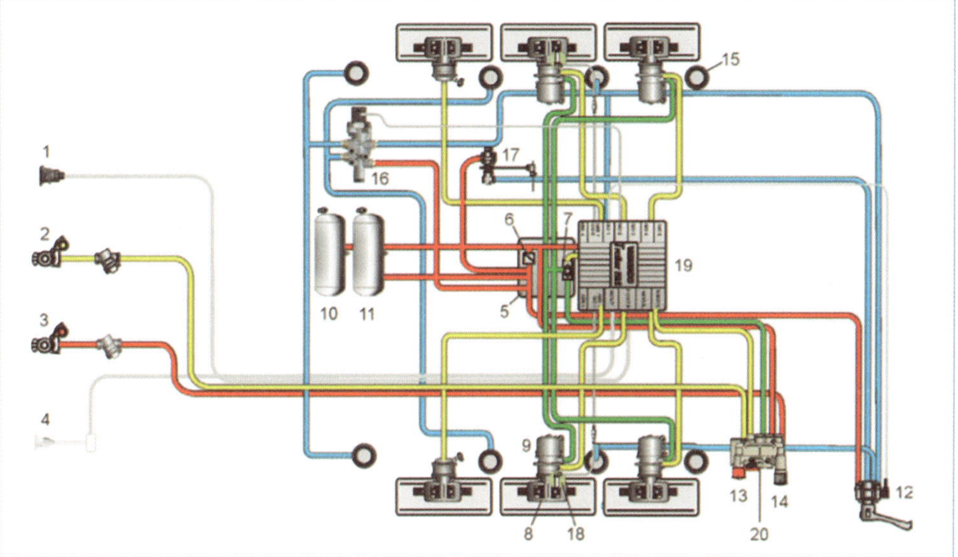

1) Conector EBS/ABS ISO7638
2) Acionamento do freio
3) Alimentação de ar comprimido
4) Conector elétrico ISO 1185 ou ISO 12098
5) Módulo de extensão pneumática (PEM)
6) Válvula de alimentação
7) Válvula de proteção contra sobrecargas
8) Disco de freio
9) Cilindro de freio
10) Tanque de ar para os freios
11) Tanque de ar para a suspensão pneumática
12) Válvula para suspensão do eixo com manete
13) Botão para acionamento do freio de estacionamento
14) Botão para liberação do freio automático
15) Mola pneumática
16) Válvula para o suspensor dos eixos
17) Sensor de altura do implemento
18) Sensor de roda do ABS
19) Modulador EBS do semirreboque
20) Válvula de duplo alívio com emergência (PREV)

Figura 136 – Circuito pneumático e de freio de um semirreboque de três eixos com suspensão pneumática
(Ilustração: Wabco, compilação pelos autores)

Sistemas mecânicos e elétricos adicionais

Também são chamados implementos rodoviários os equipamentos e componentes que auxiliam na carga e descarga, ou que fazem algum tipo de tratamento durante o transporte ou ajudam no serviço de alguma forma.

Esses equipamentos necessitam, via de regra, de uma ligação mecânica com o trem de força do veículo e com seu sistema pneumático e elétrico. Para essas adaptações é importante consultar pessoal especializado e o manual de implementação do fabricante disponível na internet. Além das ligações com os sistemas veiculares, é importante um novo estudo de distribuição de cargas, de forma a não prejudicar a estabilidade e a direção do caminhão.

Seguem alguns exemplos.

<table>
<tr>
<td>Sistemas hidráulicos</td>
<td>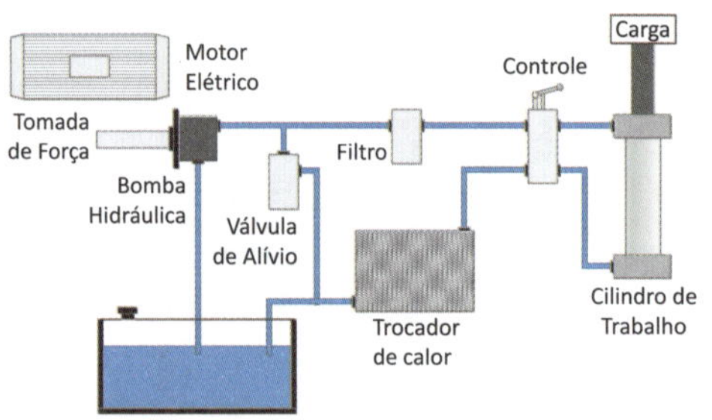
</td>
<td>As bombas hidráulicas são utilizadas em implementos basculantes, guinchos, lixeiros, cestos, plataformas traseiras e outras aplicações que demandam deslocamento de braços de carga. Podem ter a força de entrada através de uma tomada de força (PTO) ou de um motor elétrico.</td>
</tr>
<tr>
<td>Bombas a vácuo</td>
<td>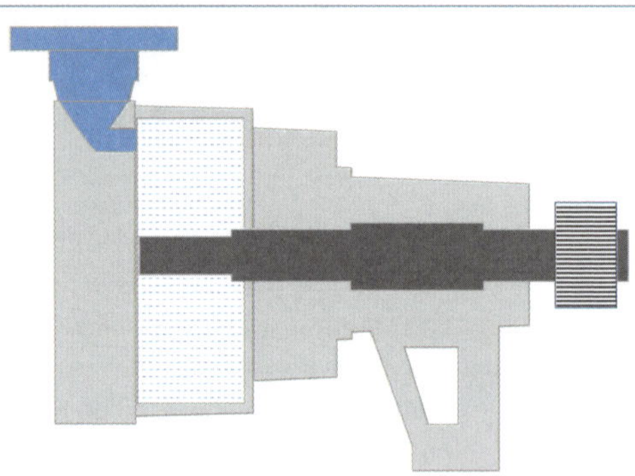</td>
<td>Equipamentos utilizados para a carga e descarga de líquidos, como caminhões tanque (caminhão pipa, sucos, desentupidores, bombeiros etc.).

Da mesma forma que em sistemas hidráulicos, a força de entrada pode vir de uma tomada de força ou um motor elétrico.</td>
</tr>
</table>

Munck	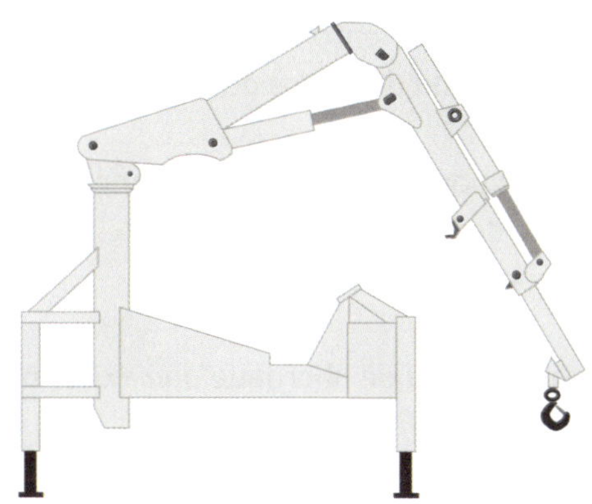	Os guindastes, apelidados de *Munck* ou *Munk* no Brasil, são usados para a carga e descarga do caminhão. Podem também ser utilizados para o deslocamento de objetos no entorno do veículo. A operação pode ser junto ao equipamento ou através de controle remoto. Os apoios ou pernas laterais servem para maior estabilidade da estrutura com o veículo imobilizado, quando sujeita a carga.
Plataforma elevatória traseira	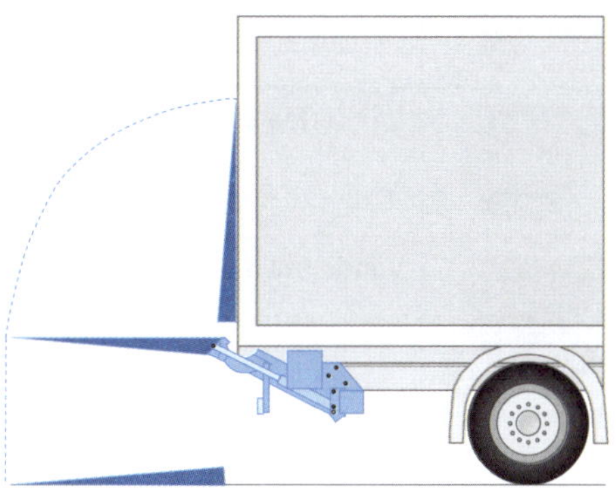	As plataformas traseiras são utilizadas como pontes ou elevadores para pequenas cargas (cargas paletizadas, movimentação com paleteira, caixas etc.). Há opções no mercado de 400kg até 2.500kg de carga. As mesas podem ser transportadas e armazenadas junto à porta traseira do veículo ou embaixo do implemento, de forma sanfonada ou retrátil.
Resfriamento para a carga		O ar-condicionado para cargas que necessitam de resfriamento é instalado na parte dianteira de implementos do tipo baú. Esse tipo de resfriamento pode oferecer diferentes temperaturas, dependendo da necessidade. Podem ser criadas no baú diferentes áreas para câmaras frias.

Figura 137 – Outros implementos
(Ilustrações: os autores)

4.3. Layout e eixos

Os implementos rodoviários como semirreboques e reboques podem ter um, dois, três ou até quatro eixos, dependendo da necessidade de carga. Os limites legais de capacidades de carga e comprimento sobre os eixos seguem as resoluções do DENATRAN, conforme discutimos no Capítulo 1.

A posição e o espaçamento entre os eixos também são importantes devido ao tipo e peso da carga transportada. O planejamento desses fatores é vital para que não exista sobrecarga do caminhão trator ou dos eixos do implemento.

O pino-rei é um dos elementos que pode ter uma posição variável no semirreboque. Há reboques com até três opções de fixação do componente, dependendo do tipo de carga e do cavalo mecânico que está sendo utilizado.

As figuras a seguir mostram todo o grau de liberdade que existe na concepção do layout do implemento.

Carreta 1 eixo	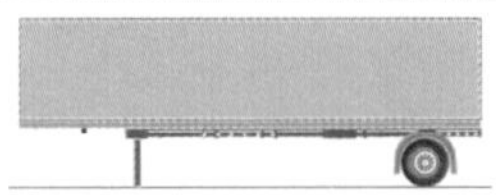		
Carreta 2 eixos	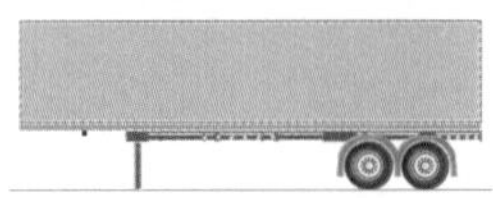	**Vanderléa 2 eixos**	
Carreta 3 eixos		**Vanderléa 3 eixos**	
Carreta 4 eixos		**Vanderléa 2+1 (Canguru ou carreta Mercosul)**	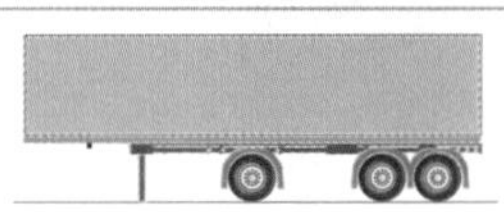

Figura 138 – Layout por quantidade e distribuição dos eixos
(Fonte: os autores)

A carreta 4 eixos foi recentemente liberada pela resolução nº 882 do CONTRAN. A sua grande vantagem é poder transportar 58,5 toneladas com um cavalo 6x2.

Por último, o layout pode ser ajustado também pelo tamanho do balanço traseiro. Como abordamos no Capítulo 1, o limite aqui é 3,5 metros, o que evita o efeito de *tail swing*, ou seja, a invasão da pista contrária ou a colisão com anteparos fora da faixa de trajetória das rodas. Esse efeito também é chamado em português de ART (avanço radial de traseira).

Quando os veículos não estão carregados, pode-se também levantar os eixos a fim de reduzir os gastos com pneus, resistência de rodagem, manutenção dos cubos, desgastes com freio e custos com pedágios.

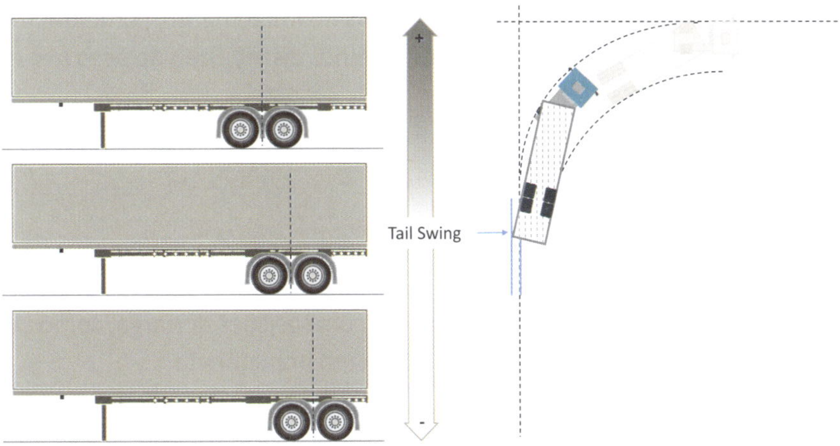

Figura 139 – Layout pela posição dos eixos e *tail swing*
(Fonte: os autores)

O controle da altura dos eixos pode ocorrer em implementos com suspensão pneumática de forma manual ou automatizada, através do sistema eletrônico ECAS (*Electronically Controlled Air Suspension*).

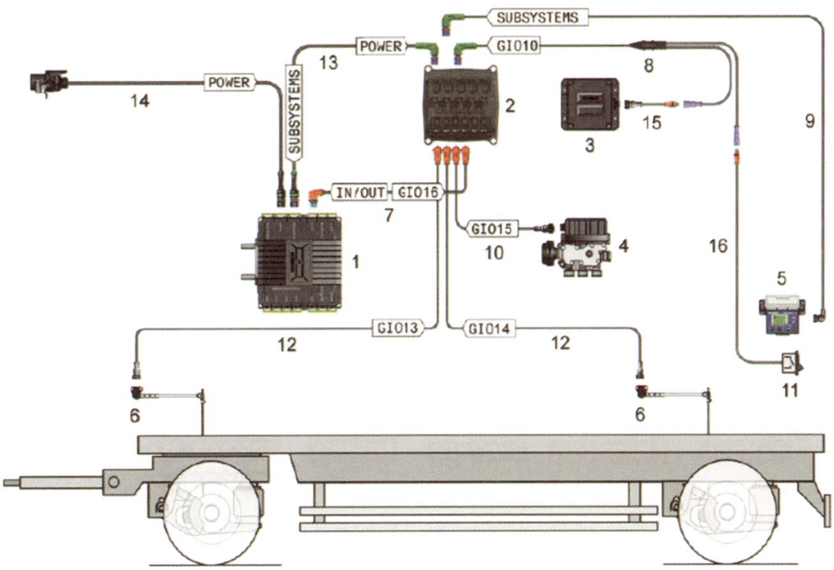

Figura 140 – Sistema de controle eletrônico da altura da suspensão
(Fonte: Wabco)

O sistema reconhece o peso da carga pela pressão exercida nas bolsas pneumáticas e por sensores de altura da suspensão instalados no chassi. Com isso, pode melhor regular as alturas entre a dianteira e traseira e os lados direito e esquerdo do veículo.

São necessários alguns componentes adicionais no implemento, como um módulo adicional e uma bateria. O resultado é uma melhor distribuição de peso nos eixos e uma viagem mais segura.

4.4. Mercado de implementos

O número de reboques e semirreboques produzidos e vendidos no mercado brasileiro foi ao longo dos últimos anos superior ao número de caminhões novos que entraram em nossas estradas. Isso acontece porque em composições de carga, como bitrens, tritrens e outras, cada veículo é contado como um implemento.

A FENABRAVE distribui mensalmente e anualmente relatórios sobre a negociação de implementos no mercado brasileiro, com os principais competidores e seu desempenho. Outra fonte importante de informações sobre o setor é o site da ANFIR, a Associação Nacional dos Fabricantes de Implementos Rodoviários. A figura a seguir ilustra os resultados do anuário da FENABRAVE de 2021.

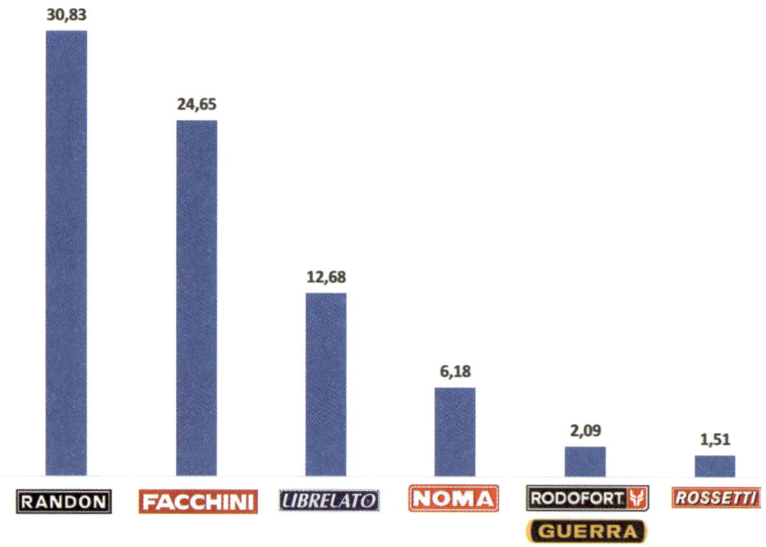

Figura 141 – Participação no mercado em 2021 (em %) dos maiores fabricantes de implementos rodoviários
(Fonte: FENABRAVE, 2021)

O *ranking* de vendas de 2021 por marca de implementos rodoviários permaneceu sem alterações. A Randon manteve o primeiro lugar, com participação de 30,1%, seguida pela Facchini, com 24,7%, e, em terceiro lugar, a Librelato, com 12,7% das vendas totais.

5. Ônibus

Complementar ao caminhão, o qual transporta primariamente cargas e objetos, o ônibus possui como função básica o transporte de passageiros.

O ônibus é um veículo extremamente versátil. Pode ser adaptado de diferentes formas para satisfazer diferentes necessidades de capacidade, conforto, aplicação ou propulsão. A categorização de um ônibus pode ocorrer em três dimensões distintas, como mostramos na figura a seguir.

Figura 142 – Dimensões da classificação ou categorização de um ônibus
(Ilustração: os autores)

Classificação segundo a capacidade e o tamanho

A ABNT possui duas definições importantes para o que chamamos de ônibus. Para veículos destinados ao transporte coletivo de até 20 passageiros, o termo correto é micro-ônibus. Os ônibus são os veículos que podem transportar mais de 20 passageiros, mesmo que tenham alterações que diminuam essa capacidade devido ao conforto, por exemplo.

Dentro desse conceito, de acordo com a ABNT NBR 15570, os veículos destinados ao transporte de passageiros são divididos em sete categorias básicas, considerando o número de passageiros (sentados e em pé), PBT e comprimento máximo do veículo.

Classes ABNT	Passageiros	PBT mín. (t)	Comp. total máx. (m)	
Micro-ônibus	10 a 20	5,0	7,4	
Miniônibus	até 30	8,0	9,6	
Midiônibus	até 40	10,0	11,5	
Básico	até 70	16,0	14,0	
Padron	até 80	16,0	14,0/15,0	
Articulado	até 170	26,0	18,6	
Biarticulado	até 250	36,0	30,0	

Figura 143 – Classes de micro-ônibus e ônibus, segundo a ABNT
(Fotos: Iveco e os autores)

Apesar da classificação da ABNT padronizada há quase 10 anos, existem outros modelos de transporte de passageiros que não se encaixam nessas classes. São desenvolvidos como forma de melhorar a economia e a dirigibilidade dentro de trechos urbanos. O superarticulado possui dois eixos traseiros, um deles direcionável. Outros, por sua vez, são casos exóticos de aplicação do conceito de ônibus, como o *trailerbus* em Balneário Camboriú, Santa Catarina. A composição possui um cavalo mecânico e o semirreboque é um ônibus.

Superarticulado	até 270	37,0	23,0	
Trailerbus	até 70	26,0	18,6	

Figura 144 – Outros tipos de ônibus não cobertos pelas classes da ABNT (Fotos: os autores)

Classificação segundo o tipo de aplicação

Os ônibus, assim como os caminhões vocacionais, podem ser adaptados de acordo com a sua aplicação ou fim. Entre eles estão três grandes classificações adicionais, as quais se sobrepõem às classificações que mostramos anteriormente.

Urbanos e interurbanos	Rodoviários	Recreacionais e especiais
Sua construção privilegia o fluxo de muitos passageiros, geralmente com duas ou mais portas para entrada e saída. Os modelos com piso baixo ajudam no conforto e na entrada de pessoas com capacidade limitada de locomoção. Os diversos balaústres ajudam os passageiros em pé a firmar sua posição durante o movimento do veículo, além de ajudar na movimentação interna. São utilizadas catracas de controle de pagamento do bilhete de transporte e uma cadeira do cobrador junto a ela. Os assentos são geralmente produzidos em plástico ou com uma fina camada de estofado, para que a limpeza seja facilitada.	São construídos para privilegiar o conforto dos passageiros durante viagens de média e longa duração ou distância. Seus assentos são estofados e com mais espaços entre as fileiras. Nos modelos mais confortáveis os assentos podem ser completamente deitados. De acordo com a ANTT, esse tipo pode ter diferentes classes de conforto: – Semiurbano – Convencional – Executivo – Semileito – Leito – Misto São mais altos para poder comportar malas e bagagens no porão do veículo. Para as longas distâncias, os modelos também apresentam banheiro.	Sobre os modelos recreacionais (do inglês RV, *Recreational Vehicles*) podemos destacar o uso do ônibus como motocasa (do inglês *motorhome*). Outro uso recreacional e bastante em moda ultimamente é o ônibus para festas ou eventos. Sobre os tipos especiais, um modelo de destaque é o ônibus utilizado como transporte em aeroportos, onde são privilegiados o número de passageiros em pé e o piso baixo. Em inglês, esse modelo é chamado de *shuttle*. Outros exemplos de ônibus especiais são aqueles utilizados no transporte de tropas e aqueles para rotas de atrações turísticas (do inglês *sightseeing*).

Tabela 31 – Tipos de ônibus conforme a aplicação
(Fonte: os autores)

Nas figuras a seguir são mostrados alguns exemplos de aplicações para as classificações de ônibus mostradas anteriormente.

<table>
<tr>
<td>Urbanos e interurbanos</td>
<td>

Ônibus urbano mais comum: duas portas e motor dianteiro</td>
<td>

Escolar, Caminho da Escola</td>
</tr>
<tr>
<td>Rodoviários</td>
<td>

Fretamentos</td>
<td>
Double decker – DD</td>
</tr>
<tr>
<td>Recreacionais e especiais</td>
<td>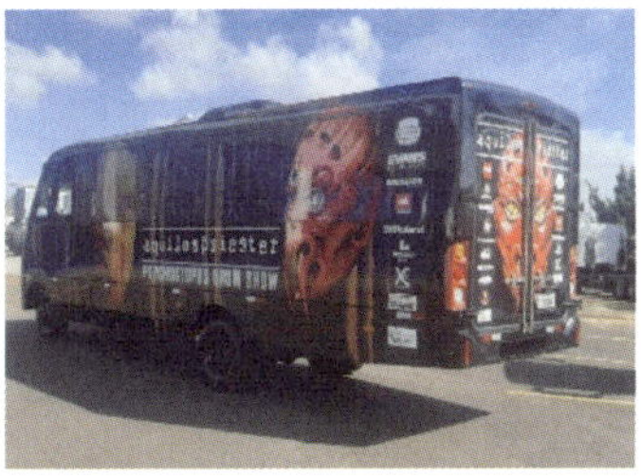
Motocasa ou motorhome

Aeroportuário</td>
<td>

Atrações turísticas</td>
</tr>
</table>

Figura 145 – Ilustrações dos tipos de ônibus de acordo com a aplicação
(Fotos: os autores e Marco Alves)

Classificação segundo o tipo de propulsão

Além das classificações relatadas, os ônibus podem ser categorizados de uma terceira forma: por seu tipo de combustível, propulsão ou trem de força. São eles:

- Diesel, o mais comum nos dias de hoje. Alguns motores também estão preparados para uma certa quantidade de biodiesel.
- Híbrido, utilizando motores a combustão e elétricos no mesmo veículo.
- Catenária, utilizando o chamado trólebus em linhas com infraestrutura definida.
- Gás ou etanol, através de alguns projetos pilotos.
- Elétrico, utilizando energia armazenada em baterias.
- Células de combustível ou Motores à Combustão com Hidrogênio, com energia proveniente do hidrogênio.

A tendência mostra que, para os próximos anos, principalmente no segmento urbano e interurbano, teremos o início do uso de tecnologias de propulsão mais limpas, que serão cada vez mais crescentes devido a demandas da sociedade.

Caminho da escola

O maior comprador de veículos escolares no Brasil é o governo federal em parceria com governos estaduais e municipais através do programa Caminho da Escola. O programa foi instituído em 2008 e regulamentado inicialmente por decreto em 2009. Atualmente através do programa são adquiridos barcos, bicicletas e principalmente ônibus para o transporte de estudantes por todo o território nacional.

Figura 146 – Modelo de ônibus escolar
(Foto: FNDE, s.d.)

Pelo fato de grande parte dos municípios brasileiros ter uma zona rural com rodovias precárias, os modelos de veículos padronizados nas licitações estatais se referem à classificação ORE (Ônibus Rural Escolar), em quatro categorias. A figura a seguir ilustra as diferenças desses veículos.

Modelo	Especificações	Ilustração
ORE1 **Ônibus Rural Escolar Pequeno**	Comprimento máx.: 7m Carga útil: 2t Capacidade: 29 estudantes	
ORE1 (4x4) **Ônibus Rural Escolar Pequeno**	Comprimento máx.: 7m Carga útil: 1,5t Capacidade: 23 estudantes	
ORE2 **Ônibus Rural Escolar Médio**	Comprimento máx.: 9m Carga útil: 3t Capacidade: 44 estudantes	
ORE3 **Ônibus Rural Escolar Grande**	Comprimento máx.: 11m Carga útil: 4t Capacidade: 59 estudantes	

Figura 147 – Ônibus Rural Escolar
(Ilustração: FNDE, s.d., compilado e editado pelos autores)

São diversos os requisitos a serem cumpridos pelos concorrentes nesse tipo de licitação. Essas informações podem ser obtidas com maiores detalhes na página do programa no site do Ministério da Educação (MEC), junto ao Fundo Nacional de Desenvolvimento da Educação (FNDE).

BRT

É impossível falar de ônibus no Brasil sem falar de BRT. A cidade de Curitiba em 1974 foi uma das pioneiras globais do conceito de Sistema de Transporte Rápido de Ônibus (do inglês, *Bus Rapid System*). Através de sua Rede Integrada de Transporte (RIT), a cidade desenvolveu boa parte das características que um sistema BRT deve possuir.

1. **Tratamento das interseções:** é bastante normal em avenidas largas haver a possibilidade de conversão à esquerda por veículos no mesmo sentido do corredor de ônibus. Isso faz com que os ônibus possam atrasar.
2. **Pagamento do bilhete na estação:** Não havendo necessidade de se pagar dentro do ônibus, economiza-se tempo para a entrada dos passageiros. Não há fila na porta de entrada para pagamento. Outra vantagem é a não necessidade de um

cobrador em cada um dos veículos. O espaço pode ser utilizado para transportar mais passageiros.

3. **Faixas exclusivas:** talvez a característica mais marcante do sistema seja essa exclusividade, que permite que os ônibus do BRT não parem com o trânsito à frente.
4. **Alinhamento entre o nível da plataforma e a entrada do ônibus:** permite que a entrada seja mais rápida e facilitada para pessoas com restrições de mobilidade, como idosos, gestantes, cadeirantes e outros.
5. **Alinhamento central:** a faixa mais ao centro da pista permite que os ônibus não tenham que trafegar junto à calçada. Evita paradas por estacionamento e conversões à direita de outros carros.

Com essas características, o sistema operado através de ônibus se assemelha muito à capacidade e à qualidade do serviço de um metrô ou VLT. Outra grande vantagem é a flexibilidade da operação com ônibus. São utilizados ônibus articulados, biarticulados e superarticulados como forma de aumentar a eficiência do sistema.

A figura a seguir ilustra os cinco elementos principais.

Figura 148 – Sistema BRT em Curitiba
(Foto: Diego Justus)

A seguir, alguns dos principais sistemas de BRT nacionais, classificados por sua extensão de corredores. A Copa do Mundo em 2014 foi um grande acelerador de obras para o sistema no Brasil, principalmente em cidades sede do evento.

Nome	Cidade	Ano	Extensão (km)
Rede Integrada de Transportes (RIT)	Curitiba – PR	1972	67
BRT Rio TransOeste	Rio de Janeiro – RJ	2012	52
BRT Rio TransCarioca	Rio de Janeiro – RJ	2014	39
Expresso DF Sul	Brasília – DF	2014	36
ABD Diadema	São Paulo – SP	1988	33
BRT Rio TransOlímpica	Rio de Janeiro – RJ	2016	23
MOVE Antônio Carlos	Belo Horizonte – MG	2014	16
Eixo Anhanguera	Goiânia – GO	1976	14
BRT Expresso Tiradentes	São Paulo – SP	2007	12
ABD Extensão Morumbi	São Paulo – SP	2010	12
MOVE Cristiano Machado	Belo Horizonte – MG	2014	8
Uberlândia Estrutural Sudeste	Uberlândia – MG	2006	8
Linha Verde Sul	Curitiba – PR	2009	7
Vetor Leste-Oeste	Uberaba – MG	2015	5

Tabela 32 – Maiores sistemas BRT nacionais
(Fonte: ITDP Brasil, tabela compilada pelos autores)

Principais sistemas de um ônibus

Dividimos os sistemas de um ônibus em dois elementos fundamentais. As funções básicas de cada um desses sistemas são descritas na figura a seguir. Trataremos em detalhe cada um desses componentes neste capítulo. Os sistemas de elétrica e mecatrônica, freios, assistentes e segurança são similares aos descritos no Capítulo 3 de caminhões e não serão explicados aqui.

Interessante destacar que a divisão adotada aqui reflete a realidade do mercado brasileiro. Temos as montadoras de chassis, que em geral são também montadoras de caminhões, e temos os encarroçadores, que são responsáveis por toda a carroceria. Em alguns casos, no mercado brasileiro e em outros países, temos a possibilidade de o fabricante ser responsável pelos dois sistemas.

No Brasil é comum o cliente escolher carroceria e chassi desejados no momento da compra. No caso de grandes licitações, geralmente são formadas parcerias entre montadoras de chassis e encarroçadores.

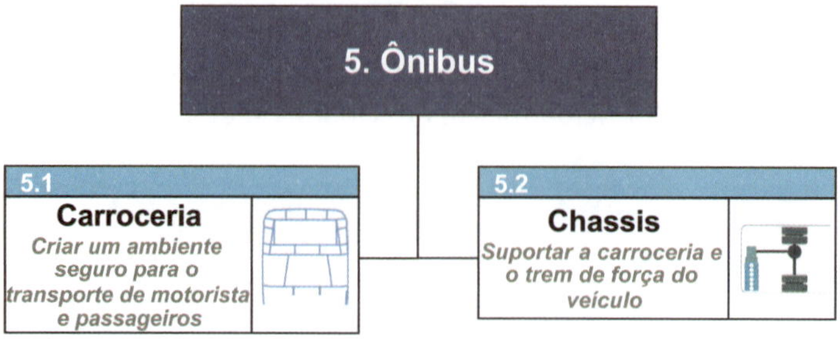

Figura 149 – Dois elementos básicos de um ônibus
(Ilustração: os autores)

5.1. Carroceria

O conjunto completo de carroceria em um ônibus, além da função básica de criar um ambiente seguro para o transporte de motorista e passageiros, possui outras funções secundárias, algumas similares às funções de uma cabine em um caminhão. A seguir, listamos as principais funções da perspectiva externa e interna que uma carroceria em ônibus pode vir a possuir.

Partes externas

Externamente, a carroceria pode ter diversas funções secundárias, dependendo da aplicação e do modelo, como:

a) Transmitir o design da marca do encarroçador e fabricante do chassi.
b) Abrigar os sistemas de sinalização e iluminação de trânsito.
c) Permitir entrada e saída rápidas e seguras do veículo pelos passageiros.
d) Proporcionar uma visão ampla do veículo pelo motorista.
e) Permitir a entrada de ar para o arrefecimento, a alimentação do motor e para o sistema de climatização veículo. Também abriga o sistema de escapamento.
f) Reduzir o arrasto aerodinâmico.
g) Isolar o habitáculo da temperatura do motor e das vibrações.
h) Facilitar o acesso à manutenção e ao trem de força.
i) Prover segurança aos ocupantes através de sua estrutura em caso de tombamentos.
j) Abrigar letreiros e indicação de rota.
k) Permitir a instalação de portas automáticas, janelas, para-brisa e vidros.
l) Identificar veículo, empresa, entidade municipal e informações para o usuário.
m) Disponibilizar dispositivo elevatório ou rampa para acesso de portadores de necessidades especiais.
n) Proteger a área de articulação de intempéries através de sanfonas.

o) Proteger os motoristas e passageiros em caso de uma eventual colisão.
p) Disponibilizar *busdoor*, propaganda externa ou interna.
q) Prover acesso através de portas para bagagem de porão.

A figura a seguir ilustra exemplos dessas funções.

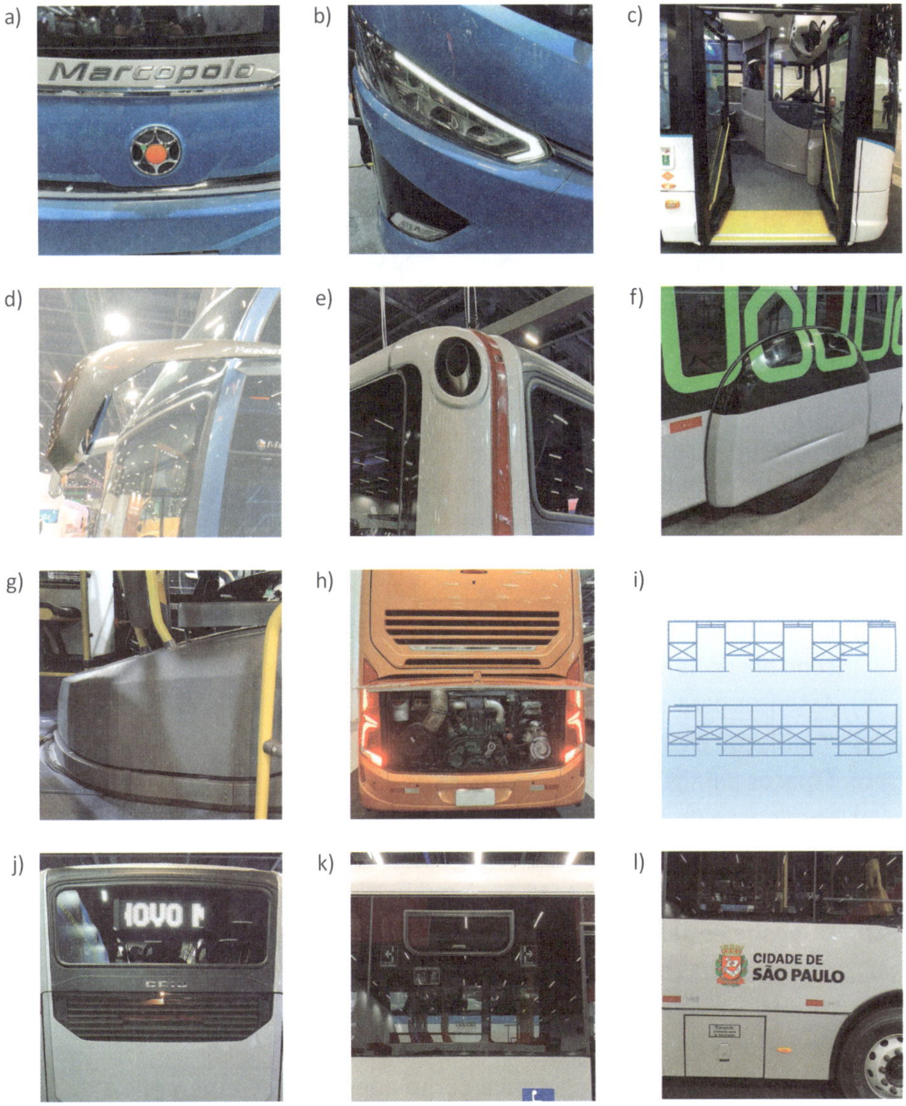

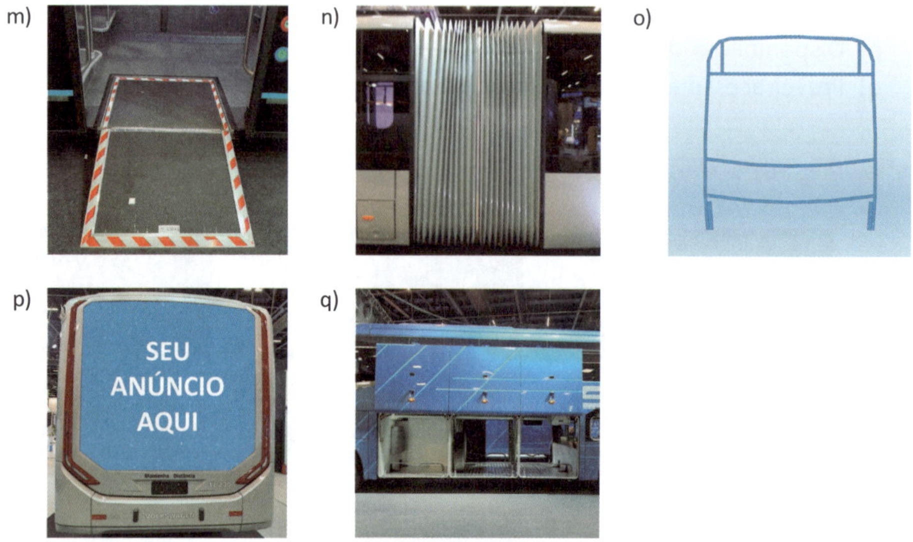

Figura 150 – Funções externas da carroceria de um ônibus
(Fotos: os autores)

Partes internas

Internamente, a cabine tem funções mais específicas ao trabalho da direção e ao descanso, devendo propiciar, de forma ergonômica, segura e confortável, dependendo da aplicação:

a) Posto de comando ou *cockpit* do motorista com elementos de sinalização, controle do veículo, direção e comunicação
b) Assentos para o motorista e passageiros
c) Ventilação e climatização do ambiente
d) Espaços para guarda-volumes para os passageiros e para o motorista
e) Iluminação do ambiente ou salão de passageiros
f) Porão para o transporte de bagagens
g) Gabinete sanitário (ou banheiro), especialmente em aplicações rodoviárias
h) Dispositivos para a movimentação segura dos passageiros e reforço estrutural da carroceria (balaústres e corrimãos)
i) Dispositivos de acionamento para solicitação de parada
j) Corredores de passagem
k) Abrigar sistemas de segurança como aberturas de emergência de janelas e extintores de incêndio
l) Posto para cobrador e sistema de cobrança (catracas)
m) Espaço para portadores de necessidades especiais, principalmente cadeirantes e cães-guia

n) Dispositivos de vídeo e vigilância, especialmente em áreas sujeitas a ação de criminosos nas aplicações urbanas
o) Dispositivos para entretenimento e *infotainment*, como TVs, monitores e equipamentos de som
p) Dispositivos destinados à conectividade (*wi-fi*) e informação aos passageiros sobre rota, velocidade e outros
q) Tomadas e carregadores USB
r) Espaço para descanso do motorista

A figura a seguir ilustra exemplos dessas funções.

a) 

b) 

c) 

d) 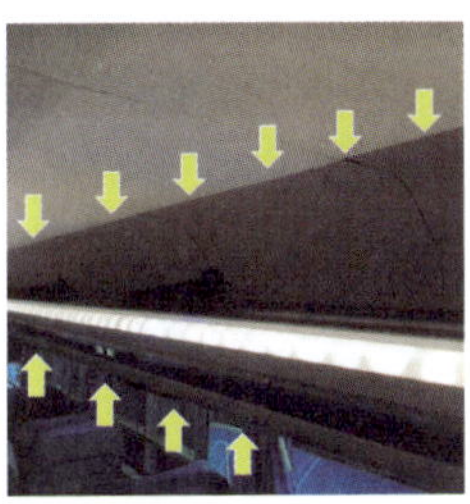

e) 

f) 

g) 

h) 

i) 

j) 

k) 

l) 

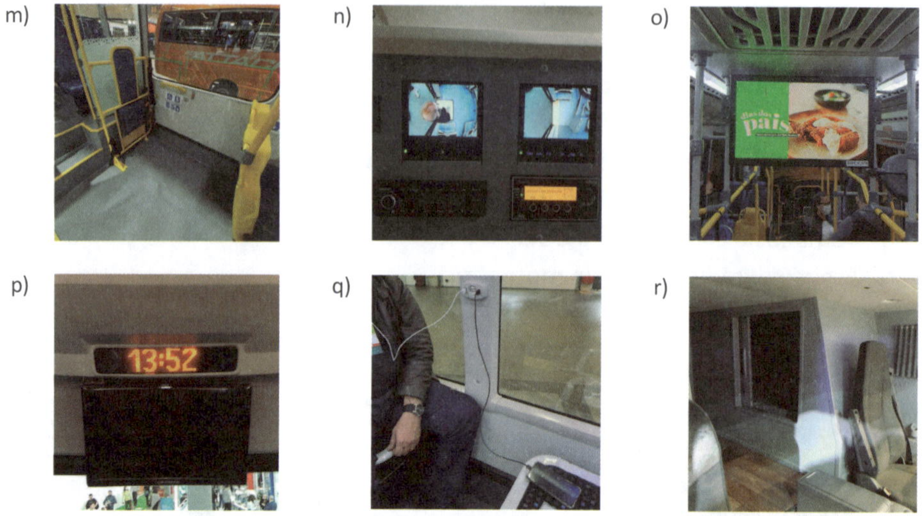

Figura 151 – Funções internas da carroceria de um ônibus
(Fotos: os autores)

Tipos de carroceria

A partir da definição das funções que o ônibus deve possuir, os tipos de carroceria são estabelecidos, principalmente com base em requisitos técnicos da estrutura bruta, integração da cadeia produtiva, tipo de montagem do trem de força e como será a altura do piso do ônibus. São eles:

- **Integral ou monobloco:** este tipo permite a construção de uma estrutura totalmente integrada e, portanto, mais leve. Além disso, é melhor sujeita a forças torcionais por se tratar de um corpo único de carroceria. Sua desvantagem é o custo de produção e integração. Outra desvantagem é que, em caso de colisão, o reparo da estrutura é mais complexo e demanda mais custo. Neste tipo de construção, os elementos do trem de força são montados individualmente no monobloco, ou seja, os ônibus não se movimentam sem antes ser montada a carroceria. Esta técnica foi utilizada no Brasil até a década de 1996 pela Mercedes-Benz, quando a fábrica também era encarroçadora na planta de Campinas-SP. Na Europa ainda é muito utilizada.
- **Semi-integral:** a grande diferença para o tipo integral é que, no caso do semi-integral, o trem de força é montado em separado já sobre uma estrutura que faz parte da carroceria, principalmente o quadro do piso do veículo. Ambas as estruturas, quando montadas, formam um conjunto único de carroceria.
- **Mista:** possui tanto características de uma carroceria integral, com uma estrutura leve entre os eixos dianteiros e traseiros, quanto longarinas robustas,

principalmente na parte frontal ou traseira do ônibus (principalmente para abrigar o trem de força). É produzida dessa forma para que exista uma flexibilidade de distância entre eixos para a estrutura e também facilite o transporte entre montadora do chassi e encarroçador.

- **Chassi com longarinas:** este modelo é o mais utilizado no mundo, pois permite uma flexibilidade bastante grande na cadeia de produção. A estrutura base é bastante similar à de um caminhão. É a técnica utilizada para grande parte dos veículos urbanos no Brasil. Sua grande desvantagem para o transporte público reside na altura do piso, que precisa ser elevada ao longo do comprimento do ônibus, de forma a acompanhar a longarina.

Altura do piso

Como vimos antes, o tipo de carroceria adotada pode ajudar a definir também a altura do piso em diversas regiões do veículo. Além da carroceria, o tipo e o posicionamento dos componentes do trem de força contribuem para a altura do piso. Por exemplo, o motor horizontal na parte traseira permite um piso mais plano e não necessita de um capô na parte dianteira do veículo. Um eixo do tipo portal permite um piso plano na seção onde é instalado. Esses elementos são, por sua vez, mais caros, mas trazem uma melhoria de conforto para o passageiro e principalmente para pessoas com alguma restrição de locomoção. Importante destacar que a definição de piso baixo é sempre referenciada pelo plano formado por uma linha central passando pelas rodas do veículo. Seguem os tipos de piso que podemos encontrar nos nossos ônibus.

Piso normal	Comum em carrocerias do tipo chassi com longarinas e motor dianteiro. Possuem geralmente três degraus para se atingir o piso em suas portas.	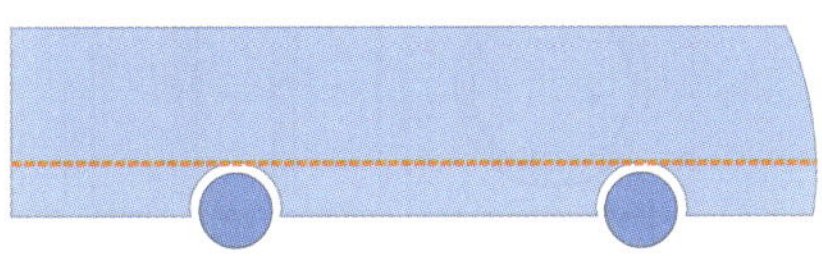
Piso Baixo Traseiro	Similar ao piso normal na parte dianteira e central, porém com um rebaixo na traseira do veículo. Possui a vantagem de prover acessibilidade em uma das partes do veículo de piso normal.	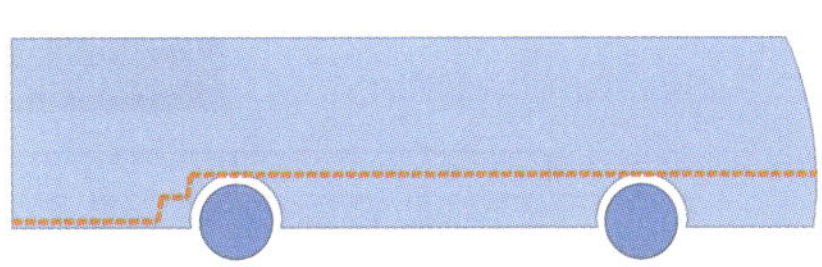
Piso baixo dianteiro	A construção do piso baixo dianteiro é realizada concentrando-se todos os componentes relacionados ao trem de força, energia e outros na parte traseira do veículo.	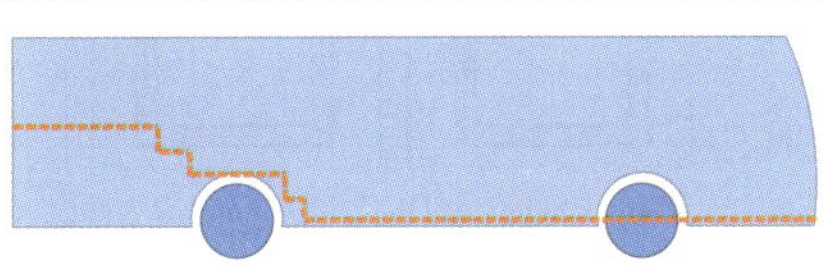

Piso baixo central	Nesse tipo de piso os componentes do trem de força, eletrônica, energia, combustível e outros ficam concentrados na parte dianteira e traseira.	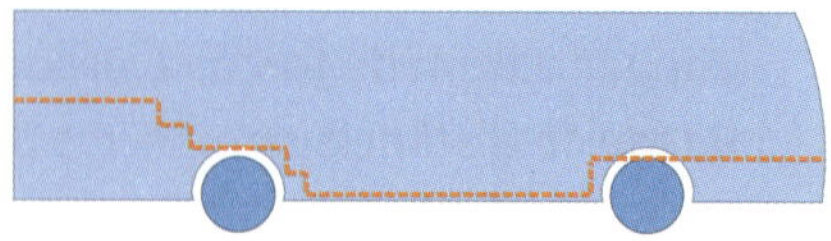
Piso baixo total	O modelo é possível quando todos os sistemas são concentrados em uma parede traseira do veículo, como no caso de trólebus, elétricos, ônibus híbridos e alguns articulados.	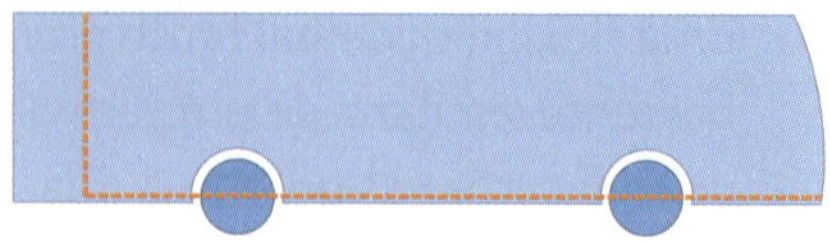
Piso duplo	O chamado *double decker* (DD) é muito utilizado em ônibus do tipo rodoviário e ônibus destinados à visitação de atrações turísticas. As alturas mínimas dos pisos inferior e superior devem ser de 180 cm e 170 cm respectivamente.	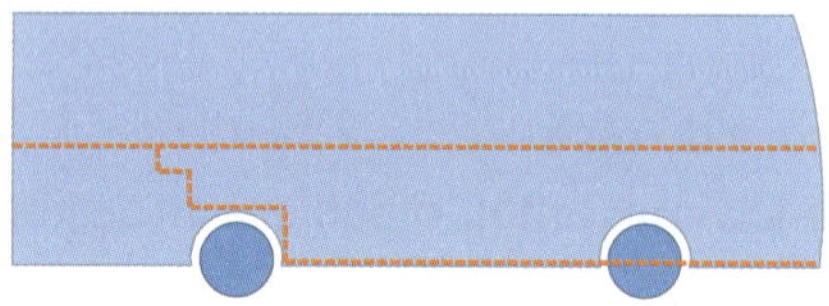

Figura 152 – Tipos de pisos em carrocerias
(Fonte: os autores)

Estrutura bruta

Como elemento básico na construção da estrutura bruta de um ônibus temos os diversos perfis de metal utilizados. Podem ser empregados, de forma resumida, os tipos a seguir.

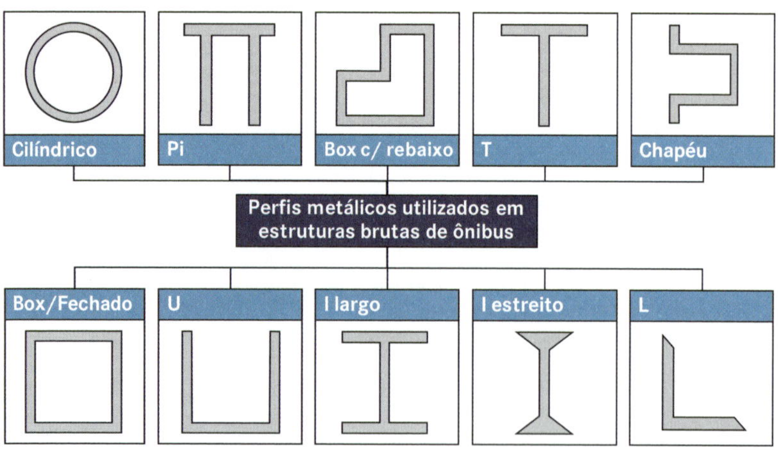

Figura 153 – Perfis metálicos utilizados em estruturas brutas de ônibus
(Ilustração: os autores)

A escolha de um tipo de perfil em detrimento do outro leva em consideração cálculos e simulações realizados por computador da estrutura como um todo. Com a interação dos resultados durante a fase de desenvolvimento, dependendo da localização e da função do elemento na estrutura, devem ser observados os seguintes fatores:

- Resistência a carga, torção e flexão
- Dimensões
- Estabilidade e equilíbrio
- Custo do material
- Custo de manufatura e processamento

Figura 154 – Casulo de um ônibus urbano
(Foto: Media Daimler Truck)

Com a definição e validação da estrutura completa, a estrutura bruta de uma carroceria de ônibus, também chamada pelos encarroçadores no Brasil de casulo, (em inglês, *bus body shell* ou *bus body frame*) é formada basicamente de seis grandes quadros montados e soldados como um conjunto:

- 1 quadro dianteiro e 1 quadro traseiro
- 2 quadros laterais (direito e esquerdo)
- 1 quadro do teto e 1 quadro do piso

A figura a seguir mostra os tipos de quadros seguindo um modelo urbano.

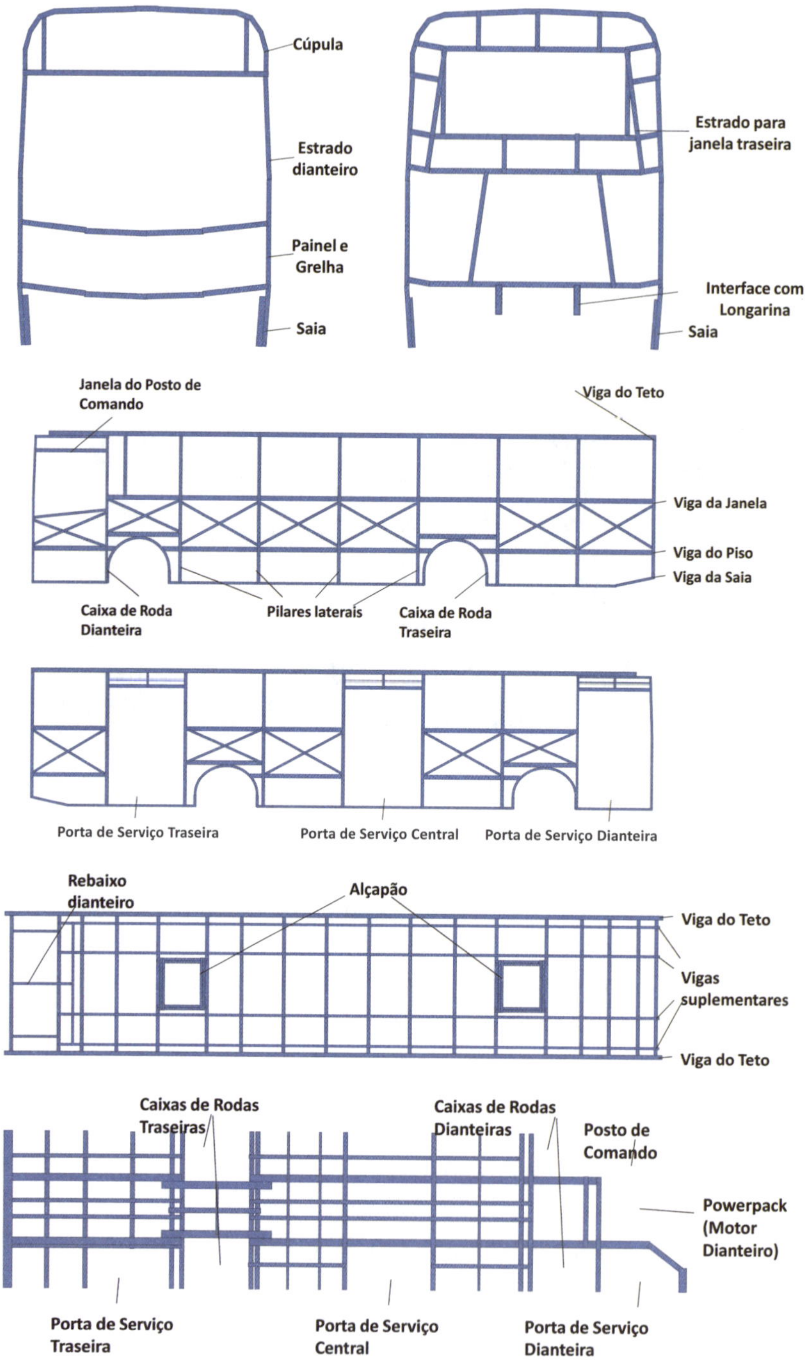

Figura 155 – Quadros modulares em um casulo de carroceria (Ilustração: os autores)

Esses quadros, por sua vez, também podem ser subdivididos para que se possa modularizar a estrutura. Dessa forma, pode-se construir um casulo de diferentes dimensões com bastante flexibilidade, dependendo do design, tamanho e número de portas e janelas que o cliente deseja. O conjunto básico desses módulos é montado sobre um gabarito e então soldado manualmente ou de forma automatizada. A figura a seguir ilustra a soldagem robotizada de um módulo de um quadro lateral sobre um gabarito.

Figura 156 – Solda de um módulo do quadro lateral de um casulo
(Fonte: Media Daimler Truck)

Para preservar o casulo e protegê-lo contra oxidações e intempéries, é necessário um processo de limpeza, pintura com camadas base e uma pintura final. Um exemplo eficaz e de alta qualidade desse tipo de tratamento superficial é o processo de cataforese, também conhecido como KTL ou *E-Coat*. Esse tipo de pintura é bastante eficaz em cobrir todas as superfícies da estrutura mergulhando a carroceria em uma banheira com tinta especial diluída em água. Após o mergulho, uma corrente elétrica é passada pela estrutura do casulo, que se torna o catodo do circuito. Através do anodo na banheira, as partículas de tinta são forçadas a se depositar em toda a superfície do catodo. Um exemplo dessa aplicação é mostrado na figura a seguir.

Figura 157 – Pintura do casulo da carroceria de ônibus através do processo KTL
(Fonte: Media Daimler Truck)

Estrutura final

A estrutura final do ônibus é alcançada montando-se o casulo sobre o chassi ou trem de força, de acordo com o tipo de construção da carroceria que abordamos anteriormente.

Os vãos entre os pilares e vigas do casulo passam por um processo de chapeamento em todas as faces da carroceria. Portas e outros módulos em fibra de vidro ou plástico (ex.: para-choques) em geral são montados para passar juntos pelo processo de pintura final.

Pintura final

Montagem do mobiliário e acabamento final

Figura 158 – Pintura, montagem e acabamento final
(Fotos: Media Daimler Trucks)

Após a pintura, temos o processo de montagem e acabamento com a instalação dos assentos, equipamentos, acessórios e dispositivos em geral. Toda a montagem é então levada a um teste de rodagem para verificação e acertos finais.

Um teste de estanqueidade também é realizado para a verificação de possíveis vedações insuficientes. São utilizadas câmaras com chuveiros de alta pressão de forma a simular fortes chuvas.

Ao final, temos um processo de inspeção chamado PDI (do inglês, *Pre-Delivery Inspection*), o qual é geralmente realizado entre montadora do chassi e encarroçador, de forma a verificar e solucionar possíveis problemas de integração e garantir a qualidade do produto final.

Layout e capacidade

Um mesmo ônibus pode ter seu salão de passageiros customizado para as necessidades de rota ou conforto. Podem variar o número e a distância entre assentos, número de portas, espaço para cadeirantes e cão guia. Em um ônibus rodoviário, é possível acrescentar um banheiro, frigobar, espaço para bebidas quentes etc. A figura a seguir ilustra um exemplo para o mesmo tamanho de ônibus rodoviário.

Layout	Espaço p/ cadeirantes e cão guia	Portas	Assentos passageiros
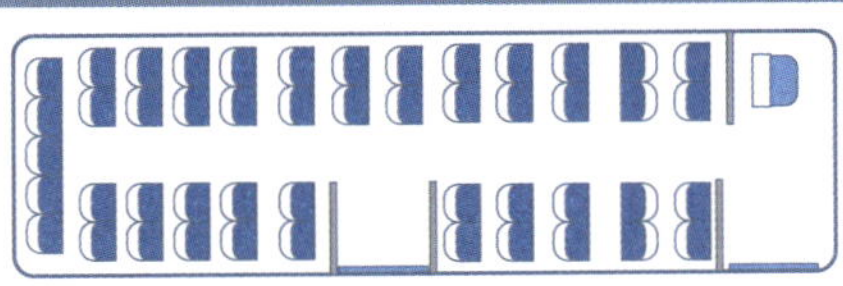	0	2	49
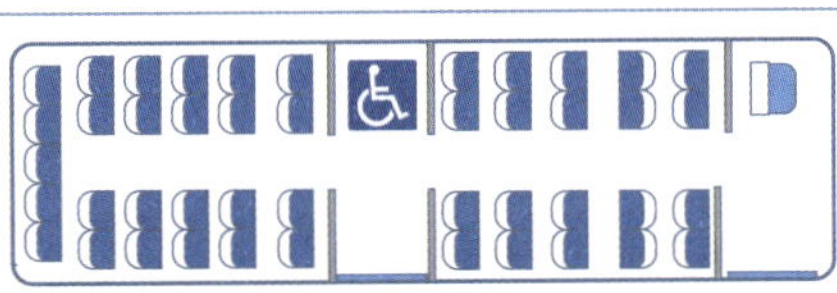	1	2	45
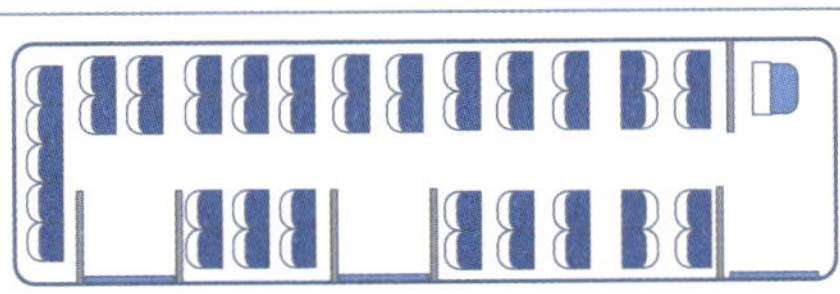	0	3	45
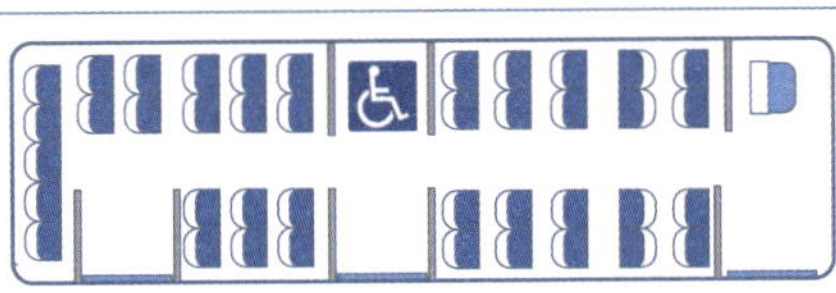	1	3	43

Figura 159 – Layout de ônibus
(Ilustração: os autores)

Para a determinação de passageiros trafegando em pé, a quantidade de pessoas deve seguir o disposto na ABNT NBR 15570, a qual determina quais os veículos e as áreas possíveis de trafegar em pé. São excluídas do cálculo áreas como os espaços para a movimentação das folhas das portas, espaço para cadeirantes e cão guia, espaços imediatamente à frente de qualquer assento, entre outras.

Os veículos do tipo micro-ônibus não podem trafegar com passageiros em pé. Os midiônibus permitem até quatro passageiros por metro quadrado. Para todos os outros tipos de ônibus o limite fica em até seis passageiros por metro quadrado.

Nível de conforto

Principalmente no segmento rodoviário, o tipo de conforto é o parâmetro mais importante no planejamento do layout de assentos do ônibus. É também um parâmetro de escolha do nível de serviço que o cliente busca. No mercado brasileiro existe uma padronização do nível de conforto normatizada pela ANTT, através da resolução nº 5368, de 29 de junho de 2017. Segue um resumo das principais diferenças entre as categorias.

<table>
<tr><th>Característica</th><th>Convencional</th><th>Executivo</th><th>Semileito</th><th>Leito</th><th>Leito cama</th></tr>
<tr><td>Profundidade do assento (cm)</td><td colspan="3">42</td><td colspan="2">45</td></tr>
<tr><td>Largura do assento (cm)</td><td>43</td><td colspan="2">45</td><td colspan="2">50</td></tr>
<tr><td>Reclinação do assento em relação à vertical (graus)</td><td>32</td><td>40</td><td>45</td><td>50</td><td>80</td></tr>
<tr><td>Estágios de reclinação</td><td>2</td><td>3</td><td colspan="2">4</td><td>7</td></tr>
<tr><td>Distância entre as poltronas (cm)</td><td colspan="2">26</td><td>28</td><td>37</td><td>48</td></tr>
<tr><td>Apoio para as pernas</td><td colspan="2">NÃO</td><td colspan="3">SIM</td></tr>
<tr><td>Ar-condicionado</td><td>NÃO</td><td colspan="4">SIM</td></tr>
</table>

Tabela 33 – Principais diferenças de conforto em ônibus rodoviários
(Fonte: ANTT, s.d., adaptado pelos autores)

Assentos

Como vimos, os tipos e as dimensões de assentos presentes nos ônibus definem o grau de conforto que o ônibus possui. A seguir podemos ver os principais tipos de assentos presentes nos ônibus de transporte coletivo.

Figura 160 – Tipos de assentos
(Fotos: Revista do Ônibus, s.d.)

Articulação

Em um ônibus articulado é necessário um sistema de junção entre os vagões da composição. Apesar dessa interface, os vagões de um ônibus articulado formam um veículo único – diferentemente de caminhões, onde o cavalo mecânico e o implemento são veículos independentes e com registros de trânsito diferentes.

Também diferentemente de um caminhão, onde o engate (ou a quinta roda) fica exposto às intempéries, no ônibus a articulação é coberta por uma sanfona externamente e cortinas internamente. Isso ocorre porque a articulação deve permitir o trânsito de passageiros de um vagão a outro do veículo. Essa necessidade torna a articulação em ônibus mais complexa e dispendiosa.

Devido à diferença de planos entre os dois carros, a articulação também deve permitir uma flexão horizontal, uma flexão vertical e uma flexão de rolagem (em volta do eixo longitudinal). A figura a seguir mostra esses movimentos.

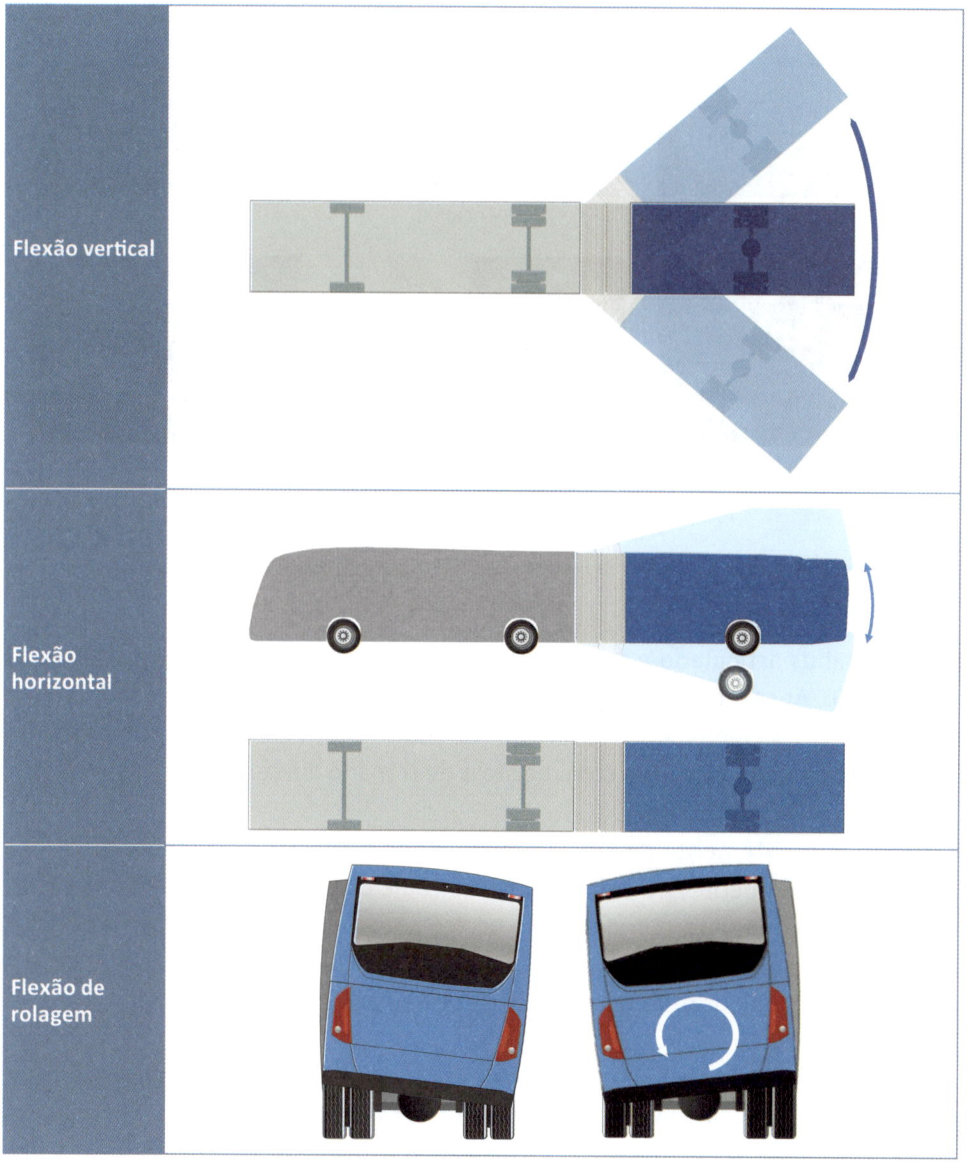

Figura 161 – Tipos de flexão em ônibus articulados
(Fonte: os autores)

Os tipos de articulação são divididos em dois: empurrado (do inglês *pusher*) e puxado (do inglês *puller*). No tipo empurrado a tração do veículo está no vagão traseiro, ou seja, o vagão dianteiro é empurrado pelo traseiro. No tipo puxado é o contrário. O vagão dianteiro é que possui a tração e, portanto, puxa a parte traseira do veículo.

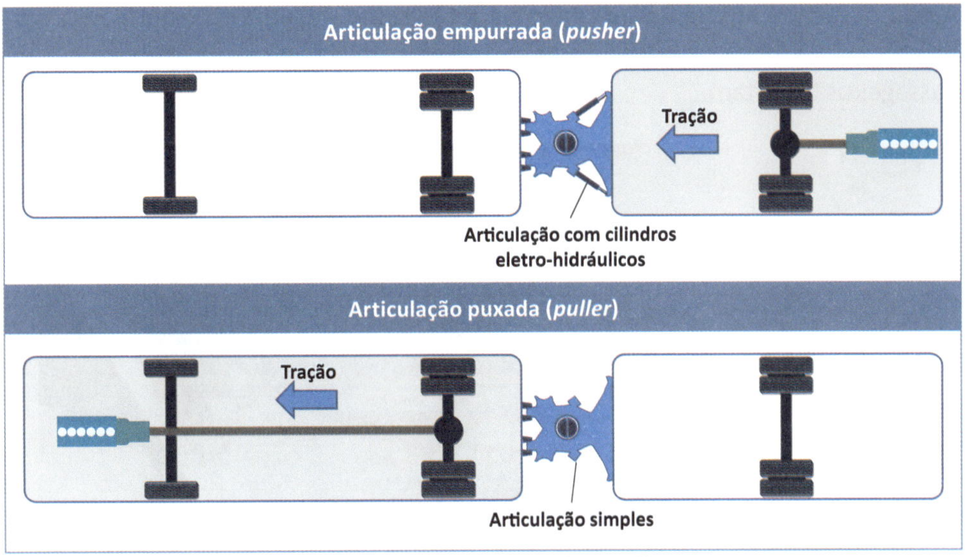

Figura 162 – Articulações *pusher* e *puller*
(Fonte: os autores)

Articulação empurrada (*pusher*)

A junção mecânica é realizada por dois grandes módulos fundidos que formam uma rótula ou um anel rolamentado. Essa rótula é gerenciada eletronicamente por dois cilindros eletro-hidráulicos que possuem a função de controlar o movimento de giro em função das curvas iniciadas pelo condutor. Além disso, possuem a função de controlar dinamicamente instabilidades provocadas pela força de tração traseira sobre o vagão dianteiro do veículo.

A sanfona é composta por duas partes, cada uma instalada em um veículo da composição. Em condição de operação, elas são conectadas e protegem todo o ambiente da articulação de intempéries. No caso de manutenções, podem ser abertas para que se possa acessar o mecanismo sem precisar entrar no ônibus.

Como nos engates de caminhões, para que haja comunicação e controle entre as composições, conectores e cabos elétricos, pneumáticos e de combustível atravessam a estrutura. Em uma situação de operação, estão cobertos por uma cortina interna da plataforma e não podem ser visualizados ou acessados por passageiros.

As esporas da estrutura, uma de cada lado da rótula, possuem a função de delimitar o ângulo máximo possível da flexão horizontal. O mínimo previsto pela ABNT nesses casos é um ângulo de 45 graus. Esses delimitadores também evitam o efeito de L ou canivete nesses tipos de veículo.

A figura a seguir ilustra um exemplo de articulação em um ônibus urbano, mostrando a parte inferior da articulação, com a retirada da plataforma sobre a qual os passageiros transitam.

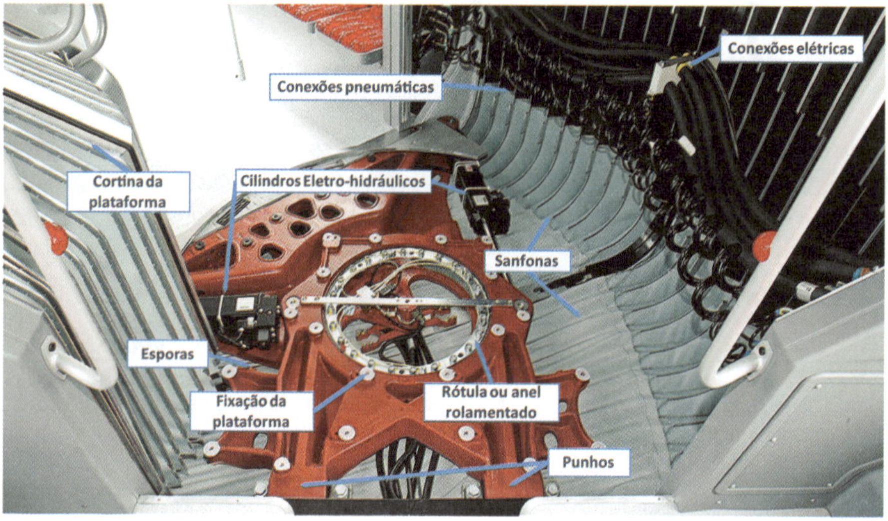

Figura 163 – Sistema de articulação *pusher* em ônibus
(Foto: Media Daimler Trucks, edição pelos autores)

Articulação puxada (*puller*)

É um pouco mais simples e barata do que a articulação empurrada. Isso acontece porque ela não necessita obrigatoriamente dos atuadores ou cilindros eletro-hidráulicos para ser operada. Quando o vagão dianteiro é quem traciona o veículo, inexistem os efeitos dinâmicos que encontramos na versão empurrada. Uma desvantagem desse sistema é que podem ocorrer os efeitos de *trailer swing* como vimos em caminhões, principalmente em trocas bruscas de faixa ou movimentos de emergência. Isso pode ocorrer mais facilmente se o vagão traseiro roda sem carga ou sem passageiros. Segue um exemplo com a figura a seguir.

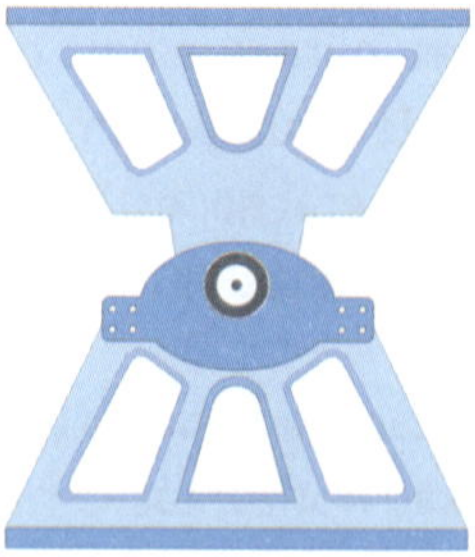

Figura 164 – Articulação esférica para ônibus articulado puxado
(Ilustração: os autores)

Posto de comando

O posto de comando, posto do motorista ou *cockpit* tem a função de prover em um só lugar a direção, o controle e a comunicação do ônibus. Ele deve possuir dimensões ergonômicas para que o condutor possa exercer seu trabalho por diversas horas. Além das funções básicas de condução do veículo, o posto agrega o controle do acionamento das portas, do monitoramento do veículo através de câmeras e espelhos retrovisores. Também são implementados alguns porta-objetos exclusivos para a conveniência do motorista.

Os postos de comando podem ainda ser classificados entre aqueles com finalidade urbana e rodoviária. No caso de postos de comando urbanos, sua construção geralmente não possui uma divisão ou parede com o salão de passageiros. Nos ônibus com motor dianteiro, a isolação térmica e acústica do capô deve permitir um ambiente de trabalho adequado.

Em postos de comando rodoviários, principalmente a partir do nível de conforto executivo, existem biombos que dividem o salão de passageiros do ambiente do posto de comando. Em veículos do tipo piso duplo, existe o posicionamento do posto rebaixado (em inglês, *low driver*), que permite que o salão de passageiros superior possua uma visão livre da pista, principalmente na primeira fileira de assentos.

Posto de comando em ônibus urbano

Posto de comando em ônibus rodoviário

Figura 165 – Postos de comando em ônibus
(Fotos: os autores)

Catracas

Normalmente em ônibus urbanos, as catracas possuem a função de registrar o número de passageiros transportados. Devem ser posicionadas em frente ao posto do cobrador e próximas ao posto de comando. Elas podem ser de dois tipos básicos: com três braços ou quatro braços.

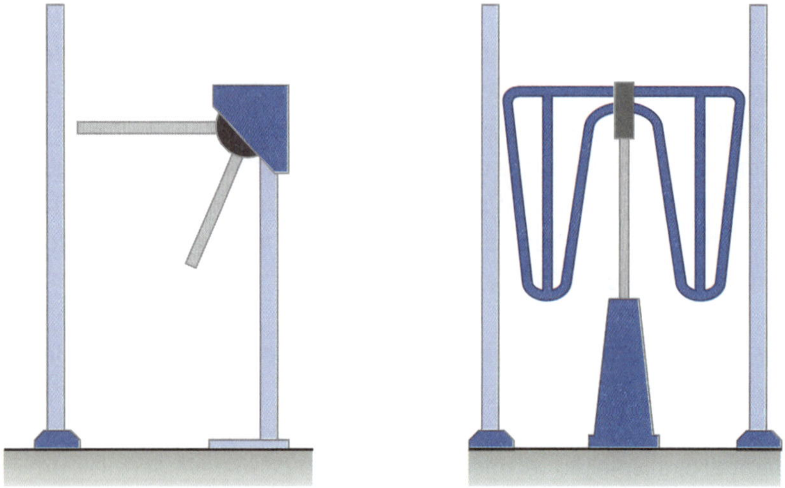

Figura 166 – Tipos de catracas em ônibus urbanos
(Ilustração: os autores)

Sistema de portas de serviço

O sistema de portas empregado no veículo também é desenhado ou planejado de acordo com a sua finalidade. Se for um ônibus urbano, entradas largas e uma quantidade maior de portas é utilizada. No caso de um ônibus rodoviário, uma ou no máximo duas portas mais estreitas são empregadas. A razão dessa diferença é dependente do fluxo de passageiros que temos entrando e saindo do veículo por espaço de tempo.

Existem algumas formas de acionar as portas, dependendo do sistema empregado. Elas podem ser controladas, como de praxe, através do posto do motorista ou com acionamentos instalados na tampa de serviço dianteira do ônibus. Há também junto às portas sistemas de emergência que podem desativar o sistema de abertura automático.

Quanto às dimensões das portas, elas devem possuir uma altura mínima de 1900mm e uma largura mínima entre 700mm e 950mm, dependendo do tipo de ônibus.

As portas podem ser classificadas de duas formas: pelo tipo de controle empregado e pela construção mecânica que realiza o movimento.

Os tipos de controle utilizados podem ser classificados em:

- **Mecânico:** hastes e braços mecânicos conectam a abertura da porta a uma alavanca que fica próxima ao posto do motorista. O acionamento é realizado pela força mecânica do condutor. Muito utilizado em veículos mais antigos e em ônibus escolares americanos.

- **Pneumático:** utiliza um dos circuitos de ar comprimido do veículo para acionar cilindros pneumáticos instalados junto às portas. O controle é realizado através de válvulas pneumáticas.
- **Elétrico:** utiliza comandos eletrônicos ligados a um motor elétrico nas portas. Esse motor, por sua vez, aciona o dispositivo mecânico das portas do veículo. O sistema possui uma ECU própria ligada à rede CAN do ônibus.
- **Eletropneumático:** é um sistema híbrido. O acionamento pelo condutor pode ser elétrico e este aciona uma válvula solenoide que libera o ar comprimido para o acionamento das portas.

Já a construção mecânica pode ser classificada em portas que abrem para o ambiente externo do veículo (em inglês, *outward swinging doors*), portas que permanecem em grande parte no interior do veículo (em inglês, *inward swinging doors*) ou portas deslizantes (do inglês, *sliding doors*). Em veículos mais antigos também eram encontradas portas utilizando dobradiças, podendo ou não ser automatizadas através de um cilindro pneumático. O tipo com dobradiça foi utilizado em alguns modelos de monoblocos da Mercedes-Benz. A figura a seguir mostra os principais tipos que podem ser utilizados atualmente.

Pivotada para fora (*Outward*) Hiperbólica (*Inward*) Deslizante (*Sliding*)

Figura 167 – Tipos de portas em ônibus
(Ilustrações: Bode GmbH & Co. KG)

Nos casos das portas onde suas folhas são projetadas para fora, o limite máximo que elas podem ocupar fica em torno de 350mm a 400mm, dependendo do tipo de ônibus.

O envidraçamento das portas também é regulado no Brasil. As portas devem possuir pelo menos uma área de vidros no corpo superior, de forma que os passageiros consigam enxergar à sua frente durante os embarques e desembarques. Nas portas dianteiras os vidros também devem ser colocados na parte inferior, para que o motorista possa enxergar o meio-fio durante manobras e paradas.

O futuro das portas de serviço em ônibus está em torná-las mais inteligentes com o uso de sensores de presença e câmeras. Dessa forma, o embarque e o desembarque podem ficar mais seguros e dispensar o uso de botões para o acionamento das portas.

Acessibilidade

Com relação à acessibilidade em ônibus pelos passageiros, as normas ABNT NBR 14022, 15646 e 15570 definem em detalhes as diretrizes que devem ser utilizadas no transporte coletivo urbano, intermunicipal e rodoviário.

Dentro deste contexto de acessibilidade, o projeto, a construção ou a adaptação dos ônibus é uma das partes que devem ser consideradas dentro de um sistema maior. Os outros dois grandes elementos do sistema, além do veículo, são a infraestrutura e o tipo de operação existente. Mesmo dentro de uma cidade única, pode haver diferentes requisitos de acordo com o tipo de frota, topografia, tipos de estações, entre outros, para esse sistema. Por exemplo, um ônibus que é comprado para a cidade de Curitiba é diferente de um ônibus comprado para a cidade do Rio de Janeiro. Da mesma forma, um ônibus para um corredor BRT da zona central em São Paulo é diferente de um veículo que será utilizado somente na zona Sul em Parelheiros.

Em se tratando somente do veículo, vamos destacar alguns pontos importantes que devem ser observados e cumpridos dentro daquilo que a ABNT normatizou para um veículo chamado acessível. O ônibus deverá possuir:

- Piso baixo com rampa de acesso, piso alto com embarque elevado externo (ex.: BRT) ou piso alto com plataforma elevatória. Isso em pelo menos uma das portas.
- 10% dos assentos ou mais reservados e pintados na cor amarela. Dois desses assentos devem estar próximos à porta.
- Cintos de segurança e cintas para prender a cadeira de rodas.
- Dispositivos táteis de acesso nas portas de serviço, no piso e junto à área destinada a cadeirantes e portadores de deficiência visual com cão guia, chamada de "box".
- Ventilação ou ar-condicionado: a renovação do ar deve ocorrer pelo menos 20 vezes por hora no caso de ventilação forçada. No caso de ar-condicionado, devem ser considerados 8 a 13 metros cúbicos por pessoa por hora, conforme ABNT NBR 6401.

- Sinalização visual, tátil e auditiva sobre a rota e paradas. Adesivagem externa e interna ao ônibus: símbolos internacionais de acesso, perfil dos degraus, desenho do botão do acionamento de parada, *display* de parada solicitada, balaústres e apoios para entrada e saída em amarelo, painéis indicativos etc.

Dimensões e ilustrações indicativas podem ser consultadas em detalhes nas referidas normas.

Comunicação visual

Além das definições de adesivagem e sinalização nas normas ABNT, normalmente as secretarias municipais de transporte ou as empresas estatais designadas para cuidar do transporte coletivo determinam as regras de comunicação visual nos ônibus. Essas normas e regras indicam como o ônibus deve ser pintado ou identificado e quais tipos de sinalização e avisos devem existir internamente e externamente. Também há resoluções sobre o tipo de anúncio que os veículos podem possuir. Essas informações estão disponíveis na internet, pelo menos para as grandes cidades do Brasil.

Um dos principais canais de mídia depois da televisão e das redes sociais no Brasil para comunicação e propaganda é o sistema de transporte coletivo. No caso de ônibus, isso se deve em grande parte pelo grande número de pessoas transportadas diariamente e pela movimentação em trechos urbanos de alta densidade de tráfego de carros e pessoas. Esse tipo de propaganda pode ser veiculado tanto internamente quanto externamente, na parte traseira do ônibus. Em algumas poucas cidades no Brasil ainda é permitido o uso das laterais do ônibus para esse fim. A tabela a seguir apresenta algumas formas encontradas e que trazem uma receita adicional ao operador de transportes.

Internamente	Externamente
• ***Busdoor* interno:** utilização do espaço interno da janela traseira para divulgação de publicidade • **Sanca:** utilização das laterais internas acima das janelas para *banners* de propaganda • **Alça amiga:** utilização de alças de apoio transparentes penduradas nos balaústres para veiculação de propaganda • **TV interna:** painéis dinâmicos ligados à internet dedicados a mostrar informações diárias e propagandas. Operados por empresas terceiras • ***Indoor*:** painéis de acrílico instalados entre os balaústres das portas com material de propaganda	• ***Busdoor*:** anúncio que cobre somente a parte dedicada à janela externa traseira • ***Bushalf*:** anúncio que cobre toda a parte superior da traseira do veículo • ***Backbus*:** anúncio que cobre toda a traseira, excluindo-se lanternas, sinalização e placa de identificação • **Traseiro chaparia:** anúncio em forma de faixa que cobre uma estreita parte abaixo da janela traseira • **Lateral Chaparia:** utilização da faixa de painéis entre as caixas de roda e janelas para publicidade

Tabela 34 – Tipos de propaganda em ônibus
(Fonte: os autores)

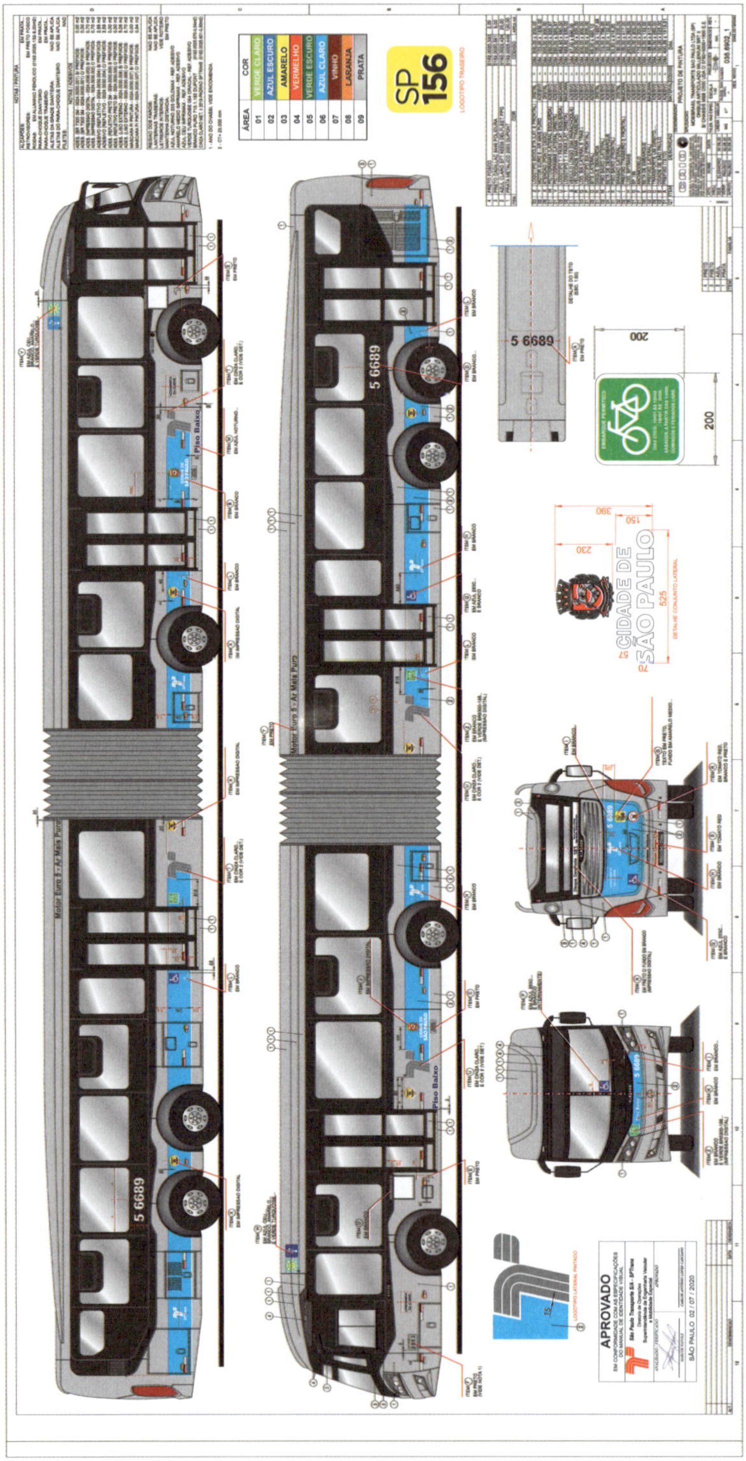

Figura 168 – Identidade visual para um ônibus superarticulado na cidade de São Paulo (Fonte: SP Trans)

Letreiros

Os chamados letreiros possuem as mais variadas funções, dependendo da normatização da cidade, que define quais as funções de acordo com a posição no ônibus. Por exemplo, em todo o Brasil é praxe que o letreiro imediatamente superior ao para-brisas dianteiro tenha a função de identificar o número e o nome da linha em ônibus urbanos. Em um ônibus rodoviário, o número da linha não é tão importante, e sim a cidade de partida e destino.

A figura a seguir mostra um exemplo de ônibus urbano com as diversas possibilidades de letreiros destacados na cor amarela. Os letreiros opcionais podem mostrar, por exemplo, valor da tarifa ou informações adicionais sobre a rota.

Os letreiros podem ainda ser implementados eletronicamente através de painéis de LED ou através de rolos e painéis de serigrafia iluminados dentro do dispositivo. As cores comumente usadas são a branca e a amarela, para que o usuário consiga identificar melhor o contraste ao visualizar os letreiros de longe.

Figura 169 – Letreiros em ônibus
(Ilustração: os autores)

5.2. Chassi

Como mostramos anteriormente, o Brasil não é um mercado de ônibus integrais. Sendo assim, todos os ônibus montados por aqui passam pelo processo de montar primeiro o chassi para o posterior envio a uma empresa encarroçadora. Em alguns casos, podemos ter a mesma montadora produzindo o chassi e o encarroçamento, em segmentos específicos como micro-ônibus e miniônibus.

Figura 170 – Projeção da carroceria sobre o chassi de ônibus (Ilustração: Media Daimler Truck)

O chassi possui a função básica de suportar a carroceria e abrigar o trem de força. Ele já sai da montadora com todos os componentes necessários para que possa se movimentar independentemente de possuir uma carroceria ou não. Todos os elementos do trem de força, como motor, pós-tratamento, câmbio, eixos e rodas estão presentes. Da mesma forma, sistemas que em caminhões não pertencem ao trem de força, como o quadro chassi com as longarinas, tanques de combustível, sistema elétrico e eletrônico, sistema de direção, sistema pneumático de freio, posto do motorista com *podest* e outros, também se fazem presentes.

O tipo de carroceria, as dimensões, a capacidade, a altura do piso e a posição do motor são os cinco principais parâmetros de influência no desenvolvimento do layout do chassi. Para os itens do trem de força, faremos uma explicação breve das especificidades dos ônibus. Uma descrição completa desses componentes será realizada no Capítulo 6.

Chassi com piso baixo

O chassi de ônibus de piso baixo (do inglês, *low entry* ou *low floor*) possui a função de prover mais conforto para o embarque e desembarque de passageiros, principalmente em ônibus urbanos com infraestrutura sem plataforma ou estação em nível. Nos ônibus rodoviários o piso baixo abre a possibilidade de mais espaço para o porão de bagagens e para os ônibus de piso duplo. Nesse caso, o piso fica aproximadamente no mesmo nível dos centros de roda.

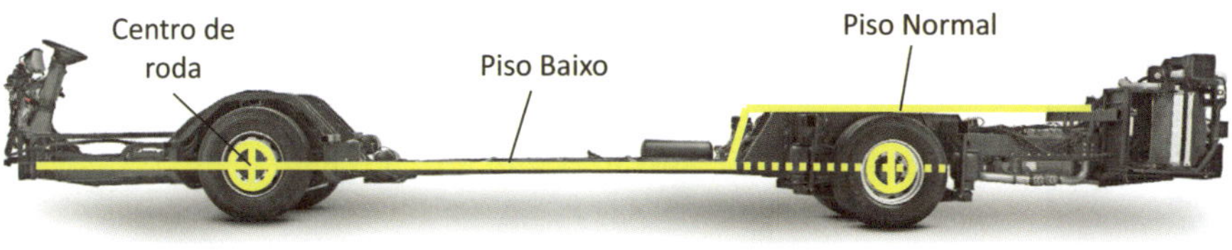

Figura 171 – Exemplo de chassi de ônibus com piso baixo
(Foto: Media Daimler Truck, edição pelos autores)

Em alguns casos, esses tipos de chassi saem de fábrica com o entre eixos mais curto, podendo ser adaptados ou alongados no próprio encarroçador. É justamente no espaço onde é realizado esse alongamento que se implementa o piso baixo. A vantagem dessa concepção é a economia de espaço durante o transporte de um local para outro e a flexibilidade na definição do comprimento entre eixos.

Os chassis de ônibus também são modularizados, para que o cliente possa escolher entre diversas opções. Basicamente, existem cinco módulos que podem ser customizados, conforme alguns exemplos da tabela a seguir.

Figura 172 – Módulos em um ônibus de piso baixo
(Ilustração: Media Daimler Trucks)

Módulo 1 Posto de comando	• Direção esquerda ou direita • Opções de painel, acessórios e módulos eletrônicos • Tipo de acionamento do câmbio • Caixa de fusíveis
Módulo 2 Eixos dianteiros	• Eixos rígidos com suspensão metálica ou pneumática • Eixos com suspensão independente • Eixo duplo direcionável dianteiro • Freios tambor/disco
Módulo 3 Entre eixos	• Definição do comprimento entre eixos no encarroçador para um transporte mais barato • Tamanho do tanque de combustível e fixação de outros componentes do chassi

Módulo 4 Eixos traseiros	• Relações de eixo • Suspensão metálica ou pneumática • Eixo duplo • Inclusão de eixo direcionável • Freios tambor/disco
Módulo 5 *Powerpack*	• Potência, desempenho, posicionamento e tipo de construção do motor • Câmbio mecânico, automatizado ou automático • Arrefecimento

Tabela 35 – Módulos em um ônibus de piso baixo
(Fonte: os autores)

Nos ônibus articulados a modularização segue o mesmo princípio, porém com a inserção do mecanismo de articulação e a repetição de módulos similares nos vagões dianteiro e traseiro do veículo, conforme mostra a figura a seguir.

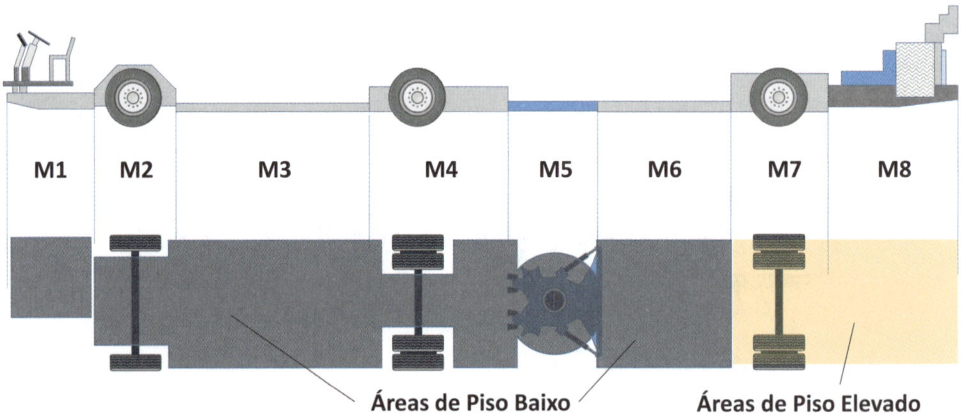

M1 – Posto de comando
M2 – Eixo dianteiro
M3 – Entre eixo dianteiro
M4 – Eixo intermediário
M5 – Articulação
M6 – Entre eixo traseiro
M7 – Eixo traseiro
M8 – *Powerpack*

Figura 173 – Módulos em um ônibus articulado
(Ilustração: os autores)

Não necessariamente o piso baixo é encontrado em toda a extensão do veículo. Principalmente na parte traseira, onde temos o módulo do eixo traseiro, o piso precisa ser elevado de modo a comportar a estrutura do *powerpack*.

Chassi com piso normal

No chassi de piso normal, principalmente quando o motor é dianteiro, o layout do veículo se assemelha bastante ao de um caminhão. A longarina extensa por quase todo o comprimento do veículo torna a construção e montagem dos seus componentes mais simples. Outra vantagem reside na robustez da estrutura, especialmente para estradas não asfaltadas. Porém, como sabemos, a desvantagem reside na necessidade de escadas para se subir no ônibus, principalmente no segmento urbano. A grande diferença para o ônibus de piso baixo é a linha do piso em relação aos centros de roda. Aqui são ilustrados dois tipos: um chassi com motor dianteiro e um chassi com motor traseiro.

Figura 174 – Chassi de ônibus com piso normal, acima com motor dianteiro e abaixo com motor traseiro
(Fotos: Media Daimler Truck, edição pelos autores)

Motor

Em um ônibus com motor a combustão interna, o grau de liberdade de posicionamento dos motores é maior do que em caminhões. Podemos construí-los e classificá-los entre aqueles com motor dianteiro e aqueles com motor traseiro. Existem também motores posicionados ao centro do veículo em outros mercados, mas não é uma prática do mercado brasileiro.

Em relação ao motor dianteiro, seu grande valor reside na simplicidade e semelhança em relação à montagem em caminhões. Sua manutenção também é simplificada devido à abertura do capô superior permitir um acesso completo à mecânica. A grande desvantagem é o ruído e a dissipação térmica dentro da cabine e ao lado do motorista.

Por outro lado, a grande vantagem do motor traseiro é a redução de ruído e vibrações internas dentro do veículo. Especialmente para o motorista, é um grande benefício ergonômico. Também a distribuição de peso fica melhor, evitando os conhecidos solavancos no caso de motores dianteiros pela falta de peso ou passageiros na parte traseira.

Motor vertical MB OM936

Motor horizontal MB OM936 H

Figura 175 – Motores na vertical e horizonal em ônibus
(Fotos: Media Daimler Trucks)

Dentre aqueles com motores traseiros, existem diversas posições possíveis de montagem, de acordo com o layout do veículo. Além disso, pode-se escolher entre a utilização de motores verticais, como em caminhões, ou horizontais. Estes últimos possuem a vantagem da redução da altura do piso na traseira do ônibus, principalmente pela diminuição da altura do motor.

As figuras a seguir ilustram essas aplicações em ônibus.

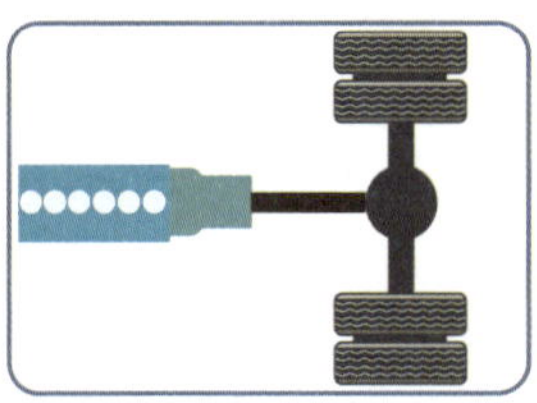

Motor com cilindros verticais montado lateralmente

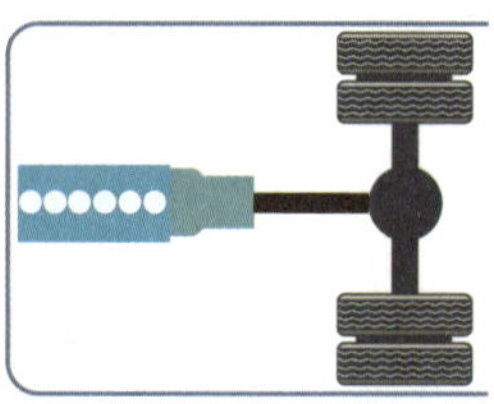

Motor com cilindros verticais montado centralmente

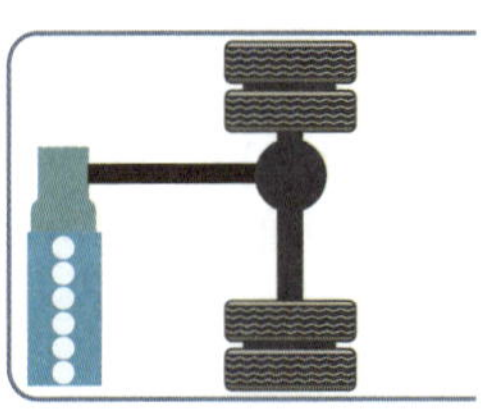

Motor com cilindros verticais montado transversalmente

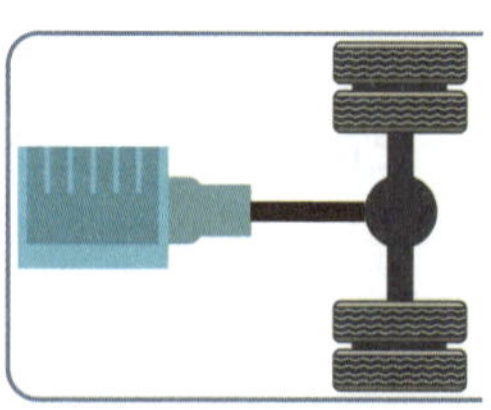

Motor com cilindros horizontais montado centralmente

Figura 176 – Tipos de posicionamento do motor traseiro em ônibus
(Ilustração: os autores)

A distância entre o *powerpack* (motor + embreagem + câmbio + arrefecimento e outros) e o eixo traseiro do veículo fica sobre o chamado balanço traseiro. A alocação de espaço aqui é importante, para não interferir em uma possível porta de serviço para passageiros.

Sobre potência e torque do motor em ônibus, dependendo do tipo utilizado, deve ser considerado um valor mínimo, como mostra a tabela.

<table>
<tr><th>Classificação</th><th>kw/t mínimo</th><th>Nm/t mínimo</th></tr>
<tr><td>Micro-ônibus</td><td>11</td><td rowspan="4">45</td></tr>
<tr><td>Miniônibus</td><td rowspan="4">9</td></tr>
<tr><td>Midiônibus</td></tr>
<tr><td>Básico</td></tr>
<tr><td>Padron</td><td rowspan="2">50</td></tr>
<tr><td>Articulado</td><td>8</td></tr>
<tr><td>Biarticulado</td><td>7</td><td>42</td></tr>
</table>

Tabela 36 – Relações de potência e torque por tonelada mínima (Fonte: ABNT, s.d.)

Transmissão

A transmissão manual de velocidades ainda é muito utilizada em ônibus. Apesar disso, vem crescendo também no Brasil a utilização de transmissões automatizadas, como um meio termo entre o conforto de uma caixa automática e o custo de uma caixa manual.

Sem dúvida, para os motoristas de ônibus, a utilização de transmissões automatizadas e automáticas contribui para uma rotina de trabalho menos pesada. Para os clientes representa um conforto adicional, principalmente devido à grande quantidade de troca de marchas sem os conhecidos trancos.

Segundo a NBR ABNT 15570, é obrigatória a construção de ônibus articulados e biarticulados com transmissões automáticas. Nesse segmento, os fabricantes ZF e Voith dominam grande parte do mercado.

ZF EcoLife

Voith DIWA

Figura 177 – Transmissões automáticas utilizadas em ônibus (Fotos: ZF e Voith)

Eixos

Os eixos para ônibus podem ser diferentes daqueles utilizados para os caminhões por razões ligadas à sua aplicação no transporte de pessoas. São elas:

- **Relações:** principalmente em trechos urbanos, onde a velocidade é menor, as relações de eixo costumam ser mais curtas para esses veículos. Este requisito é importante principalmente devido à economia de combustível.
- **Baixo nível de ruído:** os requisitos de contato entre dentes das engrenagens são diferentes devido às restrições de ruído no interior da carroceria (máximo 85 dBA). Esse requisito é mais importante em ônibus do que em caminhões.
- **Posição espelhada:** no caso de ônibus com motor traseiro, o arranjo do eixo é espelhado, pois o eixo cardã vem da parte traseira do veículo.
- **Eixo do tipo portal:** permite que o piso possa ser baixo na região acima da sua estrutura, entre as caixas de roda.
- **Berço:** deslocamento do berço e banjo do eixo no caso de motores posicionados lateralmente. Com isso, o comprimento dos semieixos é assimétrico.

Raio de giro

Presente como requisito em licitações, o raio de giro é importante. Quanto menor, mais fácil fica a realização de manobras com o veículo.

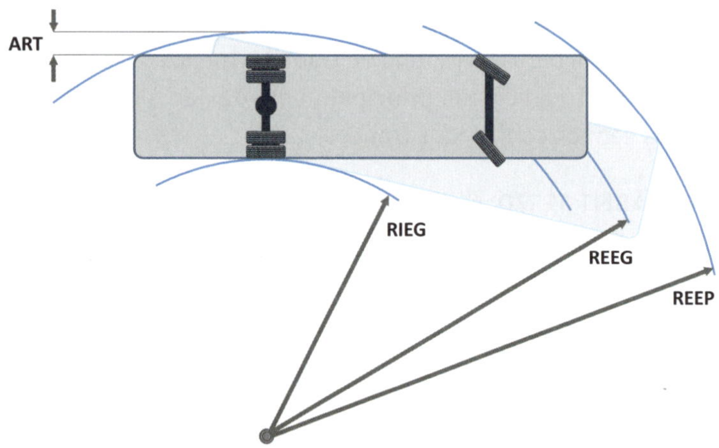

Raio externo entre paredes (REEP) — Raio interno entre guias (RIEG)
Raio externo entre guias (REEG) — Avanço radial de traseira (ART), o chamado *tail swing*

Figura 178 – Raios de giro em ônibus
(Ilustração: os autores)

Suspensão

Uma das características utilizadas em ônibus é o chamado "ajoelhamento" (do inglês, *kneeling*). O sistema ECAS, o qual também discutimos em caminhões, no caso de ônibus, acumula essa função adicional em relação às outras funcionalidades que já descrevemos para os caminhões.

O sistema também permite ao motorista que ele eleve a altura do ônibus em casos de estradas e rotas não planas ou asfaltadas.

O uso de uma suspensão pneumática ou mista (uma combinação de elementos metálicos e pneumáticos), além de favorecer o conforto dos passageiros, é obrigatória em ônibus do tipo padron, articulados e biarticulados. No caso do segmento rodoviário, é praxe do nosso mercado a utilização de suspensão a ar.

Podest

Para o posto de comando, enquanto o veículo não é encarroçado, temos o chamado *podest*. Essa é uma construção provisória para que o veículo seja movimentado até que possua uma carroceria definitiva.

Os assentos são produzidos em metal e madeira e os condutores precisam utilizar capacete para maior segurança durante as conduções.

6. Trem de força

Os subsistemas que geram e transmitem torque e energia até o solo convencionamos chamar de trem de força (em inglês, *powertrain* ou *drivetrain*). Além da função principal de fornecer força ao veículo, não podemos esquecer de uma função importante, que é a de apoio de todo o peso através dos eixos e das rodas. Neste livro vamos dividir o trem de força em quatro grandes subsistemas: motor; redução de emissões e pós-tratamento; transmissão; eixos e rodas.

Figura 179 – Trens de força em caminhões e ônibus
(Ilustração: Media Daimler Truck)

Algumas montadoras fabricam seus próprios trens de força e outras possuem uma estratégia de comprá-los de fornecedores. Essa abordagem também pode variar de acordo com o segmento do veículo ou modelo. Essa é a chamada verticalização do processo produtivo em veículos comerciais.

O Brasil conta com a produção nacional de grandes fornecedores no segmento de trem de força. Eles não somente fornecem peças ou conjuntos individuais, mas podem entregar aos OEM agregados completos. Entre os principais, podemos destacar:

Motores	FPT, Cummins, MWM
Transmissão	Eaton, ZF, Voith
Eixos	Dana, Meritor

6.1. Motor

O motor é o coração do sistema de trem de força em um veículo a combustão. A partir dele é gerada a força mecânica para mover o caminhão ou ônibus.

Embora os veículos de Karl Benz e Gottlieb Daimler tivessem usado gasolina em 1895 e 1896 para os primeiros modelos de veículos comerciais, logo a chamada tecnologia do ciclo Otto não se mostrava uma boa alternativa para os veículos mais pesados.

A tecnologia do ciclo Diesel, inventada por Rudolf Diesel em 1893, veio a ser o princípio adotado por quase todos os caminhões e ônibus até os dias de hoje. Suas vantagens em relação ao motor a gasolina estão principalmente ligadas a mais eficiência e rendimento, sendo os principais fatores:

- Operação em baixas rotações, aumentando a vida útil do motor e reduzindo os custos de manutenção
- Alto rendimento como máquina térmica, principalmente devido à sua queima em alta pressão e temperatura
- Grande torque em baixas rotações

Enquanto o primeiro caminhão utilizando o ciclo Diesel apareceu em 1923 na Europa, no Brasil, os motores a diesel para veículos comerciais começaram a ser mais utilizados a partir da década de 50. O primeiro veículo a ser fabricado a diesel no país foi o MB L-312, mais conhecido como "Torpedo".

Princípio básico
O motor é uma máquina térmica que transforma energia química (combustível e ar) em energia mecânica, através do processo de combustão. Diferentemente dos veículos a gasolina, que precisam de uma centelha para iniciar a queima, nos veículos a Diesel a combustão é autoiniciada pela compressão do composto combustível mais ar. Com isso, é elevada a pressão nas câmaras de combustão e produzida a energia mecânica necessária ao movimento.

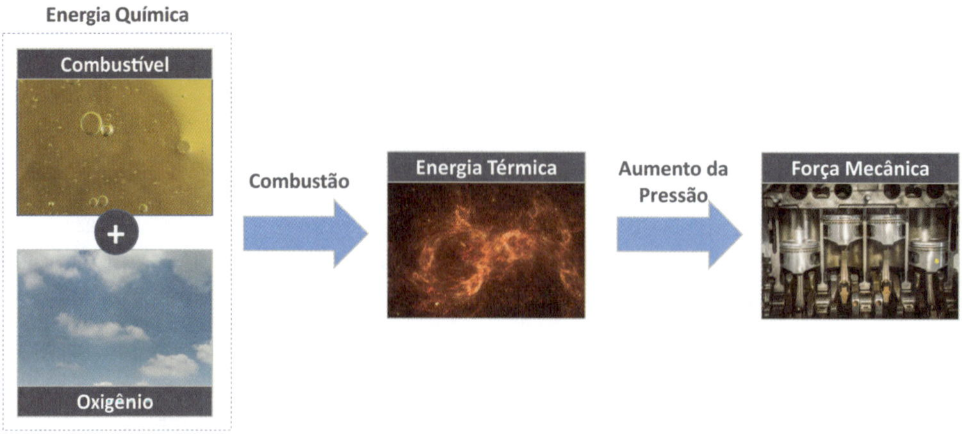

Figura 180 – Transformações energéticas em um motor a combustão interna
(Fotos: Freepik, edição e montagem pelos autores)

A eficiência de um motor está ligada ao quanto de energia é realmente entregue na saída do motor em relação ao valor energético do combustível na entrada do processo. Boa parte das perdas em um motor a Diesel está ligada à energia térmica dissipada durante o processo de transformação.

Torque e potência

Conforme mostramos no princípio básico de funcionamento do motor, uma força mecânica F é entregue aos pistões, que, por sua vez, deslocam uma alavanca l, gerando um torque na saída do motor.

O torque é a força por braço de alavanca:

$$T = F \cdot l$$

Onde:

T = torque em [Nm]
F = força entregue pelo pistão (N)
l = comprimento da alavanca ou braço (m)

A figura a seguir mostra o princípio, observando-se somente um cilindro do motor.

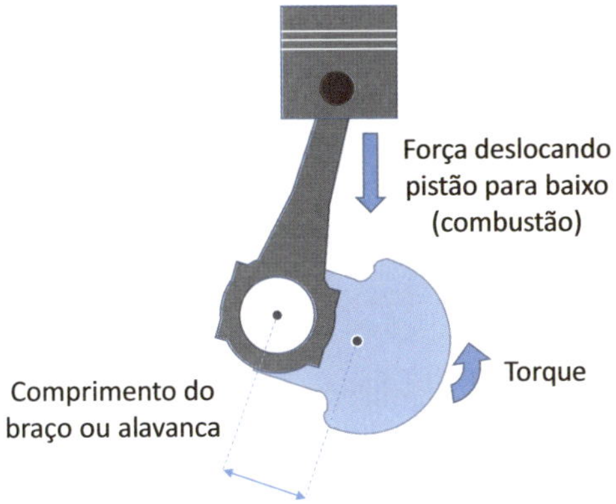

Figura 181 – Geração de torque em motores
(Ilustração: os autores)

Já o conceito de potência está intimamente ligado ao torque entregue pelo motor em uma dada velocidade angular ou a chamada rotação. A potência é definida como o torque entre o eixo principal de rotação do motor (virabrequim) multiplicado por sua rotação em um determinado instante.

$$P = T \cdot 2\pi f$$

Onde:

P = potência em watts [W], sendo:
1W = 1 Nm/s = 1 J/s
1W = 0,00135962 cavalo-vapor [cv]
1W = 0,00134102 *horse-power* [hp]

f = rpm [1/60s]
T = torque em [Nm]

As fórmulas servem para um entendimento das origens dos conceitos físicos. Na prática, uma forma bastante direta de obter os valores de torque e potência de um motor é consultar as informações disponíveis na internet. Nos websites dos fabricantes é comum encontrar as curvas de torque e potência.

O exemplo a seguir é de um motor de 13 litros da série Euro V, com sua potência e torque descritas ao longo da faixa de rotação útil do motor.

Sem necessitar de fórmulas, podemos extrair as potências e os torques máximos do motor. Esse gráfico geralmente é encontrado nos folhetos de explicações técnicas das montadoras.

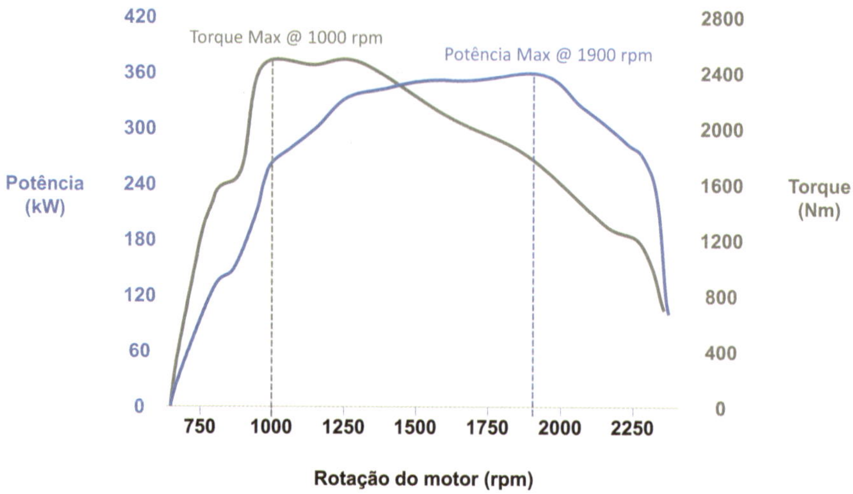

Figura 182 – Curvas de potência e torque em um motor de 13 litros (Ilustração: os autores)

Consumo

Além das curvas de potência e torque, é interessante conhecer a curva de consumo específico do motor ao longo das faixas de rotação, dada frequentemente em g/kWh. Outras curvas mais complexas no desenvolvimento de motores envolvem também a análise do consumo específico adicionalmente em função da pressão interna e da carga do motor. Na prática, para o condutor do veículo, isso é simplificado pelas montadoras com uma leitura direta no painel de instrumentos do veículo, que informa uma zona verde na qual a operação do motor é mais econômica.

Figura 183 – Painel de instrumentos com indicação de faixa de operação econômica (Foto: Iveco)

Tipos de motores

Os tipos de construção de motores em veículos comerciais são orientados pelo alinhamento dos cilindros e a sua orientação em relação ao plano do piso. Eles podem ser:

- **Em linha, verticais:** os mais utilizados, pela maior simplicidade e facilidade de manutenção pela parte superior do motor. São mais estreitos e longos, possuindo geralmente de quatro a seis cilindros.
- **Em linha, horizontais:** são empregados em ônibus onde se deseja ter um piso mais baixo na traseira. Sua altura é a principal vantagem neste tipo de aplicação.
- **Em "V":** os cilindros são instalados em dois planos inclinados em relação à base do motor, formando uma estrutura em V. São ideais para altas potências, pois podem ser mais curtos e, portanto, ter mais cilindros instalados, geralmente de seis a oito. O veículo precisa ter um espaço mais largo no quadro para comportar a instalação.

A figura a seguir ilustra os tipos.

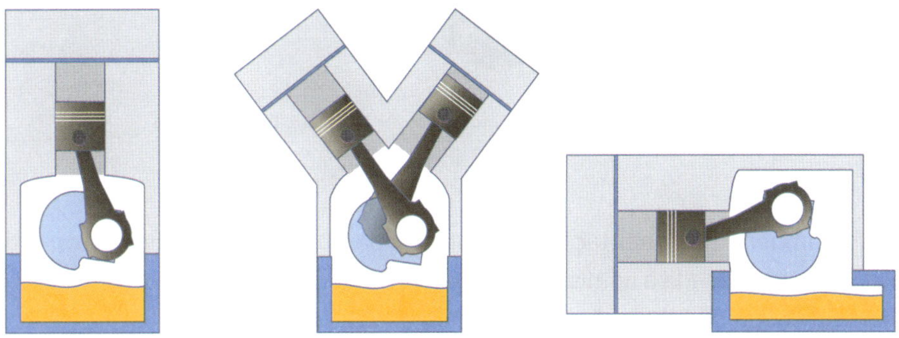

Figura 184 – Tipos de motores conforme a disposição dos cilindros
(Ilustrações: os autores)

Localização das faces

Quando estamos falando de construção, montagem ou reparo em um motor, é importante possuir uma orientação espacial sobre qual posição estamos falando. Uma forma de realizar isso é nos referenciar ao quadrilátero formado pelo motor de acordo com sua montagem no veículo.

Assumindo-se que a face voltada para o sentido de marcha do veículo é a frente do motor, os outros lados do quadrilátero podem ser deduzidos. A figura a seguir mostra um exemplo.

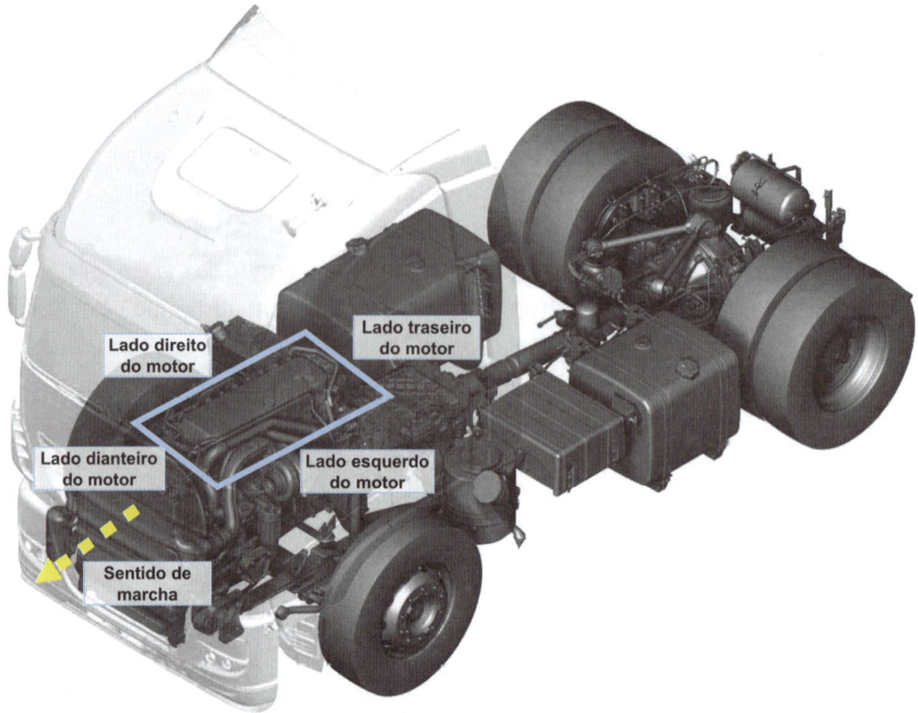

Figura 185 – Lados do motor Cursor 13 em um Iveco Hi-Way
(Ilustração: Iveco)

Existe também uma orientação quanto à temperatura dos lados do motor: um lado frio, que compreende a admissão de ar para as válvulas, e um lado quente. que compreende o lado da tubulação de escape ou exaustão.

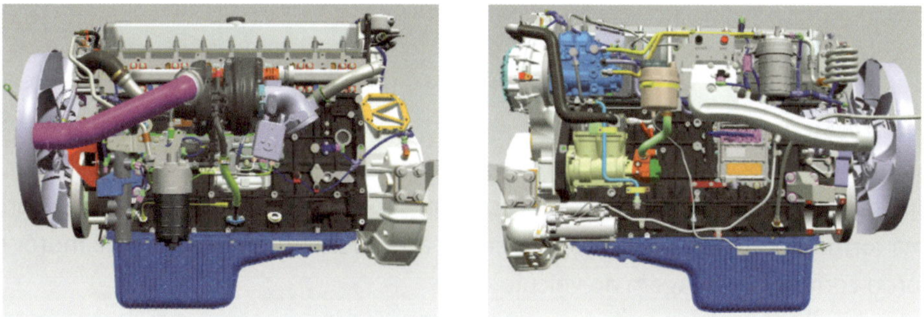

Lado quente
(Escapamento, turbo compressor etc.)

Lado frio
(Admissão, ECU, comp. de ar etc.)

Figura 186 – Lados quente e frio em um motor
(Ilustração: Iveco)

Remanufatura ou retífica de motores

O processo de se dar uma nova vida após o uso em motores pode ser chamado no Brasil de remanufatura ou retífica. Esse tipo de operação é realizado porque os motores possuem componentes de alto valor agregado e, com operações de inspeção, reparo, retrabalho e substituição de peças danificadas, pode-se obter um agregado com características similares a um novo.

Em 2008 foi criada uma norma brasileira para a retífica de motores, a ABNT NBR 13032. Ela estabelece os processos e temas básicos de remanufatura e detalha-os para algumas peças em específico, como bloco do motor, cabeçote, entre outros. Também especifica critérios de garantia e revisões.

Esse tipo de serviço pode ser provido por grandes montadoras que possuem linhas de produção ou pequenas oficinas mecânicas. No caso das montadoras, pela capilaridade dos pontos de atendimento e pela quantidade de motores remanufaturados, o cliente em alguns casos não necessita esperar muito tempo pela retífica. O estado do seu motor é avaliado e dado como entrada em substituição a outro motor remanufaturado, aproveitando suas peças periféricas que se encontram em bom estado.

Normalmente, o cliente procura um serviço de recondicionamento do motor pelos seguintes motivos:

- Motor já alcançou uma vida longa, perto de 1 milhão de quilômetros
- Barulho excessivo, provavelmente por desalinhamento de componentes mecânicos como virabrequim, volante, eixo comando
- Excesso de fumaça no escapamento, indicando uma queima não conforme
- Consumo de óleo lubrificante em excesso
- Superaquecimento
- Perda de potência ou perda na pressão de óleo (bomba de óleo)
- Motor sofreu um acidente, um calço hidráulico por problemas na injeção de combustível ou por entrada de água na câmara de combustão, por exemplo, devido a enchentes

Quando se inicia o serviço, normalmente há uma inspeção visual, desmontagem, identificação e limpeza das peças. Depois disso algumas peças em especial são medidas para verificar sua situação, especialmente bloco, cabeçote, virabrequim e eixo comando. Há limites para a retífica nesses elementos, dependendo do fabricante e da característica envolvida. Esses limites são informados através de um desbaste padrão, chamado "passe", em múltiplos de 0,25mm:

- STD – A medida está conforme original do componente
- 0.25 – O componente precisa de um desbaste (um passe) de 0.25mm para ser reparado
- 0.50 – O componente precisa de um desbaste (um passe) de 0.50mm para ser reparado
- 0.75 – O componente precisa de um desbaste (um passe) de 0.75mm para ser reparado
- 1.00 – O componente precisa de um desbaste (um passe) de 1.00mm para ser reparado

Há limites para a retífica. Nesse caso, esse limite não costuma ultrapassar 1.00mm, sendo menor para alguns motores. Caso sejam encontradas peças já nesse limite, elas não deverão ser mais utilizadas e devem ser descartadas.

Algumas peças precisam ser substituídas obrigatoriamente, como juntas, anéis do pistão, retentores, correias, filtros, bronzinas, entre outras. Já outras necessitam, por exemplo, de testes específicos, como de estanqueidade ou balanceamento.

Ao final do processo, o motor é montado e inspecionado quanto à sua qualidade. Pode ser necessário um teste a quente ou a frio ao final, para uma verificação dinâmica do conjunto completo.

Um dos temas sensíveis em torno da remanufatura em motores no Brasil é o uso de peças furtadas ou roubadas. A documentação no DETRAN deve ser checada para que se possa evitar qualquer problema futuro.

Sistemas em um motor

Para facilitar o entendimento da máquina motor, vamos dividi-lo em 11 sistemas, conforme segue na figura.

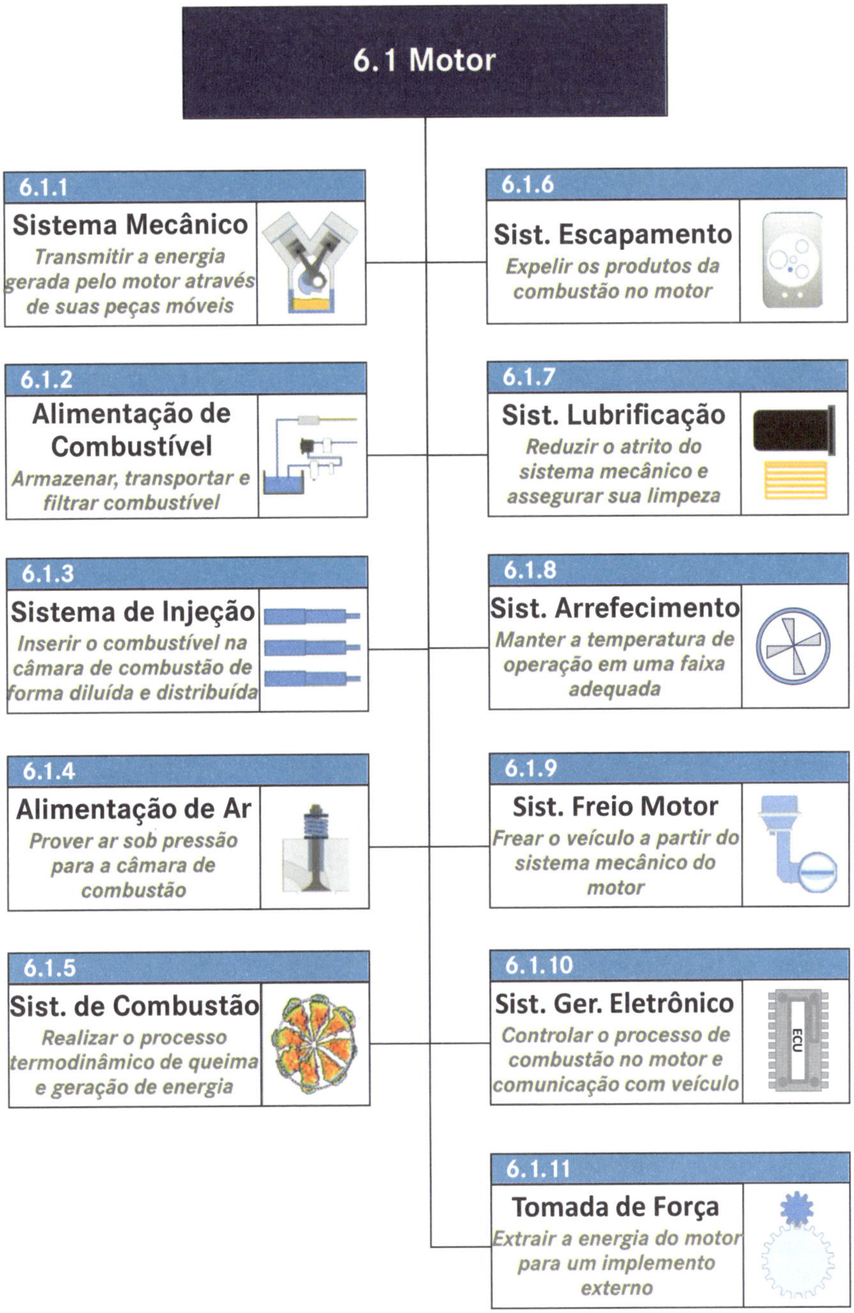

Figura 187 – Elementos do motor em veículos comerciais (Ilustração: os autores)

6.1.1. Sistema mecânico

O sistema mecânico básico em um motor é conhecido pelos cinco componentes que começam com a letra C em inglês:

- Bloco (em inglês, *crankcase*)
- Virabrequim (em inglês, *crankshaft*)
- Eixo comando (em inglês, *camshaft*)
- Biela (em inglês, *conrod* ou *connecting rod*)
- Cabeçote (em inglês, *cylinder head*)

Em conjunto, os 5Cs possuem a função de transmitir a energia mecânica gerada no deslocamento linear do pistão até a rotação do volante, ou seja, até a saída do motor. Outros componentes adicionais do sistema mecânico podem ser verificados na figura a seguir e serão explicados em detalhes mais à frente.

1) Cárter
2) Carcaça de distribuição ou capa seca
3) Compressor de ar
4) Injetores
5) Capa do cabeçote
6) *Common rail*
7) Cabeçote
8) Tubo de admissão
9) Módulo do motor
10) Polia do virabrequim

Figura 188 – Vista do lado frio em um motor FPT N67
(Foto: os autores)

1) Biela
2) Filtro de óleo
3) Tubo de escape
4) Alternador
5) Coletor de escape
6) Suporte do motor (olhal)
7) Válvulas
8) Pistão e cilindro
9) Turbo
10) Virabrequim
11) Motor de arranque

Figura 189 – Vista do lado quente em um motor FPT N67
(Foto: os autores)

Bloco

O bloco é a peça central de qualquer motor. É também uma das peças com o maior valor agregado, devido ao seu tamanho, peso e diversas usinagens necessárias para tornar possível o trabalho de todos os outros sistemas do motor.

É dentro do bloco que a combustão acontece, mais precisamente dentro dos seus cilindros. Os blocos também devem ser projetados para suportar os diversos esforços termodinâmicos e mecânicos inerentes ao processo de queima e aumento da pressão interna. Como parte do seu desenho, deve também possuir canais estanques de lubrificação e arrefecimento dos componentes montados no seu interior e sua periferia.

Figura 190 – Bloco de um motor FPT Cursor 13
(Foto: Iveco)

Cilindro e camisa

Os cilindros em um bloco possuem a função de servir de guia para o movimento dos pistões, suportar as pressões de compressão e combustão, além de dissipar o calor proveniente da queima.

De forma a melhorar a vida útil dos cilindros e a movimentação do pistão, um filme de óleo é criado pela injeção constante de lubrificação em suas paredes. Essa fina camada é criada pela passagem dos anéis dos pistões em seu movimento em cada ciclo e por ranhuras chamadas de brunimento.

Para facilitar a manutenção e a remanufatura do motor, alguns motores contam com a chamada camisa do cilindro. Esses componentes podem ser trocados no evento de uma segunda vida do motor. Por exemplo, quando seu brunimento já está bastante desgastado.

Existem basicamente dois tipos de camisas: as secas e as úmidas. No caso das secas, o líquido de arrefecimento passa somente por dentro das paredes do cilindro, porém não toca a camisa. Já no tipo úmido, a superfície da camisa é diretamente tocada pelo líquido de arrefecimento.

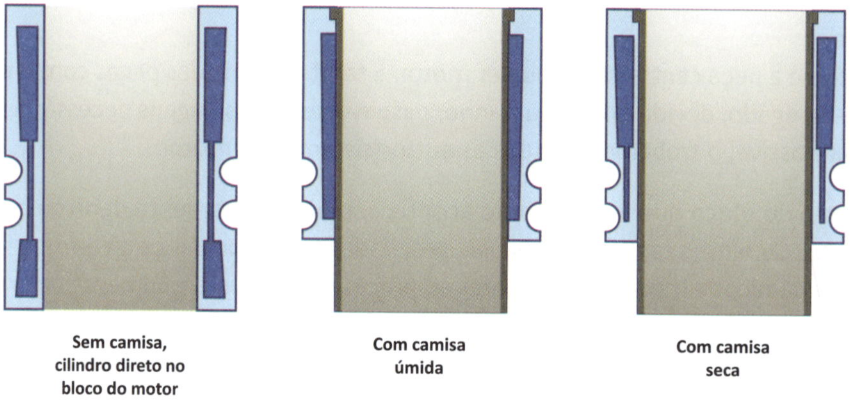

Figura 191 – Tipos de camisas
(Ilustração: os autores)

Virabrequim

Também chamado de árvore de manivelas, o virabrequim é empurrado pelas bielas do motor e transfere essa energia mecânica à saída do motor através do seu volante e também ao seu ventilador dianteiro.

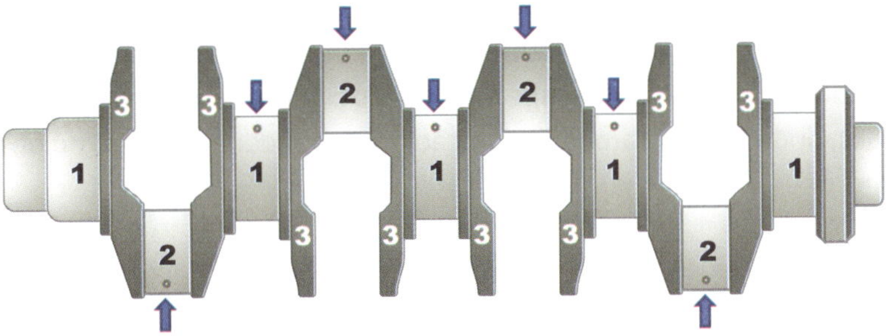

1) Mancais centrais de assentamento no bloco
2) Mancais excêntricos para montagem das bielas
3) Contrapesos
Setas: furos para lubrificação das bielas

Figura 192 – Virabrequim
(Ilustração: os autores)

Interessante destacar que nos extremos do eixo virabrequim são instalados anéis de vedação ou os chamados retentores. Sua função é selar o bloco contra vazamentos na região onde o eixo atravessa o furo do bloco para a entrega de energia mecânica para periféricos e para o volante.

Figura 193 – Retentor do virabrequim no bloco
(Foto: Iveco)

Mancais centrais e bronzinas

Os mancais montados no bloco servem como assentamento para o giro livre do virabrequim. São peças usinadas em separado do bloco e abrigam bronzinas, que possuem a função de reduzir o atrito do movimento e lubrificar a seção de contato com o virabrequim através de um furo em seu desenho.

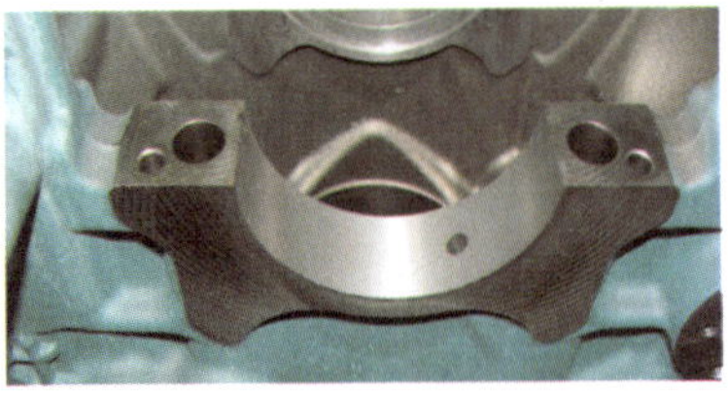

Mancais montados no bloco

Bronzina para a redução do atrito

Figura 194 – Mancais e bronzinas para o virabrequim
(Fotos: os autores)

Eixo comando

O eixo comando de válvulas é responsável por controlar a abertura e o fechamento das tubulações de admissão e escape dentro dos cilindros do motor. Além disso, em alguns casos, pode possuir também a função de comandar a ativação ou desativação do freio motor.

O componente pode ser construído em diferentes posições e quantidades no motor. Entre os modelos mais comuns podemos encontrar os tipos OVH, SOHC e DOHC, conforme é mostrado a seguir.

Válvulas no cabeçote	Comando de válvulas simples no cabeçote	Duplo comando de válvulas no cabeçote
OVH (em inglês, *overhead valves*)	SOHC (em inglês, *single overhead camshaft*)	DOHC (em inglês, *double overhead camshafts*)
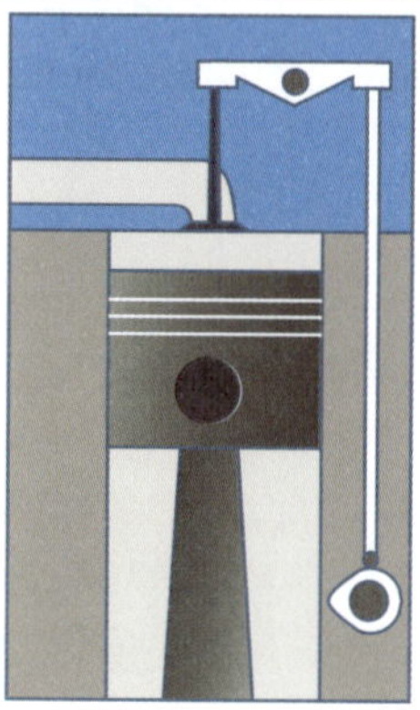	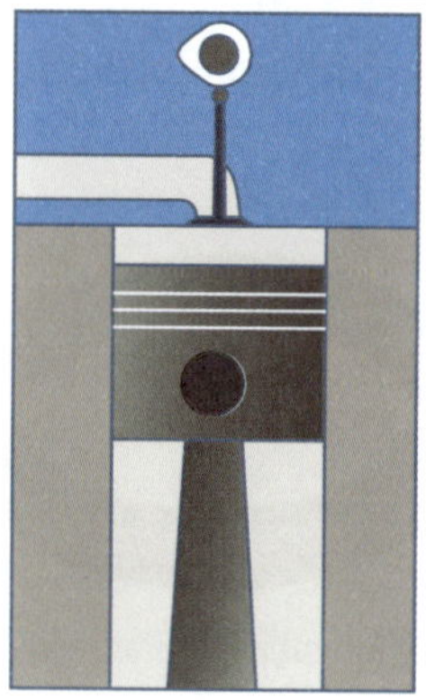	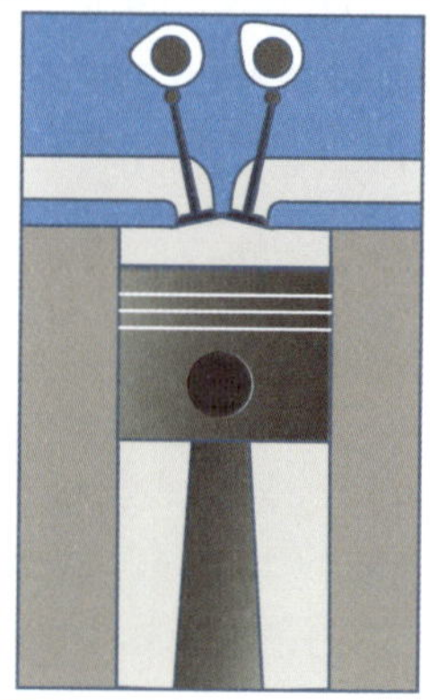

Figura 195 – Tipos de construção do comando de válvulas (Ilustração: os autores)

- **Válvulas no cabeçote (OVH):** o eixo comando fica instalado dentro do bloco do motor. Essa construção necessita de uma vareta e balancins para que as válvulas no cabeçote sejam acionadas.
- **Comando de válvulas simples no cabeçote (SOHC):** um único eixo comando é utilizado e montado sobre o cabeçote. Mais de duas válvulas por cilindros podem necessitar de balancins para que se possa chegar a todas as válvulas do motor.
- **Duplo comando de válvulas no cabeçote (DOHC):** possui dois eixos comando, um com a função de admissão e outro com a função de escape. Um deles pode assumir também a função de acionamento do freio motor.

O acionamento das válvulas é realizado através de eixos excêntricos usinados ou montados sobre seu eixo central, os chamados cames. O movimento deles é sincronizado com o virabrequim através da montagem de sua engrenagem no sistema de distribuição do motor.

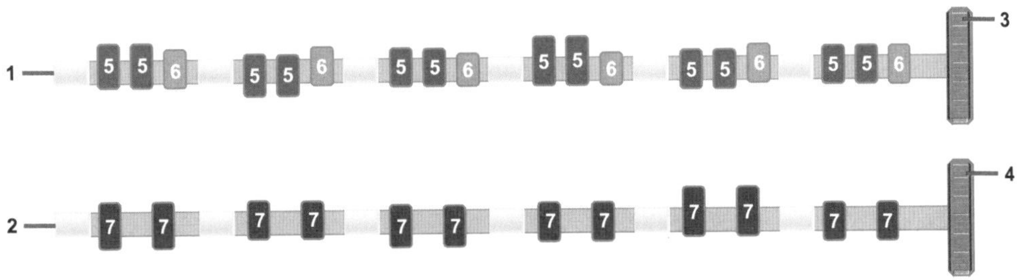

1) Eixo comando de exaustão
2) Eixo comando de admissão
3) Engrenagem do eixo comando de exaustão
4) Engrenagem do eixo comando de admissão
5) Cames de exaustão
6) Cames do freio motor
7) Cames de admissão

Figura 196 – Exemplo de eixo comando em um sistema DOHC
(Ilustração: os autores)

Biela

A biela possui a função de transformar o movimento retilíneo do pistão em movimento angular no eixo do virabrequim. Do lado do pistão, é conectada por seu menor olhal a um pino montado na parte inferior do pistão. Do lado do virabrequim, possui uma peça desmontável denominada capa da biela. Esse componente é parafusado junto ao corpo da biela no processo de montagem, após a inserção do conjunto pistão e biela no cilindro do motor.

No olhal inferior e superior são montadas buchas e bronzinas (ou casquilhos), respectivamente. Essas superfícies são responsáveis por reduzir o atrito entre as peças durante seu movimento.

A capa da biela pode ser produzida separadamente do seu corpo ou pode ser fraturada. Neste último, o processo de manufatura é um pouco mais complexo, porém, não há chance de misturar capas de bielas diferentes e o encaixe entre as duas extremidades é perfeito.

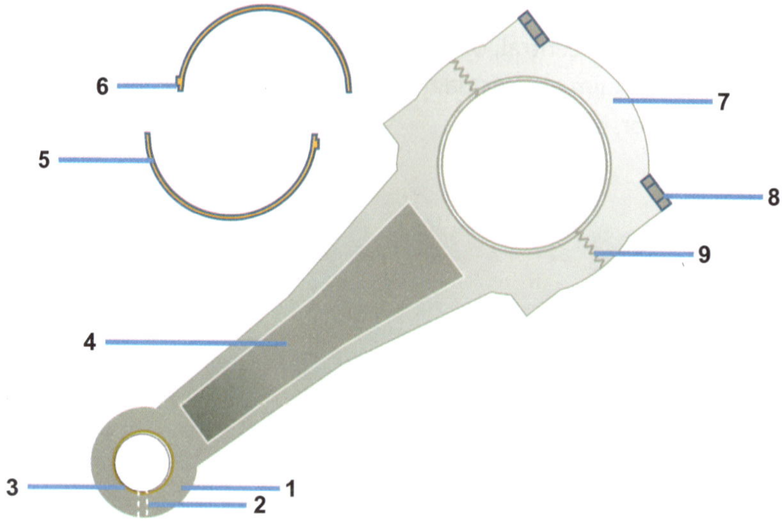

1) Olhal (menor)
2) Canal de lubrificação
3) Bucha
4) Haste da biela
5) Bronzinas ou casquilhos
6) Trava de montagem dos casquilhos
7) Capa da biela
8) Parafuso da capa da biela
9) Interface usinada de união entre capa e corpo da biela

Figura 197 – Biela
(Ilustração: os autores)

Cabeçote

As funções do cabeçote podem ser resumidas em:

- Junto com a sua junta de vedação, sela o bloco do motor na sua parte superior, permitindo a compressão e combustão
- Abriga o comando de válvulas do motor
- Abriga os injetores de combustível
- Abriga as válvulas de freio motor
- Lubrifica e refrigera os componentes montados sobre a sua estrutura

Basicamente, os cabeçotes podem ser divididos em dois tipos: aqueles onde existe um cabeçote para cada cilindro e aqueles que são desenhados como uma peça integral, montada sobre todo o bloco.

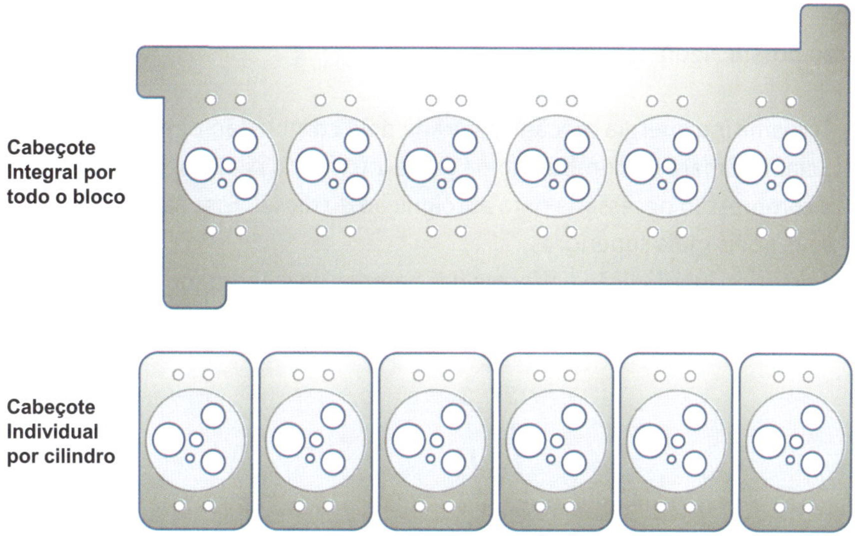

Figura 198 – Tipos de cabeçotes em motores
(Ilustração: os autores)

Um componente importante da montagem entre cabeçote e bloco do motor é a junta. Ela possui a função de selar ou vedar as imperfeições entre as duas superfícies e precisa também prover os furos necessários para a passagem do líquido de arrefecimento, o óleo para a lubrificação das partes móveis e, em alguns casos, o duto de ventilação do bloco. O componente é produzido com camadas de aço inoxidável e elastômeros.

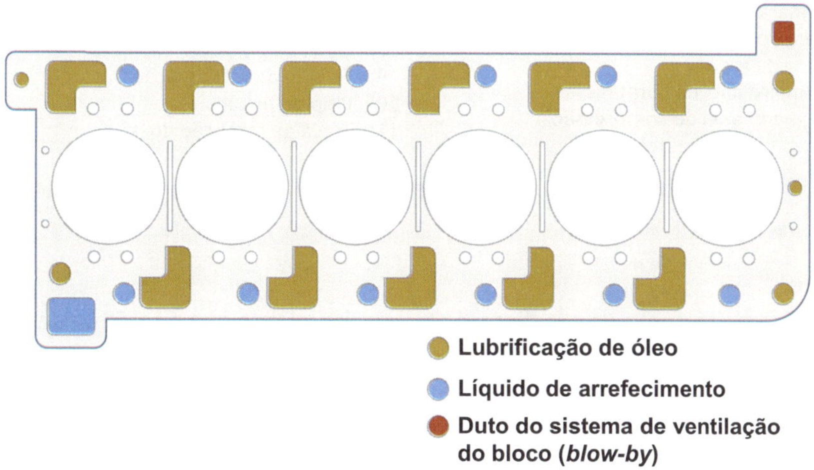

Figura 199 – Exemplo de junta do cabeçote
(Ilustração: os autores)

Pistão

O pistão possui algumas funções:

- Transmitir a energia mecânica gerada pela combustão diretamente à biela.
- Selar a câmara de combustão na parte inferior do cilindro, de forma a garantir a compressão necessária para autoignição do diesel. Essa tarefa é realizada por seus anéis mais superiores.
- Garantir a lubrificação uniforme das paredes do cilindro (ou camisa do cilindro) através de seus anéis raspadores de óleo.

1) Câmara de combustão
2) Borda da câmara de combustão
3) Zona de fogo
4) Primeiro anel de compressão
5) Segundo anel de compressão
6) Anel raspador de óleo
7) Saia do pistão
8) Olhal do pino com canaleta
9) Galeria de refrigeração
10) Pino do pistão
11) Trava de retenção do pino

Figura 200 – Pistões, seus componentes e partes
(Foto: Iveco)

Volante

Construído no formato de um disco, é através do volante que a saída da energia mecânica útil produzida pelo motor é disponibilizada. Na sua face externa é montada a embreagem, a qual é pressionada contra o volante quando se deseja conectar e colocar em movimento todo o sistema de transmissão do veículo.

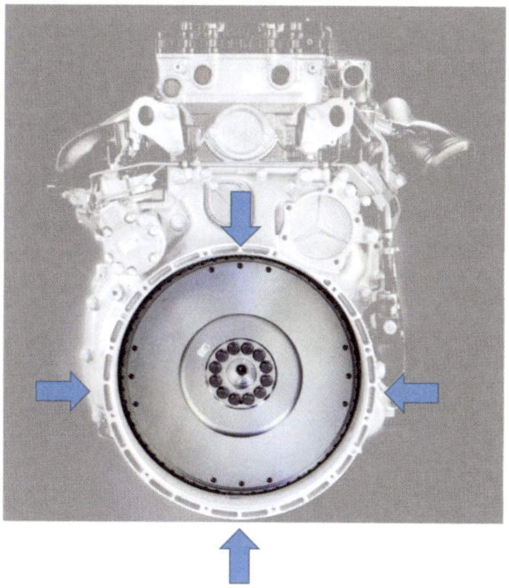

Figura 201 – Volante do motor
(Foto: Media Daimler Truck, edição e montagem pelos autores)

Outra função do volante é disponibilizar uma engrenagem chamada coroa em toda a sua borda de forma que, quando for necessária a partida do motor, o motor de arranque possa entregar sua energia mecânica até que o regime permanente de queima seja alcançado.

Por último, o volante serve como um armazenador de energia cinética. Pelo fato de os cilindros estarem defasados uns dos outros no seu ciclo de admissão, compressão, queima e escape, o volante serve como um filtro para todos os "trancos" impostos pelas bielas durante a produção de energia. Um volante bem dimensionado significa também um motor com menor nível de vibração e ruído.

Sistema de distribuição e sincronia mecânica

Localizado geralmente na parte dianteira do motor junto ao ventilador, o sistema de distribuição para acessórios geralmente é construído através de correias por atrito e polias. Sua função básica é distribuir a energia mecânica aos componentes externos ao motor, ou seja, aqueles componentes que não necessitam de uma precisa sincronia com o processo de combustão. Exemplos desses componentes são o alternador, a bomba de direção hidráulica, compressor do ar-condicionado, o ventilador etc.

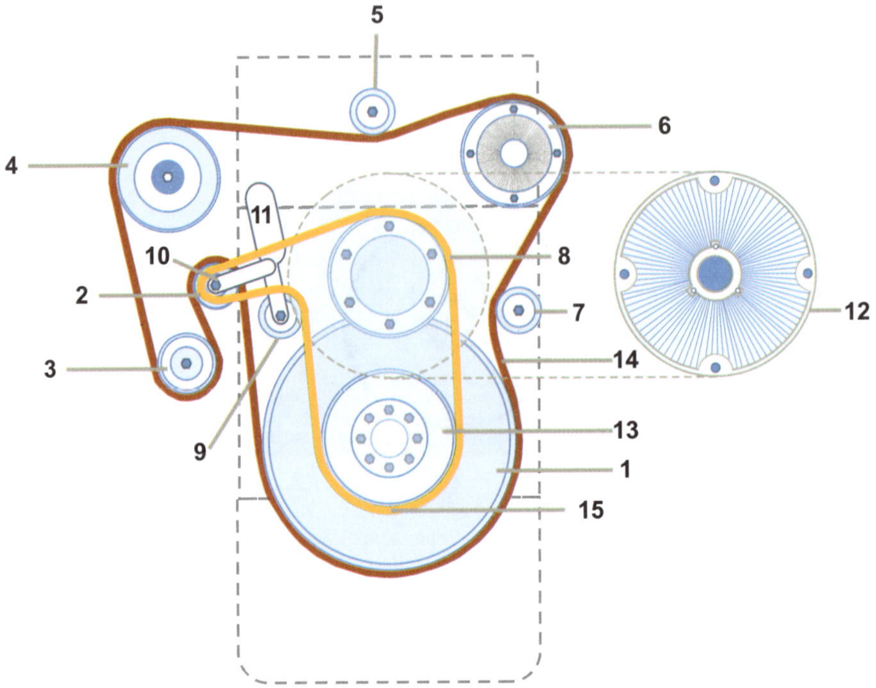

1) Polia antivibratória do virabrequim
2) Tensionador tandem correia interna
3) Polia do alternador
4) Polia do compressor de ar-condicionado
5) Polia
6) Polia da bomba de água
7) Polia
8) Polia da embreagem viscosa
9) Polia
10) Tensionador tandem correia externa
11) Mola do tensionador
12) Embreagem viscosa (visco)
13) Sobre polia do virabrequim
14) Correia interna
15) Correia externa (ventilador)

Figura 202 – Sistema de distribuição para acessórios do motor
(Ilustração: os autores)

Caso o sistema seja integrado com uma ligação com o eixo comando de válvulas, por exemplo, então a correia precisa ser dentada ou a transmissão ser realizada através de corrente metálica ou engrenagens. Dessa forma, a sincronia da combustão fica assegurada. Um outro tipo de implementação é separar a distribuição de energia mecânica entre acessórios e componentes que necessitam de sincronismo. É possível então utilizar ambas as extremidades (dianteira e traseira) do motor para esse tipo de construção.

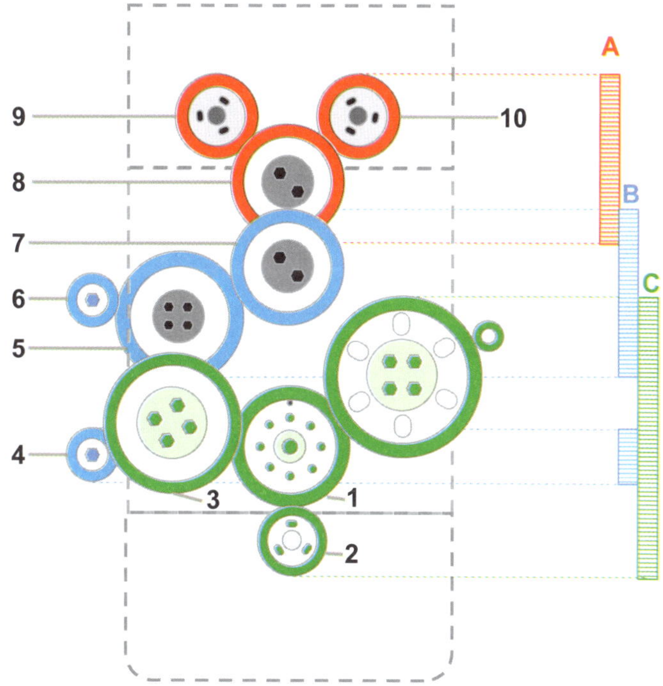

1) Engrenagem do virabrequim
2) Engrenagem da bomba de óleo
3) Engrenagem dupla intermediária
4) Engrenagem do compressor de ar
A) Nível 1 de engrenamento
B) Nível 2 de engrenamento
C) Nível 3 de engrenamento

5) Engrenagem intermediária
6) Bomba de alta pressão de combustível
7) Engrenagem dupla intermediária
8) Engrenagem intermediária
9) Engrenagem do eixo comando de exaustão
10) Engrenagem do eixo comando de admissão

Figura 203 – Exemplo de sistema de distribuição com necessidade de sincronismo (Ilustração: os autores)

Carcaça de distribuição

A carcaça de distribuição fica do lado oposto ao ventilador, geralmente na parte traseira do motor. Entre suas funções, podemos destacar:

- Cobrir e proteger o sistema de distribuição e sincronia mecânica
- Prover a interface de acoplamento entre motor e câmbio, abrigando o volante do motor
- Prover o espaço para instalação do acoplamento entre volante e motor de partida
- Prover espaço para uma tomada de força (PTO) a partir do motor

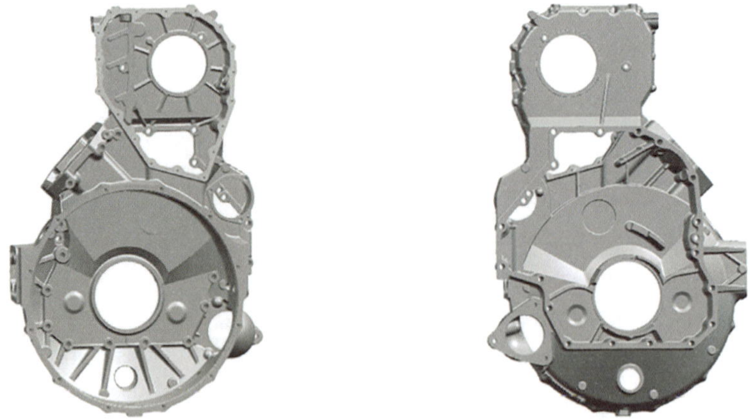

Figura 204 – Exemplo de carcaça de distribuição
(Ilustração: Iveco)

6.1.2. Sistema de alimentação de combustível

O sistema de alimentação de combustível é responsável pelo armazenamento, pelo transporte e pela filtragem do líquido desde o tanque até a bomba de alta pressão no motor. É também chamado de sistema de baixa pressão de combustível. Segue um exemplo esquemático do sistema.

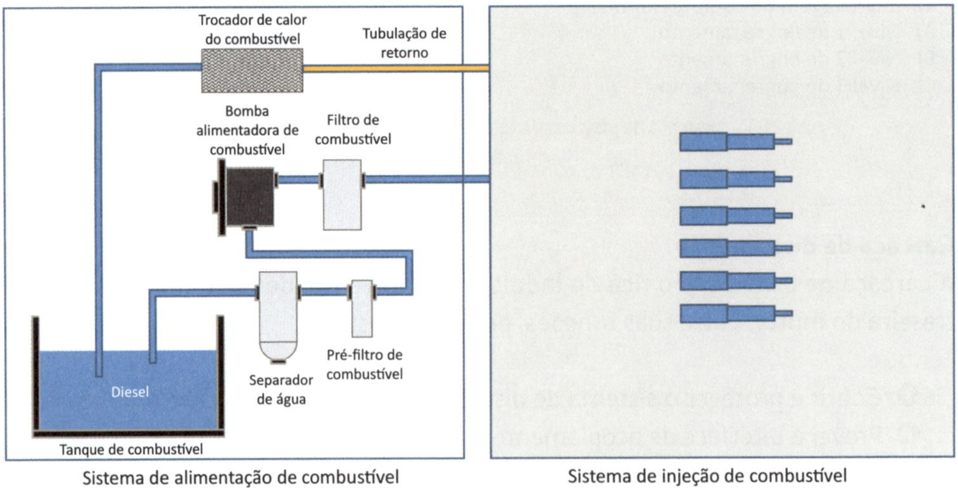

Figura 205 – Sistema de alimentação de combustível
(Ilustração: os autores)

A ordem dos elementos, sua integração e conexão podem mudar de acordo com o conceito e tipo de sistema de injeção de alta pressão envolvido. Alguns componentes, como trocadores de calor, também podem não ser contemplados em sistemas mais antigos (por exemplo, com bomba injetora).

Diesel e biodiesel

Como falamos anteriormente, em se tratando de veículos comerciais, o diesel é sem dúvida o combustível mais utilizado em veículos comerciais. Ele é de origem fóssil e derivado do petróleo.

Para os veículos utilizando o ciclo diesel, a ANP (Agência Nacional do Petróleo) regula a oferta de diesel em dois tipos, de acordo com a quantidade de enxofre que o combustível possui:

- **S10 à 10 ppm de enxofre.** Utilização em veículos mais novos, conforme orientação do fabricante.
- **S500 à 500 ppm de enxofre.** Utilização em veículos mais velhos.

Existe também a oferta do S1800 (com 1800ppm de enxofre), o qual deve ser utilizado somente em mineração em céu aberto, transporte ferroviário e geração de energia elétrica.

O biodiesel é de origem vegetal e derivado de óleos vegetais, gordura animal, etanol, metanol e aditivado com catalisadores.

Segundo a ANP (AGÊNCIA NACIONAL DO PETRÓLEO, GÁS NATURAL E BIOCOMBUSTÍVEIS, 2020), com a instituição do Programa Nacional de Produção e Uso do Biodiesel (PNPB), a mistura do biodiesel ao diesel vem aumentando gradativamente desde janeiro de 2008. Foi neste ano que a mistura de 2% (o chamado B2) de biodiesel se tornou obrigatória. Atualmente a mistura de biodiesel já chega a 12% (o chamado B12), e o objetivo com o PROCONVE P8 é chegar aos 20% (o chamado B20).

Tanque

Como falamos no Capítulo 3, o tanque é um componente montado sobre o chassi que possui a função de armazenar o combustível.

Tubulações

Tubos são necessários para levar o combustível do tanque ao motor, passando por outros componentes, como os elementos filtrantes. As tubulações também interligam os diferentes tanques no veículo, quando uma capacidade maior é necessária.

Uma tubulação de retorno também é implementada para que o combustível sobressalente da injeção possa retornar à bomba de alta pressão ou ao tanque de combustível.

Bomba alimentadora de combustível

A pressão necessária para trazer o combustível do tanque até o motor é gerada pela bomba alimentadora de combustível. O componente faz com que o líquido seja circulado pelo separador de água, pré-filtro e filtro. Essa bomba de baixa pressão também pode ser integrada à bomba de alta pressão, formando um sistema mais compacto. Outra vantagem da integração das duas bombas é que ambas podem compartilhar a entrada de energia mecânica advinda das engrenagens ou polias do motor.

Pré-filtro de combustível

É responsável pela filtragem de partículas contaminantes de maior tamanho no combustível e precede o filtro de combustível.

Filtro de combustível

É responsável por retirar do circuito de combustível partículas de contaminantes extremamente pequenas, antes de que o líquido seja entregue ao sistema de alta pressão.

Separador de água

Em países como o Brasil, onde a umidade do ar em alguns locais é relativamente alta, o problema com o armazenamento de combustível se torna mais crítico. O vapor no ar que circula dentro dos tanques é condensado e se torna gotículas de água dentro do combustível.

A água não é um elemento necessário para o processo de combustão e pode diminuir a vida, danificar e causar corrosão, principalmente nos elementos da injeção. Por isso é necessário um sistema que separe a água do combustível e possa devolvê-la ao ambiente da forma mais limpa possível. São os chamados sistemas de expurgos de água.

Figura 206 – Filtro de combustível e separador de água
(Foto: os autores)

Trocador de calor do combustível

Nem todo combustível disponibilizado nos injetores é inserido na câmara de combustível durante a pressurização. O excedente é então retornado ao sistema de baixa pressão e precisa ser resfriado, pois entrou em contato com partes quentes do motor. O trocador de calor do combustível possui essa função: resfriar o combustível proveniente das tubulações de retorno de combustível dos injetores.

6.1.3. Sistema de injeção de combustível

O sistema de injeção em um motor possui a função de garantir que o combustível seja inserido na câmara de combustão formando uma mistura ar-combustível da forma mais distribuída possível, levando-se em consideração os parâmetros corretos de:

- quantidade de combustível;
- começo, duração e fim da injeção;
- pressão da injeção.

Esse sistema é comumente denominado de sistema de alta pressão de combustível.

Nos primórdios do motor a diesel, a injeção de combustível era realizada em uma pré-câmara, fazendo com que a mistura ar-combustível fosse realizada fora do cilindro do motor. Esse tipo de sistema, chamado de injeção indireta, caiu em desuso devido aos atuais sistemas de injeção direta, onde o combustível é aplicado diretamente na câmara de combustão. A injeção direta possui uma eficiência muito maior em relação à injeção indireta.

Existem basicamente quatro grandes tipos de sistemas de injeção. Eles são descritos a seguir.

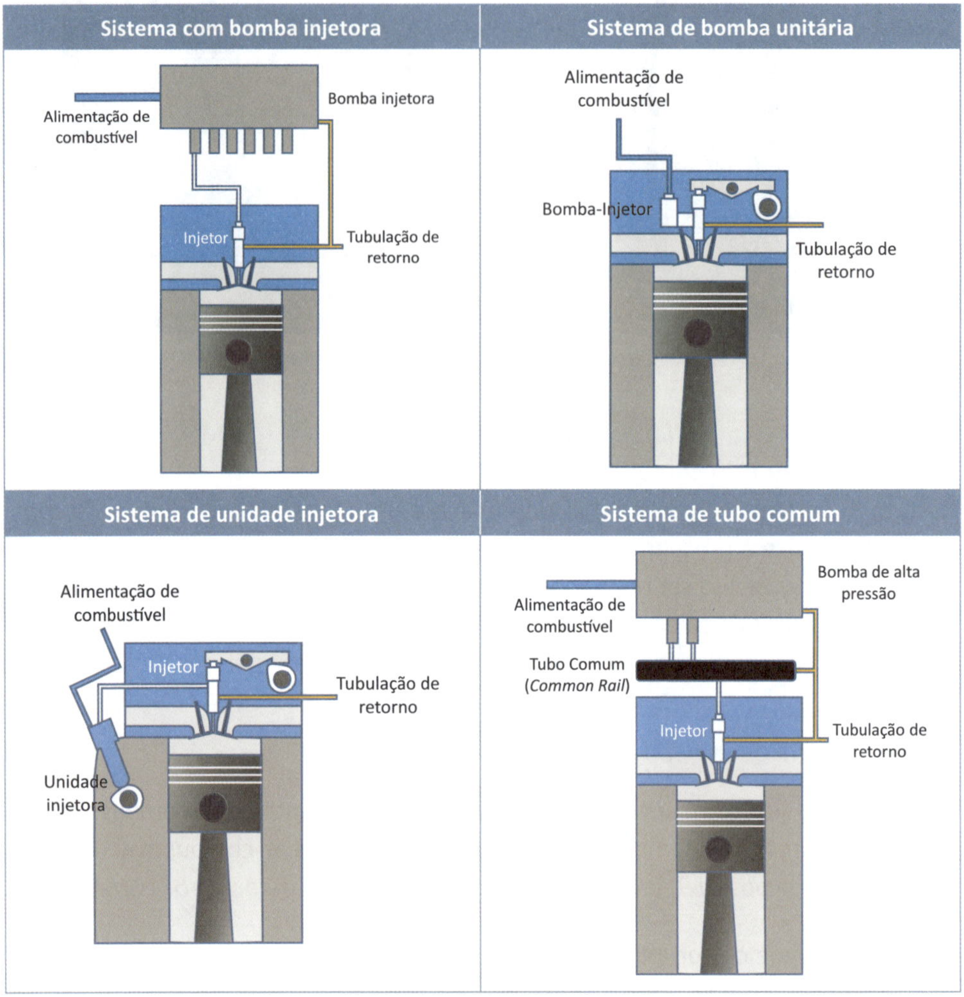

Figura 207 – Tipos de sistemas de injeção
(Ilustração: os autores)

Sistema com bomba injetora

Este tipo de sistema equipava os caminhões mais antigos sem gerenciamento eletrônico do processo de combustão. Não é mais usado em veículos novos, uma vez que com ele não é possível atingir os limites de legislação de emissões e as economias de combustível dos veículos modernos atuais.

É possível encontrar ainda no mercado de reposição dois tipos construtivos de bomba injetora: o modelo de bomba injetora em linha e a bomba injetora rotativa.

Sistema de bomba unitária

No sistema de bomba unitária, também chamado de unidade bomba-bico (do alemão PDE, *Pumpe-Duese-Einheit*), a bomba de alta pressão é acoplada junto ao injetor. Esse sistema é replicado para cada um dos cilindros e sua força mecânica provém geralmente de cames adicionais em um eixo comando.

Sistema de unidade injetora

No sistema de unidade injetora, também chamado de bomba-tubo-bico (do alemão PLD, *Pumpe-Leitung-Duese*), a bomba de alta pressão individual para cada cilindro está fisicamente separada do injetor. Os dois elementos são então conectados por uma tubulação de alta pressão de combustível.

Sistema de tubo comum

Mais conhecido pelo seu nome em inglês, o sistema de *common rail* separa a geração de alta pressão de combustível dos injetores utilizando um tubo comum para a distribuição do líquido sob pressão permanente.

Injetores

Os bicos injetores são o último caminho a ser percorrido pelo combustível até a câmara de combustão. São eles os responsáveis pela injeção do líquido sob uma alta pressão, podendo chegar até a 2500 bar de pressão em sistemas de tubo comum (*common rail*).

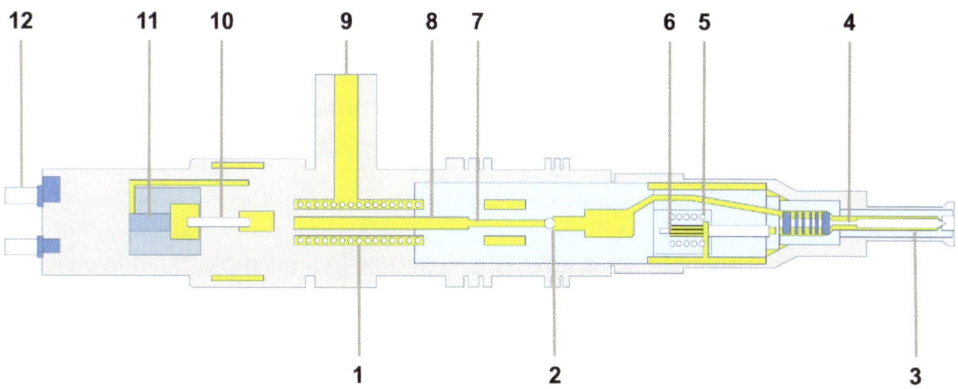

1) Mola de retorno
2) Válvula de retenção
3) Agulha de injeção
4) Mola
5) Bobina
6) Válvula solenoide da agulha
7) Pressurizador
8) Pistão amplificador
9) Entrada de alta pressão
10) Válvula de controle do pressurizador
11) Bobina
12) Conexão elétrica

Figura 208 – Exemplo de injetor em sistema de *common rail*
(Ilustração: os autores)

Fases da injeção
A injeção de combustível, nos motores mais modernos, possui fases distintas. Essas fases foram desenvolvidas para que os objetivos de rendimento, emissões de ruído e gases alcançassem o seu melhor compromisso.

1. **Pré-injeção:** antes da injeção principal, pequenas injeções são realizadas com o objetivo de aumentar a pressão e a temperatura da câmara. Com isso, no início da injeção principal, não existirá uma diferença drástica nesses parâmetros dentro da câmara, fazendo com que se tenha menos ruído, uma menor emissão de NOx e um menor atraso de ignição da fase principal.
2. **Injeção principal:** aqui deve ser assegurado que exista uma alta pressão e diluição do combustível por todo o período, de forma que a queima seja a mais completa possível.
3. **Pós-injeção:** ao final, pequenas injeções contribuem para a redução de material particulado em conjunto com o sistema de pós-tratamento. A temperatura do escapamento é elevada de forma a queimar o resto de material particulado acumulado, em um processo chamado regeneração.

6.1.4. Sistema de alimentação de ar

Como vimos, o motor é uma máquina térmica que necessita de ar como entrada para realizar a combustão. Praticamente todos os motores a diesel atuais são equipados com um auxílio na admissão e compressão do ar. Essa característica, chamada de turbo alimentação, é necessária para que uma maior quantidade de ar possa ser introduzida no processo de combustão, de forma a contribuir para uma maior eficiência e performance do motor.

Filtro de ar
As partículas em suspensão no ar, em casos extremos (por exemplo, quando o veículo à frente se desloca "levantando poeira"), se permitidas que entrem dentro da câmara de combustão, funcionam como elementos de atrito.

Por esse motivo, os filtros de ar possuem a função de impedir que essas partículas indesejadas, os chamados contaminantes, entrem pela admissão de ar. Pode haver dois tipos de filtros de ar: um para partículas maiores, chamado pré-filtro; e outro para partículas menores, chamado de filtro de ar principal.

O elemento filtrante, geralmente produzido com fibras de celulose entrelaçadas e impregnadas com resina, tem um limite de uso indicado pelo fabricante. Em uma aplicação fora de estrada essa capacidade em relação à quilometragem diminui, pois o filtro absorve mais rapidamente um grande número de partículas. Se o filtro não for trocado a tempo, pode-se ter como consequência a perda de potência, o aumento no consumo de combustível etc.

Esses elementos filtrantes são especialmente importantes no Brasil, dada a grande quantidade de estradas de chão batido ou não asfaltadas.

Figura 209 – Exemplo de filtro de ar
(Foto: os autores)

Turbo alimentação

O turbo alimentador utiliza a energia dos gases de escape para fazer a sucção e a compressão do ar para dentro dos cilindros. O componente é formado basicamente por um compressor do lado da admissão de ar (o chamado lado frio) e uma turbina do lado do escapamento de gases (o chamado lado quente). Esta última entra em rotação pelo movimento dos gases da combustão e traciona o lado compressor através de um eixo de ligação entre ambos os conjuntos de hélices. Essas rotações podem chegar a 400 mil por minuto, em algumas aplicações. Todo o sistema é então protegido por uma carcaça, que abriga os componentes mecânicos e os dutos de ar.

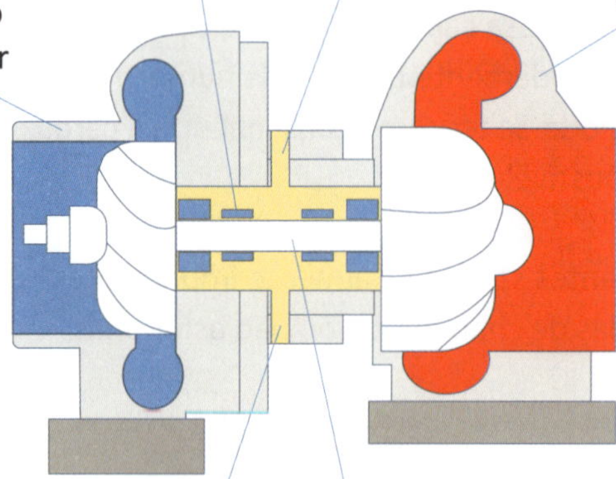

Figura 210 – Turbo alimentador
(Ilustração: os autores)

Válvula de alívio

Também conhecida por seu nome em inglês, *wastegate*, essa válvula possui a função de diminuir a pressão sobre a turbina em altas rotações. Ao atingir uma pressão limite predeterminada, um caminho alternativo (em inglês, *by-pass*) ao turbo é aberto e parte dos gases de escape é encaminhada diretamente ao sistema de pós-tratamento, sem passar pela turbina. Esse sistema possibilitou a construção de turbo alimentadores para rotações mais baixas.

Turbo alimentador com geometria variável

Uma outra forma de controlar a compressão do ar de entrada é utilizando-se um turbo alimentador com geometria variável. Essa característica se refere ao ajuste no ângulo de atuação em palhetas da turbina, ou seja, no lado quente do componente. Com isso, pode-se melhor controlar a força exercida pelos gases de exaustão sobre a turbina, de acordo com a rotação do motor. Mesmo em rotações baixas, pode-se alcançar um aumento de torque. Esse gerenciamento é realizado pela unidade de controle do motor.

Intercooler

A função do *intercooler* é arrefecer o ar comprimido após a passagem pelo turbo alimentador. Isso acontece porque o ar de alimentação entra em contato com as superfícies quentes do turbo, estas, por sua vez, aquecidas através do lado oposto ao da admissão devido aos gases de combustão que fazem o eixo do componente girar. Outro fator que aquece o ar é o efeito da compressão em si.

Existem basicamente três tipos de *intercooler*:

- **Ar-ar:** utiliza o ar frontal do veículo para o resfriamento. Sua desvantagem é que sua eficiência depende muito da temperatura externa ou do ambiente.
- **Ar-água separado**: utiliza um sistema de arrefecimento separado do motor, com serpentina para resfriamento do ar de entrada.
- **Ar-água em conjunto:** utiliza o circuito do sistema de arrefecimento do próprio motor, usando o líquido de arrefecimento.

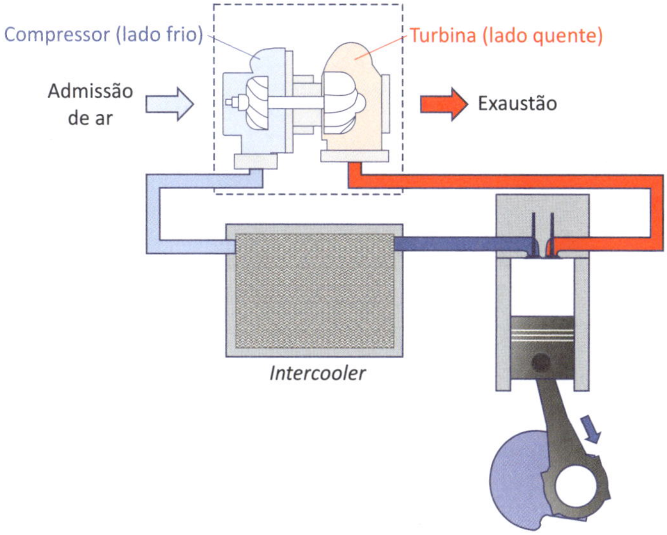

Figura 211 – *Intercooler*
(Ilustração: os autores)

Coletores de admissão

Os coletores da admissão são responsáveis por receber o ar comprimido e distribuí-lo em cada entrada de admissão localizada no cabeçote. Esse número de entradas é equivalente ao número de cilindros do motor.

Válvulas de admissão

A função das válvulas de admissão no sistema de alimentação de ar é controlar a entrada de ar na câmara de combustão. Elas são montadas no cabeçote e são movimentadas através de balancins, que, por sua vez, são acionados por cames de admissão do eixo comando.

A seguir podemos ver uma construção básica de válvula.

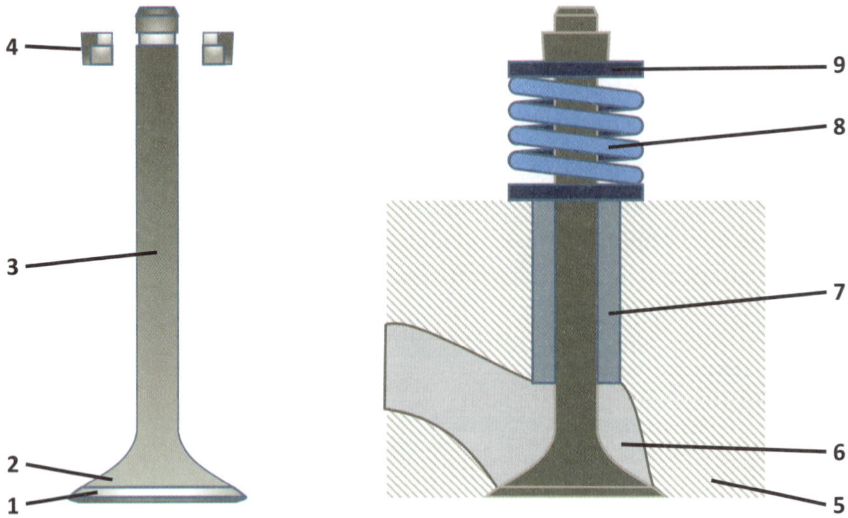

1) Assento
2) Cabeça
3) Haste
4) Chaveta

5) Corte no cabeçote
6) Duto de admissão de ar
7) Guia de válvula
8) Mola
9) Prato

Figura 212 – Partes da válvula de admissão ou exaustão
(Ilustração: os autores)

Balancins

Os balancins, quando utilizados, formam uma ponte entre os cames de um eixo comando e a atuação direta na haste da válvula. Com isso, possuem a função de transmitir movimento para a abertura das válvulas, já que o fechamento é assegurado pela mola instalada na parte superior das válvulas.

O contato entre os balancins e a haste da válvula em motores mais clássicos precisava ser regulado através de parafuso, o chamado controle de folga da válvula. Atualmente os motores mais modernos utilizam tuchos hidráulicos que dispensam o processo de ajuste de folga das válvulas.

6.1.5. Sistema de combustão

Toda a combustão acontece dentro dos cilindros do motor. Toda a sua periferia é projetada para que ela aconteça nesse local, com o orquestramento do movimento de todos os componentes envolvidos. Vários conceitos de design e movimentos precisam ser calculados e combinados para que o sistema funcione de forma eficiente e atinja os objetivos do projeto.

A seguir serão apresentados alguns conceitos do processo termodinâmico de queima e geração de energia pelo motor.

Cilindrada

A cilindrada é um conceito que pode ser utilizado para qualquer tipo de motor, incluindo aqueles do ciclo diesel. É o cálculo do volume total disponível para a combustão levando-se em conta todos os cilindros do motor.

Para entender esse cálculo, é necessário determinar os extremos de deslocamento do pistão dentro do cilindro. Eles são o:

- PMS, ou o Ponto Morto Superior
- PMI, ou o Ponto Morto Inferior

A seguir pode-se verificar o cálculo de como se chega a esse valor para cada motor em específico.

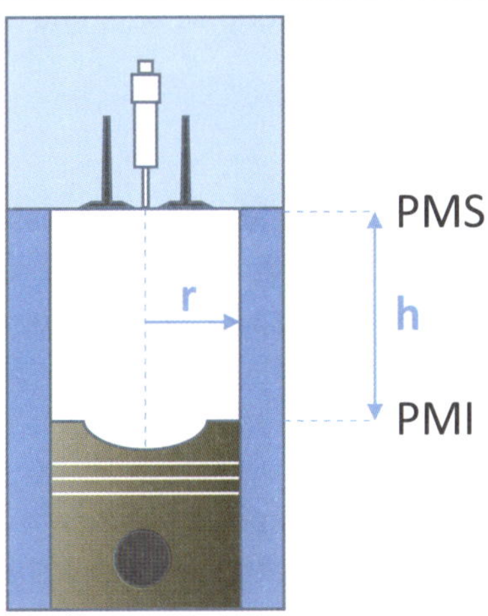

Cilindrada = $\pi.r^2.h.n$

r = raio do cilindro

h = curso do pistão, PMS-PMI

n = número de cilindros do motor

Figura 213 – Cálculo de cilindrada em motores
(Ilustração: os autores)

Taxa de compressão

A razão de compressão é a medida de relação pela qual se verifica o quanto um cilindro do motor pode comprimir o ar inserido na câmara de combustão. Em outras palavras, é o volume total quando o cilindro está no PMS dividido pelo volume disponível quando o cilindro está no PMI.

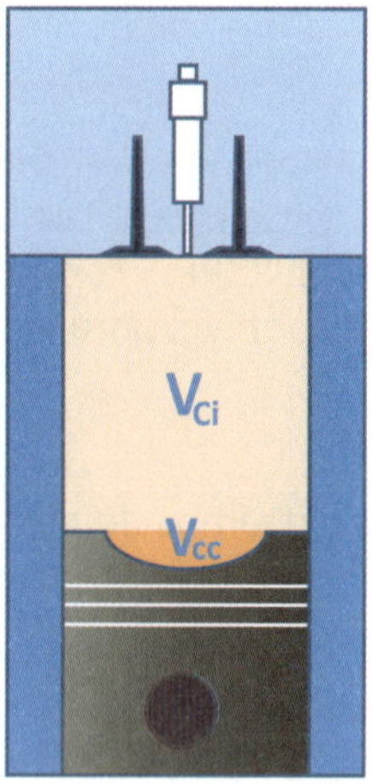

$$Taxa\ de\ compressão = \frac{V_{ci} + V_{cc}}{V_{cc}}$$

V_{ci} = Volume do cilindro

V_{cc} = Volume da câmara de combustão

Figura 214 – Cálculo da taxa de compressão
(Ilustração: os autores)

A razão também pode ser expressa em termos de escala. Por exemplo, quando o volume no PMI é 20 vezes maior do que o volume no PMS, pode-se dizer que o motor tem uma taxa de compressão de 20:1.

Relação ar-combustível

Também chamada de relação estequiométrica, essa razão identifica a massa de ar pela massa de combustível em uma dada combustão. Também pode ser referenciada em uma escala, ou seja, 14:1, quando o ar possui uma massa 14 vezes maior do que o combustível em uma mistura.

Ciclos de quatro tempos

Apesar de existir na história exemplos de motores dois tempos, atualmente a combustão em um motor a diesel comum segue o ciclo de quatro tempos. Analisando um cilindro somente, cada um desses tempos representa parte de duas rotações completas em um virabrequim, ou seja, 180 graus cada. São eles:

1. **Admissão:** a válvula de admissão é aberta e permite que o ar seja recebido no cilindro, enquanto o pistão se desloca e abre mais espaço até atingir 180 graus de giro (meia volta).
2. **Compressão:** a partir dos 180 graus, a válvula de admissão é fechada e o pistão inicia o caminho contrário, reduzindo o volume de espaço disponível para o ar dentro do cilindro. Dessa forma, o gás é comprimido até o giro de 360 graus do virabrequim.

3. **Trabalho:** nesta fase o combustível vaporizado é introduzido pelos bicos injetores dentro da câmara e, devido à temperatura do ar comprimido, existe uma autoignição gerando uma força sobre o pistão pelo aumento da pressão dos gases da queima. O pistão então é deslocado mais meia volta, totalizando 540 graus. Esta é a única fase em que efetivamente se gera energia mecânica neste ciclo.
4. **Escapamento:** após a queima de combustível, na última meia volta, a válvula de exaustão é aberta e os gases restantes são expelidos para fora do cilindro pela redução da área disponível com o movimento de retorno do pistão. Assim é fechado o ciclo com 720 graus de giro do virabrequim.

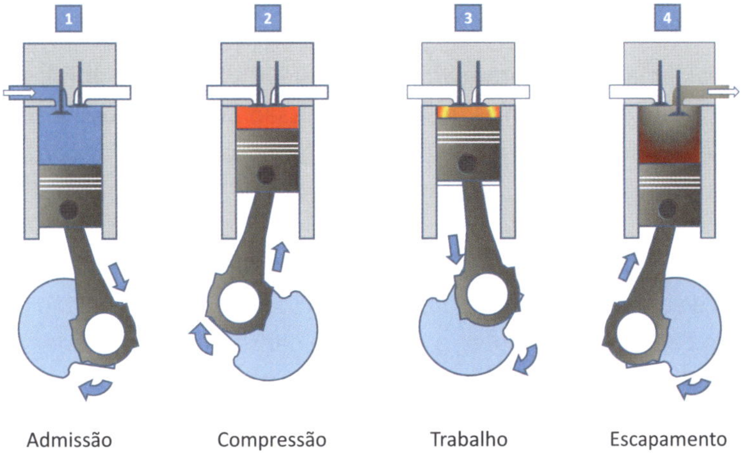

Figura 215 – O motor diesel em quatro tempos
(Ilustração: os autores)

Figura 216 – A fase de trabalho dentro de uma câmara de combustão
(Ilustração: os autores)

6.1.6. Sistema de escapamento

O sistema de escapamento na periferia do motor é responsável por canalizar e expelir os gases de escapamento de cada cilindro. Dessa forma, eles podem circular por outros sistemas subsequentes, como a turbo alimentador, EGR, turbo *compound* e o sistema de pós-tratamento e redução de emissões.

Válvulas de escape
As válvulas de escape possuem uma construção e acionamento similares às válvulas de admissão. Porém, sua função reside, após a combustão, em controlar a saída dos gases como produto da queima.

Eles são mais demandados termicamente do que as válvulas de admissão, por não possuírem contato com o ar mais fresco da admissão. Também possuem geralmente diâmetros de prato menores, pois a pressão interna da câmara faz com que a saída dos gases da combustão seja mais rápida.

Coletores de escape
Os coletores de escape são conectados a cada um dos canais de exaustão dos cilindros do motor no cabeçote e possuem a função de consolidar e direcionar esses gases para o turbo alimentador e EGR, quando este é instalado no motor.

Figura 217 – Exemplo de coletor de escape
(Foto: Iveco)

Turbo *compound*
De forma a melhorar a eficiência do motor, pode-se instalar no escapamento do motor um segundo turbo, após a passagem pelo turbo alimentador. Nesse caso, sua função não é a compressão do ar de entrada, mas, sim, a utilização da energia remanescente dos gases de escape para fornecimento complementar de energia mecânica ao volante ou ao sistema de distribuição do motor.

O princípio de funcionamento é semelhante ao turbo alimentador no seu lado quente. A turbina faz girar seu eixo principal com a passagem dos gases de escape.

A diferença é que, do outro lado, existe uma engrenagem de redução ligada a uma embreagem hidráulica.

O sistema é desativado em baixas rotações do motor, uma vez que a energia que movimenta os gases de escape não é suficiente nesse regime para empurrar o turbo *compound*.

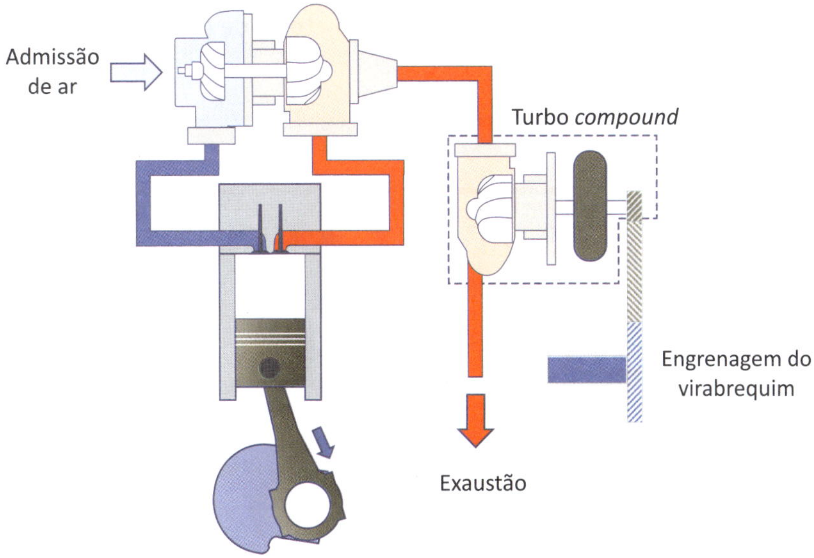

Figura 218 – Turbo *compound*
(Ilustração: os autores)

6.1.7. Sistema de lubrificação

O alcance da vida útil planejada do motor e seus componentes depende em grande parte do sistema de lubrificação. As partes móveis sofrem um atrito constante e uma forma de reduzi-lo é através da aplicação constante de camadas de óleo nessas superfícies de contato. Com isso, o desgaste dos componentes também é retardado.

Além dessas funções, o óleo no motor tem a função de retirar partes contaminantes dos circuitos por onde passa. O líquido também é responsável por dissipar o calor gerado no atrito, proteger contra corrosão e ajudar na vedação de elementos do motor.

O sistema começa com o depósito de óleo no cárter do motor. De lá, é sugado através do pescador e distribuído sob pressão pela bomba de óleo por diversas peças através da canalização específica do bloco e cabeçote do motor. Também é filtrado e possui um trocador de calor para a redução de sua temperatura. A figura a seguir ilustra a passagem pelos principais componentes:

- Eixo comando
- Tuchos e balancins
- Elementos do freio motor
- Turbo compressor
- Engrenagem de distribuição
- Compressor de ar
- Filtro de óleo
- Trocador de calor do óleo
- Virabrequim e seus mancais
- Capa da biela
- Injetores de óleo do pistão e camisa

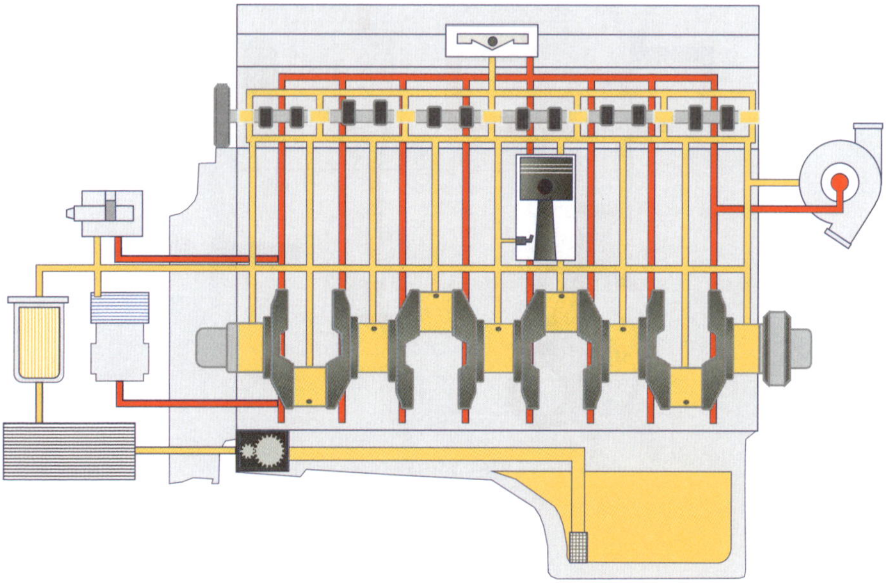

Figura 219 – Sistema de lubrificação em um motor
(Ilustração: os autores)

Lubrificantes

Apesar de o lubrificante em óleo ser visivelmente o mais importante no motor, existem também outros tipos de materiais utilizados com o objetivo de reduzir o atrito no motor. Esses elementos podem ser utilizados tanto na montagem quanto na operação dos componentes e são divididos em:

- **Gasoso:** por exemplo, uma montagem de uma peça utilizando nitrogênio.
- **Sólido:** por exemplo, uma camada de molibdênio sobre uma bronzina.
- **Pastoso:** uma graxa em uma engrenagem do motor.
- **Líquido:** na forma de óleos minerais, sintéticos, semissintéticos (compostos) ou graxos.

Os lubrificantes são escolhidos durante a fase de construção do motor completo e testados quanto à sua eficiência principalmente na redução do atrito e na vida útil do motor. Além disso, é importante o custo do óleo e sua necessidade de troca, uma vez que é um ponto vital para o custo total de propriedade (TCO).

As principais características na escolha de um óleo para determinado motor são:

- **Viscosidade**, ou a resistência de escoamento em relação à temperatura.
- **Cor**, que indica seus aditivos e a formulação do refino.
- **Ponto de fulgor**, ou a temperatura que, quando atingida, pode iniciar fogo.
- **Ponto de fluidez**, ou seja, o menor ponto de temperatura na qual o líquido ainda escorre.
- **Acidez e basicidade**, importante para avaliar a oxidação do óleo e sua vida útil.
- **Formação de espuma**
- **Demulsibilidade**, ou capacidade de se separar da água.
- **Emulsibilidade**, ou capacidade de agregar água.
- **Extrema pressão**, ou o comportamento sob pressão, principalmente quando se deseja que exista um filme de óleo entre as peças.
- **Oleoginosidade**, ou a capacidade de formação de película.
- **Detergência**, a propriedade de evitar depósitos de carbono, vernizes e lacas durante a operação do motor.
- **Dispersância**, que é a capacidade de evitar borras.

Para que um óleo seja próprio para determinada aplicação, algumas das suas características são melhoradas com a presença de aditivos, como, por exemplo:

- Antioxidantes
- Dispersantes
- Inibidores de corrosão
- Entre outros

Devido a todos os critérios relacionados, é importante seguir as instruções do fabricante do motor, uma vez que ele foi testado com o óleo recomendado e, por isso, seu uso é conhecido.

No mercado, é comum a nomenclatura no padrão SAE dos óleos lubrificantes em função de sua viscosidade e faixa de temperatura ambiente. O primeiro número, que fica antes do W (do inglês, *winter*), identifica o comportamento do óleo em baixas temperaturas. O segundo número, depois do W, identifica o comportamento até em temperaturas positivas, indicando até quantos graus de temperatura ambiente o óleo pode operar. A figura a seguir ilustra alguns tipos de óleo seguindo essa classificação.

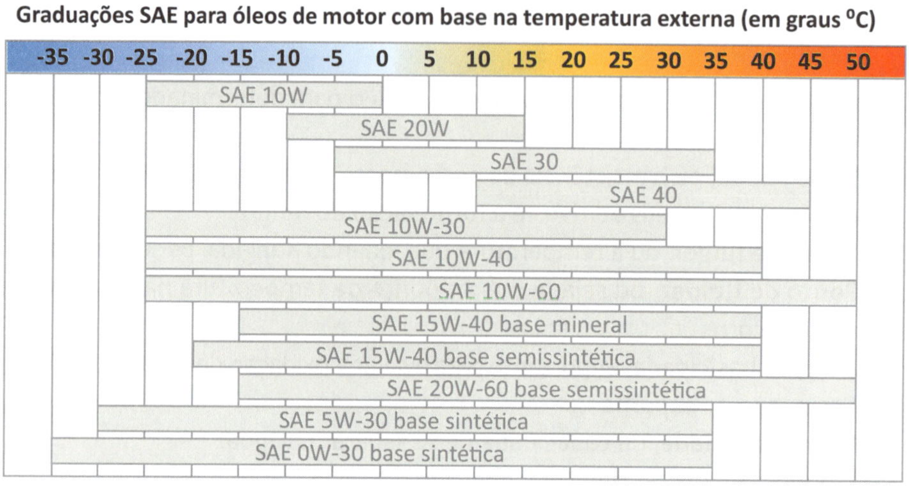

Figura 220 – Classificação de óleos de motor segundo sua temperatura externa (Fonte: Shuttleworth, 2019, ilustração: os autores)

Lubrificação do pistão e da camisa

Uma das regiões importantes que necessita de lubrificação são os cilindros do motor. A aplicação do filme de óleo na sua superfície é garantida por um injetor posicionado na parte inferior do pistão, o qual recebe inicialmente o jato de óleo para a ajuda na redução da sua temperatura. Em um segundo momento, esse óleo também atinge as paredes da estrutura e é raspado pelos anéis do pistão para uma distribuição mais homogênea.

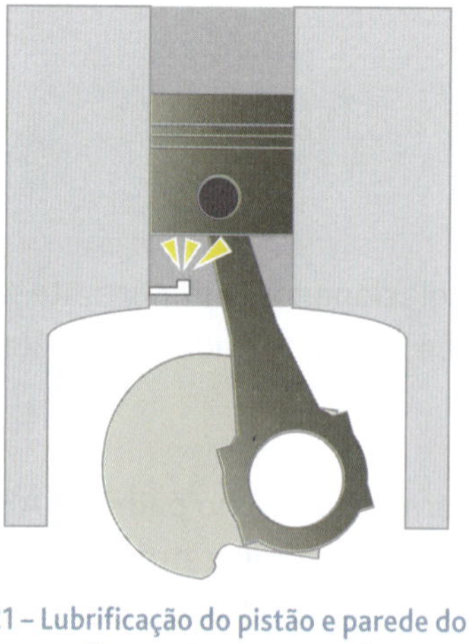

Figura 221 – Lubrificação do pistão e parede do cilindro (Ilustração: os autores)

Filtro de óleo

O filtro de óleo é necessário para que partículas ou contaminantes do óleo sejam retirados do sistema. Isso evita que as superfícies que sejam lubrificadas recebam elementos que possam atrapalhar o movimento ou danificar os componentes.

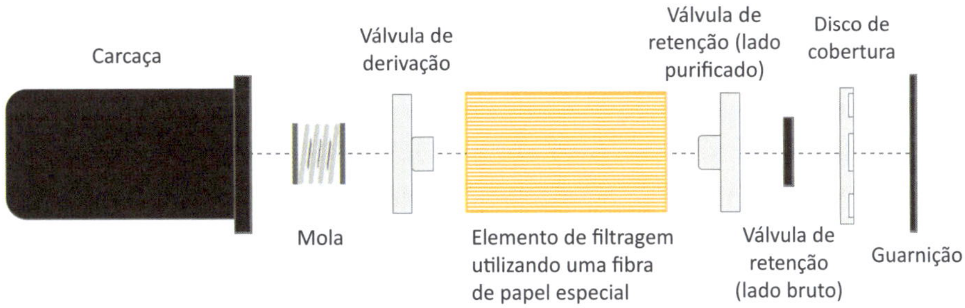

Figura 222 – Elementos do filtro de óleo
(Ilustração: os autores)

Trocador de calor de óleo

O trocador de calor de óleo é utilizado para arrefecer a temperatura do óleo que circula no sistema de lubrificação. Além do óleo, circula no trocador também o líquido de arrefecimento, que, por ter menor temperatura, absorve parte do calor que o óleo traz consigo.

Bomba de óleo

A bomba de óleo tem como função retirar o óleo do fundo do cárter e introduzi-lo sob pressão na entrada das galerias de óleo do bloco. Geralmente essa pressão fica em torno de 4 a 5 bar.

A sua força de entrada é proveniente do conjunto de engrenagens que, por exemplo, podem movimentar outros acessórios do motor ou componentes de sincronismo, como o eixo comando.

Se a pressão entregue começa a aumentar muito devido a uma alta rotação do motor, a válvula de alívio de pressão entra em operação, retornando parte do óleo diretamente para o cárter.

A seguir, pode-se ver um exemplo de bomba de óleo com duas engrenagens.

Figura 223 – Exemplo de bomba de óleo
(Foto: Iveco)

Cárter de óleo

O cárter de óleo é montado na parte inferior do bloco e possui a função de armazenar o óleo. É montado em conjunto com uma junta, que ajuda na selagem da superfície entre bloco e cárter.

Pode possuir diferentes formatos em um mesmo motor, para que possa ser adaptado a diferentes requisitos de espaço e posicionamento. É produzido frequentemente em alumínio ou plástico.

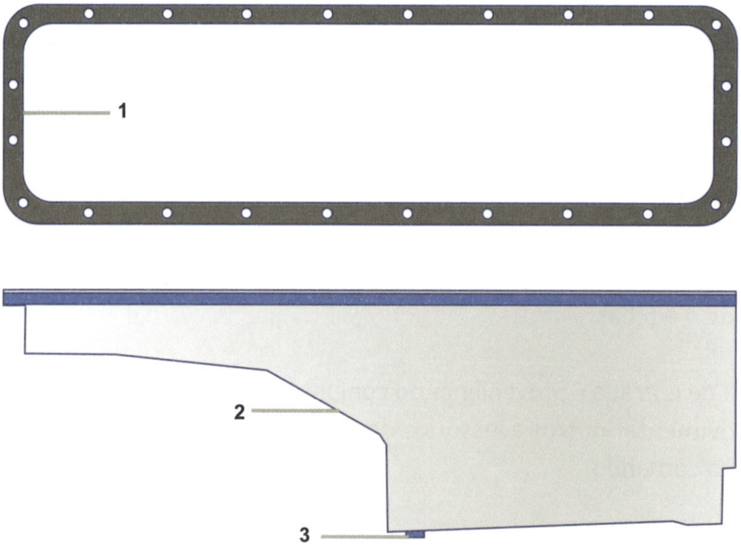

1) Junta do cárter
2) Cárter de óleo
3) Parafuso de drenagem do óleo

Figura 224 – Cárter do motor
(Ilustração: os autores)

Válvula de bloqueio de retorno

Essa válvula possui a função de evitar que o óleo dentro dos dutos do bloco do motor e cabeçote retorne ao cárter quando o motor é desligado. Isso assegura que haja sempre óleo por todo o motor e que, ao se dar a partida, sempre exista lubrificação na superfície entre os componentes.

Ventilação do cárter

Durante o processo de combustão, parte dos gases emitidos dentro da câmara de combustão vaza pelos anéis do pistão para o interior do motor, acumulando-se em forma de aerossol. Esses gases são comumente chamados pelo seu nome em inglês de *blow-by*.

Com o passar do tempo, esses gases de fuga elevam a pressão interna do motor e podem causar problemas como vazamentos de óleo pela junta do cárter (poluindo o meio ambiente), sobre pressão para o movimento dos cilindros, problemas com desempenho, entre outros. Além disso, quando o veículo é parado e esfria, esses contaminantes são depositados no óleo do cárter, podendo formar borras que prejudicam o processo de lubrificação.

Para evitar essas consequências, os motores a diesel modernos possuem um sistema de ventilação do cárter (do inglês, PCV – *Positive Crankcase Ventilation*). Esse sistema conta com um separador de óleo. Os gases sob pressão entram nesse separador, o óleo é retornado ao cárter e os gases são recirculados para a admissão de ar para o processo de queima.

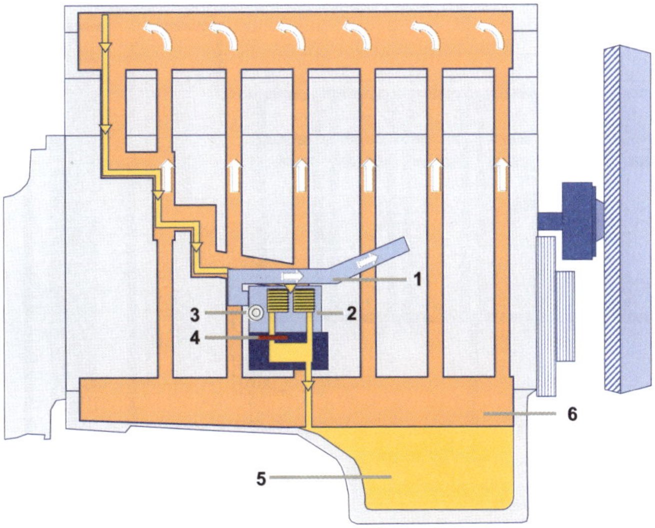

1) Saída de gases sem óleo
2) Separador de óleo
3) Respiro
4) Óleo do motor dentro do separador
5) Óleo separado dos gases
6) Gases de fuga

Figura 225 – Ventilação do cárter – *Blow-by*
(Ilustração: os autores)

Vareta de óleo

A vareta de óleo é um elemento mecânico formado por uma haste, a qual é inserida até o cárter do motor. Com isso, o usuário pode verificar se a quantidade do óleo com o veículo parado está suficiente para uma operação correta. Essa confirmação é dada pela presença de óleo em uma marcação de intervalo na vareta.

O componente está cada vez mais caindo em desuso nos motores e veículos mais modernos. Está sendo substituído por sensores, os quais não necessitam de intervenção do motorista e cujos resultados podem ser obtidos no painel.

6.1.8. Sistema de arrefecimento

O sistema de arrefecimento do motor possui a função de manter a temperatura do motor e seus componentes em uma faixa de operação adequada. Os principais componentes envolvidos no sistema são:

- Líquido de arrefecimento
- Tubulação de arrefecimento
- Reservatório de expansão
- Bomba de água
- Termostato
- Radiador
- Embreagem viscosa
- Ventilador

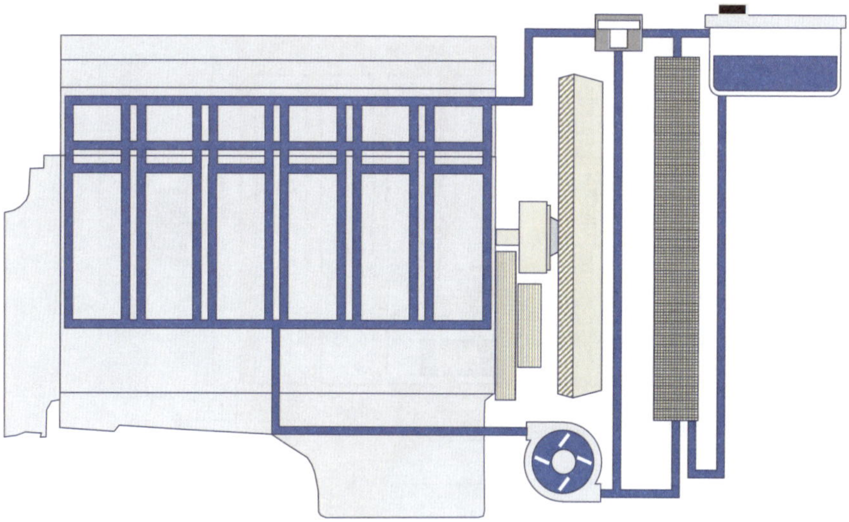

Figura 226 – Sistema de arrefecimento em motor
(Ilustração: os autores)

Líquido de arrefecimento

O líquido de arrefecimento pode se referir tanto à solução arrefecedora quanto ao aditivo concentrado. A solução arrefecedora é denominada de mistura do aditivo concentrado à água desmineralizada. No mercado brasileiro podemos ainda ouvir a expressão "água do radiador", em referência à solução arrefecedora.

A função do líquido é basicamente transferir o calor gerado no interior do motor para o ambiente externo. Através da passagem do líquido quente pelo radiador, este é arrefecido pelas aletas do componente. Estas últimas, por sua vez, trocam calor com o ambiente através do ar que passa por elas.

A ABNT, através da norma NBR 14261, classifica os líquidos de arrefecimento em três tipos, de acordo com o seu aditivo principal:

- Tipo A: baseado em monoetilenoglicol
- Tipo B: baseado em monopropilenoglicol
- Tipo C: baseado em glicerina

Reservatório de expansão

Também chamado de reservatório de compensação, sua função no sistema é permitir que o líquido de arrefecimento possa se expandir quando quente e se comprimir quando frio. Esse processo também pode ser realizado pela presença de uma válvula atmosférica junto ao reservatório ou à sua tampa.

Deve-se observar também que existem marcações para o volume mínimo e máximo do líquido de arrefecimento nesse tanque.

Bomba de água

A bomba de água ou bomba do líquido de arrefecimento (em inglês, *coolant pump*) é o coração do sistema de arrefecimento do motor. Sua função é fazer circular ou bombear o líquido através do circuito de arrefecimento interno do motor e seus componentes, e entre motor e o radiador.

Radiador

Durante o caminho do líquido de arrefecimento pelo motor, ele recebe calor. O radiador tem a função básica de transmitir esse calor para o ambiente e assim reduzir a temperatura do sistema.

Termostato

O termostato ou válvula termostática possui a função de controlar o fluxo do líquido de arrefecimento para o radiador. Isso significa que essa passagem só é aberta quando existe a necessidade de arrefecimento do motor. Caso o motor esteja operando dentro de uma faixa de temperatura estabelecida, o líquido de arrefecimento só é circulado internamente pelo motor e seus componentes.

A válvula também pode estar parcialmente fechando ou abrindo, de acordo com o gradiente de temperatura. Isso evita que exista uma mudança brusca de temperatura junto aos elementos e componentes do circuito de arrefecimento.

Embreagem viscosa e ventilador

Também chamada de ventoinha, o ventilador possui a função de forçar a passagem de ar pelo radiador e motor, principalmente quando o veículo se encontra parado, sem uma ventilação proveniente do movimento do veículo.

Com a ajuda da ventilação forçada, o gerenciador eletrônico pode melhor controlar a temperatura do motor, acelerando o processo de arrefecimento do motor. Podem ser usados diversos tipos de acionamento do ventilador: por polia e correia, por motor elétrico, por polia eletromagnética e pela chamada embreagem viscosa.

Figura 227 – Embreagem viscosa e ventilador
(Fotos: Iveco)

6.1.9. Sistema de freio motor

O freio motor é um tipo de freio auxiliar livre de desgaste. O princípio básico desses freios é utilizar a restrição à passagem dos gases como forma de criar uma contra força ao retorno do pistão, quando este está expulsando os gases presentes no cilindro. Através desse processo se cria então uma resistência ao movimento.

As vantagens desse tipo de freio podem incluir:

- Maior segurança, prevenindo o processo de superaquecimento dos freios de serviço e a "perda do freio" em descidas prolongadas.
- Menor custo de manutenção com o sistema de freios de serviço, principalmente lonas e pastilhas.
- Maior potência de frenagem disponível, principalmente quando utilizado em conjunto com outros freios auxiliares, como, por exemplo, o retarder na transmissão.

Esse tipo de freio pode ter diferentes tipos de implementação dentro de um motor, conforme segue.

Freio Motor convencional (borboleta)	***Top brake***	***Turbo brake***
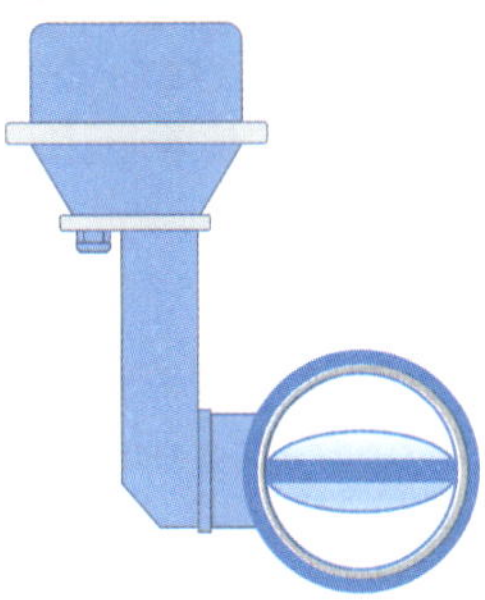	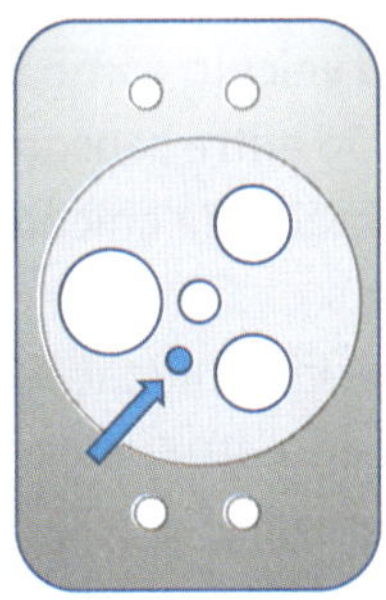	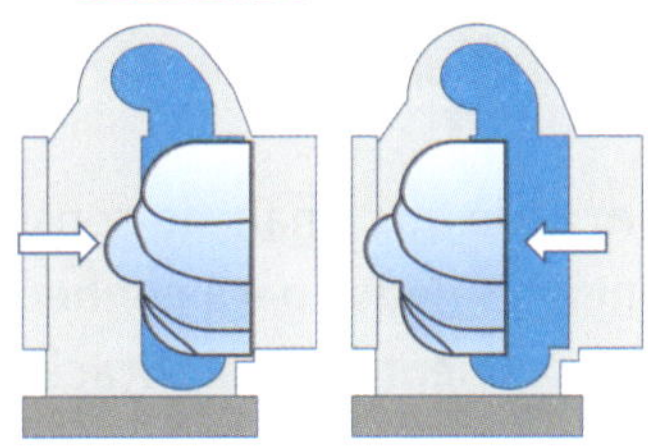
Uma válvula do tipo borboleta atua na exaustão dos gases dos cilindros produzindo uma restrição à passagem dos gases e, com isso, uma resistência ao movimento dos cilindros no quarto tempo (exaustão).	Uma válvula adicional às válvulas de admissão e exaustão é instalada no cabeçote. No segundo tempo (compressão) a válvula é acionada, o que faz com que no terceiro tempo (expansão) não exista energia de descompressão atuando sobre o pistão.	Substitui a válvula de freio motor convencional restringindo a passagem dos gases diretamente no lado quente da turbina, aumentando a pressão. Então, quando acionado, aumenta também a compressão no lado frio. Com isso, o efeito de resistência à descompressão é intensificado em conjunto com o *top brake*.

Figura 228 – Tipos de freio motor
(Ilustrações: os autores)

Os tipos de freio motor citados são classificados como freios auxiliares primários, pois estão instalados antes do câmbio. Os freios auxiliares instalados no sistema de transmissão são denominados secundários e serão tratados mais à frente.

6.1.10. Sistema de gerenciamento eletrônico

A princípio, o motor é uma máquina térmica que não necessita de um gerenciamento eletrônico para funcionar. Desde os primórdios da invenção do motor a diesel por Rudolf Diesel até a década de 1980, os motores eram comandados mecanicamente. No Brasil, em específico, essa mudança começou entre os caminhões e ônibus somente em 1998.

A otimização da eficiência e performance do motor diesel atual se deve na sua maior parte ao desenvolvimento do gerenciamento eletrônico. Metas de reduções de emissões, de consumo de combustível e funcionalidade do veículo não poderiam ser alcançadas somente com o comando mecânico do motor.

Essa tecnologia ficou conhecida pela sigla EDC (do inglês, *Electronic Diesel Control*) e basicamente tem como componentes principais a ECU, sensores e atuadores. Além disso, o motor se tornou parte de uma rede maior de informações, comunicando-se com funções de outros agregados e do veículo como um todo através da rede de dados (ex.: CAN). Toda a ligação e conexão entre sensores, atuadores e rede é realizada através de um conjunto de cabos chamado de chicote do motor.

Com base nos sinais de sensores e na comunicação com a rede, a ECU recebe os principais dados para conhecer o estado atual e desejado de operação do motor, principalmente carga, rotação, temperatura, pressão, posições dos componentes e comandos do usuário (ex.: pedal do acelerador).

Através da sua curva característica, parametrização e programação, a ECU calcula e define os valores necessários para fazer alterações no sistema junto aos atuadores. Exemplos podem ser os tempos necessários de injeção, pressão de entrada de ar, demandas de recirculação de gases de escape, carga da bateria etc.

Já os atuadores possuem a função de transformar o comando digital da ECU em uma ação mecânica, controlando fluxos, quantidades, rotações, pressão e outras grandezas físicas internamente ao motor.

A figura a seguir resume a arquitetura do sistema EDC em motores.

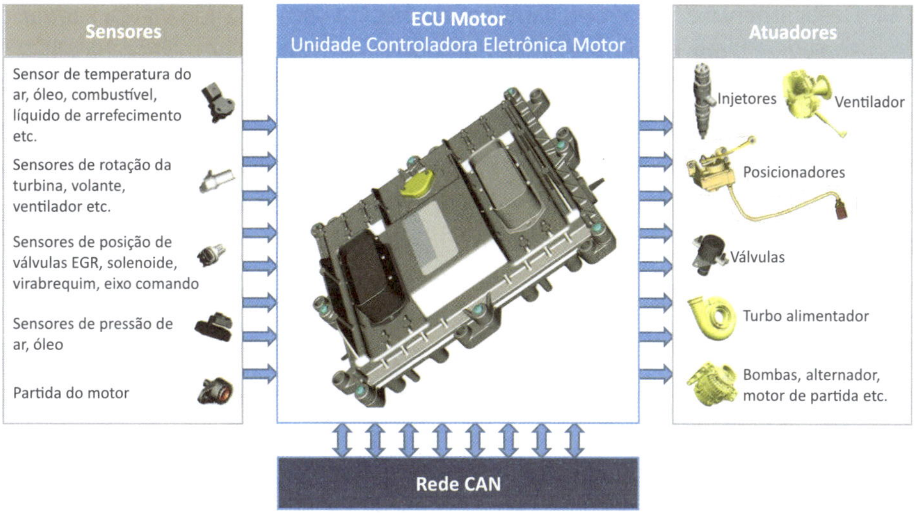

Figura 229 – Arquitetura de um sistema EDC
(Foto: Iveco, edição e compilação pelos autores)

Outras características proporcionadas por um motor com controle eletrônico incluem:

- Possibilidade de diagnóstico local e remoto (através de sistemas de telemática), podendo avisar ao motorista ou ao gerente da frota sobre eventuais falhas conhecidas. Armazenamento de códigos de falhas propiciam uma análise mais precisa de ocorrências com o motor.
- Antecipação de falhas no motor, com o uso de sistemas preditivos que analisam constantemente a operação.
- Operação de emergência do motor: quando a ECU reconhece que falhas podem vir a danificar componentes, ou na falta de dados do sistema de pós-tratamento, a potência do motor pode ser reduzida ou a operação pode ser simplesmente interrompida.
- Compensações de injeção: podem ser necessárias por conta de altitude, diferenças de rotações entre os cilindros, mudanças bruscas de carga etc.
- Proteção eletrônica contra disparos do motor.
- Economia de combustível quando operando em declive, podendo reduzir a injeção de combustível nos cilindros a zero.
- Proteção contra roubos, uma vez que a ECU pode ser amarrada eletronicamente ao uso específico em conjunto com dispositivos de um mesmo veículo.
- Troca de informações com outros componentes: algumas funcionalidades nos veículos modernos, como o ESP, ASR, assistentes de velocidade de cruzeiro, só são possíveis com o sistema EDC.

- Desligamento automático, também conhecido como EIS (do inglês, *Engine Idle Shutdown*), por tempo ou outro parâmetro específico.

Modulação por largura de pulso

A modulação por largura de pulso (do inglês, PWM – *Pulse Width Modulation*) é uma técnica de comunicação muito utilizada por controladores do motor para atuar em componentes específicos por sua simplicidade de implementação. Por exemplo, através da largura do pulso digital, é possível indicar ao atuador a sua velocidade, rotação, pressão ou qualquer outra grandeza física.

6.1.11. Tomada de força no motor

Algumas aplicações específicas demandam uma força mecânica a ser extraída diretamente do motor. Geralmente são bombas hidráulicas que demandam um alto torque e que, por isso, são acopladas diretamente ao sistema de distribuição ou ao volante do motor.

A seguir pode-se observar um exemplo de aplicação utilizando uma tomada de força (em inglês, PTO – *Power Take Off*) acoplada a uma engrenagem intermediária, que, por sua vez, é movida por uma engrenagem junto ao virabrequim. Todo o conjunto é montado sobre a parte traseira da carcaça de distribuição.

Figura 230 – Tomada de força no motor – Power Divide ZF
(Ilustração: ZF)

A grande vantagem desse tipo de PTO junto ao motor é que ela não depende da transmissão. Tomadas de força também junto ao sistema de transmissão do veículo serão abordadas mais à frente.

6.2. Redução de emissões e pós-tratamento

Uma das coisas mais importantes para a vida humana na terra é o ar atmosférico que respiramos. Como sabemos, esse ar não é composto somente de oxigênio, mas de uma mistura de gases e compostos. Em um ambiente sem poluição, ele é formado principalmente de:

- N_2 (nitrogênio), cerca de 78%
- O_2 (oxigênio), cerca de 21%
- Outros em menor quantidade (aprox. 1%). Exemplos: CO_2, vapor de água (H_2O), argônio, neônio etc.

Como vimos no Capítulo 1, até o final da década de 80 não havia no mundo qualquer regulação quanto à emissão de gases e partículas atmosféricas pelos veículos comerciais. Com o rápido crescimento populacional mundial, a crescente demanda por transporte acelerou a queima de energia fóssil. Ano após ano, principalmente após a revolução industrial e depois da segunda guerra mundial, as emissões de poluentes aumentam. Como consequência, esse processo se mostrou cada vez mais problemático para a saúde e para o meio ambiente.

Em uma combustão chamada completa, todos os átomos do combustível (formados por moléculas de carbono e hidrogênio) são oxidados (com moléculas de oxigênio). O produto dessa queima é simplesmente dióxido de carbono e água.

Em um processo real, dentro de um motor, a combustão nunca é completa. Temos nesse caso a chamada combustão incompleta. Nesse processo, além dos produtos de uma combustão completa, são gerados subprodutos adicionais: óxidos de nitrogênio, monóxido de carbono, materiais particulados, hidrocarbonetos e dióxido de enxofre.

Para as pessoas, o excesso de poluentes pode causar, de acordo com o tipo de elemento:

- **NO_x (óxidos de nitrogênio):** em excesso, causam edemas pulmonares, irritação nos olhos, alergias.

- **CO (monóxido de carbono):** inalado em pequenas quantidades, pode causar cefaleia, desmaios e vertigens. Exposições por um longo período podem causar problemas no coração, cérebro e até morte.
- **MP (materiais particulados):** a chamada fuligem entra nas vias respiratórias. Onde se instala nos pulmões atrapalha seriamente a troca de oxigênio com o sangue. Pode causar uma série de doenças, como bronquite, asma e câncer de pulmão.
- **HC (hidrocarbonetos):** quando aspirados podem causar inflamações e hemorragias.

Para o meio ambiente, essas emissões de gases e particulados têm dois principais efeitos:

- **CO_2 (dióxido de carbono):** apesar de não ser prejudicial à saúde, seu aumento na atmosfera contribui para o chamado efeito estufa. Parte do calor emitido pelo sol é refletida pelo solo e, em vez de retornar para a estratosfera, é refletida de volta para a atmosfera por gases como o dióxido de carbono, contribuindo para o aumento da temperatura global. Embora o CO_2 não seja o único tipo de gás de efeito estufa, ele é o principal causador do problema na atmosfera.
- **SO_2 (dióxido de enxofre):** o diesel com alto teor de enxofre causa, como subproduto da combustão, dióxido de enxofre, que, misturado à água da chuva, causa chuva ácida ($H_2SO_3 + H_2SO_4$). Como consequência, o solo e o lençol freático são contaminados por essas substâncias. Esse problema foi bastante reduzido nos últimos anos com a drástica diminuição de enxofre no combustível.

Além dos gases, as emissões sonoras de veículos em demasiada amplitude contribuem para distúrbios do sono, de concentração, ansiedade e estresse. Essas consequências não são incomuns, principalmente em regiões próximas a vias rodoviárias e cidades.

Para reduzir os efeitos citados, foram criadas regulações e normas internacionais e nacionais, como, por exemplo, o PROCONVE no Brasil. Já os fabricantes tiveram que desenvolver sistemas inerentes ao motor e fora do motor para fazer cumprir esses limites legais ao longo das últimas quatro décadas. Esses são os sistemas de redução de emissão de poluentes e pós-tratamento. Vamos dividi-los em oito subsistemas e suas funções. Veja a seguir.

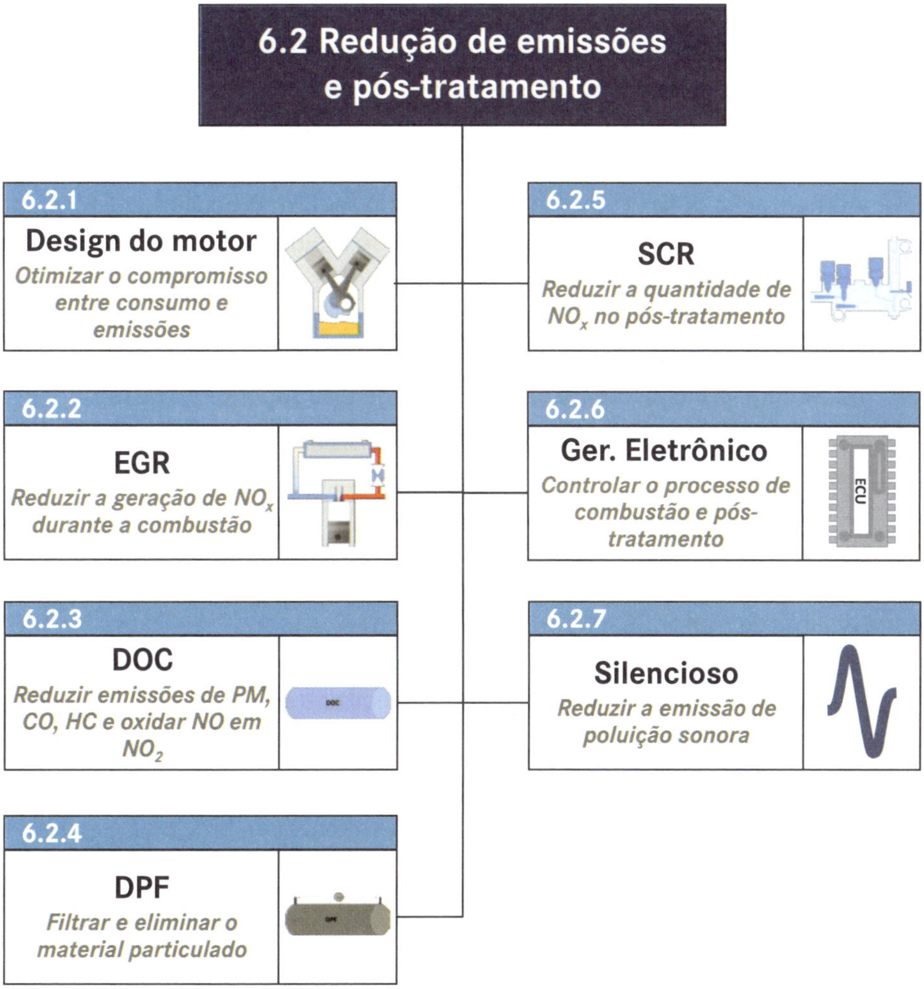

Figura 231 – Elementos da redução de emissões e pós-tratamento em veículos comerciais (Ilustração: os autores)

6.2.1. Design do motor

Até os níveis de redução de emissões inerentes ao Euro III, todas as medidas tomadas pelos fabricantes para atingir os limites da legislação poderiam ser restritas exclusivamente aos sistemas dentro do motor. Pode-se atingir esse resultado com o desenvolvimento de geometrias melhores, de sistemas utilizando maior pressão, de maior controle sobre parâmetros da combustão em si e, principalmente, através da eletrônica. Exemplos desses desenvolvimentos e seus benefícios podem ser vistos a seguir.

- **Injeção:** maior pressão sobre o combustível para uma formação de névoa de diesel mais distribuída e com gotículas menores do líquido. Com elementos menores, a queima completa se faz mais facilmente. A própria injeção pode ser mais bem controlada com a implementação dos sistemas EDC abordados anteriormente.
- **Alimentação de ar:** aumento da pressão do ar com turbo alimentadores mais potentes. Com isso, foi possível preencher os cilindros com ar de forma mais eficiente. Novas geometrias dos canais e quantidades de válvulas para uma distribuição de ar mais homogênea.
- **Câmara de combustão:** pressão e efeito da entrada do ar ou turbilhonamento na câmara, principalmente pelo formato da face superior do pistão.
- **Recirculação de gases:** redução das temperaturas de pico da combustão, com isso reduzindo as emissões de NO_x.

Contudo, a partir da norma de emissões de gases Euro VI, torna-se cada vez mais difícil um compromisso entre a redução de todos os limites simultaneamente, somente a partir do motor.

Em um primeiro momento, caso o objetivo seja reduzir a emissão de NO_x aos valores limite, o número de particulados e o consumo de combustível sobem a níveis não aceitáveis pela norma. Como resultado, o CO_2 também sobe, pois ele é proporcional ao consumo de combustível.

Se o objetivo durante a combustão for atingir limites abaixo da norma para particulados e garantir um bom consumo de combustível, o resultado são níveis excedentes de NO_x.

Com essa situação, foi necessário o desenvolvimento de sistemas de tratamento posicionados após o motor, mais chamados de sistemas de pós-tratamento (do inglês, ATS – *After Treatment System*).

Entre os principais podemos destacar DOC, DPF e SCR, que veremos mais à frente. Esses elementos são basicamente um conjunto de catalisadores e filtros utilizados para "limpar" os produtos poluentes restantes da combustão no motor.

6.2.2. Recirculação de gases (EGR)

O sistema de recirculação de gases de exaustão, mais conhecido como EGR (do inglês, *Exhaust Gas Recirculation*), é instalado junto ao motor e direciona parte dos gases da exaustão novamente para a câmara de combustão. Ao contrário do que se pensa, esse processo não é realizado para que os gases poluentes sejam queimados novamente. Na verdade, a função está na redução das temperaturas de pico da combustão. Com isso, se reduz a emissão de óxidos de nitrogênio, os chamados NO_x, os quais são formados em temperaturas acima de 2.000 graus Celsius.

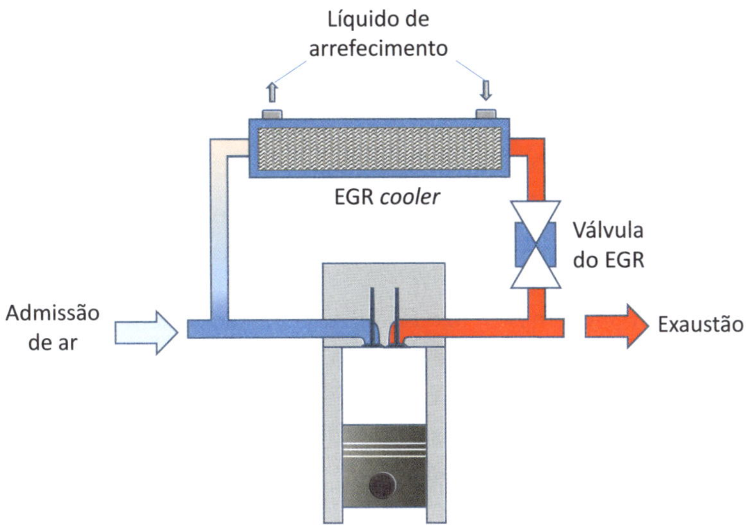

Figura 232 – Sistema EGR de forma simplificada
(Ilustração: os autores)

A seguir podemos ver um modelo em três dimensões de um trocador de calor dos gases do sistema EGR (do inglês, *EGR cooler*) com a troca de calor realizada pelo próprio líquido de arrefecimento do motor.

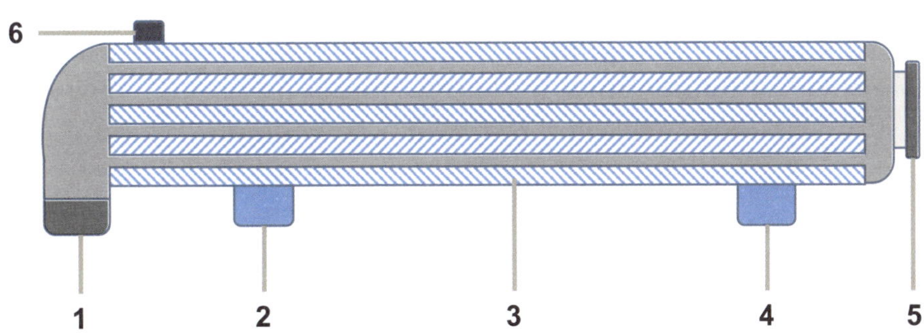

1) Entrada de gases do escapamento
2) Entrada do líquido de arrefecimento
3) Canaletas de arrefecimento
4) Saída do líquido de arrefecimento
5) Saída de gases do EGR
6) Respiro

Figura 233 – EGR *cooler*
(Ilustração: os autores)

Taxa de reciclagem do EGR

A taxa de reciclagem do EGR é definida como a quantidade percentual de gases do escapamento que retorna ao sistema de admissão, com base no volume total dos cilindros.

Esse percentual é controlado dinamicamente com base na carga, temperatura e rotação e curva característica do motor. Esse papel é exercido pela válvula do EGR (do inglês, *EGR valve*), controlada pelo gerenciamento eletrônico do motor ou do próprio ATS.

6.2.3. Catalisador de oxidação diesel (DOC)

O catalisador de oxidação diesel (do inglês DOC, *Diesel Oxidation Catalyst*) possui basicamente três funções:

- Transformar o NO em NO_2 (oxidação) para posteriormente ser tratado dentro do sistema SCR. A extração de oxigênio de NO_2 é mais fácil do que a extração de oxigênio de NO dentro do catalisador do SCR.
- Reduzir as emissões de monóxido de carbono (CO) e hidrocarbonetos (HC).
- Reduzir a massa dos particulados.

O DOC é posicionado antes do DPF e sua estrutura básica é composta de quatro componentes:

- **Carcaça**, a qual envolve e protege todo o sistema.
- **Estrutura**, construída em forma de colmeia e geralmente produzida em um material cerâmico ou metálico.
- ***Wash-coat***, formado por um óxido de alumínio que é depositado sobre a estrutura em formato de colmeia. Essa camada forma a base para o depósito do elemento catalítico ativo.
- **Elemento catalítico ativo**, geralmente formado por platina (Pt) ou paládio (Pd). Esses são os elementos responsáveis pela oxidação no processo.

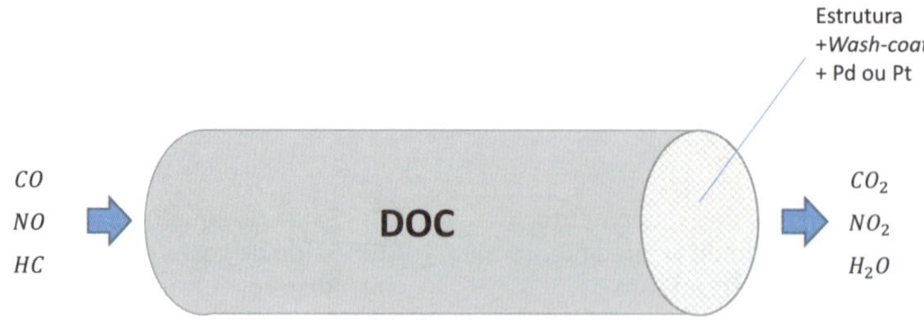

Figura 234 – Catalisador de oxidação diesel – DOC
(Ilustração: os autores)

6.2.4. Filtro de partículas para motores diesel (DPF)

Com a função de reduzir o material particulado, o filtro de partículas para motores diesel (do inglês, DPF – *Diesel Particulate Filter*) é implementado dentro do sistema de pós-tratamento e instalado após o DOC.

Semelhante ao DOC, também é implementada aqui uma estrutura de cerâmica. A diferença é que essa estrutura é porosa, feita para que o material particulado seja depositado nessas paredes de cerâmica. Com o acúmulo de tempo de operação do veículo, esse filtro vai sendo preenchido com muito material particulado proveniente da queima do diesel. Isso é detectado pelo gerenciamento eletrônico através do aumento da diferença de pressão entre a entrada e a saída do filtro. Quando essa pressão limite é atingida, é necessária uma regeneração ativa do filtro.

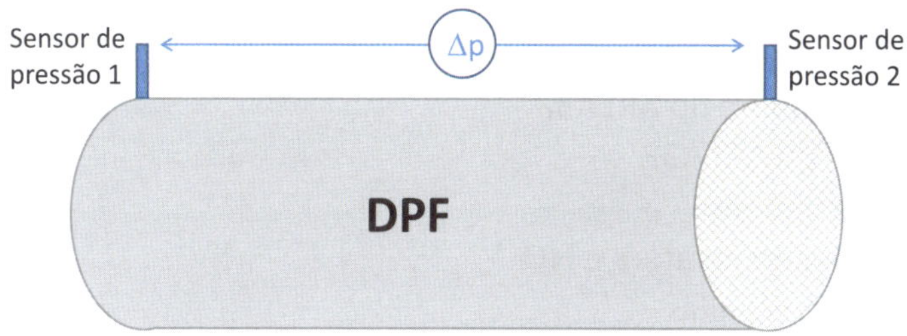

Figura 235 – Filtro de partículas para motores diesel (Ilustração: os autores)

Regeneração do filtro

Para que um filtro de partículas de motores diesel se aproxime da sua capacidade original de retenção de partículas, ele precisa que o material particulado acumulado seja em grande parte eliminado. Isso é realizado através da combustão ou oxidação desses elementos.

Existem basicamente duas estratégias para a eliminação desse material particulado. A regeneração pode ser:

- **Passiva:** com a temperatura de operação do DPF entre 300°C e 450°C, o material particulado (em grande parte carbono) reage com as moléculas de NO_2 gerando NO e CO. Esses dois elementos, por sua vez, entram em contato com o oxigênio e geram NO_2 e CO_2. Este processo não elimina a necessidade da regeneração ativa, mas atrasa seu início.
- **Ativa:** quando o gerenciamento eletrônico detecta o filtro em seu limite de diferença de pressão, pode-se aumentar a temperatura do DPF para mais de

600°C utilizando-se algumas estratégias: injeção de diesel durante a fase de escapamento da combustão, fechando a válvula do EGR ou estrangulando a borboleta da admissão. Com isso, grande parte do material particulado é transformada em CO_2.

6.2.5. SCR

O sistema de redução catalítica seletiva (do inglês, SCR – *Selective Catalytic Reduction*) possui como função básica a redução de NO_x no sistema de pós-tratamento.

Alguns componentes do sistema SCR:

- Líquido ARLA32
- Tanque de ARLA32
- Bomba de ARLA32
- Unidade dosadora do ARLA32
- Bico injetor do ARLA32
- Câmara de hidrólise
- Sensores de temperatura e NO_x
- Tubulações e válvulas
- Catalisadores
- Módulo eletrônico do SCR
- Chicotes elétricos

O nome redução vem da química, onde a extração de oxigênio de um composto possui essa denominação. No caso do sistema SCR, a redução utiliza um elemento de consumo adicional no veículo chamado ARLA32, o qual corresponde a uma pequena fração do consumo de combustível. Esse valor é aproximadamente 5% do valor consumido em diesel, podendo variar para mais ou menos, de acordo com o veículo e sistema envolvido.

Líquido ARLA32

O líquido utilizado para tratamento dos gases de escapamento dentro do sistema SCR foi batizado no Brasil de Agente Redutor Líquido Automotivo 32. O número se refere a quantidade de $(NH_2)_2CO$ (ureia técnica) da composição, cerca de 32,5%. O resto da solução é composto por água desmineralizada.

Fora do Brasil, o composto pode possuir outros nomes, como, por exemplo:

- EUA/Canadá: DEF – *Diesel Exhaust Fluid*
- Europa: AdBlue, com base na norma DIN70070

O ARLA32 foi criado pois era necessária uma substância não nociva para a saúde no momento do transporte, da comercialização e do abastecimento dos veículos. Na verdade, o elemento necessário para o SCR é a amônia (NH_3), a qual pode ser decomposta através da ureia. O motivo de não se transportar e comercializar diretamente o gás de amônia é que ele é altamente tóxico à saúde.

A venda de ARLA32 no Brasil é geralmente realizada através de galões de plástico nos postos de combustível. Alguns estabelecimentos já contam agora com bombas dedicadas à venda a granel do líquido. Para grandes frotas, existe ainda a possibilidade de adquirir soluções em *containers* ou *pallets*.

Figura 236 – ARLA32 em galão e a granel em postos de combustível
(Fotos: Petrobras, s.d.)

Tanque de ARLA32

O tanque de ARLA32 pode ser combinado ou separado do tanque de diesel. Internamente, o tanque precisa ser produzido em material plástico, uma vez que a ureia causa corrosão ao aço ou ao alumínio.

Para evitar um preenchimento incorreto com diesel, o tanque possui uma tampa na coloração azul e um bocal de diâmetro menor em relação aos bicos de combustíveis nos postos.

Figura 237 – Tanque de ARLA32 instalado junto à longarina
(Foto: os utores)

São aplicados nos tanques sistemas de aquecimento, uma vez que o líquido pode congelar em temperaturas de -11 graus Celsius.

Bomba de ARLA32

A bomba pode ser instalada junto ao tanque de ARLA32. Sua função é pressurizar o líquido até a unidade dosadora, usualmente usando valores de 5 a 8 bar.

Unidade dosadora

A unidade dosadora de ARLA32 possui a função de pulverizar o líquido e encaminhá-lo para o bico injetor. Possui como entrada o ar comprimido e o ARLA32. Possui internamente sensores e válvulas para controlar a pressão e o tempo de injeção do líquido.

Para evitar o efeito de cristalização na saída do sistema, mesmo quando não é injetado ARLA32, pode-se usar o ar comprimido somente para limpar o dispositivo. Isso ocorre, por exemplo, quando o motor é desligado. São utilizados pulsos de ar comprimido para essa tarefa por alguns minutos, no chamado processo de purga do sistema.

Importante destacar que a injeção de ARLA32 só inicia quando a temperatura do catalisador do SCR atinge 200 graus Celsius. A seguir, um exemplo de unidade dosadora do sistema SCR.

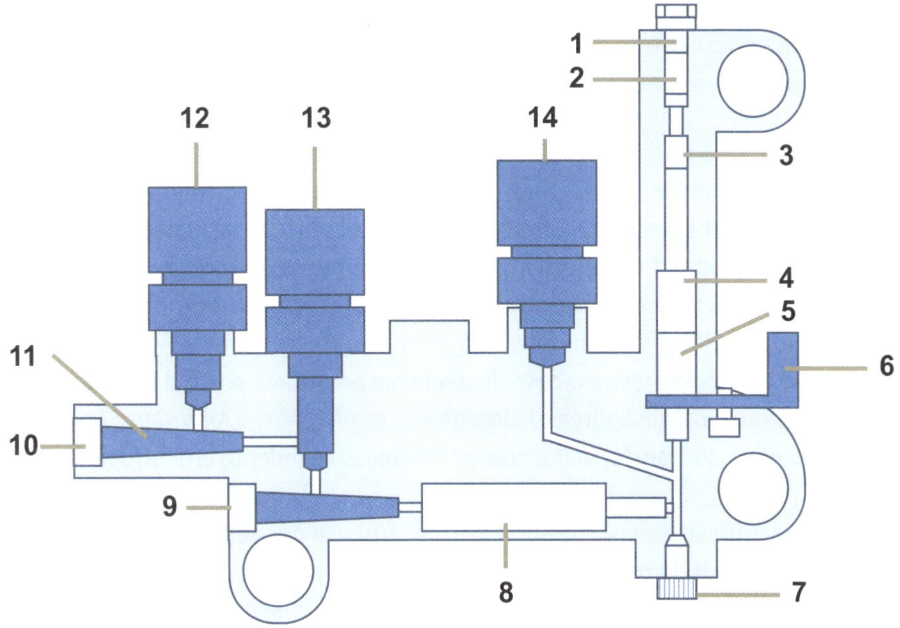

1) Conexão de ar comprimido
2) Tela de filtro
3) Válvula de retenção
4) Difusor
5) Conexão do aquecedor do difusor
6) Aquecedor do difusor
7) Saída de ARLA32 pulverizado
8) Válvula de dosagem ARLA32
9) Parafuso de calibragem
10) Conexão do tanque de ARLA32
11) Tela de filtro de ARLA32
12) Sensor de pressão ARLA32
13) Sensor de pressão ARLA32
14) Sensor de pressão de ar comprimido

Figura 238 – Exemplo de unidade dosadora de ARLA32
(Ilustração: os autores)

Bico injetor do ARLA32

O bico injetor de ARLA32 possui a função de inserir o líquido pulverizado diretamente na tubulação de escapamento. Pode ser instalado logo na saída do motor ou mais próximo dos catalisadores do SCR. Após a injeção, é importante existir um tempo de reação para a chamada hidrólise.

Figura 239 – Bico injetor de ARLA32
(Ilustração: os autores)

Processo químico do SCR

O processo químico de redução da quantidade de NO_x dentro do sistema SCR ocorre depois da passagem dos gases de exaustão pelo DOC e DPF em basicamente três etapas:

1) **Hidrólise:** após o motor, na tubulação de escapamento, é injetado o ARLA32, que, devido à temperatura do escapamento, reage com a água formando amônia (NH_3) e dióxido de carbono (CO_2). Essa reação pode acontecer nas chamadas câmaras ou segmentos de hidrólise (em inglês, UtAP – *Urea to Ammonia Preparation*)
2) **Redução de NOx:** dentro do catalisador do sistema SCR, a amônia (NH_3) reage com o NO e o NO_2, resultando em N_2 e H_2O.
3) **Oxidação da amônia:** para o caso de ainda haver amônia ao final do processo, são implementados catalisadores oxidantes (em inglês, ASC – *Ammonia Slip Catalyst*) com o objetivo de transformar o composto tóxico excedente em nitrogênio e água.

O processo é verificado e controlado eletronicamente por sensores de temperatura no começo e no final do processo. Além disso, como forma de retroalimentar o cálculo da quantidade necessária de ARLA32 injetada, um sensor de NOx é instalado no final do sistema SCR. A figura a seguir ilustra o sistema completo.

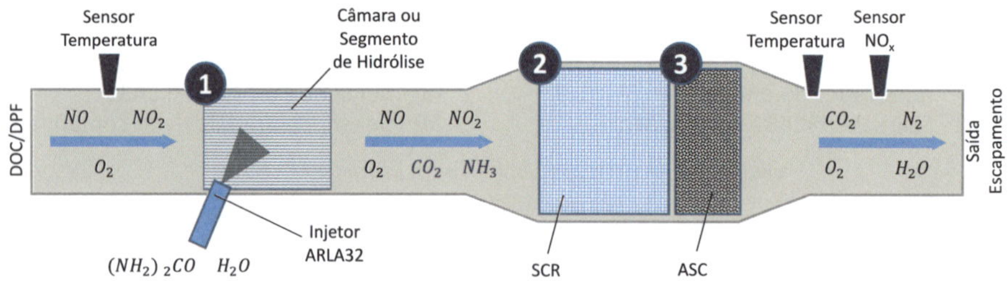

Figura 240 – Processo químico no sistema SCR (Ilustração: os autores)

6.2.6. Gerenciamento eletrônico

O gerenciamento eletrônico do motor, juntamente com o gerenciamento eletrônico do sistema de pós-tratamento (quando presente), trabalha em conjunto para reduzir e controlar a emissão de poluentes.

Um dos sistemas envolvidos e prescritos na norma Euro V e Euro VI é o OBD (do inglês, *On-Board Diagnosis*). Esse sistema, entre outras funções, monitora se algumas características durante a operação do veículo estão sendo respeitadas. Por exemplo, se há ARLA32 disponível ou se o nível de Nox está alto. Nesses casos, o veículo automaticamente limita a velocidade e o torque disponíveis.

6.2.7. Silencioso

Uma das emissões também reguladas por normas governamentais é a emissão de poluentes sonoros, como vimos no Capítulo 1. Além das funções de canalização dos gases do escapamento e de redução da quantidade de poluentes, a última função do sistema de pós-tratamento é a minimização da poluição sonora.

O silencioso ou abafador do escapamento é o componente que executa essa função. Pode ser utilizado mais que um elemento atenuante de ondas sonoras dentro do sistema, dependendo da intensidade e do tipo de frequência. Em todos os casos, o princípio do seu funcionamento pode ser resumido pelos seguintes conceitos:

- **Absorção:** câmaras com materiais como lã mineral, lã de vidro ou feltro são utilizadas para transformar a energia sonora de altas frequências em energia térmica.
- **Reflexão e interferência:** o fluxo da tubulação de escapamento pode ser dividido em diversos canais e câmaras de forma que as ondas ao final do caminho possam se atenuar por sobreposição de fases. Para atingir essa atenuação, o posicionamento, o comprimento dos tubos e o dimensionamento dos furos são fundamentais.

A seguir, alguns exemplos de implementação.

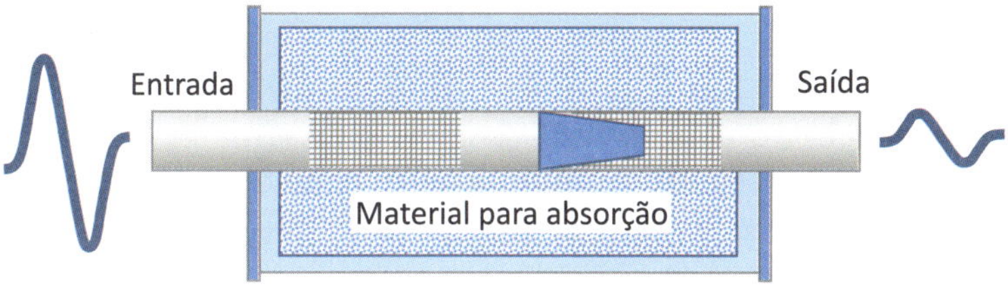

Figura 241 – Silencioso por absorção
(Ilustração: os autores)

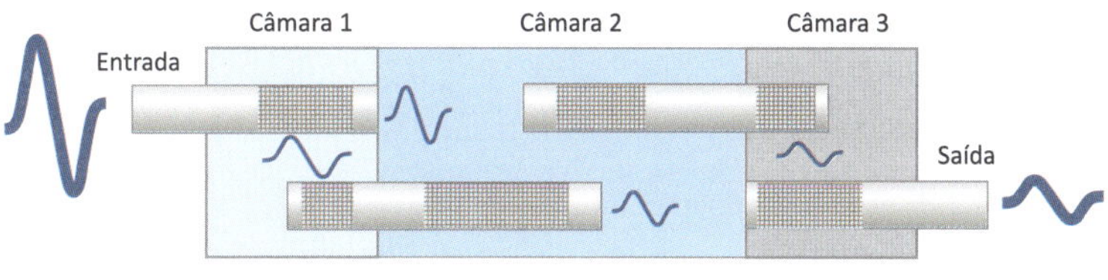

Figura 242 – Silencioso por reflexão e interferência
(Ilustração: os autores)

6.3. Transmissão

O sistema de transmissão em veículos comerciais tem como função principal transferir e multiplicar o torque e a velocidade do motor para os eixos e implementos. Neste último, por exemplo, para uma bomba hidráulica ou um compressor através de uma tomada de força.

É comum no meio automotivo se referir à transmissão como somente a caixa de mudanças do veículo. Porém, para fins didáticos, em nosso livro adotaremos o conceito de transmissão como um sistema de escopo mais amplo.

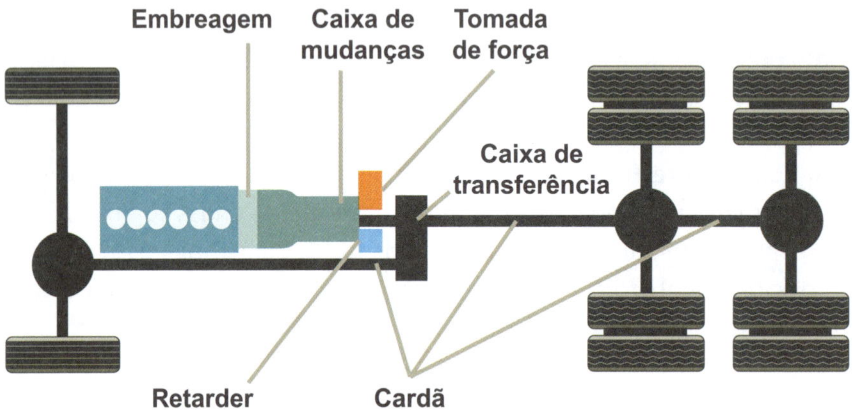

Figura 243 – Sistema de transmissão em um veículo 6x6
(Ilustração: os autores)

Cada um dos componentes da transmissão na figura anterior possui uma função específica e, dependendo da aplicação do veículo, pode estar presente em diversas configurações e layouts. As principais funções de cada subsistema são mostradas na figura a seguir.

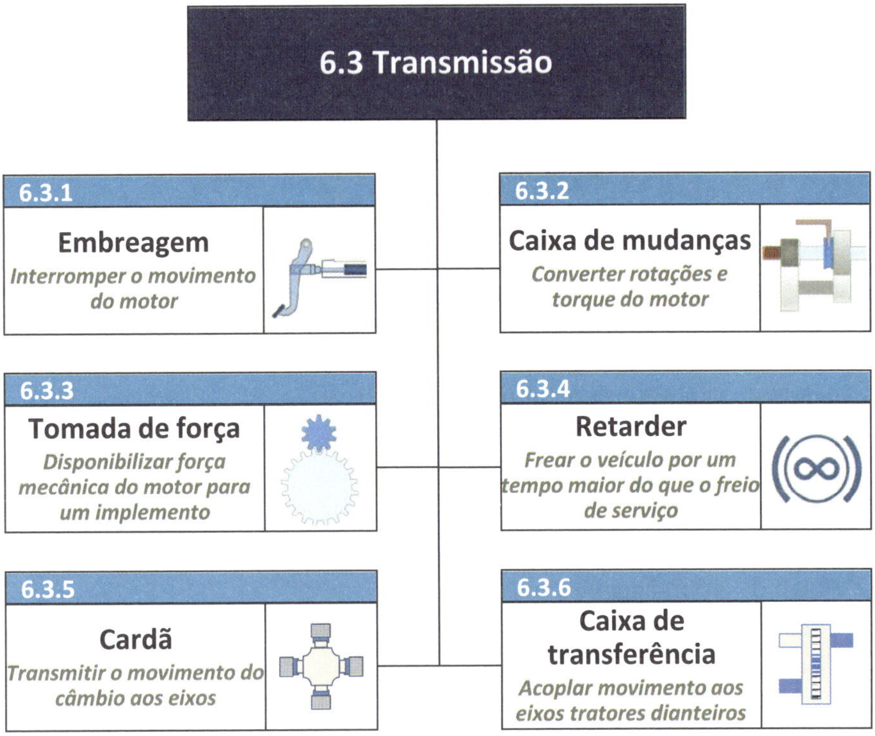

Figura 244 – Elementos da transmissão em veículos comerciais (Ilustração: os autores)

6.3.1. Embreagem

A embreagem tem a seguintes funções básicas:

- Interromper o fluxo de movimento entre motor e o resto do trem de força, de forma a permitir o funcionamento inicial do motor, a troca de marchas no câmbio e, por último, parar o veículo.
- Amortecer as vibrações provenientes do processo de combustão do motor.

Temos basicamente dois tipos de embreagens: as secas e as úmidas. Estas últimas também são chamadas de conversores de torque e são utilizadas geralmente em conjunto com transmissões automáticas.

Embreagem seca
Esta é a mais utilizada no mercado brasileiro. Tem custo acessível, fácil reparo por oficinas e uma grande gama de fornecedores locais. Para facilitar a intercambiabilidade entre motores, embreagens e câmbios de diversos modelos e fabricantes, os

tamanhos de carcaças de distribuição do lado do motor são padronizados através da ISO 7648 e a carcaça da embreagem através da ISO 7649.

O controle e o acionamento nas embreagens secas variam. Primeiramente, o controle ou comando pode ser manual, através de um pedal de embreagem (com um sistema hidráulico) ou eletrônico, sendo iniciado ou finalizado através de atuadores. Já o acionamento mecânico junto ao platô da embreagem pode se dar com um garfo ligado ao sistema hidráulico ou, em sistemas mais novos, através de um atuador pneumático concêntrico (CPCA), instalado junto ao eixo piloto do câmbio.

Um exemplo de sistema comumente utilizado no Brasil com embreagem seca pode ser visto na figura a seguir. Nesse caso, os componentes principais são:

- Pedal de embreagem
- Cilindro mestre
- Fluido de embreagem
- Circuito de acionamento hidráulico (ou a cabo, em alguns sistemas)
- Cilindro escravo
- Garfo da embreagem
- Rolamento do garfo
- Platô
- Disco de embreagem
- Rolamento do piloto

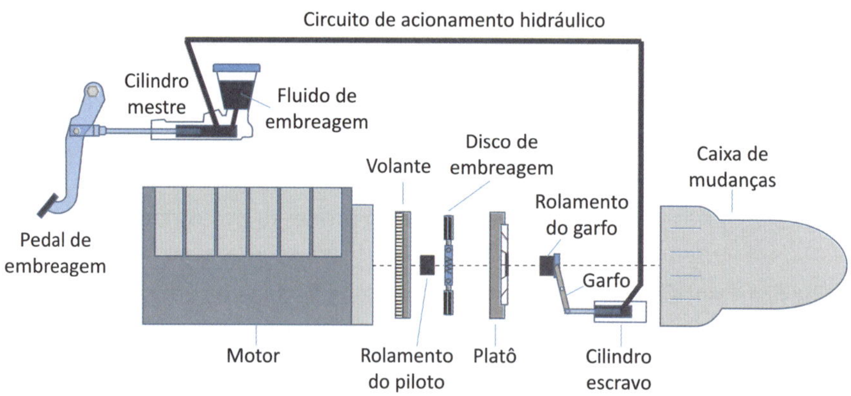

Figura 245 – Exemplo de um sistema de embreagem, com acionamento por pedal e garfo junto ao platô (Ilustração: os autores)

Já o sistema com um CPCA pode ser controlado eletronicamente, não necessitando de diversos componentes presentes no sistema hidráulico ou a cabo mostrado anteriormente. Porém, necessita de um controlador eletrônico e uma conexão com o sistema de alimentação pneumático do veículo, para que possa acionar o platô. A seguir, uma figura ilustrando o sistema.

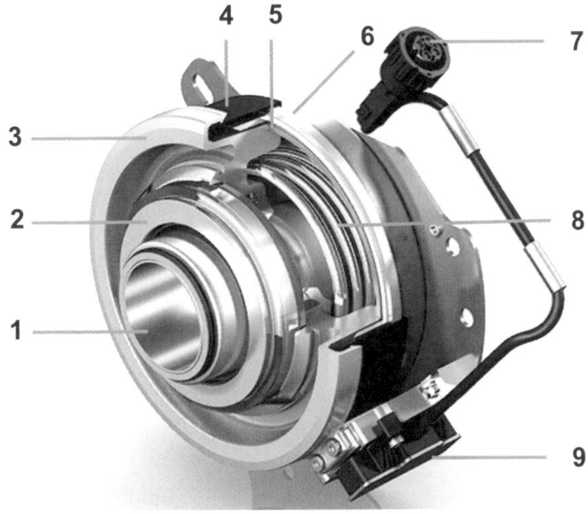

1) Cilindro guia
2) Rolamento axial
3) Pistão
4) Sanfona
5) Anel de vedação
6) Entrada de ar comprimido
7) Conexão elétrica
8) Mola de pré-carga
9) Sensor de posição

Figura 246 – ConAct CPCA
(Foto: ZF, s.d.)

Embreagem úmida e conversor de torque

A embreagem úmida tem uma aplicação menos comum por ser mais dispendiosa do que a embreagem seca, porém possui algumas vantagens. O processo de acoplamento entre o movimento do volante do motor e o câmbio é muito mais suave. Por esse motivo, é utilizada em ônibus urbanos de alta capacidade (ex.: BRT) e em caminhões de "para e anda" (ex.: lixeiros), em conjunto com câmbios automáticos. Também dispensa o uso de acionamentos externos, pois o acoplamento depende do nível de rotação do motor, sendo necessária uma pequena pressão no sistema de freio, como em carros de passeio, para se interromper o movimento do veículo quando o câmbio está "engatado".

Um esquema simplificado de construção da embreagem úmida ou conversor de torque é mostrado pela Figura 247. Basicamente, temos um eixo proveniente do volante do motor que aciona um disco chamado turbina. Esta coloca em movimento o óleo interno, que, por sua vez, faz girar o disco da bomba e assim transmite o movimento ao câmbio. Nesse caso, trata-se de somente uma embreagem úmida. Caso a construção ainda disponha de um estator entre a turbina e a bomba, trata-se de um conversor de torque. A função do estator é modificar a direção do óleo que retorna da bomba de forma a multiplicar o torque durante as velocidades iniciais do veículo.

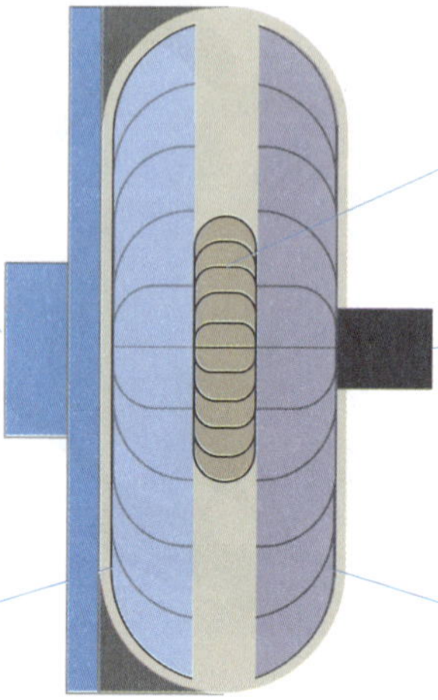

Figura 247 – Esquema de construção de uma embreagem úmida com conversor de torque (Ilustração: os autores)

A partir de uma velocidade determinada em projeto, turbina e bomba giram praticamente a uma mesma velocidade. Para limitar as perdas do processo de transformação de energia cinética, entra em ação do chamado *lock-up* em conversores de torque mais modernos. Esse sistema liga mecanicamente turbina e bomba para transferir com maior eficiência a energia mecânica do motor para o câmbio.

As embreagens úmidas também são a única solução quando temos o transporte de cargas especiais, demandando, por exemplo, até 150 toneladas de PBTC. Um exemplo desses veículos é o Actros 4163 SLT 8x4. Todo o sistema hidrodinâmico do veículo, incluindo a embreagem, possui demandas fora do comum e um aquecimento demasiado, o que faz com que esse veículo tenha sistemas adicionais de arrefecimento na parte traseira da cabine.

Figura 248 – Veículos com cargas especiais demandam embreagens úmidas ou conversores de torque – Aplicação Voith VIAB
(Foto: Voith)

6.3.2. Caixa de mudanças

A maior potência ou desempenho requerido de um motor é necessária quando o veículo precisa se mover inicialmente, acelerar ou se deslocar em subidas.

Quando se inicia o movimento do veículo, o motor não consegue, por conta própria ou sob carga, iniciar o movimento do veículo com as rodas diretamente ligadas a ele. Ele necessita de uma ajuda na partida (através do motor de partida) e começa a trabalhar inicialmente entre 600/800 rpm.

Além disso, em níveis de rotação baixos, sua potência é relativamente pequena e somente aumenta com o incremento em sua rotação. O sistema tem por característica operar eficientemente dentro de um pequeno intervalo. No caso dos motores a diesel, começa a ser eficiente e econômico a partir de 1200/1300 rpm. Essa faixa pode se estender, dependendo da característica individual de cada motor diesel, até 1700/1800 rpm. Por isso, entre motor e rodas é necessária uma conversão de velocidade e torque, que são trocadas de acordo com as condições de aplicação, carga ou estrada. Esse processo acontece principalmente no sistema de transmissão ou caixa de mudanças.

A forma como o motor desdobra sua curva de torque e rotação (curva característica de cada tipo de motor) requer obrigatoriamente uma operação combinada com a embreagem e a caixa de mudanças, ou entre o conversor de torque e o câmbio automático.

Com isso, o motorista ou o sistema de controle eletrônico da caixa de mudanças deve gerenciar as trocas de marcha para utilizar o motor de forma econômica – em dados momentos com alto torque e em dadas ocasiões com alta rotação. De outro lado, as trocas e o uso do câmbio não devem atrapalhar as emissões de gases do motor e propiciar um tamanho de motor adequado.

A caixa de mudanças deve possuir também como características um conforto na questão do ruído de operação, troca de marchas suave e um custo adequado de produção e montagem das peças. As três principais funções da caixa de mudanças são:

- Converter a **rotação** do motor
- Converter o **torque** do motor
- Permitir que o veículo possa se deslocar em marcha **ré**

O nome utilizado aqui como caixa de mudanças pode se referir a qualquer tipo de componente empregado no veículo, seja ele um:

1) Câmbio manual
2) Câmbio manual automatizado
3) Câmbio automático

Princípios básicos

Para entender o papel da caixa de mudanças, precisamos entender o conceito de momento ou torque. Torque é um esforço de torsão, o qual é determinado pela força aplicada e a distância de aplicação.

$$T = F.d(Nm)$$

Para converter torques, utilizam-se pares de engrenagens, onde cada dente funciona como uma alavanca. Portanto, através de engrenagens maiores ou menores altera-se a alavanca – e, consequentemente, o torque. Veja a figura a seguir.

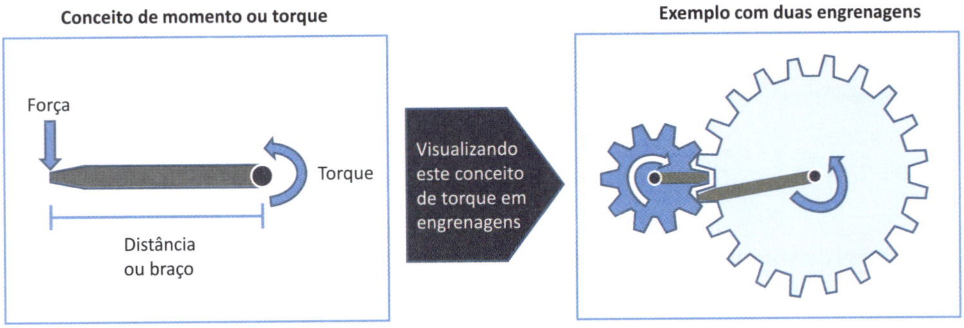

Figura 249 – Conceitos de torque para engrenagens
(Fonte: os autores)

Em engrenagens, possuímos o conceito de relação em um conjunto. Esse conceito é dado basicamente através da quantidade de dentes entre uma engrenagem motora e uma movida.

$$Relação = r = \frac{\#\ dentes\ engrenagem\ movida}{\#\ dentes\ engrenagem\ motora}$$

No exemplo da figura a seguir, temos duas engrenagens. E1 é a engrenagem que move o conjunto, denominada "motora". E2 é a engrenagem forçada a se movimentar e denominada então de "movida".

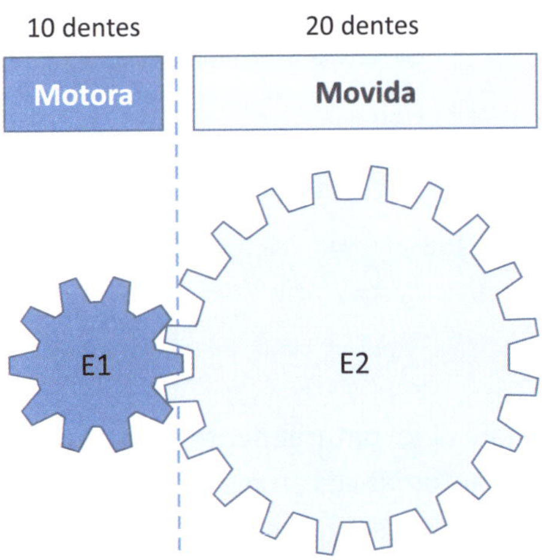

Figura 250 – Engrenagem motora e movida
(Ilustração: os autores)

Nesse caso, a relação é dita 2:1. A cada duas rotações completas da engrenagem motora E1, a engrenagem movida E2 completa uma rotação.

$$r = \frac{\#\,dentes\ engrenagem\ movida}{\#\,dentes\ engrenagem\ motora} = \frac{20}{10} = 2{:}1$$

Em termos de torque, a relação é inversamente proporcional ao conceito da rotação. Em vez de reduzir a velocidade angular pela metade, nesse caso, o torque é duplicado.

Se, por exemplo, a engrenagem E1 está a uma velocidade de 100 rpm e um torque de 100 Nm, a engrenagem E2 então vai girar a uma velocidade de 50 rpm e 200 Nm. Como regra geral, a rotação ou velocidade é sempre dividida pela relação e o torque é multiplicado pela relação.

Em um câmbio ou transmissão, temos a interação de engrenagens e eixos em conjunto, que fazem com que a relação de entrada e saída seja um resultado das diversas reduções e multiplicações. A figura a seguir mostra um exemplo com quatro engrenagens.

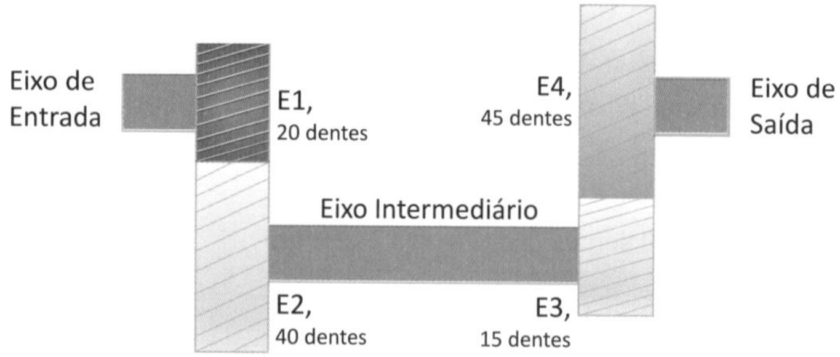

$$r_{conjunto} = r_1 . r_2 = \left(\frac{40}{20}\right) . \left(\frac{45}{15}\right) = 2:1\ .\ 3:1 = 6:1$$

Figura 251 – Interação de diversas relações de engrenagens em um conjunto (Ilustração: os autores)

Câmbio manual

A invenção do câmbio manual foi naturalmente o primeiro passo para os modernos câmbios automatizados e automáticos atuais. Basicamente, a ideia do sistema é ter uma caixa de seleção onde se possam trocar as relações do trem de força de acordo com as variações de torque, velocidade, carga, rampa e terreno.

A construção e operação do câmbio se baseiam em um conjunto de engrenagens mecanicamente conectadas, onde há duas possibilidades para uma dada relação desejada: as engrenagens estão ou não participando do fluxo de força. Em outras palavras, para se alcançar determinada marcha, precisamos engatar e deixar soltas diversas engrenagens do sistema. Isso é realizado pelos sistemas de sincronização e acionamento de engate do câmbio.

Na figura a seguir podemos observar a operação de um câmbio teórico com duas marchas, para o entendimento do funcionamento básico do componente.

Posição	Ilustração	Explicação
Ponto morto ou neutro	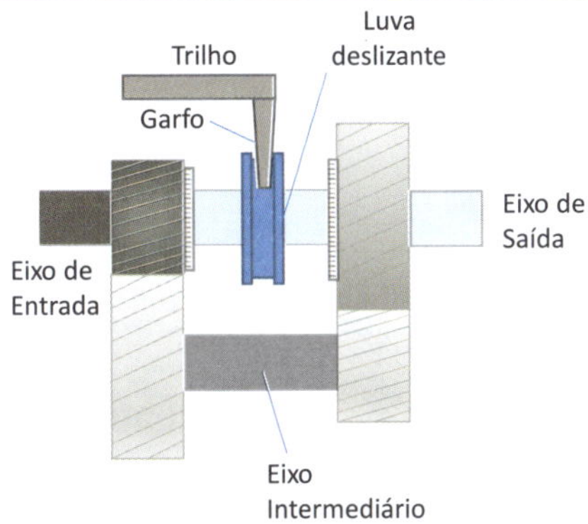	Com a luva deslizante na posição neutra, o eixo de entrada pode girar, mas não há efeito sobre o eixo de saída. O seu movimento faz girar somente o eixo intermediário. Como a engrenagem sobre o eixo de saída roda solta (não está engatada ao eixo de saída), não há fluxo de força.
Primeira marcha engatada	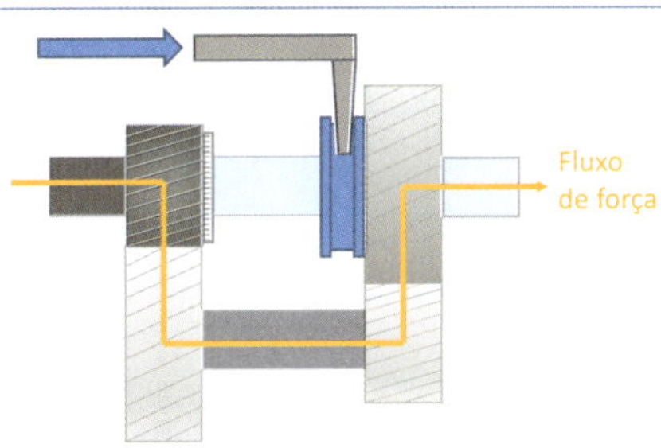	Quando a engrenagem é engatada ao eixo através do deslocamento da luva deslizante, eixo de saída e engrenagem se tornam um só corpo. O movimento do par de engrenagem no eixo intermediário faz com que o eixo de saída se movimente.
Segunda marcha engatada	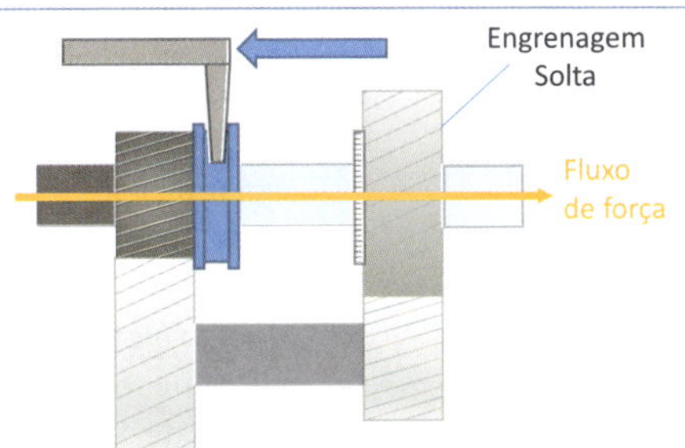	A segunda marcha é engatada unindo-se o eixo de entrada ao eixo de saída através da luva deslizante. Com isso, é estabelecido um fluxo de força direto, ou seja, a mesma rotação e o mesmo torque da entrada são refletidos na saída do câmbio.

Figura 252 – Sistema básico de um câmbio
(Ilustração: os autores)

Quando a marcha mais alta de um câmbio é estabelecida através de um fluxo de força direto, pode-se dizer que se trata um câmbio DD, ou *direct drive*. Quando um câmbio, em sua última marcha, faz uso do eixo intermediário e passa por uma relação menor do que 1, pode-se dizer que se trata de um câmbio OD, ou *overdrive*. Em um câmbio OD, um giro completo no eixo de entrada se transforma em uma rotação maior do que 360 graus no eixo de saída.

Principais componentes do câmbio manual ou automatizado

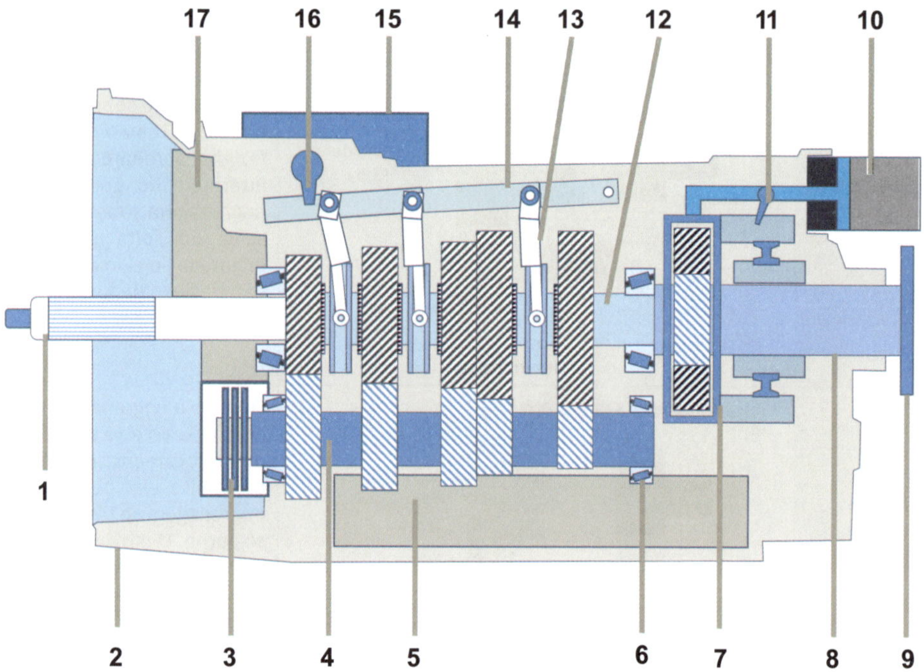

1) Eixo de entrada ou piloto
2) Carcaça
3) Freio do eixo intermediário
4) Eixo intermediário e engrenagens
5) Depósito de óleo
6) Rolamentos
7) Conjunto planetário
8) Eixo de saída
9) Flange de saída
10) Atuador do conjunto planetário
11) Posicionador
12) Eixo principal
13) Garfo
14) Trilho
15) Módulo eletrônico (ECU)
16) Posicionadores
17) Bomba de óleo

Figura 253 – Principais componentes do câmbio
(Ilustração: os autores)

Carcaças

Usualmente fabricadas em alumínio, as carcaças dos câmbios são formadas por duas peças (carcaças dianteira e traseira) para câmbios leves e médios. Para os câmbios de veículos pesados e extrapesados, as carcaças são formadas por três peças (carcaças dianteira, central e traseira).

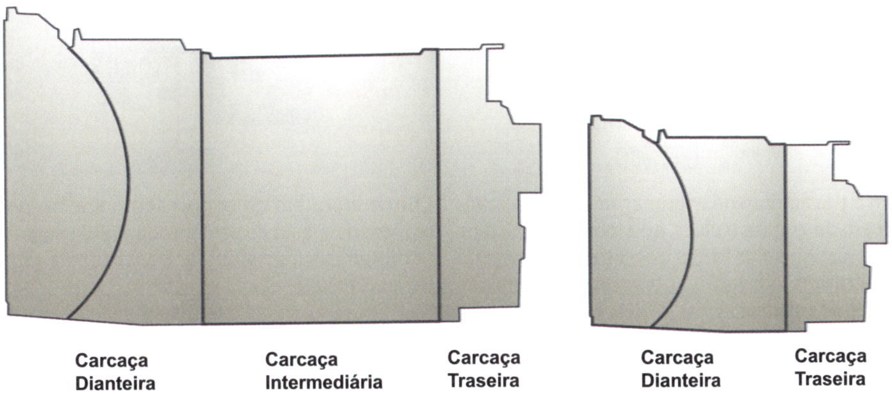

Figura 254 – Caixa de câmbios com diferentes números de carcaças
(Ilustração: os autores)

Engrenagens

As engrenagens podem ser do tipo helicoidal ou com corte reto, geralmente no caso da marcha ré. Em câmbios com conjuntos planetários, são utilizadas engrenagens do tipo solar, planetária e anelar.

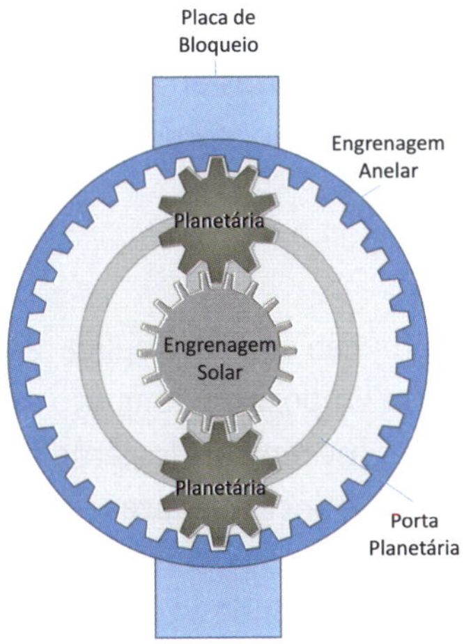

Figura 255 – Engrenagens em um conjunto planetário
(Ilustração: os autores)

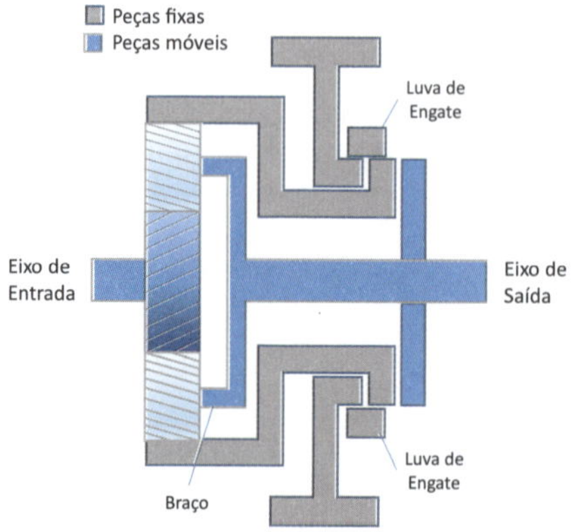

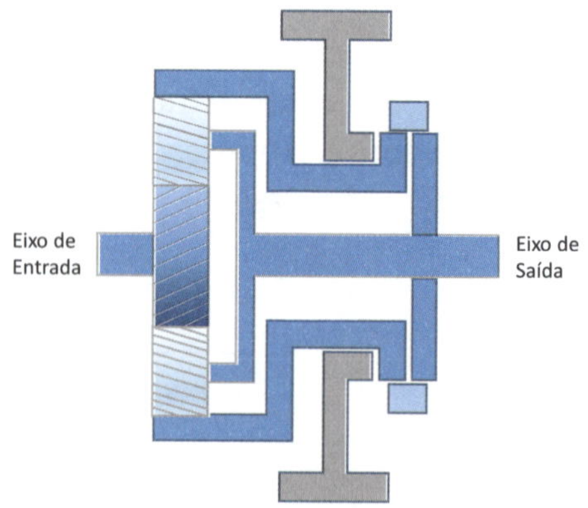

Com o travamento da engrenagem anelar através da luva de engate e placa de bloqueio, o giro da engrenagem solar faz as engrenagens planetárias girarem. A relação entre o eixo de entrada e saída se torna: $r = 1 + \dfrac{\#\,dentes\ eng.\ anelar}{\#\,dentes\ eng.\ solar}$	Com o bloqueio da engrenagem anelar, porta planetária e eixo de saída, toda a estrutura atua como um conjunto único. Dessa forma cria-se uma relação direta. $r = 1$

Figura 256 – Funcionamento básico de um grupo planetário (Ilustração: os autores)

Eixos

- **Entrada ou piloto:** onde a embreagem é acoplada e onde o torque e a velocidade do motor são aplicados.
- **Principal:** onde as engrenagens das marchas rodam soltas e os mecanismos de engate e sincronização das marchas são instalados. Há também uma engrenagem adicional para a marcha ré.
- **Intermediário:** onde são instaladas engrenagens fixas. Transmissões podem ter mais de um eixo intermediário, como forma de reduzir o comprimento do câmbio.

Lubrificação e arrefecimento

- **Óleo lubrificante:** com função similar à aplicação em motores, além de lubrificar, possui funções como limpeza do conjunto e de condução do calor gerado pelo atrito entre as partes mecânicas do câmbio.
- **Bomba de óleo:** sua missão principal é fazer circular o líquido lubrificante pelas partes internas do câmbio.
- **Trocador de calor:** em câmbios onde a temperatura se torna demasiadamente alta para a sua operação e durabilidade, são instalados sistemas de arrefecimento semelhantes àqueles instalados no motor.

Rolamentos

Os rolamentos são instalados sobre os eixos do câmbio e possuem a função de auxiliar e suportar a rotação do conjunto, bem como a rotação individual das engrenagens no eixo principal.

Podem ser utilizados rolamentos de diversos tipos: cônicos, de agulhas, de esferas, entre outros.

Figura 257 – Rolamentos em transmissões
(Foto: os autores)

Módulo eletrônico e sensores

Os câmbios mais modernos ou automatizados possuem um módulo eletrônico para que todo o processo interno de controle seja realizado junto à transmissão. Além disso, sensores necessários para a troca de marchas e operação do veículo são posicionados no câmbio. Exemplos são sensores de rotação, presença de óleo, entre outros.

Sincronização e engate

Para se realizar o engate das engrenagens dentro do câmbio, precisamos imaginar que em um primeiro momento elas se encontram girando soltas sobre o eixo principal em velocidades diferentes. Nesse estado o câmbio está em ponto morto ou neutro. Para se cumprir a tarefa de engate da marcha correta, precisamos então sincronizar a velocidade do eixo com a engrenagem.

Essa sincronização ocorre nos dias de hoje de duas formas:

- **Sincronização interna (em inglês, *synchromesh*).** Realizada por um pacote de sincronização composto de basicamente seis peças: luva de engate (1), corpo de engate (2), anel de pressão (3), cone sincronizador (4), anel sincronizador (5) e engrenagem (6).

- **Sincronização externa (em inglês, *constant-mesh*).** Normalmente é a solução mais barata, por ser necessária uma menor quantidade de peças: corpo de engate (7), luva de engate (8) e engrenagem (9). Esse tipo de solução é aplicado atualmente em transmissões automatizadas, por requerer uma alta precisão no tempo de engate e, por isso, o uso de sistemas eletrônicos de controle. Além disso, é necessário um freio no eixo intermediário como forma de sincronizar as velocidades dos eixos no momento do engate.

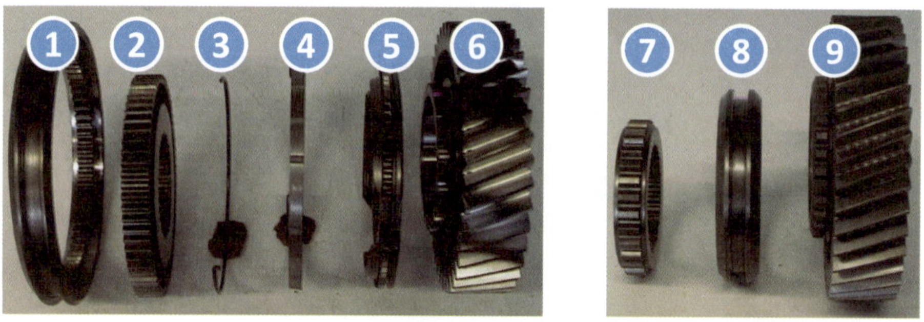

Sincronização interna   Sincronização externa

Figura 258 – Tipos de sincronização em câmbios
(Fotos: os autores)

Grupos em câmbios manuais e automatizados

Pode-se construir e desenhar câmbios com diversas variações na quantidade de marchas utilizando-se grupos. Temos os seguintes tipos:

- **Grupo divisor (em inglês, *split group*)**, o qual divide a quantidade de marchas em altas e baixas. Essa mudança é realizada através do engate de uma de duas engrenagens chamadas "constantes" e uma engrenagem dupla localizada no eixo intermediário. Essa parte do câmbio também pode ser chamada de GV ou grupo de velocidade.
- **Grupo da caixa básica (em inglês, *main transmission*)**, onde encontram-se as engrenagens básicas e de marcha ré. Normalmente, pode possuir três ou quatro engrenagens principais, as quais possibilitam diferentes tipos de relação.
- **Grupo multiplicador (em inglês, *range group*)**, o qual é construído através de um conjunto planetário, permitindo uma duplicação do número de marchas dos grupos dispostos anteriormente na caixa. Também pode ser chamado de GP ou grupo planetário.

Para se calcular a quantidade de marchas disponíveis em uma transmissão, basta-se multiplicar as possibilidades de troca nos diversos grupos integrados.

$$\#Marchas_{TOTAL} = \#Marchas_{Divisor} \cdot \#Marchas_{Caixa\ Básica} \cdot \#Marchas_{Multiplicador}$$

Geralmente, grupos divisor e multiplicador possuem duas possibilidades de marchas. Para os exemplos da figura a seguir, podemos assumir que a caixa básica possui três marchas.

Divisor	Caixa básica	Multiplicador	Exemplo
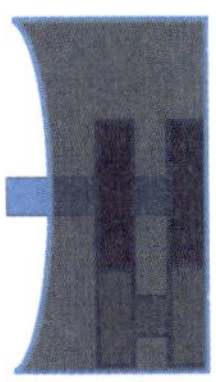	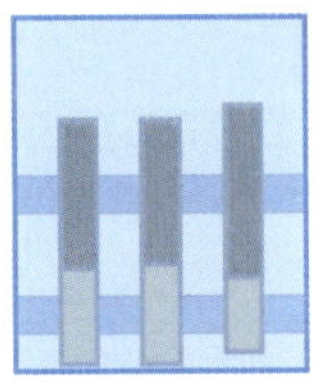	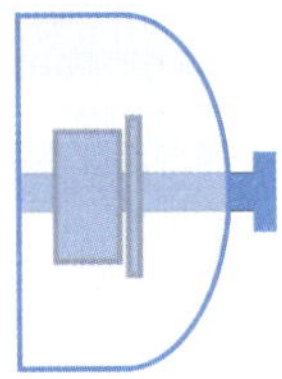	*#Marchas* = 2 x 3 x 2 = 12
	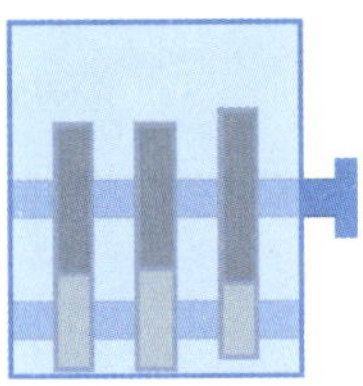		*#Marchas* = 2 x 3 = 6
	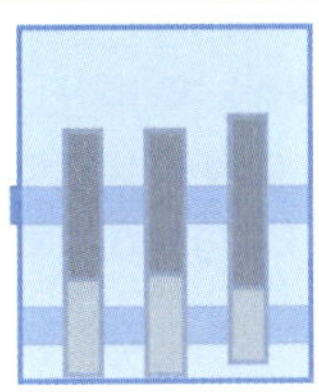	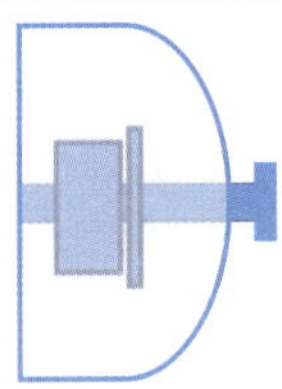	*#Marchas* = 3 x 2 = 6

Figura 259 – Grupos em caixas manuais e automáticas
(Ilustração: os autores)

Relação geral do câmbio

Dividindo-se a relação da primeira marcha pela última marcha de qualquer transmissão, pode-se calcular a relação geral do câmbio, ou o *overall ratio*, em inglês. Quanto maior essa relação, maior é a capacidade de o veículo operar em diversas situações de condução e carga. Outra vantagem é selecionar a melhor relação para uma eficiência no consumo de combustível.

A desvantagem é que câmbios com grande *overall ratio* requerem um tamanho maior, pois precisam agregar mais grupos em sua construção.

Sistema de trambulação

Todo o conjunto de componentes que mecanicamente ou eletronicamente transporta o comando do motorista ou mesmo de uma central eletrônica para a troca de marchas é denominado sistema de trambulação da caixa de mudanças. O acionamento desse sistema é a grande diferença entre caixas ditas manuais ou automatizadas.

A figura a seguir ilustra os cinco principais tipos de trambulação e sua relação com a classificação entre câmbios manuais e automatizados.

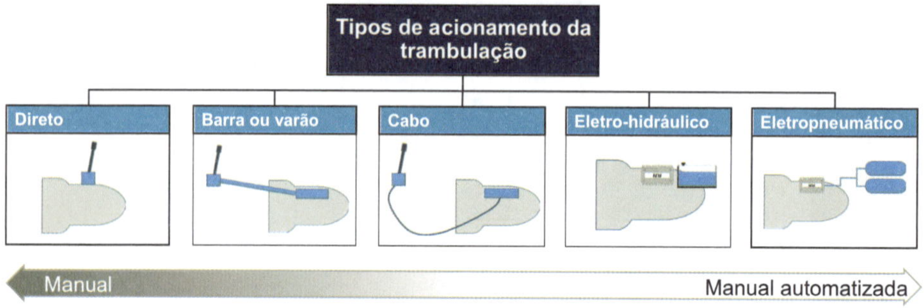

Figura 260 – Tipos de acionamento da trambulação do câmbio
(Ilustrações: os autores)

- **Direto:** é o sistema mais simples, pois o acionamento está diretamente acima do câmbio. Muito utilizado em veículos comerciais leves.
- **Barra ou varão:** semelhante ao sistema direto, existe um componente único mecânico (ex.: barra ou tubo metálico) ligando a alavanca de mudanças até a trambulação do câmbio.
- **Cabo:** são utilizados cabeamentos para o transporte do movimento partindo da alavanca de troca de marchas até a trambulação do câmbio. Esse tipo de sistema assegura uma troca de marchas mais suave ao usuário, podendo permitir componentes de assistência (ex.: *boosters*).
- **Eletro-hidráulico:** os trilhos e garfos da embreagem são comandados por atuadores hidráulicos. Há a necessidade de um tanque instalado junto ao câmbio com fluido hidráulico.
- **Eletropneumático:** os trilhos e garfos da embreagem são comandados por atuadores pneumáticos. Existe a necessidade de uma alimentação pneumática proveniente do veículo.

Câmbio manual automatizado (em inglês, AMT – *Automated Manual Transmission*)
Como vimos antes, o câmbio automatizado é baseado na mecânica interna de um câmbio manual. Eixos, engrenagens, rolamentos e outros permanecem da mesma forma. A grande diferença está no acionamento da trambulação do câmbio e no acionamento da embreagem. Essa automatização então pode ser implementada em diversos níveis, de acordo com o grau de automatização desses dois sistemas de acionamento.

Acionamento da embreagem	Acionamento da trambulação/troca de marchas
Manual, via pedal	**Manual,** realizada através de *joystick* ou alavanca junto ao volante. O acionamento da trambulação pode ocorrer de forma eletro-hidráulica ou eletropneumática.
Manual, via pedal	**Manual**, sendo a próxima marcha indicada pelo controle eletrônico, sem a necessidade de escolha pelo motorista. A troca é iniciada com o pressionamento do pedal de embreagem.
Automatizada	**Automatizada,** é dada também a opção de troca manual (indicada sempre pela letra "M"), sem a indicação do mapeamento de troca de marchas programado no veículo.

Tabela 37 – Diferentes níveis de automatização da caixa de mudanças

Os diversos fabricantes também costumam utilizar uma marca para os seus veículos com caixas de mudança automatizadas. No Brasil, temos os seguintes exemplos:

Iveco	Auto-Shift Eurotronic	Scania	Opticruise
MAN	Tipmatic	Volvo	I-Shift
Mercedes-Benz	Powershift	VW	V-Tronic

Tabela 38 – Marcas de câmbios automatizados pelas montadoras
(Fonte: os autores)

Câmbio automático
Os câmbios automáticos possuem uma construção diferente dos câmbios manuais ou automatizados. Eles utilizam obrigatoriamente conversores de torque na sua entrada e grupos planetários dispostos em série. Toda a transmissão de torque e velocidade é realizada sem interrupção do fluxo de força pelo conversor de torque. Através de um controle eletrônico, engrenagens são bloqueadas ou deixadas soltas, de forma a mudar a relação do câmbio.

O uso de câmbios automáticos em veículos comerciais é bastante específico em alguns segmentos, como, por exemplo:

- Caminhões lixeiros
- Caminhões com cargas especiais
- Ônibus em corredores BRT

Essas aplicações demandam um maior conforto para usuários, motoristas e cargas especiais, devido ao "anda-e-para" de trechos urbanos.

6.3.3. Tomada de força

As chamadas tomadas de força nos veículos podem ser instaladas junto ao motor ou junto à transmissão e possuem a seguinte função:

- Permitir uma interface para uma **tomada de força** (do inglês PTO – *Power Take Off*) de um agregado externo, dependendo da aplicação do veículo.

Quando instaladas junto ao motor, comumente na carcaça de distribuição, não são dependentes da atuação da embreagem e são acionadas conforme rotação do volante do motor. São usadas normalmente para aplicações que demandam um alto torque de saída.

6.3.4. Retarder

Um dos grandes problemas nas estradas brasileiras, principalmente nas regiões sudeste e sul, é o grande número de aclives e declives. Principalmente neste último, em segmentos com grande quantidade de carga, não é possível, como em carros de passeio, somente utilizar os freios de serviço instalados nas rodas. A razão é que eles superaquecem e perdem sua função principal de frear, podendo, em casos extremos, perder o controle do veículo. Além disso, o uso excessivo dos freios de serviço pode ter como consequência o desgaste prematuro das suas pastilhas ou lonas.

Para isso, foram desenvolvidos os chamados retarders, que, por sua vez, permitem uma frenagem adicional e complementar aos freios de roda e aos diversos tipos de freio motor. Esse componente também é chamado na literatura estrangeira de freio livre de desgaste, pois não há materiais como lonas ou pastilhas de freio para serem trocadas.

Retarder hidráulico

Funciona com um princípio básico: transforma o movimento cinético de entrada em energia térmica, que precisa posteriormente ser dissipada. Essa transformação é realizada através de um líquido, que pode ser um óleo ou o próprio líquido de arrefecimento do motor. A força de frenagem se dá pela quantidade de líquido inserido dentro do retardador.

Retarder magnético

Funciona através do mesmo princípio de freios regenerativos em carros híbridos ou elétricos. Através de um estator e um rotor, a energia mecânica de entrada é transformada em energia elétrica, que é gerada através da variação do campo magnético (Lei de Lenz). A força de frenagem pode ser controlada de duas formas: em retardadores com ímãs permanentes, se controlada a posição das bobinas em relação aos ímãs; em retardadores com eletroímãs, se controlada a corrente elétrica que passa através dos eletroímãs.

Os retarders também podem ser classificados de acordo com sua posição de instalação no layout do veículo, como mostra a figura a seguir.

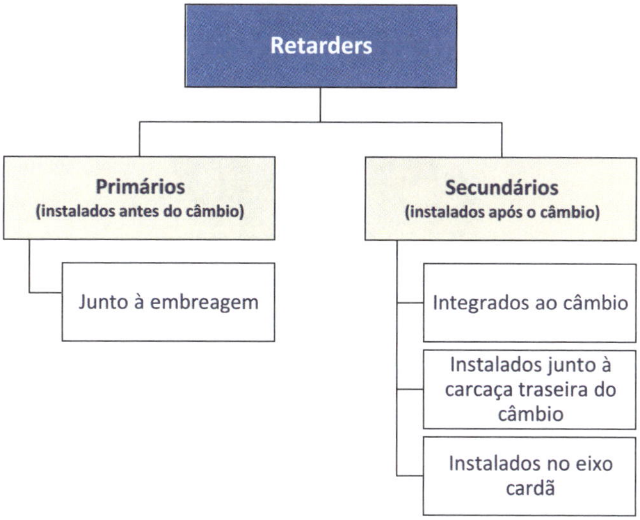

Figura 261 – Classificação dos retarders pela sua posição no layout do veículo (Ilustração: os autores)

Os retarders primários são usados quando se deseja atuar diretamente no torque primário do motor. São ideais para aplicações como mineração, construção e transporte de cargas especiais. Podem ser usados em velocidades baixas. Um exemplo comum no mercado é o Turbo Clutch da empresa Voith, também conhecido como VIAB (em alemão, *Verschleißfreie Integrierte Anfahr- und Bremssystem*).

Os retarders secundários dependem de uma marcha estar engatada e podem ser instalados:

- integrados internamente ao câmbio, como é o exemplo do modelo da empresa ZF, mais conhecido como Intarder;
- junto à carcaça traseira, com a utilização de uma engrenagem de acionamento montada sobre o eixo de saída do câmbio;
- junto ao eixo cardã, como no caso dos retarders magnéticos da empresa Telma.

O acionamento do equipamento se dá comumente através de alavanca instalada junto ao volante. No exemplo da figura a seguir, o controle é realizado em cinco estágios. Os dois primeiros estágios representam a frenagem através do freio motor e os três últimos estágios representam o acionamento adicional do retardador a óleo Voith VR115E instalado.

Figura 262 – Retarder a óleo Voith 115 HV
(Fonte: Voith)

6.3.5. Cardã

A função dos eixos cardã se resume em:

- Transmitir a força ou movimento a partir de uma transmissão para os eixos tratores do veículo.
- Permitir um movimento angular entre os componentes a ele ligados, devido a posicionamento (layout do veículo) ou oscilações de um terreno irregular, por exemplo.

Devido à aplicação específica do veículo, mais de um eixo cardã pode ser utilizado. Se há necessidade, por exemplo, de tração nas rodas dianteiras, é necessária uma composição de cardãs que ligue o eixo dianteiro até uma caixa de transferência e esta, por sua vez, seja ligada a transmissão. No caso de eixos tandem, popularmente conhecidos no Brasil como "traçado", há também um cardã entre dois eixos trativos traseiros.

A seguir, a figura mostra os principais componentes e características de um eixo cardã.

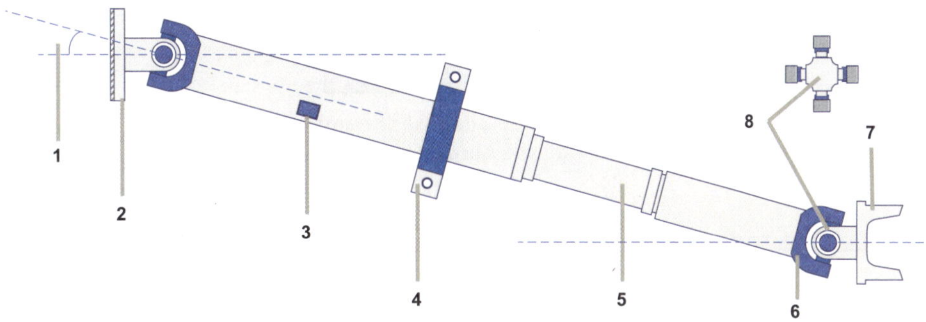

1) Ângulo de inclinação do cardã
2) Terminal tipo flange
3) Contrapeso
4) Mancal para grandes comprimentos
5) Área de ajuste de comprimento
6) Garfo
7) Terminal tipo Yoke
8) Cruzeta

Figura 263 – Componentes do eixo cardã
(Ilustração: os autores)

6.3.6. Caixa de transferência

As caixas de transferência têm a função básica de transmitir ou dividir o movimento imposto no eixo de saída do câmbio para as rodas dianteiras e traseiras do veículo. Em alguns casos, servem de acoplamento entre câmbio e eixos devido ao ângulo necessário entre ambos.

Essas caixas podem também possuir bloqueio de diferencial e/ou marchas adicionais para aumento de torque. A seguir, exemplo de uma caixa de transferência e seu princípio básico.

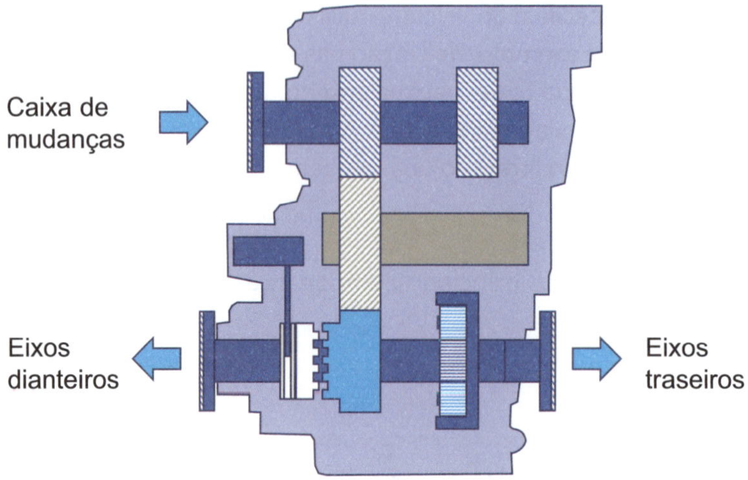

Figura 264 – Exemplo de caixa de transferência
(Ilustração: os autores)

6.4. Eixos e rodas

Se a roda foi uma das maiores invenções da humanidade, não podemos esquecer que todas as rodas precisam de um eixo de apoio para o seu movimento rotacional. No caso dos veículos comerciais não é diferente. Os eixos e rodas, incluindo seus pneus, são responsáveis por estabelecer a base do veículo sobre o solo. Acima deles está apoiado todo o seu sistema de suspensão. O seu conjunto também é em grande parte responsável pela dinâmica veicular, e o sistema de direção depende do funcionamento dos componentes do eixo para alterar a trajetória de movimento. Além disso, não podemos esquecer que é sobre o eixo que está montada a transmissão de movimento para as rodas e os freios do veículo.

Os eixos podem ser caracterizados de diversas formas, de acordo com a:

a. **Posição:** dianteiros e traseiros. No caso dos traseiros, existem também os eixos auxiliares, não tracionados, os quais são divididos entre aqueles antes ou depois do eixo tracionado (em inglês, *pusher* ou *tag*, respectivamente).
b. **Transmissão de força:** tracionados e não tracionados, também chamados de trativos e não trativos. No caso dos tracionados ou trativos, podem ainda ser divididos entre aqueles:
   - Com velocidade ou relação única ou dupla
   - Com ou sem redução no cubo
   - Com ou sem bloqueio de diferencial

c. **Presença do sistema de direção:** direcionáveis e não direcionáveis.
d. **Presença de sistema suspensor:** com elevação do eixo ou sem elevação do eixo.
e. **Capacidade técnica de carga sobre o eixo:** leves, médios e pesados.
- Dianteiros
    i. Leve: menor que 4t
    ii. Médio: entre 4 e 7,5t
    iii. Pesado: maior que 7,5t
- Traseiros
    i. Leve: menor que 7t
    ii. Médio: entre 7 e 11,5t
    iii. Pesado: maior que 11,5t

Vamos dividir o sistema de eixos e rodas e suas funções nos seguintes subsistemas da figura a seguir.

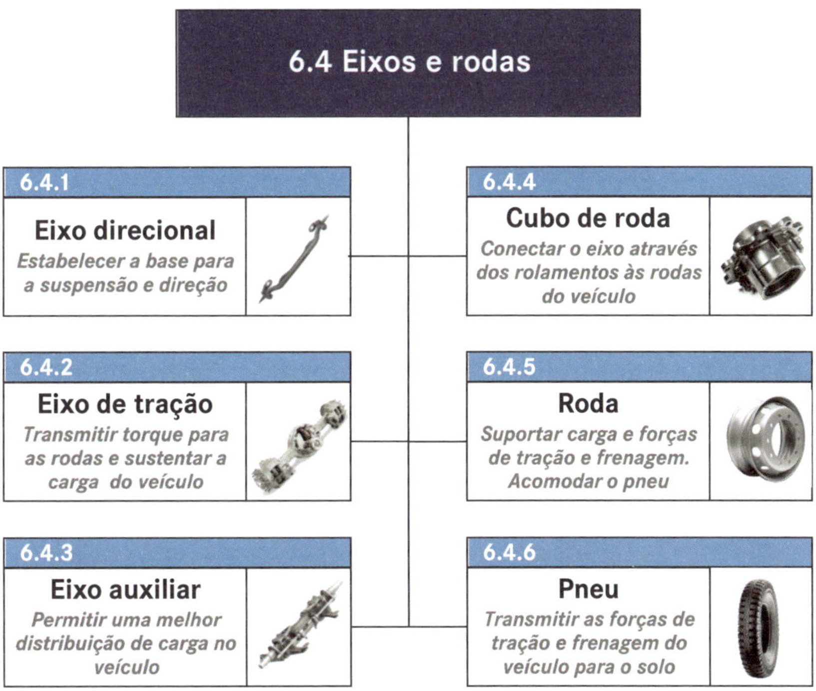

Figura 265 – Elementos de eixos e rodas em veículos comerciais
(Ilustração: os autores)

6.4.1. Eixos direcionais

A função do eixo direcional em um veículo comercial pode ser definida por dois pilares básicos: sustentar a carga e garantir a direção do veículo. Essas duas funções básicas têm total relação com a segurança veicular, e, dessa forma, pode-se entender a atenção especial dos fabricantes em garantir o correto dimensionamento e a qualidade dos componentes do eixo dianteiro.

A Figura 266 mostra um exemplo de eixo dianteiro direcional com seus principais componentes.

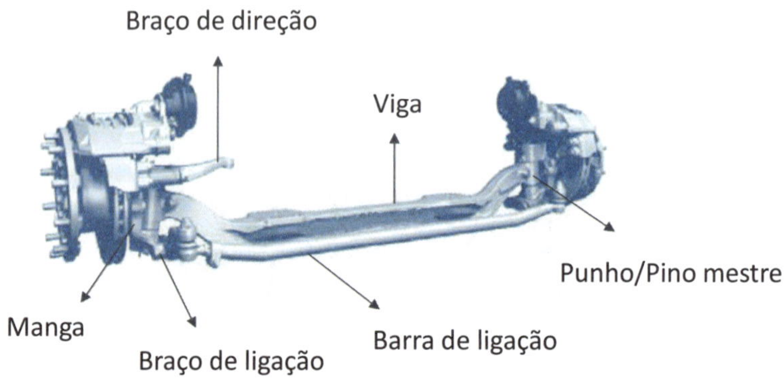

Figura 266 – Ilustração de um eixo dianteiro com freio a disco (Ilustração: os autores)

Viga

A viga é o componente estrutural do eixo dianteiro mais importante quando abordamos a função de sustentação de carga do veículo. A maior parte dos veículos de carga possui uma suspensão convencional com eixo rígido, ou seja, os dois lados do veículo estão conectados por um único elemento rígido, no caso, a viga do eixo dianteiro. Essa construção traz para a viga do eixo dianteiro a característica de conectar os feixes de mola (em veículos equipados com suspensão metálica) ou bolsas de ar (para veículos com suspensão pneumática na dianteira).

Fazendo um corte transversal na região central da viga do eixo dianteiro, geralmente será encontrado um perfil de viga em I, que se caracteriza por ser o perfil mais eficiente para sustentar as cargas verticais e de torção combinadas, em uma construção em liga de aço forjado. Pode-se ver a descrição das principais características de uma viga e o perfil mais usado na Figura 267.

Em veículos comerciais, as vigas de eixos dianteiro geralmente possuem um desvio na direção vertical, conhecido como *drop* da viga, medida 'd' da ilustração a seguir. Esse desvio tem o objetivo de proporcionar um maior espaço para o curso de suspensão, evitando colisão com os demais componentes do veículo montados nessa região, tais como: cárter do motor, defletores térmicos e acústicos, tubulações, entre outros.

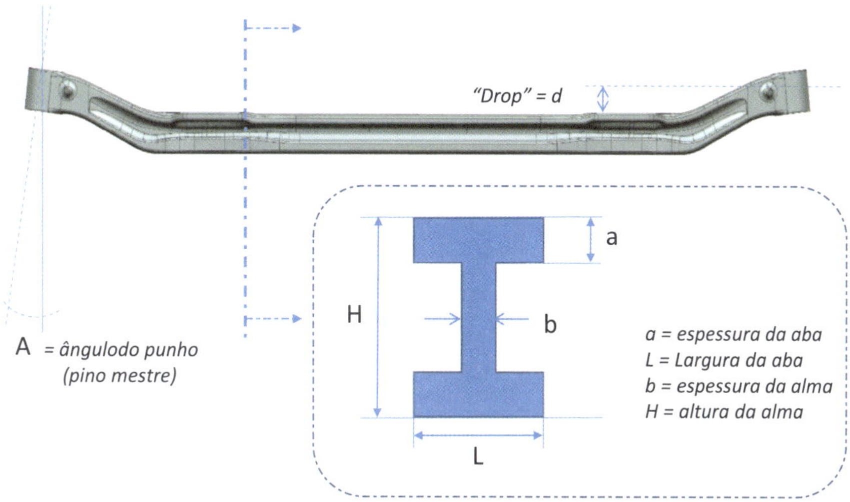

Figura 267 – Principais características de uma viga de eixo dianteiro (Ilustração: os autores)

Punho e pino de ancoragem

O punho da viga deve conectar a região de fixação da suspensão à parte móvel do veículo, onde estão a manga de eixo, o cubo e as rodas. Essa transição é concentrada pelo pino de ancoragem, que garante a liberdade de mudança de direção das rodas ao mesmo tempo em que suporta a carga do veículo.

O pino de ancoragem, também conhecido como pino mestre, tem uma inclinação em relação ao eixo vertical do veículo. Esse ângulo é definido como ângulo do pino mestre e influencia diretamente no esforço e retorno da direção após viragem. Para obter uma característica adequada em termos de esforço de direção para veículos comerciais, busca-se em projeto que a projeção da linha de centro do pino mestre encontre a linha de projeção das rodas abaixo da linha do solo. Dessa forma, consegue-se maior eficiência para o sistema, garantindo o retorno das rodas à posição de repouso natural, a de movimento retilíneo.

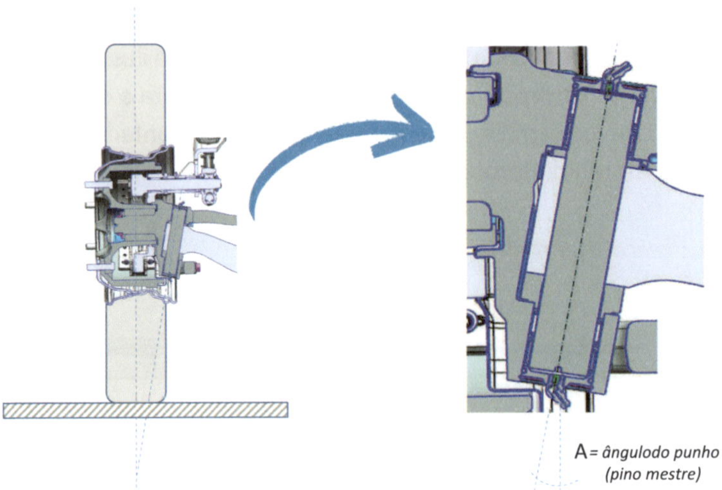

Figura 268 – Ilustração do pino de ancoragem
(Ilustração: os autores)

Manga de eixo

É uma peça de construção forjada que liga a viga do eixo, através do pino mestre, aos rolamentos do cubo de rodas. Na manga do eixo estão conectados os braços de direção e de ligação.

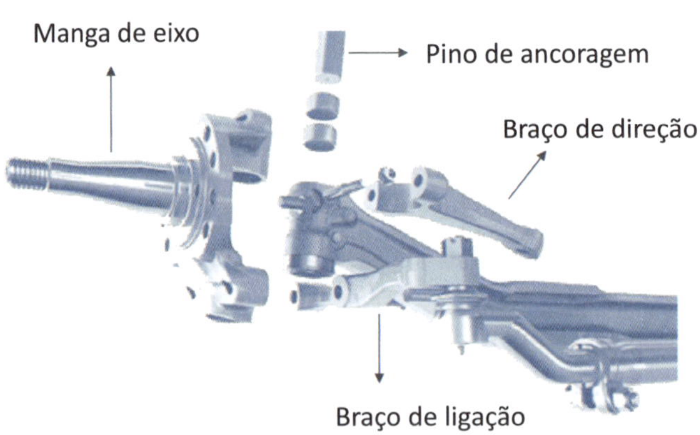

Figura 269 – Vista explodida de montagem da manga de eixo dianteiro
(Foto: Autores)

Braço de direção

O braço de direção recebe os esforços oriundos da barra de direção e transfere esse torque de rotação para a manga do eixo. Esse movimento garante a direção do veículo de acordo com o comando mecânico do sistema de direção.

Braço e barra de ligação
O sistema de direção fica localizado em um dos lados do veículo, no lado do motorista – que é o esquerdo na maior parte do mundo e direito em países que seguem a "mão inglesa", como Inglaterra, Austrália, Índia, África do Sul e Japão.

Dessa forma, a barra de direção é conectada a uma das rodas do eixo dianteiro e a transmissão do movimento de direção para o lado oposto fica a cargo dos braços de ligação e das barras de ligação. Assim, garante-se que o sistema de direção do veículo tenha o resultado esperado através da rotação das rodas e transferência de esforços entre o pneu e o solo de maneira harmônica e sincronizada.

6.4.2. Eixo de tração

A potência gerada pelo motor precisa ser transmitida para as rodas e os pneus, e o eixo de tração tem a função de fazer essa transmissão, através do conjunto de engrenagens presentes no diferencial. Essa função é combinada com a necessidade de sustentação da carga, dividida com os demais eixos sem tração do veículo.

Em veículos 4x4, 6x6 e 8x8, o eixo dianteiro também tem a função de tração. Os conceitos apresentados a seguir também são válidos para esse tipo de eixo, já que possui um sistema de engrenagens que fazem a transmissão de torque para as rodas similar aos eixos de tração traseiros.

Figura 270 – Ilustração com disposição de eixos traseiros para veículos 6x4 ou 8x4
(Foto: Media Daimler Truck)

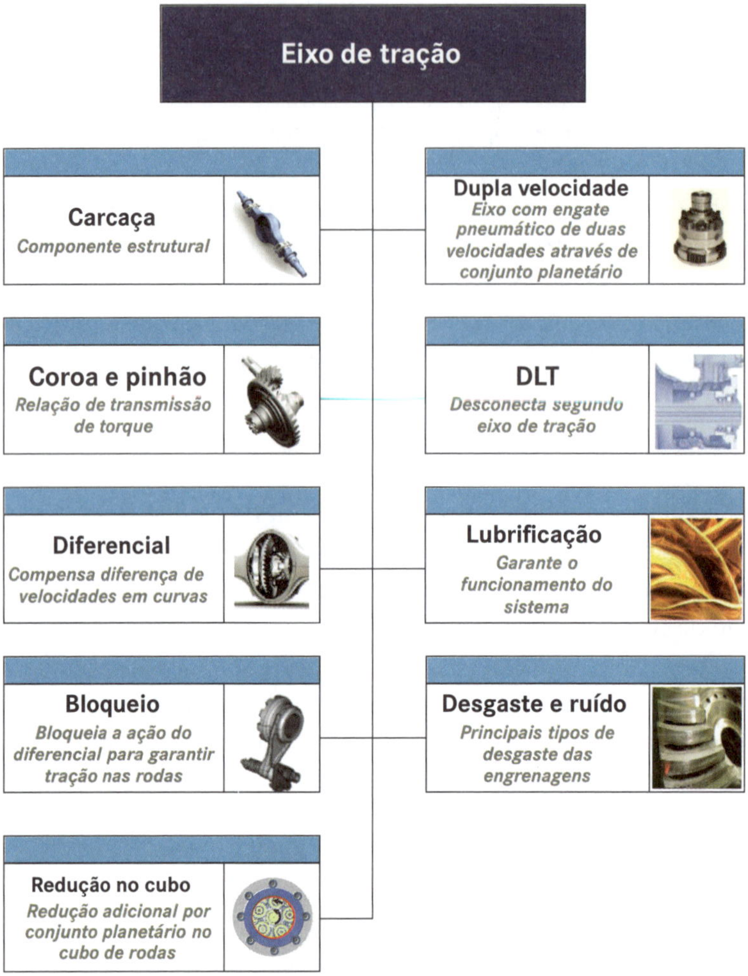

Figura 271 – Tópicos relacionados aos eixos de tração
(Ilustração: os autores)

Carcaça e estrutura

A função estrutural fica a cargo da carcaça do eixo, que, no caso de eixos de tração, precisa suportar os carregamentos vertical, lateral, longitudinal e de torção, oriundos da interação do pneu com o solo e da dinâmica da suspensão, além dos esforços gerados propriamente pela tração do veículo. Existem basicamente dois modelos de carcaça de eixo, quando consideramos sua característica construtiva: carcaças com miolo fundido e carcaças com corpo totalmente estampado.

As carcaças com miolo fundido geralmente são constituídas de um corpo de ferro fundido e ponteiras em aço forjado ou mesmo ferro fundido. Tem a vantagem de possibilitar maior flexibilidade de geometria durante o projeto dos componentes. O engenheiro projetista pode acrescentar material somente nas regiões de maior esforço e tensão, resultando em um componente extremamente robusto para aplicação em veículos comerciais.

Já as carcaças estampadas são compostas de estruturas em aço estampado e soldado, com ponteiras e acessórios forjados. Essas peças geralmente representam uma vantagem em peso para o veículo, por se tratar de peças mais leves se comparadas às construções fundidas para aplicações similares. As figuras 272 e 273 ilustram conceitualmente as características construtivas das carcaças fundidas ou estampadas.

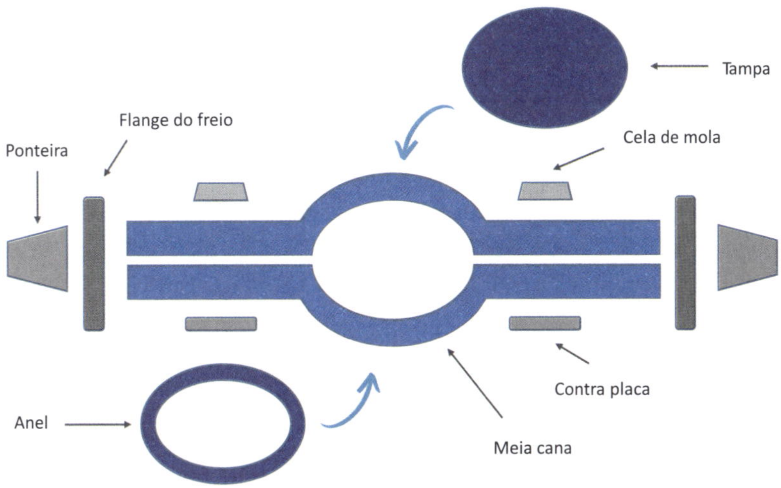

Figura 272 – Ilustração de uma carcaça de eixo estampado
(Ilustração: os autores)

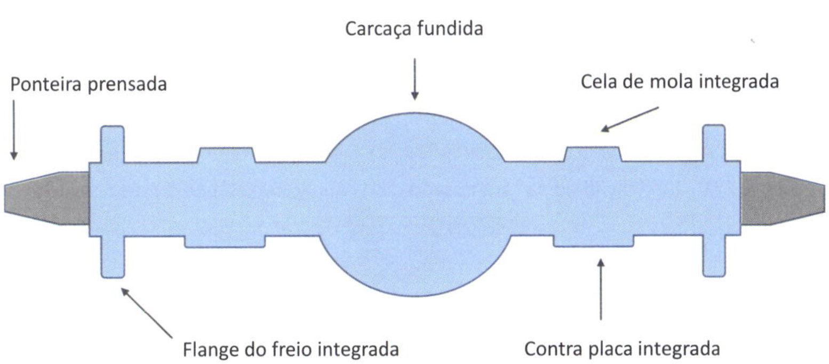

Figura 273 – Ilustração de uma carcaça de eixo fundida com ponteiras forjadas
(Ilustração: os autores)

Coroa e pinhão

A transmissão de torque oriundo da árvore de transmissão para rodas e pneus é feita pelo conjunto de redução do eixo de tração, composta pelo par coroa e pinhão.

O pinhão está acoplado ao eixo de transmissão e tem a rotação do eixo. Ele move a coroa, que tem um diâmetro maior e apresenta uma rotação menor que a do pinhão, característica da redução do eixo de tração. A diferença de diâmetro primitivo e, consequentemente, do número de dentes da coroa em relação ao pinhão define a relação de transmissão do eixo de tração, popularmente conhecido como a redução do eixo. Podemos usar um exemplo de uma coroa com 43 dentes e um pinhão que tenha 7 dentes – nesse caso, a redução do eixo se dá pela divisão do número de dentes da coroa, 43, pelo número de dentes do pinhão, 7, resultando em uma redução 6,14, ou seja, a rotação das rodas será 6,14 vezes menor que a rotação da árvore de transmissão ou de entrada no eixo. O inverso ocorre com o torque. Pode-se considerar, excluindo as perdas, natural em qualquer sistema mecânico, que o torque no exemplo citado é aproximadamente 6,14 vezes maior nas rodas do que o torque de entrada do eixo, oriundo da árvore de transmissão. Portanto, a redução do eixo multiplica o torque com redução da rotação das rodas em relação à entrada no eixo pela árvore de transmissão.

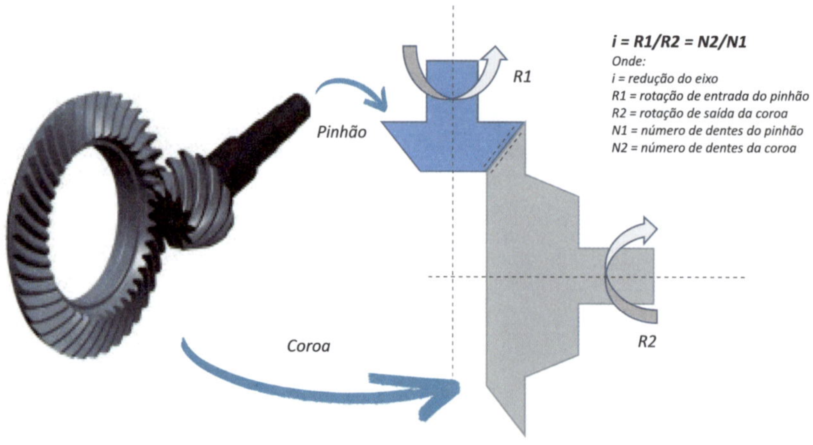

Figura 274 – Ilustração do par engrenado com cálculo da relação de transmissão (Ilustração: os autores)

Diferencial

Quando o veículo está fazendo uma curva, existe uma diferença de velocidade de rotação entre as rodas localizadas na parte interna e externa da curva. No exemplo da Figura 275, pode-se observar que a transição da posição 1 para a posição 3, passando pela posição 2, só é possível se a velocidade da roda do lado esquerdo for menor que a velocidade da roda do lado direito, pois a distância percorrida pela roda do lado esquerdo é menor que a distância percorrida pela roda do lado direito. Dessa forma, essa trajetória em curva, necessária para assegurar a dirigibilidade do veículo, deve ser garantida por um mecanismo que compense essa diferença de velocidade sem perder a capacidade de tração. Esse mecanismo é conhecido como sistema de diferencial dos eixos trativos.

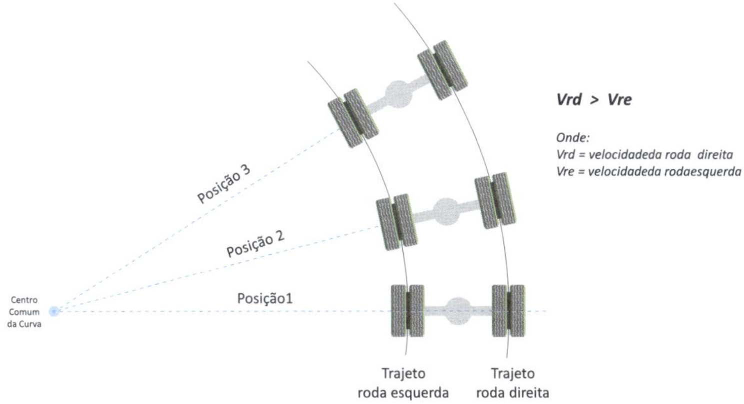

Figura 275 – Ilustração de um movimento curvilíneo de um eixo de tração
(Ilustração: os autores)

O diferencial garante a transmissão de torque compensando a diferença de velocidade. Ele é composto por um sistema de engrenagens, ilustrado na Figura 276. Nesse conjunto, o torque da coroa é transferido para uma caixa satélite, que, por sua vez, gira a cruzeta ligada às engrenagens satélites. Essas engrenagens são responsáveis pela transferência do torque para as engrenagens planetárias, que transferem o torque para os semieixos ligados aos cubos de roda.

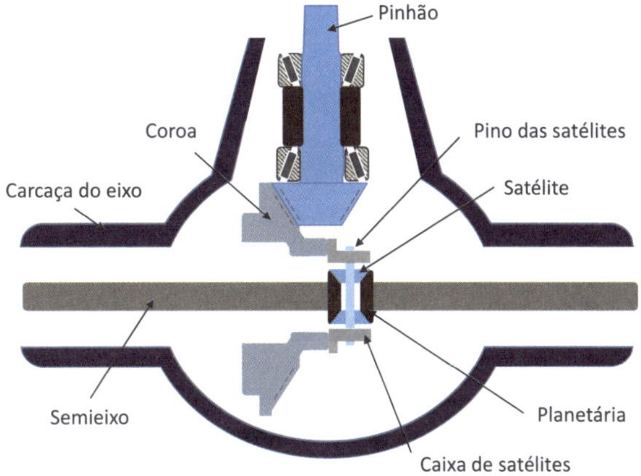

Figura 276 – Componentes básicos de um sistema diferencial de eixo de tração rígido
(Ilustração: os autores)

A compensação do diferencial de velocidades se dá na transmissão do movimento pelas engrenagens satélites para as planetárias. A disposição da Figura 277 exemplifica o conceito básico de um conjunto diferencial em eixos de tração. Podemos observar que a rotação e o torque transmitido pela coroa passam diretamente para a caixa satélite, e esta pela cruzeta transmite o torque para as engrenagens satélites do diferencial. As engrenagens satélites, por sua vez, têm um grau de liberdade de rotação em torno de seu próprio eixo, e aí está o segredo do sistema do diferencial. Como as engrenagens satélites são "livres" em um determinado sentido, elas transferem o torque para a engrenagem planetária que estiver com menor resistência ao movimento, fazendo assim uma compensação de movimento entre os lados esquerdo e direito. Dessa forma, quando o veículo trafega em linha reta, sem diferença de atrito entre os pneus e o solo entre o lado direito e esquerdo, as engrenagens satélites não "percebem" nenhuma diferença de esforço para transmitir o movimento a ambos os lados, e então não ocorre rotação das engrenagens satélites em torno do próprio eixo. Assim, a rotação e o torque são iguais nos lados direito e esquerdo. No momento em que o veículo estiver fazendo uma curva para a esquerda, situação da Figura 275, a resistência ao rolamento da roda do lado esquerdo é maior que a roda do lado direito. Nessa condição, as engrenagens satélites têm um ligeiro movimento de rotação em torno do seu próprio eixo durante a transmissão do torque, transferindo uma maior quantidade de movimento para as rodas do lado direito e fazendo a compensação de velocidades. O inverso acontece quando o veículo faz uma curva para o lado direito.

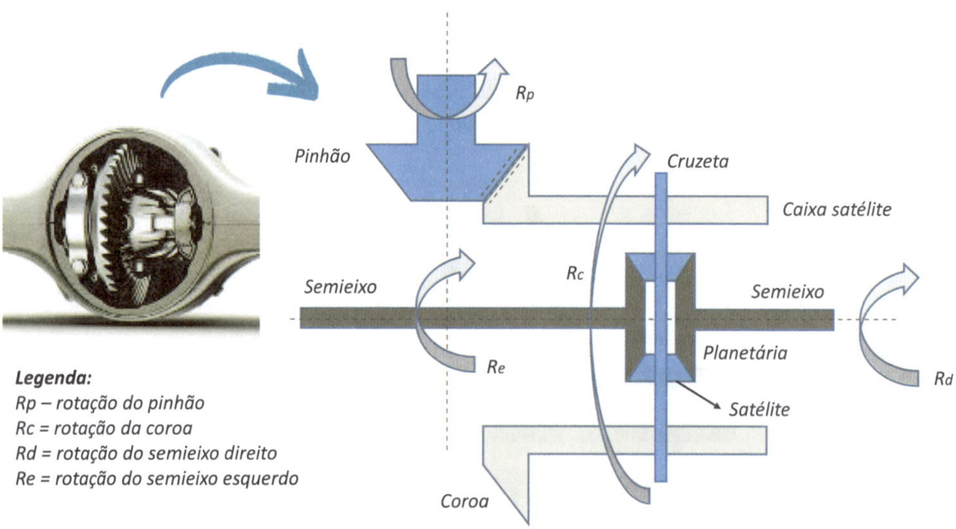

Figura 277 – Esquema simplificado de funcionamento de um diferencial de eixo de tração (Ilustração: os autores)

Veículos com tração em mais de um eixo traseiro, como os veículos 6x4, por exemplo, demandam um sistema de diferencial para compensar a diferença de velocidade entre os eixos. O sistema é conhecido como diferencial longitudinal e segue o mesmo conceito do diferencial explicado anteriormente.

Sistema de bloqueio do diferencial

Em situações nas quais exista uma grande diferença de atrito entre as rodas dos lados direito e esquerdo do veículo, a atuação do diferencial pode gerar um efeito adverso de perda de torque no lado de maior atrito, devido ao escorregamento dos pneus no lado de menor atrito. Para evitar esse problema, pode-se anular o efeito do diferencial atuando com o sistema conhecido como bloqueio do diferencial. Esse sistema, como a própria denominação sugere, faz o engate da caixa satélite diretamente no semieixo, transferindo assim o torque igualmente entre as rodas, sem passar pelo diferencial. Vale ressaltar que o veículo deve trafegar com o bloqueio do diferencial ligado apenas em baixas velocidades e em linha reta, pois o uso incorreto do bloqueio do diferencial pode ocasionar desgaste prematuro e até quebra das engrenagens do diferencial.

Redução no cubo de rodas

Para atingir reduções de transmissão maiores sem comprometer a vida do par coroa e pinhão em termos de desgaste, pode-se usar uma redução adicional no cubo de rodas. Os eixos com redutor no cubo de rodas geralmente oferecem uma vantagem com relação à durabilidade dos componentes mesmo em aplicações severas de uso, quando comparados aos eixos sem redução no cubo, conhecidos popularmente como "canela seca". A desvantagem fica com relação ao custo do conjunto e menor eficiência mecânica, por possuírem um maior número de engrenagens na transmissão.

A redução no cubo de rodas é basicamente composta por um conjunto planetário simples feito de engrenagens planetárias, solar e anelar. O cubo de transmissão transfere o torque após a redução do conjunto planetário para uma peça fundida popularmente conhecida como "cartola". A cartola faz a transmissão do torque do conjunto planetário para o cubo de rodas. Para se obter a redução de um eixo com redução no cubo, deve-se multiplicar o valor da redução do par coroa e pinhão pelo valor da redução do próprio conjunto planetário em uma das rodas. Como exemplo, podemos considerar um eixo que tenha uma redução de 1,44 no par cora e pinhão e 4,72 no conjunto planetário de cada roda. Fazendo a multiplicação da redução do diferencial, 1,44, pela redução no cubo, 4,72, obtém-se como resultado uma relação de transmissão de 6,8 para o eixo.

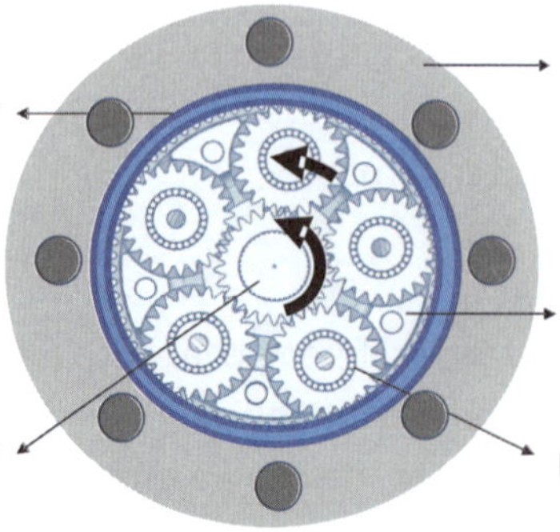

Figura 278 – Esquema simplificado de funcionamento da redução no cubo de rodas por conjunto planetário
(Ilustração: os autores)

Eixo dupla velocidade

Alguns veículos apresentam uma grande diversidade de aplicação durante a vida do produto, resultando na necessidade de um maior escalonamento de relações de transmissão para o trem de força. O eixo com dupla velocidade destaca-se como uma solução alternativa para essa questão, já que, através de um sistema de redução com duas velocidades no diferencial, duplica-se a quantidade de relações disponíveis na caixa de câmbio.

O sistema consiste na adição de um conjunto planetário, similar ao descrito anteriormente, na saída do diferencial do eixo traseiro, com acionamento por sistema de garfo pilotado pneumaticamente. A Figura 279 ilustra o conceito básico do sistema. Pode-se observar que a luva de engate aciona o conjunto planetário aplicando uma redução adicional à rotação da caixa satélite. Quando isso ocorre, altera-se a relação de transmissão do eixo traseiro e, consequentemente, a velocidade do eixo.

Esse sistema é geralmente aplicado em caminhões médios e semipesados, permitindo ao condutor fazer a troca da relação do eixo traseiro por um botão de acionamento acoplado à alavanca do câmbio manual.

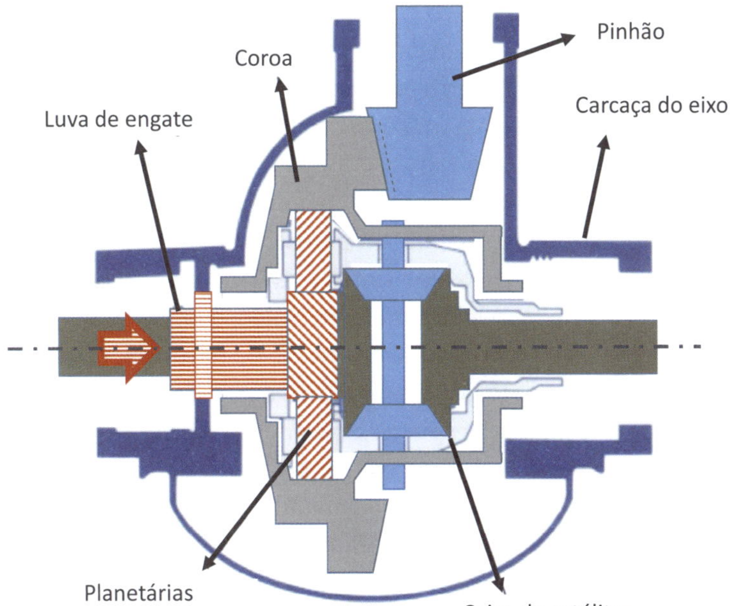

Figura 279 – Esquema simplificado de funcionamento da redução de velocidade no diferencial (Ilustração:os autores)

Lubrificação

Como qualquer sistema mecânico, a lubrificação é essencial para o correto funcionamento dos componentes de transmissão do eixo traseiro, pois reduz o atrito durante o movimento, implicando em menor energia dispendida com ruído, geração de calor e desgaste de componentes.

Para eixos, dependendo do fabricante, são especificados lubrificantes com base mineral ou sintética. Além da diferença na base do óleo lubrificante, existem grandes diferenças com relação ao pacote de aditivos que compõem o óleo, cabendo a esses aditivos potencializar a capacidade de lubrificação e eficiência do óleo nas diversas condições de operação.

Um dos indicadores mais usados para determinar a contaminação do óleo lubrificante em eixos é a quantidade de partículas de ferro presente no lubrificante. Esse ferro é oriundo do desgaste das engrenagens da transmissão do eixo e, dependendo do nível em ppm (partes por milhão) encontrado na amostra, pode indicar um problema na lubrificação. A fim de reduzir a quantidade de ferro particulado no óleo lubrificante, alguns fabricantes lançam mão de um artifício simples e eficiente, que é a montagem de um ímã dentro da carcaça do eixo e em contato com o óleo lubrificante.

Esse ímã gera um campo magnético que atrai o particulado de ferro em suspensão no lubrificante, evitando o efeito de desgaste em "bola de neve", pois quanto maior a quantidade de particulado de ferro presente no lubrificante, menor a eficiência da lubrificação e, consequentemente, maior o desgaste.

Geralmente, óleos de base sintética têm maior capacidade de lubrificação por um maior intervalo de tempo, ou seja, uma maior vida útil para o lubrificante. Isso se deve principalmente ao fato de o óleo sintético apresentar maior uniformidade no tamanho das moléculas de base que compõem o óleo, quando comparado a um óleo de origem mineral, ou seja, extraído diretamente da natureza. Com a evolução da tecnologia de desenvolvimento dos lubrificantes, que cada vez mais trazem pacotes de aditivos que aumentam a performance do óleo, fica difícil comparar os diferentes tipos de lubrificante apenas avaliando o óleo base: sintético ou mineral. Dessa forma, é de extrema importância seguir a recomendação dos fabricantes sobre o óleo lubrificante mais adequado para cada produto.

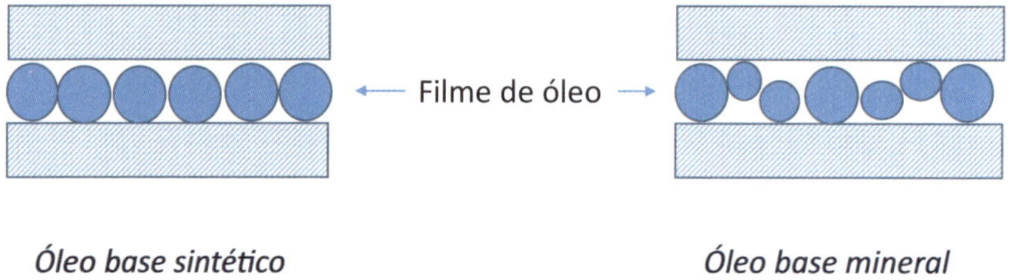

Figura 280 – Ilustração simplificada comparando filme de óleo de base sintética e mineral (Ilustração: os autores)

Ruído e desgaste de componentes

Algumas das falhas mais comuns em eixos de tração são mostradas a seguir.

- **Desgaste por contato ou *pitting*.** Um dos tipos de desgaste das engrenagens helicoidais montadas em uma transmissão do eixo traseiro é o desgaste por contato, conhecido pelo termo em inglês *pitting*. Trata-se do desgaste oriundo do esforço de contato dos dentes de engrenamento e pode ser agravado, ou acelerado, por deficiência na lubrificação, aplicação severa com alto torque ou folga inadequada do par engrenado. As fotos a seguir mostram um exemplo de engrenagens com desgaste por contato.

Figura 281 – Foto de coroa de um eixo traseiro com marcas de desgaste inicial por contato. (Foto: os autores)

Figura 282 – Foto de engrenagem de um eixo traseiro com desgaste acelerado por contato. (Foto: os autores)

- **Quebra no pé do dente.** Em casos extremos, pode ocorrer a ruptura da secção na base de apoio do dentado em engrenagens helicoidais. Essa falha é resultado de fadiga nos dentes da engrenagem, geralmente associada à severidade da aplicação com alta incidência de impacto do engrenamento com alto torque. Para evitar esse tipo de falha, alguns fabricantes incluem uma limitação de torque no motor nas primeiras marchas, reduzindo assim o esforço transferido ao dentado das engrenagens do eixo de tração. Isso contribui para uma redução da incidência de impactos no momento de arrancada do veículo. A foto a seguir mostra um exemplo de pinhão com quebra no pé do dente ocasionada por impacto.

Figura 283 – Foto de um pinhão de um eixo traseiro com quebra no pé do dente (Foto: os autores)

DLT

DLT é a abreviação do inglês *Disconectable Liftable Tandem*, que pode ser traduzido como eixo tandem desconectável e suspensível. Trata-se de um modelo de eixo traseiro de tração aplicado em veículos 6x4 que possibilita o desacoplamento e a suspensão do último eixo de tração quando o veículo estiver com carregamento vazio. Nessa condição, quando um veículo 6x4 estiver sem carga, é possível suspender o último eixo e desconectá-lo, trafegando em uma configuração similar a um veículo de 6x2 com eixo suspenso.

É importante destacar que a função principal do mecanismo está presente no primeiro eixo de tração, pois é lá que a desconexão da tração do último eixo é realizada. O segundo eixo de tração fica sem receber o torque pela árvore de transmissão e é suspenso por um sistema pneumático de suspensor, similar aos sistemas comumente utilizados em veículos 6x2. O sistema de suspensor é detalhado no tópico 6.4.3 deste capítulo.

Conforme indicado na Figura 284, ao acionar o sistema, acontece o desacoplamento das engrenagens de transmissão na saída do primeiro eixo traseiro e posterior acionamento do sistema de suspensor.

Esse sistema representa uma economia em consumo de combustível e menor desgaste de pneus, pois o veículo pode trafegar com um eixo a menos em contato com o solo na condição de veículo descarregado.

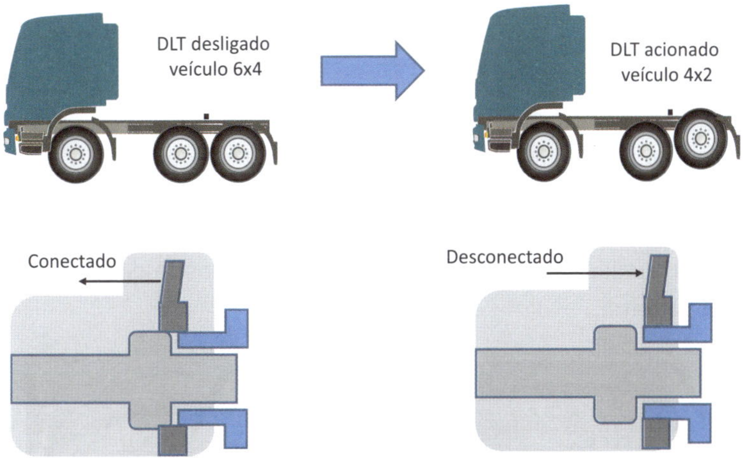

Figura 284 – Ilustração do funcionamento do sistema DLT
(Ilustração: os autores)

6.4.3. Eixo auxiliar

Em veículos comerciais, a fim de incrementar a capacidade de carga e atender à legislação vigente com relação ao peso máximo permitido por eixo, é comum encontrar a implementação de eixos auxiliares, ou seja, eixos sem capacidade de tração, mas que contribuem para a distribuição de carga no veículo.

Uma das aplicações mais comuns no mercado brasileiro dessa prática é a implementação do eixo auxiliar, também conhecido como terceiro eixo. Essa alteração geralmente acontece em um veículo originalmente 4x2, transformando-o em um veículo 6x2. Como o objetivo dessa instalação está no aumento e melhor distribuição da capacidade e carga do veículo, geralmente instala-se também o sistema de suspensor, para evitar a necessidade de permanecer com o eixo rodando, ou seja, em contato com o solo, na condição de veículo descarregado. Assim, pode-se economizar combustível e reduzir o desgaste dos pneus do eixo auxiliar.

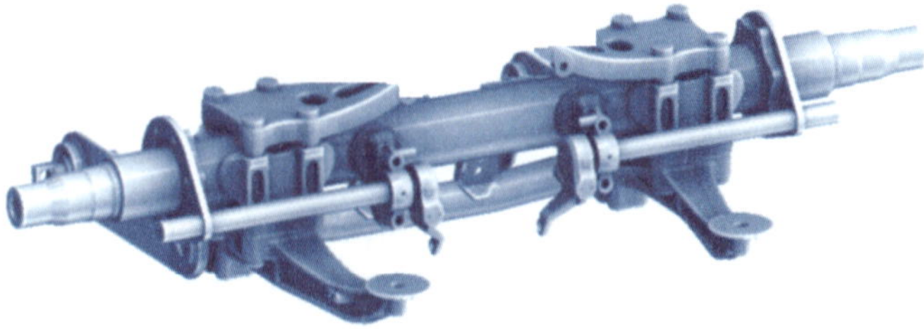

Figura 285 – Ilustração de um eixo auxiliar com suspensão pneumática
(Foto: os autores)

Suspensor

Como o próprio nome sugere, o sistema de suspensor tem como principal função suspender o eixo auxiliar quando o veículo estiver descarregado, resultando assim em redução no consumo de combustível e desgaste de pneus. O sistema de suspensor é composto por um circuito pneumático acoplado a uma bolsa de ar que atua suspendendo o eixo auxiliar quando inflada. A Figura 286 mostra de forma esquemática o conceito do sistema.

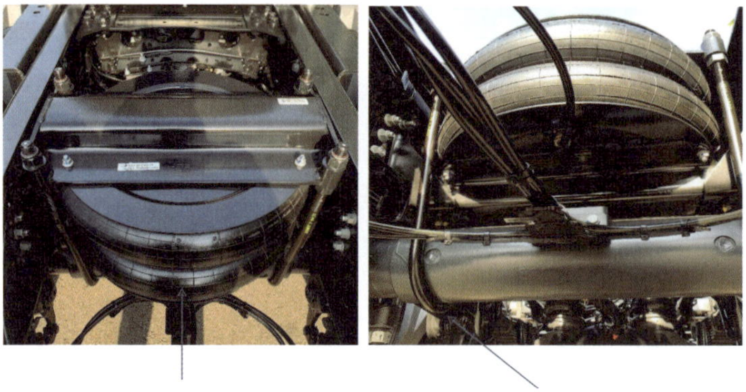

Figura 286 – Ilustração de um sistema suspensor do eixo auxiliar
(Ilustração, edição e compilação: os autores)

6.4.4. Cubo de roda

O cubo de roda tem a função de fixar as rodas do veículo ao eixo através dos seus rolamentos. Geralmente é projetado para suportar a carga dos eixos em uma construção de ferro fundido.

Como um item básico de sistemas mecânicos, os rolamentos são essenciais para garantir a conexão de componentes com diferença de velocidade rotacional. Isso é totalmente válido em eixos de veículos comerciais, onde os rolamentos têm por desafio suportar todos os esforços de fixação das rodas, através do cubo de roda, em condições extremas de temperatura e vibração, representando o mínimo de perda em resistência ao movimento, já que quanto maior a eficiência dos rolamentos do eixo, maior será a eficiência do veículo com relação ao consumo de combustíveis.

Observam-se basicamente dois tipos de rolamentos montados nos cubos de roda dos veículos comerciais: rolamentos convencionais e rolamentos compactos. Cada uma dessas categorias apresenta características específicas, principalmente quanto aos cuidados e ao plano de manutenção.

Geralmente em eixos dianteiros e traseiros de veículos comerciais utilizam-se rolamentos cônicos convencionais, com montagem contraposta cruzada, conforme Figura 287.

Esse tipo de montagem garante o correto funcionamento do sistema de rolamento, assegurando a fixação do cubo de roda à ponteira do eixo em todas as condições de esforços a qual o veículo é submetido.

Os rolamentos cônicos convencionais têm por característica de montagem a necessidade de trabalho com folga, ou seja, para garantir o correto funcionamento do conjunto e maximizar sua vida útil, o conjunto de rolamentos e cubo de roda deve ser montado de maneira que exista folga no conjunto.

Já os rolamentos compactos, por serem caracterizados pela união entre os roletes externos e internos em um só conjunto, devem trabalhar com uma pré-carga definida, e dessa forma pode-se otimizar a vida do conjunto. Isso pode ser observado no gráfico ilustrado na Figura 288. Pode-se observar que a vida do rolamento aumenta conforme reduzimos a folga de montagem nos cubos até um ponto máximo, onde, então, a partir de tal ponto, obtém-se uma redução drástica de vida. Como mencionado, os rolamentos compactos podem ser montados com uma ligeira pré-carga (zona azul claro do gráfico) e têm um acréscimo de vida, se comparados aos rolamentos convencionais, que, por estarem separados, precisam trabalhar com folga (zona cinza indicada no gráfico ilustrativo).

Outra vantagem dos rolamentos compactos está na ausência da necessidade de intervenções de manutenção para a troca de graxa e retentores, como exigido em um conjunto de cubo de roda com rolamentos convencionais. Isso se deve ao fato de os rolamentos compactos serem concebidos com vedação integrada, ou seja, são blindados, além de possuírem uma graxa de alto desempenho para a lubrificação dos roletes internos.

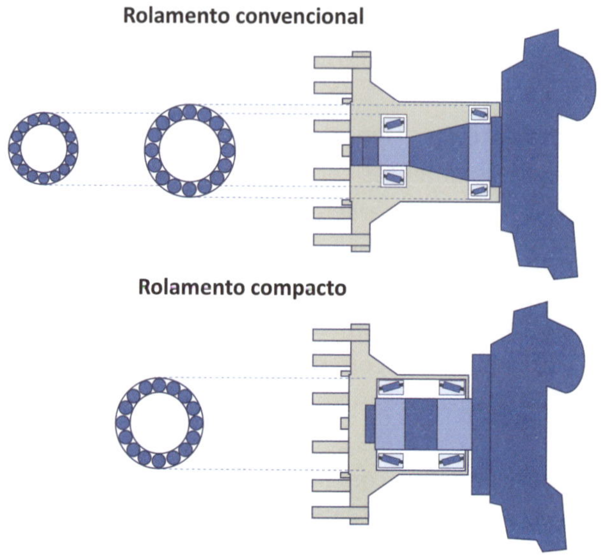

Figura 287 – Imagem comparativa da montagem dos rolamentos de cubo de roda (Ilustração: os autores)

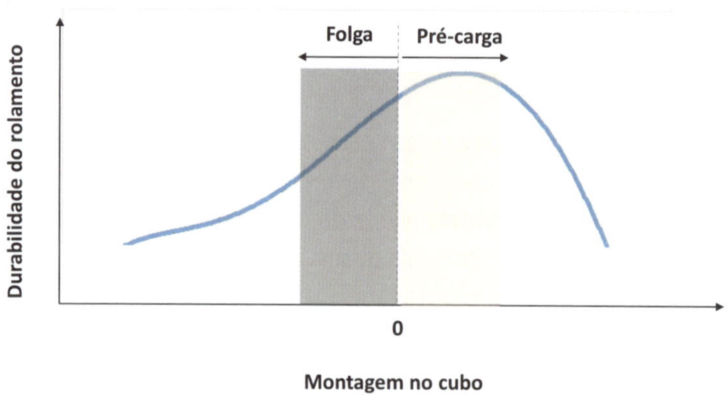

Figura 288 – Ilustração gráfica sobre a vida do rolamento em função da folga de trabalho (Gráfico: os autores)

6.4.5. Roda

Toda potência e todo torque gerados no motor pelo trem de força dos veículos comerciais são transferidos para o solo através do conjunto roda e pneus, assim como o controle da direção e a frenagem garantem a dirigibilidade.

Considerando a importância desses componentes e a necessidade de padronização para aplicação por diferentes fabricantes, e também a necessidade de montagem em diferentes pneus, foram definidas normalizações de medidas e características construtivas para esses componentes, que são gerenciadas e informadas por associações internacionais como a ERTZ na Europa e ALAPA para a América Latina.

Os eixos podem também ser divididos em dois tipos, dependendo da configuração de montagem das rodas em cada ponta do eixo: eixos de rodado simples e eixo de rodado duplo.

Os eixos de rodado simples apresentam apenas uma roda com pneu montado em cada extremidade do eixo, enquanto eixos de rodado duplo podem apresentar maior capacidade de carga por possuírem duas rodas com pneus montadas em cada extremidade. A Figura 289 mostra as duas combinações possíveis.

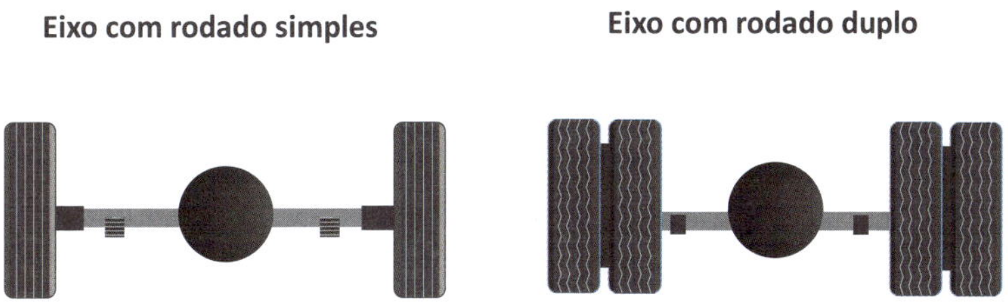

Figura 289 – Tipos de eixo de acordo com a quantidade de rodas montadas (Ilustração: os autores)

As rodas comumente utilizadas em veículos comerciais são compostas por dois itens básicos. O aro, que tem a função de suportar o pneu, e o disco, que faz a conexão do aro com o cubo de rodas do eixo. A Figura 290 mostra esses dois componentes.

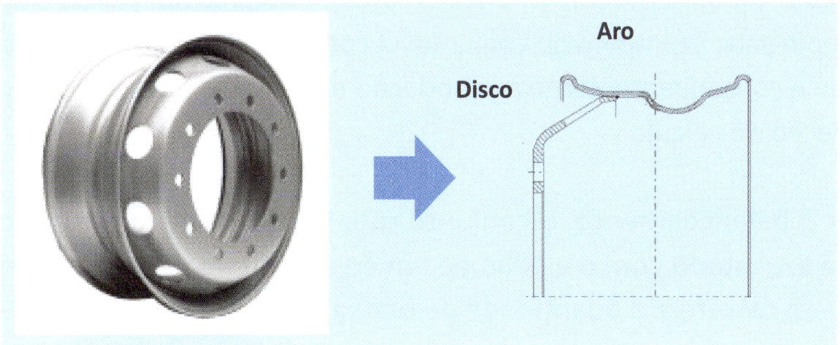

Figura 290 – Aro e disco de uma roda de veículo comercial (Ilustração: os autores)

Rodas de alumínio e rodas de aço

As rodas mais usadas em veículos comerciais são construídas em ligas de aço de alto desempenho. Essas rodas representam uma boa relação de custo-benefício e têm uma vantagem na facilidade de reparo se comparadas às variantes compostas por ligas de alumínio. Já as rodas de alumínio apresentam uma grande vantagem em relação à redução de peso, tendo em média 40% menos massa para uma mesma medida de roda composta de aço. A roda de alumínio também tem um apelo estético positivo, já que é mais resistente a corrosão e apresenta uma superfície polida e brilhante, causando destaque em uma composição de veículo comercial.

No exemplo da Figura 291, em uma composição de nove eixos, conhecida como bitrem de nove eixos, sendo oito com rodado duplo, pode-se chegar a uma redução de peso de cerca de 510kg, pois, considerando rodas de medida R22,5 x 8,25 neste exemplo, temos um total estimado de 1292kg para 34 rodas de aço contra 782kg para montagem com rodas de alumínio.

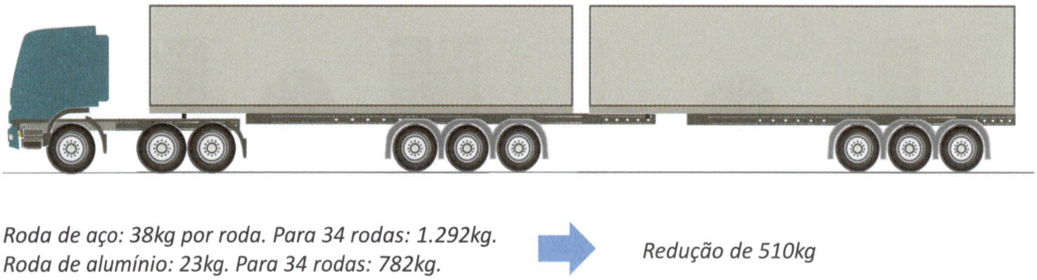

Figura 291 – Estimativa de redução de peso com montagem de rodas de alumínio para nove eixos (Ilustração: os autores)

Balanceamento do conjunto

Como as rodas, juntamente com os pneus, representam uma massa rotativa relevante, é necessário o balanceamento do conjunto. O correto balanceamento elimina o risco de vibração e consequentemente a introdução de esforços adicionais ao sistema de eixos e direção do veículo.

Para fazer o balanceamento, o conjunto rodas e pneus deve estar montado. O processo é executado com o auxílio de um equipamento específico, capaz de indicar o plano correto e a quantidade de massa que deve ser adicionada às rodas a fim de compensar as diferenças de esforços resultantes do movimento rotativo. Geralmente, o balanceamento é realizado com a adição de alguns contrapesos, geralmente compostos por uma liga de chumbo maleável, que é fixada ou colada à roda do veículo. A Figura 292 mostra um exemplo de máquina de balanceamento e seu contrapeso.

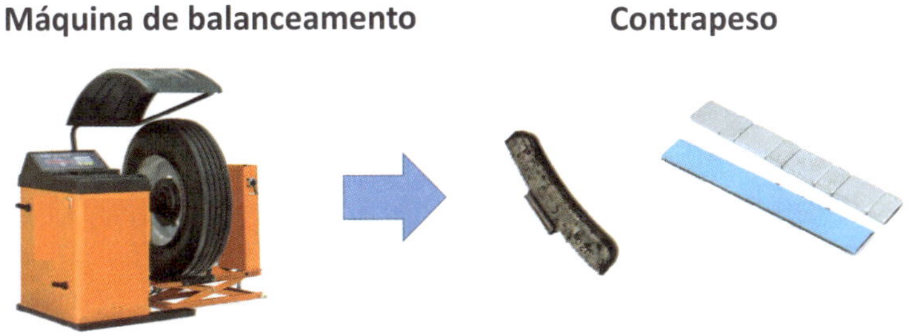

Figura 292 – Ilustração de máquina de balanceamento e contrapesos (Ilustração: os autores)

6.4.6. Pneu

Os pneus representam uns dos principais custos na operação de um veículo comercial (TCO) e são essenciais quando se avalia o tema segurança veicular. Na Figura 293 pode-se identificar um exemplo das principais informações que devem constar no flanco dos pneus, segundo recomendação da ALAPA, e que são seguidas pelos fabricantes.

Como curiosidade, podemos tomar como exemplo a medida do pneu 275/80 R22,5. Esse pneu tem recomendação de montagem com as rodas R22,5x7,5 ou R22,5x8,0. Podemos extrair da denominação desse pneu as seguintes informações adicionais: os três primeiros dígitos representam a largura da banda de rodagem em milímetros, ou seja, no caso do pneu 275/80 R22,5, a banda de rodagem deve ter 275mm. O 80 representa a altura do flanco do pneu – nesse caso, tem-se uma altura de 80% da largura de banda de rodagem, ou seja, 220mm. Com essa lógica, pode-se concluir que os pneus 275/70 R22,5 têm um perfil mais baixo do que um pneu 275/80 R22,5. O número ao lado da denominação R mostra o valor, em polegadas, do raio da roda indicada para montagem com esse pneu. No caso do exemplo citado, o pneu deve ser montado com uma roda de 22,5 polegadas de raio.

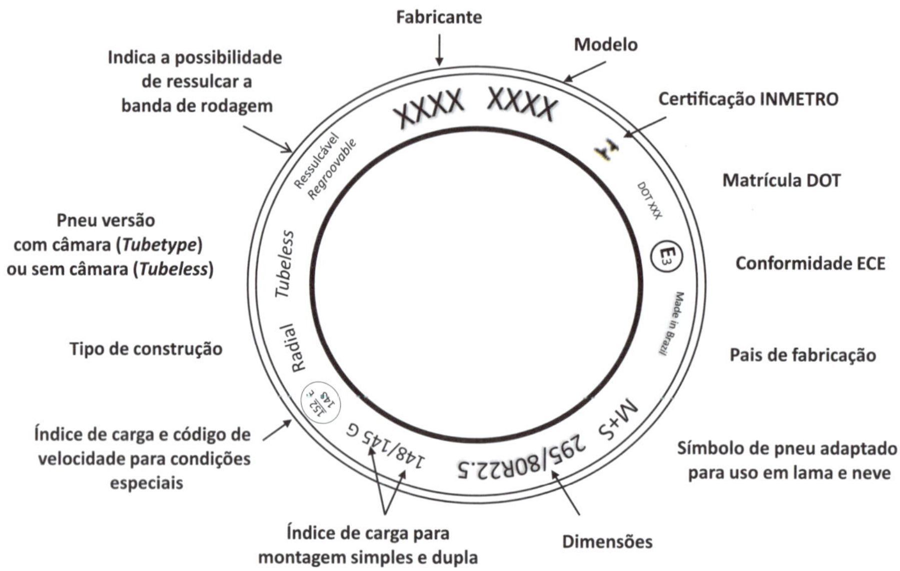

Figura 293 – Ilustração das principais informações presentes no flanco dos pneus para veículos comerciais
(Fonte: ALAPA, 2003)

Estrutura dos pneus

Ao contrário do que muitos pensam, os pneus não são formados por apenas uma simples mistura de borracha. Na verdade, os pneus de veículos comerciais são compostos por um conjunto de elementos com diferentes funções e composições de materiais, buscando sempre a maior eficiência para cada função. A Figura 294 mostra, de forma esquemática, os principais componentes de um pneu radial.

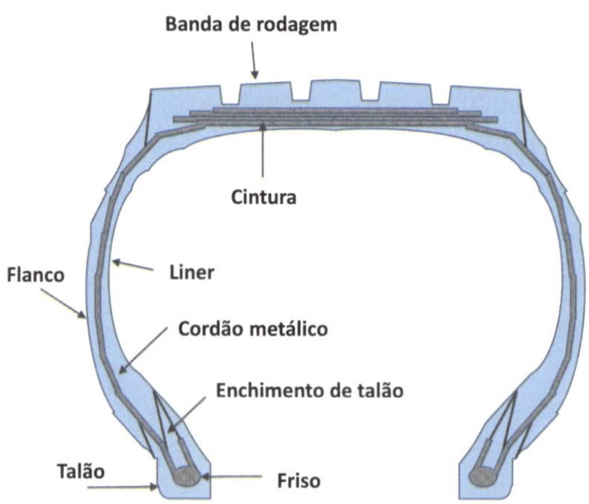

Figura 294 – Ilustração das principais partes que compões um pneu
(Ilustração: os autores)

Pneus *tubetype* e pneus *tubeless*

Quando discutimos a caraterística construtiva da estrutura da carcaça, os pneus de veículos comerciais podem ser divididos em dois grandes grupos: *tubetype* ou *tubeless*.

A palavra *tubetype* vem do inglês e representa a construção do pneu com câmara de ar, ou seja, a carcaça geralmente tem por característica uma construção estrutural de tramas de aço diagonal, exigindo a montagem de uma câmara de ar internamente ao pneu. Esse tipo de pneu ganhou grande popularidade pela simplicidade de construção e especialmente pela facilidade de reparo das câmaras de ar.

Já os pneus *tubeless*, como a palavra do inglês sugere, não possuem câmara de ar, e a vedação do pneumático se dá pelo contato do talão do pneu com a borda da roda. Geralmente têm construção da carcaça no modelo de tramas radial e representam uma evolução em termos de resistência a danos e furos, se comparado aos pneus diagonais. Hoje existem pneus radiais *tubeless* para todas as aplicações em veículos comerciais, inclusive fora de estrada, aplicação que no passado era suportada basicamente por pneus diagonais com câmara.

Banda de rodagem

A banda de rodagem é a parte do pneu que de fato está em contato com o solo e deve transmitir o torque de tração, a frenagem e as forças laterais que possibilitam a dirigibilidade do veículo. Essas reações são resultado unicamente das forças de atrito entre a banda de rodagem e o solo. Dessa forma, pode-se intuir que uma das funções importantes dessa parte do pneu está na garantia do maior atrito possível. Considerando que o atrito gera desgaste, os fabricantes de pneus buscam sempre o melhor compromisso entre o *grip* (atrito entre pneu e solo) e a durabilidade do pneu para as diversas aplicações ao qual o pneumático será destinado.

Existem vários fatores que influenciam no desempenho do pneu, como composição da borracha das diversas partes, tipo de solo, pressão de trabalho etc. Dentre esses fatores, podemos destacar o desenho da banda de rodagem. A Figura 295 mostra uma ilustração esquemática de uma banda de rodagem. Basicamente, podemos definir diferentes funções dos sulcos nos pneus conforme segue:

- **Sulcos longitudinais:** têm a função básica de drenar a água do pneu em terrenos molhados. Dessa forma, o fenômeno conhecido como aquaplanagem, quando o pneu perde contato com o solo devido ao filme de água, é reduzido.
- **Ranhuras transversais:** têm a função de permitir a refrigeração do pneu, reduzir efeitos de ressonância que geram ruído e melhorar a aderência do pneu ao solo.

- **Sulcos transversais:** aumentam a capacidade de tração, principalmente em terrenos de baixo atrito, como em aplicações fora de estrada, por exemplo.

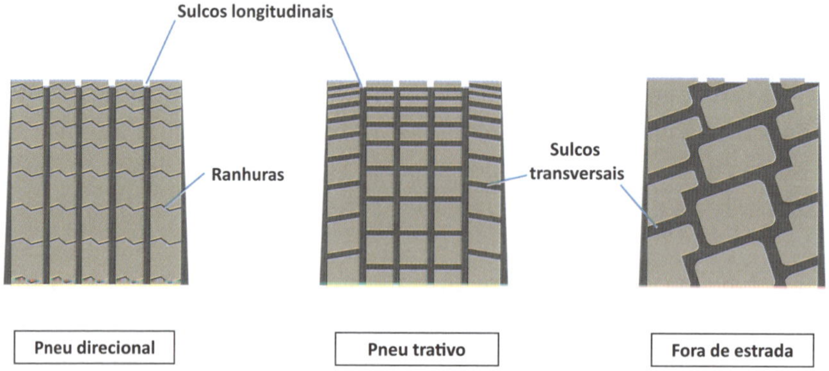

Figura 295 – Exemplo de desenho de banda de rodagem
(Ilustração: os autores)

O desenho da banda de rodagem também divide o tipo de pneu quanto ao eixo a ser aplicado em duas categorias:

- **Pneu direcional:** são pneus destinados a eixos que não tenham tração, como os eixos dianteiros e auxiliares. Esses pneus têm por característica a presença de sulcos longitudinais acentuados para drenagem de água e ranhuras leves no sentido longitudinal.
- **Pneu trativo:** como a própria denominação sugere, são os pneus destinados a montagem em eixos de tração e, dessa forma, caracterizam-se pela presença de grandes sulcos transversais, objetivando maior capacidade de tração ao veículo.
- **Pneu fora de estrada:** destinado ao uso em construções, minas, areia, estradas de barro ou trilhas. Precisa ser resistente a furos e cortes, principalmente devido ao contato com pedras.

Recapagem de pneus

Os pneus representam um custo relevante na operação de veículos comerciais, e uma das práticas comuns no mercado para minimizar esses custos é a recapagem de pneus, que consiste no reaproveitamento da estrutura do pneu substituindo a banda de rodagem desgastada por outra nova, possibilitando assim ao pneu uma vida adicional. A qualidade das carcaças é um dos argumentos de vendas dos fabricantes de pneus comerciais, que buscam desenvolver carcaças de pneu com maior durabilidade e capacidade de resistir a mais de um processo de recapagem.

O processo de recapagem pode ser divido em três etapas principais:

- Remoção da banda de rodagem desgastada.
- Aplicação da nova banda de rodagem;
- Vulcanização do pneu recapado.

Inicialmente, a banda de rodagem desgastada é removida com um equipamento próprio para esse fim que usina o material a ser retirado da estrutura do pneu. Nessa fase, deve-se ter atenção especial à preservação da estrutura do pneu, pois erros nesse processo podem causar danos irreversíveis à carcaça estrutural do pneu a ser retrabalhado.

Após a preparação da carcaça com a eliminação das partes desgastadas de borracha, é aplicada a nova banda de rodagem com uma composição adequada para recapagem. Muitas empresas são especializadas na fabricação e no fornecimento desse material, próprio para o processo de recapagem, inclusive grandes fabricantes de pneus para veículos comerciais.

A terceira etapa é caracterizada pela vulcanização da borracha do pneu. A vulcanização consiste em uma reação química que é ativada pelo aquecimento. O pneu é inserido em uma câmara de vulcanização onde ocorre o aquecimento com uma determinada fonte de calor, geralmente água quente e vapor de água. Nesse momento a carcaça é comprimida contra um molde e o aquecimento desencadeia a reação química, eliminando a característica ainda plástica da borracha para adquirir o comportamento elástico desejado em pneus de veículos. A Figura 296 mostra um esquema do processo de vulcanização.

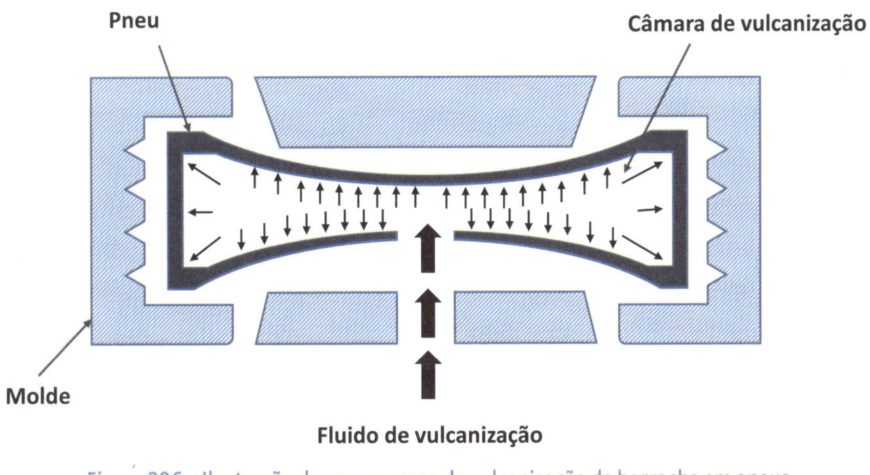

Figura 296 – Ilustração de um processo de vulcanização da borracha em pneus (Ilustração: os autores)

7. Futuro da mobilidade automotiva

A mobilidade automotiva que conhecemos hoje vem sofrendo modificações e atualizações ao longo dos anos. Desde o nascimento do primeiro veículo, por Karl Benz, o veículo que conhecemos hoje já obteve inúmeras cores, designs e tecnologias. Os veículos comerciais de hoje são todos frutos de desenvolvimento exaustivo de engenharia que vieram se aprimorando e inovando cada dia mais.

As principais inovações da última década no mundo da mobilidade estão ligadas a tecnologias sustentáveis e eficientes. Com absoluta certeza o mundo da mobilidade mudou mais na última década do que nos outros cem anos. Não há mais somente preocupação com aumento de performance ou potência, e sim com o dimensionamento correto de todo o sistema de trem de força, equilibrando performance, emissões e segurança.

Com todo o movimento de mudanças, inovações e novas tecnologias, este capítulo aborda conceitos necessários para entender o futuro da mobilidade automotiva. Assim, abordaremos o assunto de forma introdutória, preparando o leitor para os conceitos que dominarão o futuro dos veículos comerciais.

7.1. Conectividade

No princípio da criação dos veículos, todos os sistemas que auxiliavam o seu funcionamento eram de origem mecânica. Ou seja, todo o funcionamento do veículo a combustão interna era controlado por componentes mecânicos. A diferença de funcionamento entre um sistema totalmente mecânico e um sistema híbrido, eletrônico-mecânico, é a sua inteligência intrínseca.

Sistemas mecânicos não diferenciam qualquer variável externa ou interna aos veículos. Por exemplo, o já extinto carburador, que era um dos principais componentes do sistema de injeção do veículo, era responsável por realizar a mistura de ar e combustível que seria inserida na câmara de combustão do motor.

Seu funcionamento dependia estritamente de respostas mecânicas externas do motorista para que seu acionamento fosse feito. Em resumo, quanto maior fosse a força exercida no pedal do acelerador, maior era a abertura da borboleta do carburador e maior era o fluxo de ar e combustível que o carburador permitia de entrada aos cilindros. Sendo o sistema totalmente mecânico, sem nenhum auxílio inteligente em seu controle, ocorriam apenas respostas físicas de acordo com as forças externas, que, no caso, seria o motorista exercendo mais ou menos força no pedal do acelerador.

Os sistemas eletrônicos embarcados no veículo são responsáveis por realizar uma série de tarefas. A grande diferença que os sistemas eletrônicos dispõem dos sistemas puramente mecânicos é a inteligência e o controle. Com a mesma linha de exemplo, a evolução dada ao sistema de injeção foi a injeção eletrônica. Vários sensores realizam leituras extremamente rápidas, como o nível de oxigênio presente nos gases de escapamento através da sonda lambda, a pressão de ar atmosférico, a leitura da posição do pedal de acelerador, a pressão de entrada do ar atmosférico na borboleta e muitos outros. Todas essas informações são levadas para um módulo eletrônico. Com isso, o módulo realiza um comando para que os atuadores, ou injetores, injetem uma certa quantidade de combustível corretamente.

Com os exemplos citados, podemos visualizar o quanto nossos veículos se tornaram inteligentes com o passar dos anos. Os veículos comerciais foram muitas vezes pioneiros nessas tecnologias, como frenagem de emergência automática, softwares de gerenciamento de frotas, controle de estabilidade ESC etc.

Integração veículo com infraestrutura, com outros veículos, com qualquer coisa
A inteligência integrada nos veículos de hoje está se tornando cada dia mais imprescindível para a integração com a infraestrutura. Ou, mais bem exemplificado, a ligação dos veículos com tudo em sua volta.

O conceito de V2X é baseado em conectar o veículo com tudo ao seu redor. Em um futuro em que o trânsito se torna uma rede inteligente, podendo realizar predições extremamente precisas, é possível melhorar a segurança e evitar emissões excessivas ao meio ambiente. V2X torna o veículo e tudo em sua volta um único organismo, realizando toda a sua operação em harmonia e ordenadamente. Sem essa integração o futuro dos veículos autônomos, *smart city* e *smart grid* jamais poderia ser potencializado. O veículo deve se tornar parte de uma solução complexa, porém ordenada.

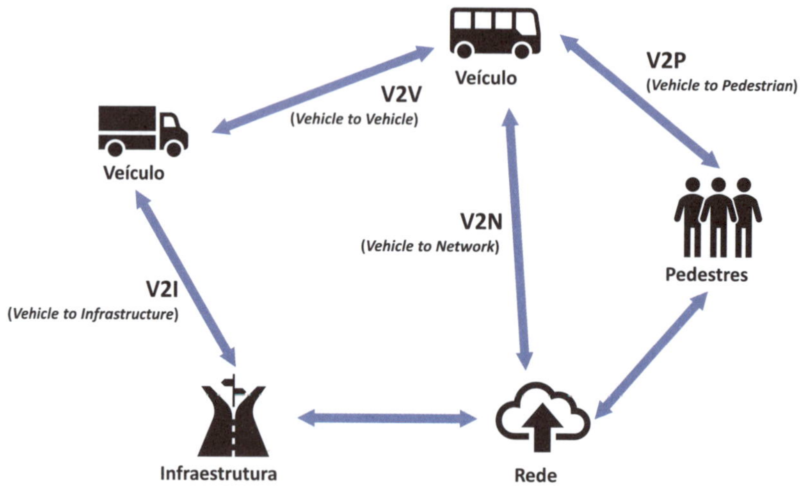

Figura 297 – Tipos de comunicação dentro do conceito V2X
(Ilustração: os autores)

V2V (*Vehicle to Vehicle*)

É a comunicação que ocorre de veículo para veículo em vias diretas, ou seja, sem o auxílio de qualquer comunicação externa para tal, transmitindo informações como velocidade, aceleração, frenagem ou até mesmo irregularidades da pista em que o veículo transitou. A aplicação direta para uma comunicação V2V é relacionada à segurança, a exemplo do princípio de uma parada abrupta. Por exemplo, dois veículos transitando em uma rodovia de alta velocidade, um à frente do outro. Com a comunicação V2V, o veículo à frente pode avisar ao veículo que está logo atrás, via troca de dados, que está frenando. O veículo de trás não precisa realizar uma varredura do seu entorno, pois receberá todas as informações, como, por exemplo, a intensidade de frenagem, se o ABS do veículo à frente está sendo acionado, se o pavimento à frente tem aderência regular ou até mesmo se o veículo irá realizar alguma manobra evasiva. Assim, o veículo de trás já está informado de toda a situação, podendo tomar a decisão necessária para garantir a melhor segurança do seu condutor e dos passageiros.

V2N (*Vehicle to Network*)

Da mesma forma, o veículo pode se comunicar com a rede externa, e os protocolos são diversos, como rede de celular. O intuito da comunicação com a rede é transmitir dados relevantes à condução do veículo. Por exemplo, no caso de uma irregularidade da rodovia em que estiver trafegando, o veículo pode ser o meio de comunicação que informe ao responsável que o trajeto trafegado precisa de reparos. Também pode avisar às autoridades responsáveis sobre um acidente que acabou de ocorrer, mesmo se o condutor ou os passageiros precisarem avisar. No conceito V2N o veículo se torna a porta de comunicação, tanto para enviar a informação quanto para receber. A mesma informação de acidente que foi relatada ao veículo que está a uma distância longínqua à frente pode ser compartilhada via rede para os veículos que irão transitar pelo mesmo local em alguns minutos, possibilitando assim utilizar uma rota alternativa, a fim de evitar o tráfego local.

V2I (*Vehicle to Infrastructure*)

No conceito V2I o veículo tem a comunicação com a infraestrutura em sua volta. As mais diversas trocas de informações podem ser feitas de duas vias, tanto do veículo para a rodovia como da rodovia para o veículo. Informações como localização relativa do veículo com a faixa de pedestre, limite de velocidade, status do semáforo de trânsito, entre outras. As aplicações desse conceito são voltadas à eficiência do trajeto. Toda a interação da infraestrutura se relaciona com os objetivos de trajeto do veículo, proporcionando assim um trajeto cada vez mais eficiente de acordo com a situação atual.

Mobilidade integrada (ponto A até ponto B – intermodalidade)

Logística integrada é o conceito para o futuro do transporte como um todo, seja de mercadorias, passageiros ou até mesmo individual. O *status quo* que é vivenciado no transporte muitas vezes é unilateral em relação à utilização de um exclusivo modal, seja marítimo, rodoviário aéreo ou ferroviário. Por exemplo, uma pessoa tem a necessidade de se deslocar de sua casa (ponto A) até o seu trabalho (ponto B) nos dias úteis. Essa pessoa normalmente utilizaria sempre o mesmo trajeto, por comodidade e praticidade, sem nenhum tipo de estratégia ou inteligência por trás disso. Essa pessoa poderia estar exposta a uma tecnologia que trouxesse diariamente a utilização de um certo trajeto otimizado para a necessidade de agilidade de chegada ao destino.

Figura 298 – Caminho de A para B
(Ilustração: os autores)

O transporte intermodal é caracterizado pela conexão entre os diversos modais disponíveis, com a intenção de otimizar o trajeto do usuário. Para o exemplo da pessoa que utiliza o mesmo trajeto todos os dias e usa o transporte público para chegar ao seu trabalho, do início ao fim. Ao sair de sua casa a pessoa entra em um ônibus e após algumas paradas realiza baldeação para outro ônibus até chegar em seu trabalho. Este usuário está sujeito sempre ao mesmo risco de que esse modal possa atrasar, como congestionamentos, acidentes e até mesmo falhas do veículo.

Com a inteligência de intermodalidade, esse mesmo usuário poderia, em vez de realizar a mesma baldeação, utilizar um serviço de trem, alugar um patinete, compartilhar uma carona via aplicativo, utilizar um táxi ou até mesmo ir andando os últimos quilômetros. Tudo relativo aos *inputs* que a infraestrutura troca com o integrador intermodal. Esse integrador pode ser um aplicativo, que indica para o usuário que no próximo ponto de parada do ônibus ele deve descer e esperar a dois quarteirões o táxi que já está a caminho. Toda essa necessidade torna o trajeto do usuário mais rápido ou menos custoso ou com menor emissão de poluentes, de acordo com a necessidade do usuário.

A inteligência da tecnologia intermodal realiza o trajeto mais otimizado, de acordo com as necessidades do usuário e a disponibilidade da infraestrutura. Ou seja, as opções de combinação se tornam infinitas.

7.2. Direção autônoma

Diversas tecnologias foram desenvolvidas e testadas ao longo deste século na indústria automobilística, mas nenhuma é tão esperada quanto o veículo totalmente autônomo. A automação em seu conceito é um sistema automático, sem a intervenção humana, que controla e verifica seus mecanismos, efetuando medições e se autocorrigindo. Ou seja, um veículo autônomo é capaz de se deslocar do seu ponto de início até seu destino sem nenhum tipo de intervenção humana.

Historicamente, o veículo autônomo não é concebido totalmente automatizado e capaz de efetuar a sua locomoção direta. Para medir o nível e o desempenho de automação dos veículos em desenvolvimento, foi criada a escala SAE, segundo a normativa J3016 de junho de 2018:

Nível – Descrição	Definição	Exemplo
O motorista realiza parte ou toda a condução dinâmica do veículo.		
0 – Sem automação	O controle direcional deve ser realizado totalmente pelo condutor, sendo responsável por todas as ações do veículo. Não há nenhuma automação.	Aviso de saída de faixa, aviso de colisão frontal.
1 – Assistência ao condutor	A execução do sistema de automação de condução lateral do veículo ou da subtarefa de controle de velocidade (mas não ambos simultaneamente), com a expectativa de que o condutor execute o restante da condução dinâmica.	*Cruise control* ativo, auxílio de estacionamento (só direção).
2 – Automação parcial	A execução do sistema de automação atua na condução lateral e longitudinal do veículo, com a expectativa de que o condutor conclua a intervenção e supervisione o sistema de automação de condução.	*Cruise control* ativo com centragem de faixa, estacionamento autônomo.
Sistema autônomo realiza toda a condução dinâmica do veículo.		
3 – Automação condicional	Todo a condução dinâmica do veículo é feita pelo sistema autônomo, com a expectativa de que o condutor esteja presente e receptivo quando o sistema emitir pedidos de intervenção. Ou seja, o sistema realiza toda a condução, porém o condutor deve estar atento e receptivo a toda e qualquer necessidade de intervenção do sistema.	*Auto pilot* em autoestrada com função *stop & go* em filas de trânsito.
4 – Automação alta	Semelhante ao nível anterior, com toda a condução dinâmica do veículo sendo realizada pelo sistema autônomo, porém com um maior nível de decisão e menor necessidade de intervenção do condutor.	*City pilot*, condução autônoma em circuitos delimitados, como autoestradas.
5 – Automação completa	O desempenho realizado pelo sistema autônomo dispensa a presença ou qualquer necessidade de intervenção do condutor em sua condução dinâmica do veículo.	Condução autônoma depois de definido um destino pelo utilizador.

Tabela 39 – Níveis de direção autônoma
(Fonte: Shuttleworth, 2019)

Infraestrutura necessária para sistemas autônomos

Assim como qualquer veículo necessita de um meio de condução para trafegar, os veículos semi e completamente autônomos necessitam de meios que auxiliam na sua condução, ou seja, a infraestrutura necessária. O veículo autônomo realiza a sua condução através da leitura com o meio externo, mas essa leitura se torna relativa de acordo com o seu nível de automação.

Quanto maior o nível de automação que um veículo tem, maior é a sua necessidade de infraestrutura. A necessidade da infraestrutura pode variar de acordo com os sistemas utilizados. Por exemplo, se um veículo utiliza boa parte de sua automação através de sistemas de câmeras, com o auxílio de uma inteligência integrada, a infraestrutura deve ser extremamente visual. Ou seja, a via de condução deve ter sua sinalização extremamente ou minimamente explícita, como placas de limites de velocidade, demarcação clara das faixas, sinais de trânsito, semáforos e todos os outros avisos.

Cada sistema possui suas particularidades, porém os sistemas de automação de níveis superiores a SAE 3 utilizam em sua maioria câmeras em conjunto com outros tipos de sensores, como radar, sonar e LIDAR.

Sensoriamentos para veículos autônomos

Sensores, por definição, são dispositivos que têm como função detectar estímulos, seja de qualquer natureza física ou química. Os sensores para aplicações de condução autônoma são responsáveis pela identificação de todas as características externas necessárias para que os sistemas autônomos realizem suas respectivas funções. A seguir, são apresentados alguns tipos de sensores utilizados nos sistemas autônomos. Eles podem ser utilizados exclusivamente ou em conjunto com outros tipos de sensores.

Câmera estereoscópica

Figura 299 – Câmera estereoscópica
(Foto: os autores)

Câmera que utiliza duas ou mais lentes com o objetivo de compilar modelos em 3D das imagens captadas. A câmera, em conjunto com suas lentes, simula a visão humana em seu funcionamento. Sua aplicação na condução autônoma é orientar o veículo a desviar de obstáculos, pois traduz a imagem em profundidade.

Câmera infravermelha

Figura 300 – Câmera infravermelha
(Foto: os autores)

A câmera infravermelha tem aplicação principal em ambientes de baixa ou nenhuma luminosidade, permitindo a visualização do ambiente e de obstáculos em sua volta. Essa câmera tem o objetivo de identificar objetos pela variação de temperatura, captando sua radiação infravermelha. Ou seja, mesmo em situações onde o condutor não tiver visibilidade para intervenção, o sistema irá identificar e será capaz de intervir.

Radar

Figura 301 – Radar
(Foto: os autores)

O sistema de radar funciona através de emissão de ondas de rádio em uma determinada direção. Quando a onda de rádio atinge um obstáculo, essa mesma onda reverbera, indicando ao dispositivo que naquela posição está situado um objeto. Medindo velocidade e intensidade de reverberação, o radar mensura o tamanho e a distância do objeto.

Sonar

O sistema de sonar tem o seu funcionamento semelhante ao do radar. A diferença está relacionada à natureza de emissão das ondas: o radar emite ondas de rádio, e o sonar emite ondas sonoras. O princípio de resultados é o mesmo do radar: com a reverberação da onda sonora é possível mensurar o tamanho e a distância do objeto captado.

LIDAR

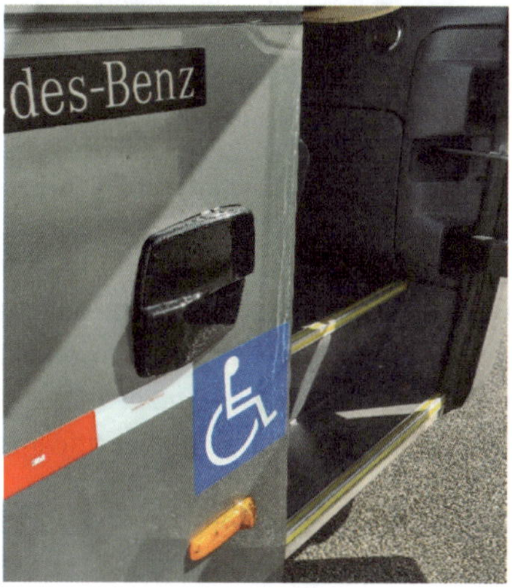

Figura 302 – LIDAR
(Foto: os autores)

O LIDAR utiliza o mesmo conceito que o sonar e o radar, porém realiza as suas medições através de pulsos de feixes de laser. Forma diversos pontos luminosos para realizar a varredura completa do ambiente em que o veículo se encontra. O diferencial do LIDAR em relação aos outros dispositivos é a sua velocidade de varredura, devido à tecnologia laser. Ela possibilita uma percepção rápida, precisa e com amplitude rotacional completa do veículo.

GPS (*Global Positioning System*)

Figura 303 – Sistema GPS
(Ilustração: os autores)

O sistema de GPS integrado ao veículo tem como objetivo a troca de sinais com diversos satélites que rodeiam o planeta Terra, para localizar precisamente a posição do veículo e suas coordenadas. O sistema de GPS é extremamente necessário aos sistemas autônomos, devido ao posicionamento em que o veículo se encontra na via em que circula. Além de utilizar outros sensores para integrar uma condução precisa e segura, o GPS mostra, por exemplo, qual é o melhor caminho a ser tomado para o percurso. Assim, os sistemas autônomos podem tomar as melhores decisões de acordo com a eficiência de percurso.

Sistemas ativos de intervenção autônoma

Os principais sistemas de intervenção autônoma estão relacionados aos sistemas de frenagem, aceleração, direção e suspensão. Eles atuam em resposta a todos os sensoriamentos que compõem o veículo.

Por exemplo, o sistema de leitura de faixa, que é composto por câmeras estereoscópica e LIDAR lateral, emite sinais de que o condutor está saindo da faixa de rodagem. Os sinais são recebidos pelas centrais de processamento, que, por sua vez, realizam leitura dos sinais da seta (caso seja da vontade do condutor de converter a faixa). Caso não tenha nenhum sinal da seta de conversão, as centrais emitem sinais para atuadores intervirem no sistema de direção do veículo em direção contrária ao movimento, corrigindo a condução do veículo em situação de segurança.

7.3. Compartilhamento

O compartilhamento de recursos em todas as áreas da economia não é mais uma tendência e sim uma realidade. E isso também no Brasil. A tendência é que o seu uso venha a ser intensificado e utilizado cada vez mais em pequenos nichos do mercado de veículos comerciais.

A sociedade vem aprendendo pouco a pouco que a vantagem de um serviço ou produto não está na posse dele, mas na possibilidade do uso. Com isso, os custos de operação podem ser otimizados, bem como vários riscos operacionais e financeiros envolvidos. No final das contas, a empresa ou usuário utilizando serviços compartilhados pode focar mais no seu negócio e no seu cliente.

Veículos comerciais consistem das mais variadas aplicações possíveis, porém muitas delas não utilizam com total eficiência a sua disponibilidade. Tenha como exemplo um caminhão de distribuição urbana. Muitos desses veículos são mobilizados pelas empresas de transporte para realizar entregas em horários comerciais, deixando os veículos sem utilização nos horários não comerciais. Ou seja, o ativo se torna um passivo porque a empresa não utiliza o veículo no horário não comercial.

Várias empresas brasileiras vêm propondo modelos de negócios compartilhados. Podemos citar algumas a seguir.

Compartilhamento no transporte rodoviário de pessoas
No segmento de ônibus, empresas como a Buser e 4Bus entraram no mercado do transporte rodoviário de pessoas. O conceito é simples. É um "Uber" de transporte rodoviário: as pessoas que utilizam o serviço compartilham o ônibus em uma dada rota e horário.

Essas empresas têm enfrentado enormes problemas com sua operação, pois seu tipo de serviço não é exatamente regulamentado. As empresas tradicionais do transporte, que estão sujeitas às regras de concessão, se sentem prejudicadas, pois as entrantes não necessitam cumprir vários aspectos da legislação.

Essa briga tem feito a Buser e 4Bus pararem de operar em algumas cidades e estados.

Mediação de fretes
A mediação de fretes no transporte de cargas já possui vários competidores em território nacional. Alguns exemplos incluem a TruckPad, TruckHelp, Quero Frete e outros.

Aluguel e *leasing*

Nesses modelos de negócio o cliente não possui o ativo. Em alguns casos, ao final do contrato há a opção de compra. Alguns dos *players* nesse mercado no Brasil incluem o grupo Vamos e o grupo Ouro Verde.

7.4. Eletrificação

Veículos comerciais elétricos vêm se tornando cada vez mais relevantes em nossa sociedade nas últimas décadas. Eles trazem certas vantagens em comparação ao que um veículo tracionado por motor a combustão interna não pode ou tem extrema limitação de realizar, como condução silenciosa, ausência de emissão local, torques máximos imediatos, entre outros pontos. São eles: interdependências de utilização de combustíveis fósseis, redução de emissão de carbono, geração de energia limpa e um ciclo de carregamento com melhor eficiência energética.

Classificação dos veículos elétricos

Os veículos elétricos e híbridos são classificados de diversas formas, de acordo com sua arquitetura de construção. Tomando como a base o veículo com o trem de força típico, ou seja, com motor a combustão interna ou ICE (*Internal Combustion Engine*), os veículos elétricos se diferenciam primeiramente pela ausência de utilização de combustível fosseis. Porém, os veículos híbridos podem utilizá-los. A seguir, as principais arquiteturas utilizadas nos veículos comerciais.

7.4.1. Veículo Elétrico Híbrido – VEH

Veiculos híbridos utilizam duas ou mais distintas fontes de combustíveis para alimentar sistemas diferentes ou não de tração. Associa-se um trem de força de combustão interna a um sistema de motorização elétrica, compondo assim um conjunto híbrido. Os sistemas híbridos podem ser diferenciados por três principais tipos de trem de força: em série, paralelo ou *plug-in*. Tambem podem ser diferenciados pelo nível de hibridização: híbrido total (*full*) ou híbrido médio (*mild*).

Veiculos híbridos são pouco utilizados para veículos comerciais devido à sua alta complexidade e pelo agravante de peso. Quando o veículo possui dois sistemas de tração, ou até mesmo um de tração e outro de geração, os pesos são somados, mesmo que seja uma solução muito bem dimensionada para a aplicação. Por isso, os conceitos apresentados a seguir podem ser encontrados de forma bastante escassa ou até mesmo não existir em ônibus e caminhões.

7.4.2. Híbrido série

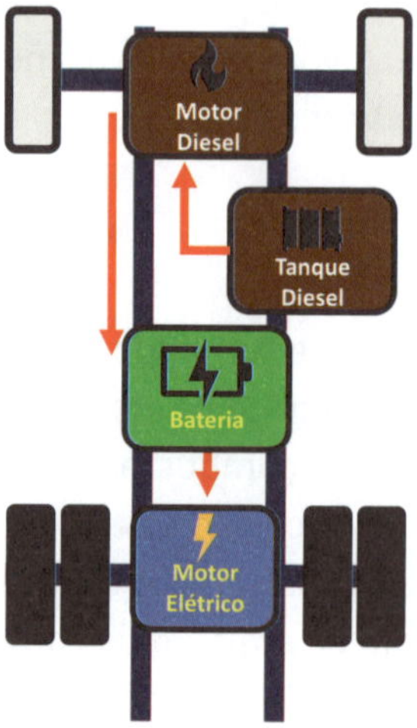

Figura 304 – Veículo comercial HEV série
(Ilustração: os autores)

No sistema em série, o motor a combustão é utilizado apenas para suprir a eletricidade necessária para o sistema de tração elétrica, carregando, dessa forma, os bancos de baterias gradativamente. A eletricidade gerada pode suprir diretamente o motor elétrico, e o restante da eletricidade proveniente da geração do motor a combustão pode carregar as baterias.

7.4.3. Híbrido paralelo

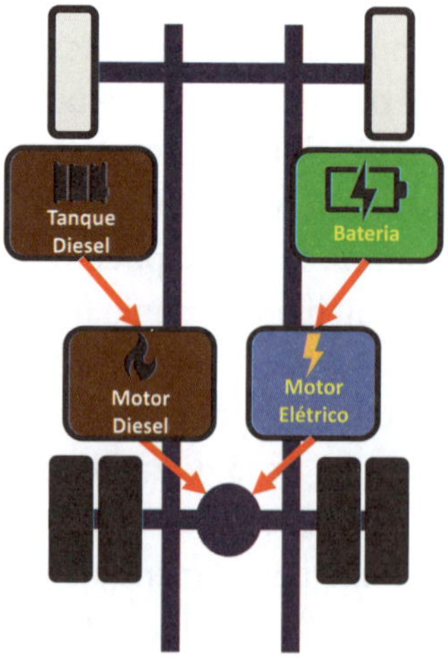

Figura 305 – Veículo comercial HEV paralelo
(Ilustração: os autores)

Na arquitetura híbrida paralela, os dois sistemas geradores são utilizados como sistema de tração. Podem ser utilizados ao mesmo tempo ou como sistemas independentes. Por exemplo, utilizar motores elétricos no eixo em paralelo com um sistema de tração de motor a combustão central (comum em caminhões e ônibus urbanos). A solução em paralelo tem como característica principal a eficiência de consumo de combustível. Por exemplo, utilizar apenas o sistema de tração elétrico para baixas velocidade, com o sistema movido a combustão usado para agregar potência e torque em altas rotações e velocidades.

7.4.4. Híbrido *plug-in*

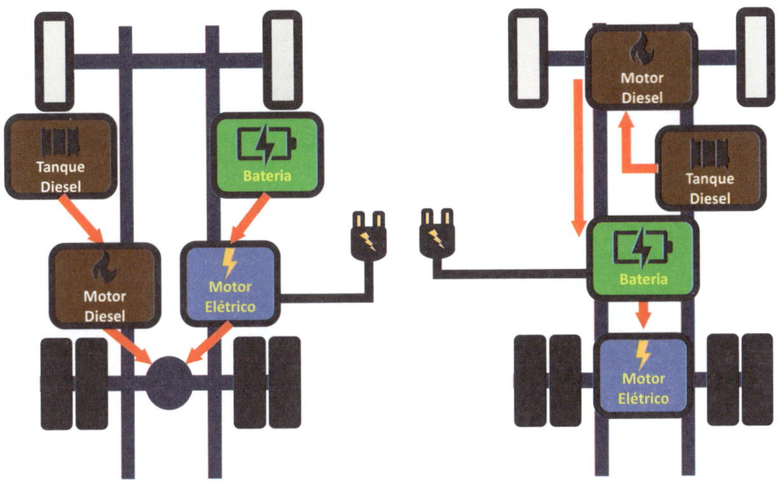

Figura 306 – Veículo comercial *plug-in*
(Ilustração: os autores)

A arquitetura de veículos híbridos *plug-in* se assemelha em sua totalidade aos híbridos em série e paralelos. A principal diferença é que em veículos *plug-in* o carregamento das baterias do sistema de tração elétrico pode ser feito diretamente pelo plugue externo. Ou seja, não é necessário que o sistema elétrico sempre utilize o sistema auxiliar para ser recarregado. O benefício principal é a eficiência de utilização do combustível fóssil presente no motor a combustão. Com isso, o sistema a combustão precisará realizar menos trabalho para suprir o sistema como um todo.

7.4.5. Elétrico a bateria – BEV

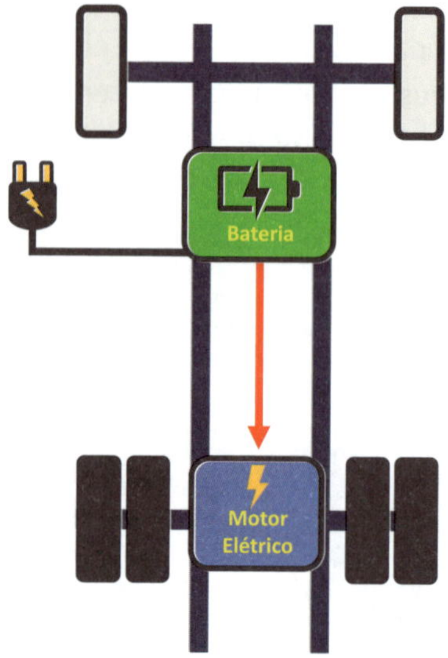

Figura 307 – Veículo comercial BEV
(Ilustração: os autores)

A arquitetura BEV (em inglês, *Battery Electric Vehicle*) utiliza exclusivamente o sistema de tração elétrico. As diferenciações são que a arquitetura BEV utiliza bancos de baterias maiores em relação às arquiteturas anteriores, devido à ausência de um sistema que poderia gerar a eletricidade necessária para suprir a tração. Os veículos BEV não emitem gases de escapamento localmente, já que não têm um motor a combustão integrado ao veículo. A eficiência para os veículos é superior em relação às arquiteturas anteriores, porém, devido às limitações atuais de tecnologia das baterias, sua autonomia fica limitada por conta da necessidade de grandes bancos de baterias.

7.4.6. Veículo Elétrico a Célula de Combustível – FCEV

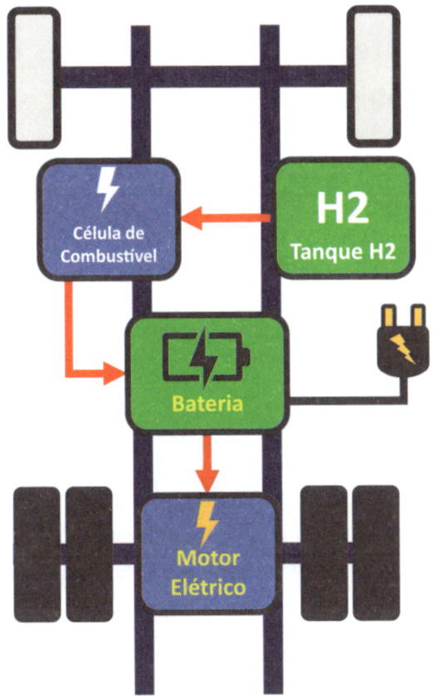

Figura 308 – Veículo comercial FCEV
(Ilustração: os autores)

Essa arquitetura (em inglês, *Fuel-cell Electric Vehicle*) mantém o sistema de tração elétrico, assim como um BEV. Entretanto, não há necessidade de bateria com alta capacidade de armazenamento, pois a célula a combustível alimentada por hidrogênio (ou outro combustível tratado por um reformador) gera energia para os motores elétricos. Assim, o banco de baterias pode ser dimensionado de acordo.

7.4.7. Componentes para tração elétrica

Motor elétrico

Figura 309 – Motor elétrico em um ônibus
(Foto: os autores)

O motor elétrico é o componente responsável pela transformação da energia elétrica armazenada nas baterias em energia mecânica. Podemos separá-lo em dois tipos principais: motores de corrente contínua e motores de corrente alternada. Para aplicações veiculares, o tipo mais empregado é o de corrente alternada.

As principais partes que compõem os motores de indução são duas:

1) Rotor, responsável por transmitir todo o movimento do motor ao eixo de saída motriz, rotacionando em seu próprio eixo.

Figura 310 – Rotor
(Foto: os autores)

2) Estator, que é a parte de um motor ou gerador elétrico que se mantém fixa à carcaça. Sua principal função é conduzir o fluxo magnético.

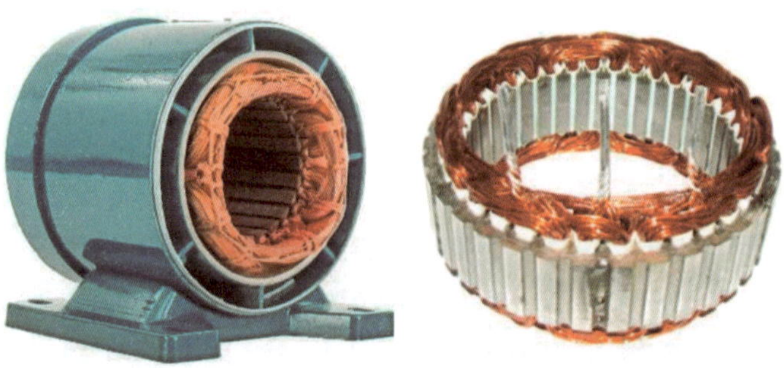

Figura 311 – Estator
(Foto: os autores)

O motor elétrico de corrente alternada mais utilizado é o de indução. A partir do momento em que o campo magnético é criado através da diferença de potencial criada pela tensão da bateria no estator, a sua atração eletromagnética faz com que o rotor rotacione.

Inversores

Os inversores são responsáveis por converter a corrente contínua gerada pela bateria em corrente alternada para o motor. Corrente alternada é responsável por produzir o campo magnético que fará o motor elétrico rotacionar.

Figura 312 – Inversor
(Foto: os autores)

Os inversores fazem a leitura da intensidade de modulação que o condutor realiza no pedal do acelerador, determinando assim a frequência e a amplitude da corrente. Ou seja, quanto maior for a necessidade do condutor de potência do veículo, maiores serão a frequência e a amplitude da corrente, realizando assim maior trabalho rotacional do motor elétrico.

Baterias

As baterias são responsáveis pelo armazenamento da eletricidade que será utilizada e convertida pelo inversor e posteriormente transformada em energia cinética pelo motor de indução. Atualmente, a maior parte em volume e peso do sistema de tração elétrica são os *packs* de baterias. Seu funcionamento interno não difere das baterias comuns que utilizamos em utensílios domésticos; as diferenças são dadas pelos materiais utilizados.

Composição interna das baterias:

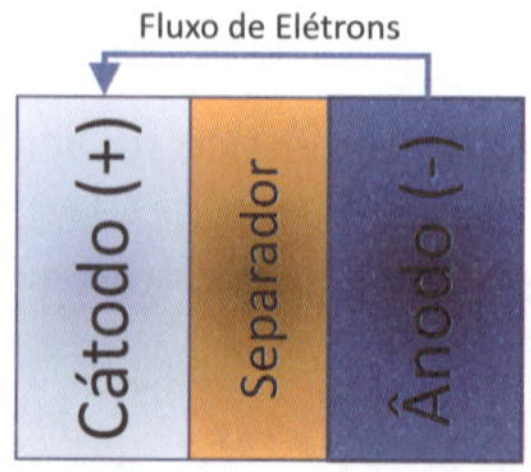

Figura 313 – Composições de baterias
(Ilustração: os autores)

Componentes dos *packs* de baterias:

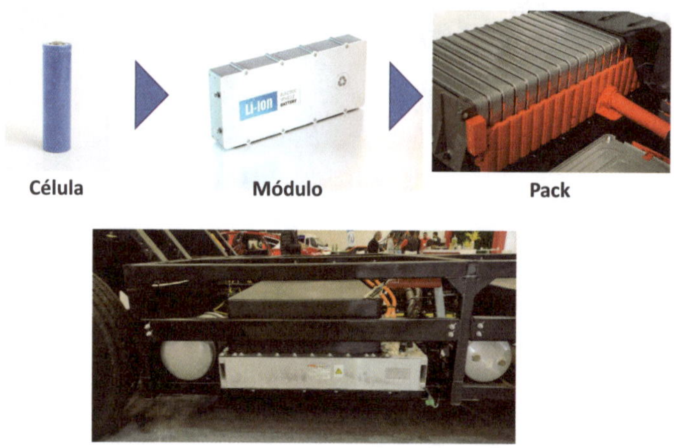

Figura 314 – Composições de *packs* de baterias
(Ilustração e fotos: os autores)

Ciclo de vida das baterias:

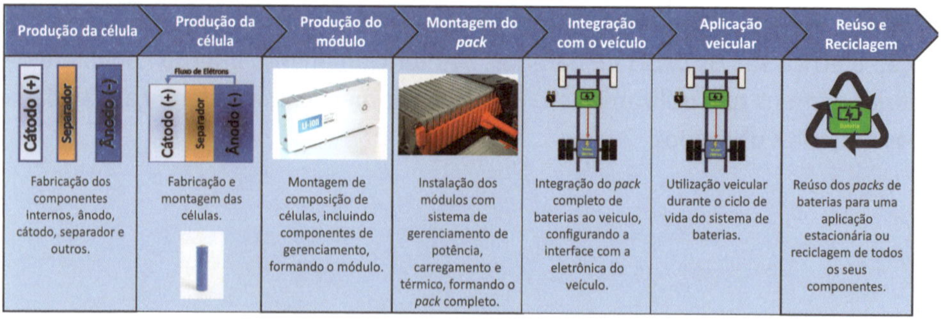

Figura 315 – Cadeia de valor para baterias de Li-Ion
(Ilustração: os autores)

Carregador

O componente responsável pela restituição da energia no veículo elétrico é o carregador veicular. Seu princípio de funcionamento não diverge dos carregadores comuns de aparelhos como celular e outros. Obviamente, as proporções de potência são totalmente diferentes, pois carregadores veiculares demandam maiores níveis de tensão e corrente ao carregar as baterias do veículo.

Os carregadores podem ser distinguidos preferivelmente entre dois tipos: de corrente alternada e de corrente contínua. Para os carregadores de corrente alternada, é característico um tempo de recarga maior em comparação ao de corrente contínua, devido à sua limitação de potência de carregamento, entre 1 kW (carregadores de tomada comum, tensão 110 V e 8 A de corrente CA) até 22 kW (carregadores residenciais WallBox). Já os carregadores de corrente contínua trabalham em potências maiores, realizando o carregamento dos veículos mais rapidamente, por isso são conhecidos como carregadores rápidos.

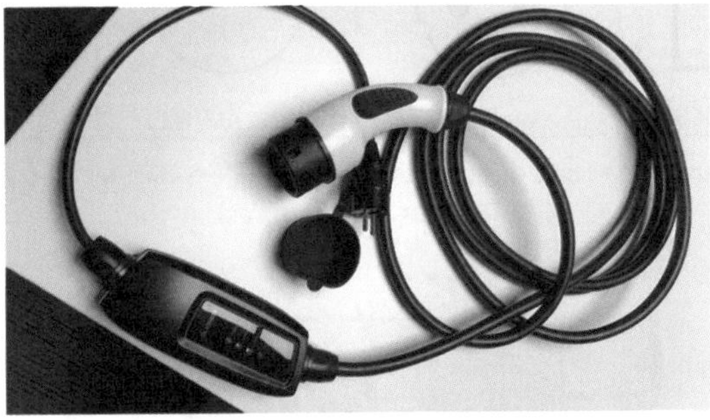

Figura 316 – Carregador de tomada
(Ilustração: os autores)

No mercado global, há cerca de 16 variações de plugues e conectores para carregamento de veículos elétricos em geral. No Brasil, os plugues mais empregados são os de Tipo 2 e CCS Combo 2, porém ainda é possível encontrar veículos com o plugue CHAdeMO.

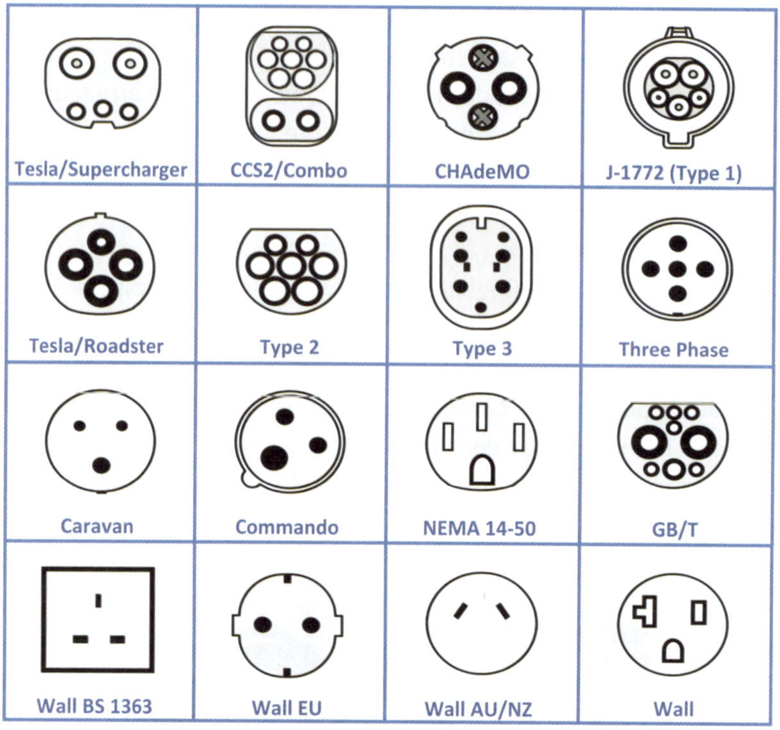

Figura 317 – Tipos de conectores (plugues) em veículos elétricos
(Ilustração: os autores)

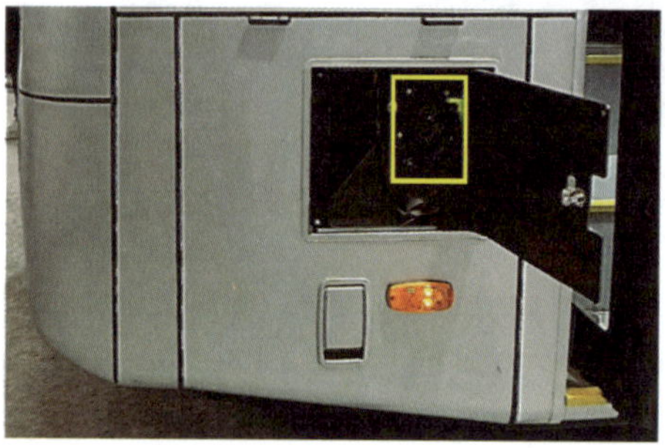

Figura 318 – Conector CCS Combo 2
(Foto: os autores)

7.5. Propulsão com hidrogênio

As tecnologias utilizando o hidrogênio como combustível estão se tornando cada vez mais viáveis para o transporte de cargas e passageiros. Os desenvolvimentos seguem basicamente dois caminhos: células de combustível e motores de combustão interna com hidrogênio.

7.5.1. Células de combustível

Veículos híbridos FCEH ou chamados de célula de combustível utilizam o gás hidrogênio para gerar a eletricidade necessária para o sistema de tração elétrico. Criado em 1839 pelo químico galês William Robert Grove, a tecnologia foi utilizada pela primeira vez na cápsula espacial Gemini, em 1962. Para o mundo da mobilidade, a tecnologia somente foi utilizada pela primeira vez em 1997, no Mercedes-Benz Necar 3.

O funcionamento de uma célula de combustível assemelha-se ao de uma bateria. Utilizando os elementos hidrogênio e oxigênio como reagentes para o processo de eletrólise, gera a diferença de potencial necessária para carregar as baterias. Para realizar esse processo o hidrogênio já deve estar separado de qualquer outro elemento, ou seja, ao ser inserido no tanque de hidrogênio sob pressão no veículo, o elemento deve estar puro em sua forma de molécula H2 (dois átomos de hidrogênio), com seus subprodutos da reação de água e calor. Conforme o processo a seguir:

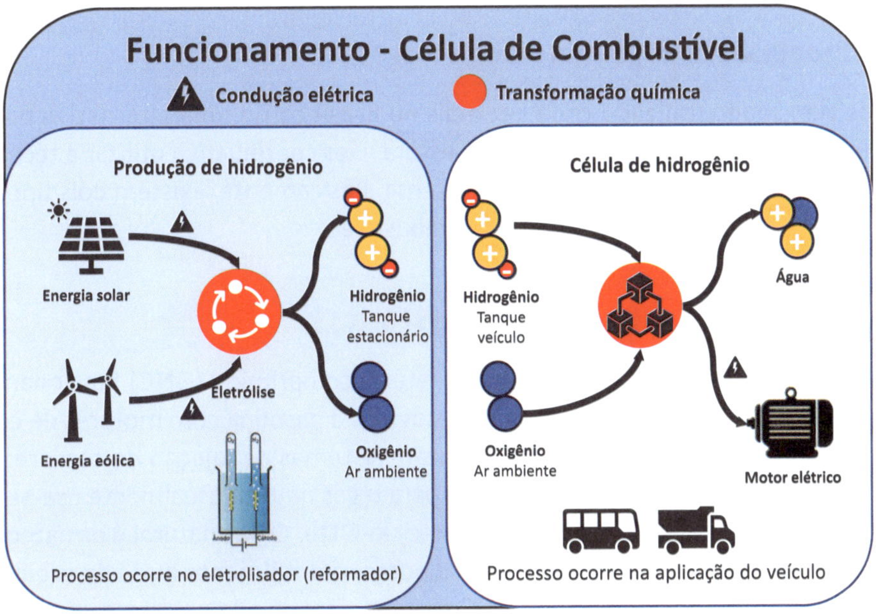

Figura 319 – Exemplos de produção de hidrogênio e funcionamento da célula em um veículo comercial (Fonte: Shuttleworth, 2019)

A principal vantagem da célula a combustível em relação aos veículos totalmente elétricos é o seu abastecimento: são necessários poucos minutos para abastecer o gás de hidrogênio, enquanto o tempo de recarga das baterias para veículos elétricos ainda é prolongado. A célula a combustível é muito utilizada em veículos pesados e que percorrem longas distâncias, devido a sua autonomia e redução de peso de tara do veículo. Com a célula a combustível, o sistema se torna mais leve em relação ao puramente elétrico com a mesma capacidade de autonomia e com a vantagem de abastecimento em menor tempo.

7.5.2. Motores a combustão interna com hidrogênio

Esses motores estão em processo inicial de desenvolvimento e são conhecidos por sua abreviatura em inglês chamada HICEV (*Hydrogen Internal Combustion Engine Vehicle*). Empresas como Cummins, Mahle, Bosch, AVL, Daimler Truck, Hyundai, entre outras, investem nesse caminho, que pode ser mais um em direção à descarbonização do transporte comercial.

A grande vantagem desse tipo de motor é que a única emissão que existe da combustão de hidrogênio é o vapor de água.

7.6. Propulsão com gás natural ou biogás

O gás vem sendo utilizado cada vez mais no Brasil como uma alternativa para a redução de emissões de gases do efeito estufa. Eles continuam a utilizar a tecnologia comum de motores de combustão interna. Basicamente, existem dois tipos de veículos de acordo com o seu motor e combustível.

7.6.1. Motor a Gás Natural Comprimido (GNC)

Os veículos comerciais com motor a gás natural comprimido (GNC) funcionam de maneira muito semelhante aos veículos movidos a gasolina com motores de combustão interna. Veículos comerciais utilizam sistemas de injeção de compressão semelhante ao motor ciclo diesel, porém para o gás natural usualmente usa-se sistema de ignição por faísca, semelhante ao ciclo Otto. O gás natural é armazenado em vários tanques de combustível, ou cilindros, normalmente atrás da cabine do veículo. O sistema de combustível GNC transfere gás de alta pressão do tanque de combustível através das linhas de combustível, onde um regulador de pressão reduz a pressão a um nível compatível com o sistema de injeção de combustível do motor. Finalmente, o combustível é introduzido no coletor de admissão ou na câmara de combustão, onde é misturado ao ar e, em seguida, comprimido e dado para combustão por uma vela de ignição.

Figura 320 – Veículo GNC
(Foto: os autores)

7.6.2. Motor a Gás Natural Liquefeito (GNL)

Os veículos comerciais com motor de gás natural liquefeito (GNL) funcionam de maneira muito semelhante aos veículos movidos a gasolina com um motor de combustão interna com ignição por centelha. O gás natural é resfriado e armazenado criogenicamente na forma líquida, em um tanque sob pressão e constantemente resfriado. O GNL é normalmente uma opção mais cara que o gás natural comprimido (CNG) e é mais frequentemente usado em veículos pesados para atender a requisitos de maior autonomia de missão. Por ser um líquido, a densidade de energia do GNL é maior do que o GNV, portanto, mais combustível pode ser armazenado a bordo do veículo.

Figura 321 – Veículo GNL
(Foto: os autores)

7.7. Outros combustíveis alternativos

Para reduzir o impacto de emissões e manter a utilização de trens de força clássicos, alguns tipos de combustíveis alternativos são empregados de forma a substituir parcialmente ou totalmente o diesel de origem fóssil.

7.7.1. Biodiesel

O biodiesel é um combustível renovável derivado de óleos vegetais ou de gorduras animais, usado em motores a diesel. Ele é fabricado através de um processo químico chamado transesterificação, onde a glicerina é separada da gordura ou do óleo vegetal. O processo gera dois produtos: ésteres e glicerina.

Mundialmente, passou-se a adotar uma nomenclatura para identificar a concentração do biodiesel na mistura com o diesel: a sigla BXX, onde XX é a percentagem em volume do biodiesel à mistura de diesel comum. Por exemplo, B2, B5, B20 e B100 são combustíveis com uma concentração de 2%, 5%, 20% e 100% de biodiesel, respectivamente.

As misturas em proporções volumétricas entre 5% e 20% são as mais usuais, sendo que para misturas até B20 não é necessária nenhuma adaptação dos motores diesel. O biodiesel é perfeitamente miscível e semelhante ao óleo diesel mineral. O uso de biodiesel em um motor diesel convencional resulta em redução de monóxido de carbono e de hidrocarbonetos não queimados em comparação ao consumo de diesel mineral.

A principal vantagem do biodiesel em relação ao diesel mineral é a proveniência de fontes renováveis de geração. Já o diesel mineral depende exclusivamente do extrativismo do petróleo para a sua fabricação.

7.7.2. HVO

O HVO (*Hydrotreated Vegetable Oil* – óleo vegetal hidrotratado) é um combustível renovável capaz de quase zerar a emissão de CO_2 nos gases de escapamento dos veículos. O HVO é uma mistura de hidrocarbonetos (formados por carbono e hidrogênio), enquanto o biodiesel é uma mistura de ésteres (constituídos por carbono, hidrogênio e oxigênio). Assim como o biodiesel, pode ser produzido a partir de óleos vegetais, de palma, de soja, de girassol, gorduras residuais e gorduras animais.

Para sua produção, os óleos devem entrar em contato com o hidrogênio sob alta pressão, em condições controladas de temperatura e pressão, formando um líquido similar ao diesel fóssil. No processo químico conhecido como transesterificação, as matérias-primas reagem com um álcool, geralmente o metanol, formando um combustível bastante distinto do diesel de petróleo.

A principal vantagem do HVO é que ele pode ser usado puro ou adicionado em altas proporções ao diesel que já é utilizado pelos veículos comerciais, com menores limitações técnicas que o biodiesel em relação ao desempenho dos veículos. Outra vantagem do HVO é que ele pode ser produzido nas infraestruturas preexistentes das refinarias de petróleo. Em comparação ao biodiesel, o HVO tem maior poder calorífico, o que resulta em menor consumo de combustível.

8. Bibliografia

ABNT. **Normas Publicadas.** Disponível em: <https://www.abnt.org.br/normalizacao/normas-publicadas>. Acesso em: 29 set. 2022.

AGÊNCIA IBGE NOTÍCIAS. Site. Disponível em: <http://agenciadenoticias.ibge.gov.br/>. Acesso em: 29 set. 2022.

AGÊNCIA NACIONAL DO PETRÓLEO, GÁS NATURAL E BIOCOMBUSTÍVEIS. **Biodiesel.** 13 jul. 2020. Atualizado em 23 ago. 2022. Disponível em: <https://www.gov.br/anp/pt-br/assuntos/producao-e-fornecimento-de-biocombustiveis/biodiesel>. Acesso em: 29 set. 2022.

ALAPA. **Manuais e publicações:** Manual de Normas Técnicas. 2003. Disponível em: <https://alapa.org.br/manuais-e-publicacoes/>. Acesso em: 29 set. 2022.

ANFAVEA. **Acervo ANFAVEA.** Disponível em: <https://anfavea.com.br/site/acervo-anfavea/>. Acesso em: 28 set. 2022.

ANFIR. Site. Disponível em: <https://anfir.org.br/>. Acesso em: 11 out. 2022.

ANTT. Site. Disponível em: <https://www.gov.br/antt/pt-br>. Acesso em: 28 set. 2022.

BRASIL. **Centrais de Conteúdos.** Disponível em: <https://www.gov.br/acessoainformacao/pt-br/central-de-conteudo>. Acesso em: 29 set. 2022.

BRASIL. **Constituição da República Federativa do Brasil de 1988.** Disponível em: <http://www.planalto.gov.br/ccivil_03/constituicao/constituicao.htm>. Acesso em: 14 set. 2022.

BRASIL. **Lei nº 11.516, de 28 de agosto de 2007.** Dispõe sobre a criação do Instituto Chico Mendes de Conservação da Biodiversidade – Instituto Chico Mendes; altera as leis nºs 7.735, de 22 de fevereiro de 1989, 11.284, de 2 de março de 2006, 9.985, de 18 de julho de 2000, 10.410, de 11 de janeiro de 2002, 11.156, de 29 de julho de 2005, 11.357, de 19 de outubro de 2006, e 7.957, de 20 de dezembro de 1989; revoga dispositivos da Lei nº 8.028, de 12 de abril de 1990, e da Medida Provisória nº 2.216-37, de 31 de agosto de 2001; e dá outras providências. Disponível em: <http://www.planalto.gov.br/ccivil_03/_ato2007-2010/2007/lei/l11516.htm>. Acesso em: 14 set. 2022.

BRASIL. **Lei nº 13.103, de 02 de março de 2015.** Dispõe sobre o exercício da profissão de motorista; altera a Consolidação das Leis do Trabalho – CLT, aprovada pelo Decreto-Lei nº 5.452, de 1º de maio de 1943, e as Leis nº 9.503, de 23 de setembro de 1997 – Código de Trânsito Brasileiro, e 11.442, de 05 de janeiro de 2007 (empresas e transportadores autônomos de carga), para disciplinar a jornada de trabalho e o tempo de direção do motorista profissional; altera a Lei nº 7.408, de 25 de novembro de 1985; revoga dispositivos da Lei nº 12.619, de 30 de abril de 2012; e dá outras providências. Disponível em: <http://www.planalto.gov.br/ccivil_03/_ato2015-2018/2015/lei/l13103.htm>. Acesso em: 15 set. 2022.

BRASIL. **Lei nº 9.503, de 23 de setembro de 1997.** Institui o Código de Trânsito Brasileiro. Disponível em: <http://www.planalto.gov.br/ccivil_03/leis/l9503compilado.htm>. Acesso em: 14 set. 2022.

CANALE, A. C. **Automobilística:** dinâmica e desempenho. São Paulo: Érica, 1989.

CETESB. **Emissão veicular – Ruído.** 2022. Disponível em: <https://cetesb.sp.gov.br/veicular/ruido/>. Acesso em: 28 set. 2022.

CETESB. Site. Disponível em: <http://cetesb.sp.gov.br/>. Acesso em: 28 set. 2022.

CNT. **Anuário CNT do Transporte 2021:** estatísticas consolidadas. Disponível em: <https://anuariodotransporte.cnt.org.br/2021/>. Acesso em: 28 set. 2022.

CNT; SEST SENAT. **Pesquisa CNT de Rodovias 2021.** Disponível em: <https://pesquisarodovias.cnt.org.br/>. Acesso em: 28 set. 2022.

DAIMLER TRUCK AG. **Einfuehrung neue Lkw-Generation.** Der neue Actros (Typ 963), Stuttgart, 2011.

DANASPICER. **Cardans** – Entendendo os Eixos Cardans. Disponível em: <http://spicer.com.br/downloads/Spicer_Manual_Entendendo_Cardan.pdf>. Acesso em: 14 set. 2022.

DENATRAN. **Portaria nº 63, de 31 de março de 2009.** Homologa os veículos e as combinações de veículos de transporte de carga e de passageiros, com seus respectivos limites de comprimento, Peso Bruto Total – PBT e Peso Bruto Total Combinado – PBTC. Disponível em: <https://www.gov.br/infraestrutura/pt-br/assuntos/transito/arquivos-senatran/portarias/2009/portaria_denatran_63_09.pdf>. Acesso em: 15 set. 2022.

DIARRA, A.; BOSCH, R. OSI Layers in Automotive Networks. *In*: **IEEE 802.1 Plenary Meeting**, Orlando, 2013.

DIAS, J. Curso de Especialização em Engenharia Automotiva – Módulo: Transmissões. Curitiba: UFPR/SENAI, 2011.

FENABRAVE. **Anuário FENABRAVE:** o desempenho da Distribuição Automotiva no Brasil. FENABRAVE, 2021. Disponível em: <https://online.fliphtml5.com/ordey/wqpd/#p=1>. Acesso em: 29 set. 2022.

FENABRAVE. **Emplacamentos.** 2022. Disponível em: <http://www.fenabrave.org.br/portalv2/Conteudo/emplacamentos>. Acesso em: 11 out. 2022.

FENABRAVE. **Índices e Números.** Anuários. Disponível em: <https://www.fenabrave.org.br/portalv2/Conteudo/anuarios>. Acesso em: 28 set. 2022.

FNDE. **Compras Governamentais:** Ônibus Rural Escolar (ORE). Disponível em: <https://www.fnde.gov.br/index.php/acoes/compras-governamentais/compras-nacionais/produtos/itemlist/category/670-%C3%B4nibus-escolar>. Acesso em: 29 set. 2022.

GOEL, A. **Fleet Telematics.** New York: Springer, 2008.

GSCHEIDLE, R. **Fachkunde Kraftfahrzeugtechnik.** Ostfildern: Europa-Lehrmittel, 2009.

GSCHEIDLE, R.; HOHMANN, B. **Fachkunde Nutzfahrzeugtechnik.** Haan-Gruiten: Europa-Lehrmittel, 2015.

HILGERS, M. **Getriebe und Antriebsstrangauslegung.** Wiesbaden: Springer Fachmedien, 2016.

HOEPKE, E.; BREUER, S. **Nutzfahrzeugtechnik.** Springer Vieweg, 2013.

IBAMA. **Resolução 418, de 25 de novembro de 2009.** Disponível em: <https://www.ibama.gov.br/component/legislacao/?view=legislacao&legislacao=115400>. Acesso em: 14 set. 2022.

IBGE. Site. Disponível em: <https://www.ibge.gov.br/>. Acesso em: 14 set. 2022.

INMETRO. **O que é cronotacógrafo?** 19 out. 2020. Atualizado em: 24 nov. 2021. Disponível em: <https://www.gov.br/inmetro/pt-br/acesso-a-informacao/perguntas-frequentes/metrologia-legal/o-que-e-cronotacografo>. Acesso em: 28 set. 2022.

ITDP. Site. Disponível em: <https://itdpbrasil.org/>. Acesso em: 29 set. 2022.

IVECO GROUP NEWSROOM. Site. Disponível em: <https://media.ivecogroup.com/>. Acesso em: 29 set. 2022.

MAN ACADEMY. **Grundlagen der Nutzfahrzeugtechnik**. Muenchen: MAN Truck & Bus AG, 2016.

MCCALLEN, R. **The Aerodynamics of Heavy Vehicles:** Trucks, Buses and Trains, Berlin and Heidelberg: Springer, 2004.

MERCEDES-BENZ GROUP MEDIA. Site. Disponível em: <https://group-media.mercedes-benz.com/marsMediaSite/en/instance/ko/Start.xhtml?oid=4836258>. Acesso em: 29 set. 2022.

MINISTÉRIO DA INFRAESTRUTURA. **Plano Nacional de Viação e Sistema Nacional de Viação.** 26 maio 2015. Atualizado em: 31 ago. 2022. Disponível em: <https://www.gov.br/dnit/pt-br/assuntos/atlas-e-mapas/pnv-e-snv>. Acesso em: 28 set. 2022.

MINISTÉRIO DA INFRAESTRUTURA. **Resoluções – CONTRAN.** 15 jun. 2015. Atualizado em: 14 set. 2022. Disponível em: <https://www.gov.br/infraestrutura/pt-br/assuntos/transito/conteudo-Senatran/resolucoes-contran>. Acesso em: 28 set. 2022.

MINISTÉRIO DA INFRAESTRUTURA. **Rodovias Federais – Mapas.** 21 set. 2020. Atualizado em: 23 out. 2020. Disponível em: <https://www.gov.br/infraestrutura/pt-br/assuntos/transporte-terrestre_antigo/rodovias-federais/rodovias-federais-mapas>. Acesso em: 28 set. 2022.

MKS MARKSELL. **Catálogos.** Disponível em: <https://www.marksell.com.br/catalogos.html>. Acesso em: 14 set. 2022.

NICOLAZZI, L. **Dinâmica Veicular.** Florianópolis: UFSC.

NTU. **100 anos de transporte urbano no Brasil.** Brasília: Technibus/OTM, 1997.

O EXPLORADOR. **Foi o primeiro caminhão montado em série no Brasil.** 09 mar. 2016. Disponível em: <http://www.oexplorador.com.br/foi-o-primeiro-caminhao-montado-em-serie-no-brasil/>. Acesso em: 11 out. 2022.

OICA. **2015 Production statistics.** Disponível em: <https://www.oica.net/2015-production-statistics/>. Acesso em: 28 set. 2022.

PETROBRAS. **Flua Petrobras.** Disponível em: <https://www.postospetrobras.com.br/abasteca-com/diesel-petrobras-grid/diesel-flua-petrobras>. Acesso em: 29 set. 2022.

RANDON. Site. Disponível em: <http://www.randonimplementos.com.br/>. Acesso em: 14 set. 2022.

REDAÇÃO FUNDAÇÃO PADRE ANCHIETA. Contran divulga modelo da nova CNH, que entrará em vigor em 2022. **UOL**, 28 dez. 2021. Disponível em: <https://cultura.uol.com.br/noticias/45269_contran-divulga-nova-cnh-em-2022.html>. Acesso em: 28 set. 2022.

REVISTA DO ÔNIBUS. **Poltronas e Serviços.** Disponível em: <https://revistadoonibus.com/poltronas-e-servicos/>. Acesso em: 29 set. 2022.

SCANIA. **Scania Media Provider.** Disponível em: <https://media.scania.com/fotoweb/>. Acesso em: 29 set. 2022.

SCHARINGER, J. F. **Lexicar.** Disponível em: <https://www.lexicarbrasil.com.br/>. Acesso em: 14 set. 2022.

SHUTTLEWORTH, J. SAE Standard News: J3016 automated-driving graphic update. SAE J3016 Levels of Driving Automation, **SAE International**, Jan. 07, 2019. Disponível em: <https://www.sae.org/news/2019/01/sae-updates-j3016-automated-driving-graphic>. Acesso em: 29 set. 2022.

SPTRANS. Site. Disponível em: <https://www.sptrans.com.br/>. Acesso em: 29 set. 2022.

STIPKOVIC, M. **Engrenagens**. São Paulo: Printon, 1993.

TOP DA BOLEIA. **Acessórios para caminhão.** Disponível em: <https://www.topdaboleia.com.br/acessorios-para-caminhao>. Acesso em: 11 out. 2022.

VOLVO. **Volvo Trucks Media Library.** Disponível em: <https://images.volvotrucks.com/>. Acesso em: 29 set. 2022.

YOU TUBE. **Bosch Mobility Solutions.** Disponível em: <https://www.youtube.com/c/boschmobility>. Acesso em: 29 set. 2022.

YOUTUBE. **Meritor.** Disponível em: <https://www.youtube.com/c/meritor>. Acesso em: 29 set. 2022.

YOUTUBE. **O Mecânico.** Disponível em: <https://www.youtube.com/c/OMecaniconline>. Acesso em: 29 set. 2022.

ZF. Site. Disponível em: <http://www.zf.com/>. Acesso em: 29 set. 2022.

Índice remissivo

S

T

U

V

Acompanhe a BRASPORT nas redes sociais e receba regularmente informações sobre atualizações, promoções e lançamentos.

@Brasport

/brasporteditora

/editorabrasport

/editoraBrasport

Sua sugestão será bem-vinda!

Envie uma mensagem para **marketing@brasport.com.br** informando se deseja receber nossas newsletters através do seu e-mail.

BRASPORT